大飞机出版工程

大型客机减阻机理
及方法研究

Investigation on the Principles and Methods of Drag Reduction for Large Civil Aircraft

主　编　吴光辉　陈迎春
副主编　刘　洪　张　淼　王福新

上海交通大学出版社
SHANGHAI JIAO TONG UNIVERSITY PRESS

内容提要

本书汇集了大型客机减阻机理和方法研究的最新研究成果。绪论综述了大型客机减阻机理和方法的现状,并重点研究了商用飞机的经济性设计。第一部分是大型客机的减阻理论研究,着重分析了边界层阻力以及涡致阻力的产生机理。第二部分是大型客机减阻理论研究,主要研究小肋、翼梢小翼以及后体涡流发生器的减阻机理并阐述阻力的预测方法。第三部分是大型客机减阻方法研究,分别阐述了大型客机减阻方法,包括小翼、后体涡流发生器、吹吸气、等离子体、小肋等减阻设计与技术。

本书适合从事空气动力学以及飞机设计工作的相关人员阅读,也可作为高等院校相关专业的本科生、研究生以及教师的参考书。

图书在版编目(CIP)数据

大型客机减阻机理及方法研究/ 吴光辉,陈迎春主
编. —上海:上海交通大学出版社,2018
大飞机出版工程
ISBN 978 - 7 - 313 - 20465 - 3

Ⅰ. ①大… Ⅱ. ①吴…②陈… Ⅲ. ①大型-旅客机
-减阻-设计 Ⅳ. ①V271.1

中国版本图书馆 CIP 数据核字(2018)第 275883 号

大型客机减阻机理及方法研究

主　　编:吴光辉　陈迎春
出版发行:上海交通大学出版社　　　　　　地　　址:上海市番禺路 951 号
邮政编码:200030　　　　　　　　　　　　电　　话:021 - 64071208
出 版 人:谈　毅
印　　制:苏州市越洋印刷有限公司　　　　经　　销:全国新华书店
开　　本:710 mm×1000 mm　1/16　　　　印　　张:28.5
字　　数:562 千字
版　　次:2018 年 12 月第 1 版　　　　　　印　　次:2018 年 12 月第 1 次印刷
书　　号:ISBN 978 - 7 - 313 - 20465 - 3/ V
定　　价:225.00 元

大飞机出版工程

丛书编委会

总主编

顾诵芬（中国航空工业集团公司科技委原副主任、中国科学院和中国工程院院士）

副总主编

贺东风（中国商用飞机有限责任公司董事长）

林忠钦（上海交通大学校长、中国工程院院士）

编委会（按姓氏笔画排序）

王礼恒（中国航天科技集团公司科技委主任、中国工程院院士）

王宗光（上海交通大学原党委书记、教授）

刘　洪（上海交通大学航空航天学院副院长、教授）

任　和（中国商飞上海飞机客户服务公司副总工程师、教授）

李　明（中国航空工业集团沈阳飞机设计研究所科技委委员、中国工程院院士）

吴光辉（中国商用飞机有限责任公司副总经理、总设计师、中国工程院院士）

汪　海（上海市航空材料与结构检测中心主任、研究员）

张卫红（西北工业大学副校长、教授）

张新国（中国航空工业集团副总经理、研究员）

陈　勇（中国商用飞机有限责任公司工程总师、ARJ21飞机总设计师、研究员）

陈迎春（中国商用飞机有限责任公司CR929飞机总设计师、研究员）

陈宗基（北京航空航天大学自动化科学与电气工程学院教授）

陈懋章（北京航空航天大学能源与动力工程学院教授、中国工程院院士）

金德琨（中国航空工业集团公司原科技委委员、研究员）

赵越让（中国商用飞机有限责任公司总经理、研究员）

姜丽萍（中国商用飞机有限责任公司制造总师、研究员）

曹春晓（中国航空工业集团北京航空材料研究院研究员、中国工程院院士）

敬忠良（上海交通大学航空航天学院常务副院长、教授）

傅　山（上海交通大学电子信息与电气工程学院研究员）

总　序

　　国务院在 2007 年 2 月底批准了大型飞机研制重大科技专项正式立项,得到全国上下各方面的关注。"大型飞机"工程项目作为创新型国家的标志工程重新燃起我们国家和人民共同承载着"航空报国梦"的巨大热情。对于所有从事航空事业的工作者,这是历史赋予的使命和挑战。

　　1903 年 12 月 17 日,美国莱特兄弟制作的世界第一架有动力、可操纵、比重大于空气的载人飞行器试飞成功,标志着人类飞行的梦想变成了现实。飞机作为 20 世纪最重大的科技成果之一,是人类科技创新能力与工业化生产形式相结合的产物,也是现代科学技术的集大成者。军事和民生的需求促进了飞机迅速而不间断的发展和应用,体现了当代科学技术的最新成果;而航空领域的持续探索和不断创新,也为诸多学科的发展和相关技术的突破提供了强劲动力。航空工业已经成为知识密集、技术密集、高附加值、低消耗的产业。

　　从大型飞机工程项目开始论证到确定为《国家中长期科学和技术发展规划纲要》的十六个重大专项之一,直至立项通过,不仅使全国上下重视我国自主航空事业,而且使我们的人民、政府理解了我国航空事业半个多世纪发展的艰辛和成绩。大型飞机重大专项正式立项和启动使我们的民用航空进入新纪元。经过 50 多年的风雨历程,当今中国的航空工业已经步入了科学、理性的发展轨道。大型客机项目产业链长、辐射面宽、对国家综合实力带动性强,在国民经济发展和科学技术进步中发挥着重要作用,我国的航空工业迎来了新的发展机遇。

　　大型飞机的研制承载着中国几代航空人的梦想,在 2016 年造出与波音公司

B737 和空客公司 A320 改进型一样先进的"国产大飞机"已经成为每个航空人心中奋斗的目标。然而,大型飞机覆盖了机械、电子、材料、冶金、仪器仪表、化工等几乎所有工业门类,集成数学、空气动力学、材料学、人机工程学、自动控制学等多种学科,是一个复杂的科技创新系统。为了迎接新形势下理论、技术和工程等方面的严峻挑战,迫切需要引入、借鉴国外的优秀出版物和数据资料,总结、巩固我们的经验和成果,编著一套以"大飞机"为主题的丛书,借以推动服务"大飞机"作为推动服务整个航空科学的切入点,同时对于促进我国航空事业的发展和加快航空紧缺人才的培养,具有十分重要的现实意义和深远的历史意义。

2008 年 5 月,中国商用飞机有限公司成立之初,上海交通大学出版社就开始酝酿"大飞机出版工程",这是一项非常适合"大飞机"研制工作时宜的事业。新中国第一位飞机设计宗师——徐舜寿同志在领导我们研制中国第一架喷气式歼击教练机——歼教 1 时,亲自撰写了《飞机性能及算法》,及时编译了第一部《英汉航空工程名词字典》,翻译出版了《飞机构造学》《飞机强度学》,从理论上保证了我们的飞机研制工作。我本人作为航空事业发展 50 多年的见证人,欣然接受上海交通大学出版社的邀请担任该丛书的主编,希望为我国的"大飞机"研制发展出一份力。出版社同时也邀请了王礼恒院士、金德琨研究员、吴光辉总设计师、陈迎春副总设计师等航空领域专家撰写专著、精选书目,承担翻译、审校等工作,以确保这套"大飞机"丛书具有高品质和重大的社会价值,为我国的大飞机研制以及学科发展提供参考和智力支持。

编著这套丛书,一是总结整理 50 多年来航空科学技术的重要成果及宝贵经验;二是优化航空专业技术教材体系,为飞机设计技术人员的培养提供一套系统、全面的教科书,满足人才培养对教材的迫切需求;三是为大飞机研制提供有力的技术保障;四是将许多专家、教授、学者广博的学识见解和丰富的实践经验总结继承下来,旨在从系统性、完整性和实用性角度出发,把丰富的实践经验进一步理论化、科学化,形成具有我国特色的"大飞机"理论与实践相结合的知识体系。

"大飞机出版工程"丛书主要涵盖了总体气动、航空发动机、结构强度、航电、制造等专业方向,知识领域覆盖我国国产大飞机的关键技术。图书类别分为译著、专著、教材、工具书等几个模块;其内容既包括领域内专家们最先进的理论方法和技术成果,也包括来自飞机设计第一线的理论和实践成果。如:2009 年出版的荷兰原福克飞机公司总师撰写的 *Aerodynamic Design of Transport Aircraft*(《运输类飞机的空气动力设计》);由美国堪萨斯大学 2008 年出版的 *Aircraft Propulsion*(《飞机推进》)等国外最新科技的结晶;国内《民用飞机总体设计》等总体阐述之作和《涡量动力学》《民用飞机气动设计》等专业细分的著作;也有《民机设计 1 000 问》《英汉航空缩略语词典》等工具类图书。

　　该套图书得到国家出版基金资助,体现了国家对"大型飞机"项目以及"大飞机出版工程"这套丛书的高度重视。这套丛书承担着记载与弘扬科技成就、积累和传播科技知识的使命,凝结了国内外航空领域专业人士的智慧和成果,具有较强的系统性、完整性、实用性和技术前瞻性,既可作为实际工作指导用书,亦可作为相关专业人员的学习参考用书。期望这套丛书能够有益于航空领域里人才的培养,有益于航空工业的发展,有益于大飞机的成功研制。同时,希望能为大飞机工程吸引更多的读者来关心航空、支持航空和热爱航空,并投身于中国航空事业做出一点贡献。

2009 年 12 月 15 日

序

我国大型客机的研制是党中央、国务院把握世界科技发展趋势，着眼现代化建设全局做出的一项重大战略决策，是建设创新型国家和新时期改革开放的标志性工程。

减阻是大型客机的永恒主题之一，先进的减阻技术体现了大型客机的核心竞争力。为了在未来减阻理论、方法和设计中占据主导地位，国家科技部在2013年批准了973项目"大型客机减阻机理和方法研究"。该项目由本人作为首席科学家，联合中国商用飞机有限责任公司上海飞机设计研究院、上海交通大学、清华大学、中国空气动力学研究与发展中心和西北工业大学等单位共同开展研究工作，并设立了"附面层阻力机理研究""涡致阻力机理研究""高精度阻力预测方法研究""流动控制减阻方法研究""减阻方法验证研究"和"大型客机减阻综合设计方法"六个子课题。

在五年的研究周期中，项目组在大型客机附面层摩擦阻力和涡致阻力的产生机理、预测方法以及减阻方法等领域开展了大量工作，引领了大型客机阻力产生机理的研究方向，形成了先进减阻措施效果的验证体系，掌握了考虑减阻技术的创新性设计方法和准则，显著提升了我国在大型客机气动减阻设计方面的技术能力，实现了多种新型流动减阻控制技术，为国产民机事业跨越式发展提供了更为坚实的理论和技术基础。

作为本项目研究成果的一次集中展示，本书从"大型客机的减阻理论研究""大型客机减阻机理研究"和"大型客机减阻方法研究"三个方面进行论述。希望本书能为大型客机设计研究者提供帮助，并为高等院所相关专业的本科生、研究生以及教师的学习和科研提供参考。

著书立言绝非一人之功。本书的完成首先要感谢陈迎春、刘洪、张淼、王福新和符松在项目研究中付出的努力；其次要感谢白俊强、王运涛、陈海昕、向阳、邵纯、梁益华、孙刚、刘铁军、张宇飞和黄湛等人为本书的编写倾注的大量时间和精力；最后感谢参与该项目的所有科研人员以及提供宝贵意见的项目专家。

中国工程院院士 C919 大型客机总设计师

2018.10

前　言

　　大型客机是国家中长期科学和技术发展纲要(2006—2020年)中提到的重大专项之一,是建设创新型国家的标志性工程,也是新时期改革开放的标志性工程。大型客机的商业成功要确保安全性,突出经济性,改善舒适性,强调环保性。我国自主设计与制造的大型客机C919已于2017年5月首飞成功,相关减阻指标相比于现役同类机型具有竞争优势。

　　减阻是大型客机设计的一个永恒主题。为了提升我国在大型客机减阻设计方面的核心竞争力,2014年科技部批准了由吴光辉院士担任首席科学家的国家973项目"大型客机减阻机理和方法研究"。经过五年的研究,项目在减阻理论、机理和方法三个方面取得了突破。本书系统地梳理了项目在大型客机减阻机理和方法等领域取得的最新进展。

　　在大型客机的阻力组成中,边界层阻力和涡致阻力占比高达80%以上。本书在减阻理论部分,详细地阐述了湍流转捩机理以及边界层流动结构的生长演化规律,进而分析了边界层阻力的产生机理。针对飞机翼尖涡和后体大尺度的涡结构生长演化以及相互作用机理进行研究,结合涡量矩定理,分析翼尖涡以及后体涡致阻力的产生机理。在减阻机理部分,结合上述理论进展,揭示了小肋、小翼以及后体涡流发生器对流动结构的影响,进而阐述了其减阻机理,为减阻方法的设计提供理论支撑。在减阻方法设计部分,将上述减阻机理与大型客机设计相结合,综合研究了小肋、壁面吹吸气、等离子体、小翼以及后体涡流发生器等减阻方法的设计原理,并验证减阻的效果以及代价。本书的研究采用了理论分析研究、高精度数值计算以及先进风洞实验等方法,展示了大型客机减阻领域的最新研究成果,是飞机设计人员的重要参考工具,也为相关理论的研究人员提供了研究思路、方法及数据。

　　本书由中国商用飞机有限责任公司吴光辉院士和陈迎春总师主持编写,并得到了"大型客机减阻机理和方法研究"项目的课题负责人符松、刘洪、刘刚、高正红和张淼的大力支持。另外，白俊强、孙刚、王福新、陈海昕、王运涛、张宇飞、刘铁军、李伟鹏、田伟、向阳、邵纯、秦苏洋等人也为本书的编写倾注了大量的时间和精力。

目　　录

绪　　论

大型客机减阻机理和方法的现状综述及趋势研判

吴光辉

(中国商用飞机有限责任公司,上海 200240)

摘 要:减阻是大型客机设计的一个永恒主题,关系着客机的经济性和环保性。减阻技术体现了飞机设计公司的核心技术和自主创新能力。经过国内外几十年的研究,减阻方法及其在大型客机上的应用已经取得了一定的成果。但是减阻理论研究的不足已经制约了大型客机减阻设计方法及应用的进一步发展,也限制了我国在大型客机核心技术上的竞争力。为此,国家科技部立项了 973 项目"大型客机减阻机理和方法研究",针对大型客机的涡致阻力、摩擦阻力的产生机理、预测方法以及减阻技术开展了深入且系统的研究。经过五年的工作,在涡致阻力以及摩擦阻力的产生机理以减阻方法方面取得了显著的突破,并为大型客机的减阻方法和减阻设计奠定了坚实的基础。

关键词:大型客机;减阻机理;减阻方法

Abstract: Drag reduction is an everlasting topic for the design of large civil aircraft. It relates to the economy and environmental protection of the civil aircraft. The drag reduction technology reflects the core technology and capability for independent innovation of aircraft design company. Through several-decade researches at home and abroad, the drag reduction method and its application in the large civil aircraft have gain significant development. The lack of drag reduction theory, however, not only hinders the further development of the design method and application of drag reduction for large civil aircraft, but also limits the competitiveness of core technology of our nation. Ministry of Science and Technology has approved the State Key Development Program of Basic Research of China "Research on the mechanism and method of drag reduction for large civil aircraft". It includes deep and systematic researches on the generation mechanisms of vortex-induced and frictional drag as well as the related prediction techniques and drag-reduction technologies. After five-year researches, breakthrough has been achieved in the generation mechanisms of vortex-induced and frictional drag as well as drag reduction methods. It is believed that it has laid a solid foundation for the drag reduction method and design of large civil aircraft.

Key words：large civil aircraft；drag reduction mechanism；drag reduction method

1　大型客机减阻的意义

《国家中长期科学和技术发展规划纲要(2006—2020 年)》将"大型客机"列为重大专项之一。大型客机是建设创新型国家的标志性工程,也是新时期改革开放的标志性工程。自民用航空发展进入 21 世纪以来,"经济、绿色、舒适"已成为世界各国民用飞机制造商的共同设计理念。民机要获得商业成功需满足安全性、经济性、舒适性和环保性,其中经济性是决定航空公司选购飞机的主要因素,而环保性则可能成为未来航空市场的准入条件。飞机的阻力与上述两个特性均直接相关,故减阻研究对于飞机的商业成功至关重要。

目前,美国波音公司和欧洲空中客车公司基本瓜分了全球大型民用飞机市场。从中短程窄体客机,到中远程宽体客机,再到远程巨型客机,两家公司都分别拥有相应机型满足市场需求,并已经形成系列化产品供航空公司选择。随着基于复合材料和精细化气动设计技术的新一代中远程宽体客机波音 B787 和空客 A350 飞机的正式运营,全球民用客机技术水平获得了显著提升,国际市场给我国民机产业发展带来的压力急剧增大。

我国的民用航空产业经历了漫长而艰难的历程,近年来随着国民经济的高速发展,我国民机产业进入了跨越式的发展时期。2016 年 6 月 28 日,支线客机ARJ21-700 正式投入运营;2017 年 5 月 5 日,中短程窄体客机 C919 首飞成功;2017 年 9 月 29 日,中俄合作的中远程宽体客机正式命名为 CR929,确定基本型载客 280 座,航程 1.2 万千米。然而,我国民用飞机科技发展水平和世界顶尖水平还存在较大差距,CR929 将与国际最先进的 B787 和 A350 两种机型形成直接竞争,其研发难度巨大。想要突破目前波音与空客飞机的垄断,在世界民机市场上占有一席之地,就需要在各个关键技术上有所突破,气动设计技术是飞机设计最重要的方面之一。

经济性是航空公司赢利的前提,也是飞机设计追求的目标。A380 飞机的燃油经济性与其直接竞争机型相比,提高了 13% 左右,平均单座运营成本降低了 15%～20%,是第一种每乘客百千米消耗燃油不足 3 L 的远程飞机;B787 飞机与同级别飞机相比,可节省 10% 的燃油。减小气动阻力,提高升阻比是提高飞机经济性的关键因素。对于 250 座级、1.2 万千米航程的宽体客机,巡航阶段每减小 1 count 阻力(1 count=0.000 1,称为一个阻力单位),相当于在巡航初始阶段减小 0.72 吨飞机总重,即等同于增加 8～10 个乘客或者减小 0.24 吨总耗油量,直接提高了飞机的经济性。从气动设计角度而言,窄体客机如 B737 和 A320 的巡航升阻比均低于 17,而最新的宽体客机 B787 和 A350 的巡航升阻比均已超过 20。我国自主研发的宽体客机想要在与同级别机型竞争时获得优势,就需要进一步减小全机阻力,提高巡航升阻比,努力追赶 B787 和 A350 的水平。

2　大型客机减阻机理和方法的研究现状及发展瓶颈

由于大型客机雷诺数高,因此飞机表面附近湍流流态占据主要地位,只有机头、机翼前缘等存在小部分层流区域。边界层流动形态以及流动从层流向湍流的转捩对大型客机的气动性能有着重要的影响,也是空气动力学中尚未完全被人们很好理解的流动现象。湍流明显增加了边界层内动量和能量的交换,因而大幅度增加了摩擦阻力。飞机的流动分离同样会增大阻力,而流动处于湍流还是层流流态对分离形态有着明显的影响。

目前大型客机主要在跨声速范围内巡航,位于飞机表面的激波与湍流边界层的相互作用会明显影响激波的位置和强度,导致升力、阻力和气动力矩剧烈变化,是飞机设计师必须考虑的因素。两者的相互干扰还可能造成激波位置的往复移动和边界层分离,导致飞机振动。高雷诺数湍流边界层/激波相互干扰流动结构复杂,时空尺度差异大,相互演化剧烈,蕴含很多人们尚未理解的机理。机翼三维效应导致的翼尖涡产生诱导阻力,机身后体涡系引起底部阻力,这些涡致阻力是大型客机阻力的重要来源之一。目前的研究结果表明,涡致阻力和减阻机理与复杂构型导致的大尺度旋涡或涡系拓扑结构和演化的特性密切相关。

2.1　针对涡致阻力的减阻方法研究及存在的问题

2.1.1　翼尖流动减阻机理和方法

大型客机的诱导阻力约占巡航阻力的 40%。机翼翼梢处形成的翼梢涡是大型客机飞行尾流中强度最大、影响范围最广的涡系,翼梢处加装涡控装置可降低翼梢涡的强度,显著降低涡致阻力。安装翼梢小翼是大型客机中减阻效果最为显著的一种措施。翼梢小翼有上反式小翼、帆片式小翼等多种形式,上反式小翼因其结构简单而使用较多。翼梢小翼除作为翼梢端板能起到增加机翼有效展弦比的作用外,也可对翼梢涡起到扩涡和降低涡强度的作用,进而达到改善翼梢附近的压力分布,降低涡诱导形成的下洗流场作用,减小翼梢涡诱导阻力的目的。

风洞实验和飞行实验结果表明,翼梢小翼能使全机诱导阻力减小 $20\%\sim35\%$,相当于使升阻比提高 7%。翼梢小翼作为提高飞行经济性、节省燃油的一种先进空气动力设计措施,已在很多飞机上得到应用。据统计,加装合适的翼梢小翼后,B737/B757/B767 在运营过程中节省了 $4\%\sim6\%$ 的燃油。

由于需要配合机翼的外形和飞行状态来设计翼梢小翼,因此每一种机型的翼梢小翼都各不相同。大部分上反式小翼都对绕过机翼翼尖的气流起到阻挡和扩散的作用,在翼尖涡的生成阶段降低涡强度,同时将涡初始生成位置上移到小翼顶端,进一步降低涡对机翼的诱导作用,形成最为有利的下洗流场,如鲨鱼鳍式小翼。帆片式翼梢小翼的下翼起到了阻挡沿翼展气流的作用,而上翼的顶端涡系将涡的诱导作用限制在小范围内，降低了翼梢涡诱导阻力。

主流的翼梢小翼设计方法包括多种优化算法与数值计算方法相互结合的小翼设计、考虑涡诱导效应与下洗流场的小翼设计方法等。在建立高精度数值计算和高质量结构化网格自动划分等关键技术的基础上，选定合适的小翼翼型和布局方式，利用优化设计平台建立小翼的减阻效果与小翼的外形等设计变量的映射关系，通过优化算法找到最优的设计变量组合，进而得到最优的小翼构型设计。

然而传统翼梢小翼的减阻效能存在设计上的极限。机翼的翼梢涡不能被翼梢小翼根除，机翼的翼根弯矩限制小翼不能无限制地增高，对翼梢涡的扩涡作用存在极限。在现代飞机设计方法中，小翼的设计大量运用数值仿真优化与风洞测试技术，对翼梢小翼的种类、尺寸和翼型进行精心的调整，使得翼梢小翼的涡控效果发挥到极致，传统翼梢小翼的减阻效能几乎已经达到了上限。

为进一步提升翼梢小翼减阻效能，近年来出现了基于优化算法的智能变形主动控制技术，该技术可以主动控制小翼的尺寸和入流状态最大化的扩散大型客机机翼翼梢涡，从而使得减阻效能进一步提升。

2.1.2　涡流发生器减阻机理和方法

为避免起降时机身尾部触地并满足操作需求，大型客机采用收缩、上翘的后体[1]。因此在巡航阶段，后体附近流管扩张，形成自机身表面至底部的三维绕流，并且当该绕流的逆压梯度较强时，会从壁面形成一对反向的流向涡对。这不仅减小了机身局部升力，而且增加了诱导阻力。同时，由于安装有垂尾和平尾，因此后机身还存在着强烈的旋涡干扰，进一步改变了该后体涡系产生的涡致阻力的大小和组成。目前，国内外关于客机或运输机后体减阻方法的研究大多聚焦于后体几何参数、优化修形技术或吹气、安装涡流发生器等流动控制技术[2]。

涡流发生器是国际上正在积极发展的一种控制边界层分离的技术，于1947年首次由Bmynes和Taylor提出[3]。涡流发生器实际上以某一固定的安装角安装在扁平后体表面，它能抑制后体涡的生成与发展并削弱后体低压区，降低压差阻力。同时还能改变垂尾和后体的压力分布形态，从而增加航向稳定性[4]。涡流发生器最大的优势是不需要改变原有型面，且使用简易、方便、控制效果显著，已成为现在飞机控制湍流边界层分离应用最为广泛的一种被动控制手段。目前，国内外对涡流发生器已经做过较多研究，包括风洞实验和仿真计算，并已应用在真实的飞机上。学术界和工程界对涡流发生器的普遍认识是：涡流发生器通过产生涡，将边界层外的高能量气流卷入低能量区，抵抗逆压梯度，抑制流动分离。但是在阻力方面，却有不同的说法，有认为能减阻的，也有认为安装涡流发生器会增加阻力。不同研究用到的翼型以及流动工况是不同的。对于同一个机翼而言，涡流发生器的参数（高度、偏转角、弦向位置、间距、排列方式等）也是需要优化的，这些参数变量并不是独立的。同时也有很多新型的涡流发生器形式被提出来，如利用主动射流产生旋涡的装置等。这些都能很好地控制流动分离,但会面临主动控制所带来的问题。静态被动的涡流发生器具有简单、问题少的特点。如果能实现主动控制静态涡流发生器的收起和打开,则肯定有很多地方值得去研究。因此,后体减阻机理的研究主要存在以下几个问题:

(1) 大型客机后体存在复杂的涡系结构[1](后体涡对、平尾涡对、翼根马蹄涡等),这些涡结构之间的生长演化以及相互作用机理还有很多未被认知。

(2) 大型客机后体涡结构生长演化以及相互作用机理与阻力之间的耦合关系不清。

(3) 基于改变后体涡系结构生长演化及相互作用机理,提出后体减阻方法的设计原则还不确定。

2.2 针对湍流摩擦阻力的减阻方法研究及存在的问题

2.2.1 小肋减阻机理方法研究进展及存在的问题

大型客机高雷诺数的特点使得湍流为其边界层流态的主要形态,并导致了边界层的高摩擦阻力。由于近壁湍流的相干结构与湍流的高摩擦阻力有着密切的关系,因此通过对壁面相干结构施加影响从而减少湍流摩擦阻力是来湍流减阻研究的主要思路。

壁湍流的控制方式可以分为主动控制和被动控制。主动控制的适用范围广、减阻效率高,是最理想的控制方式,但是需要额外的能量输入和流场的实时信息,成本较高;被动控制相较于主动控制则不需要额外的输入能量,所施加的控制或干扰措施固定不变,成本较低而且应用便捷。被动的湍流控制方式包括两种,一种是改变表面特性,例如空气注入法(air injection)、表面加热或冷却、等离子体、表面添加物等;另一种是改变表面的几何形状,包括表面小肋、大涡破碎装置、特定的表面粗糙度、表面高频展向振动、柔性壁面等。在这些被动控制方式中,表面小肋具有操作简单、易于实现而且成本较低的特性。自从 NASA 兰利研究中心的 Walsh 等学者开始关注顺流向的沟槽表面能够减小表面摩擦阻力并率先开展了沟槽表面湍流减阻的研究以来[5],表面小肋的相关研究一直受到国内外的广泛关注。

McLean 和 George-Falvy[2]将小肋布置在 T-33 的机翼上表面,当小肋间距与雷诺数达到最优组合时,可以得到 6% 的摩擦阻力减阻率。波音公司做过相关测试,对于一架在巡航状态下的运输机,应用小肋可以使得总阻力减小 2%～3%。Walsh 和 Sellers 在 T-33 机翼上做实验,采用对称 V 型小肋,摩阻减阻率达到 6.5%[6]。空客公司在 A320 飞机上覆盖了占浸润面积 80% 的小肋,发现小肋的布置方向与边界层底部气流方向的角在 ±10% 内才有减阻效果,并且角度超过 ±10% 时,会导致增阻,这表明小肋无法覆盖到全机的各个区域,比如机身后部和气流方向改变的区域[7]。Pulles 和 Krishna 采用 1:11 的空客 A320 模型,分别针对五种不同小肋铺设情况进行了实验,结果表明:仅有机身并且小肋覆盖机身 73%面积的情况下,$Ma = 0.5$、0.7、0.8 下分别有 1.9%、2.3%、2.4%的总阻力减阻率;翼身组合体构型仅在机身覆盖小肋,小肋占浸润面积47%时,总阻力减阻率达到1.2%;翼身组合体构型在机身、机翼和整流罩上都覆盖小肋,覆盖率达到66%时,总阻力减阻率达到1.6%,摩擦阻力的净减小值达到4.85%[8]。荷兰研究者在 1∶4.2 的 Do328 飞机模型上进行了实验,机翼和短舱上布置了约82%的小肋,翼型前缘布上光滑的塑料薄膜,实验结果表明总阻力减阻率可以达到2%~3%[9]。李育斌在运七飞机的1∶12模型上进行了小肋减阻实验,得到了5%~8%的摩擦阻力减阻率[10]。Houghton 采用 3M 公司的小肋在 A300 - 600 飞机以及 A340 - 300 飞机上进行了飞行实验,表面摩擦阻力的减阻率约为5%~8%,在 A340 - 300 表面覆盖约70%小肋时,总阻力减阻率可以达到3%[11-12]。

综上所述,在飞机上布置小肋可以达到使表面摩擦阻力减小5%~8%,总阻力减小1%~3%的效果。

那么在飞行器上布置小肋到底可以产生多少收益呢? 以小肋在 A340 - 300 飞机上的应用为例,假设总阻力减阻率可以达到2%[11]。表面小肋的重量与它覆盖的区域原先会涂装的油漆重量大致相当。飞机的燃油花费大概占直接操作成本的30%,总阻力降低2%可以减小2%的燃油消耗从而节省0.7%的直接操作成本。同时燃油消耗减小2%也意味着相应地可以增加大约3.3%的有效载荷。那么这样一架铺上小肋的飞机可以提高4%的利润,相当于每年可以多盈利一百万美元。由此可见,小肋的应用非常具有经济价值,但是目前小肋在实际应用中还不是很广泛。

Bushnell[13]认为一个新的概念从开始研究到投入使用都必须要按序通过两道筛选,即技术筛选和成本筛选。飞行实验和数值研究表明表面小肋已经通过了技术筛选,但是对于成本筛选的各方面来说,应用的风险依旧很大,因为设计的额外成本、制造、安装和使用维修的花费可能会抵消掉燃油消耗减小等增加的利润。Bechert 和 Hage[14]认为小肋没有在飞行器上广泛使用的原因可能包括理性因素和非理性因素。理性因素指技术问题,如胶的质量、太阳辐射可能造成的对小肋薄膜的损害、因为薄膜被灰尘等污染而造成的减阻效果下降等;非理性因素则来自某些航空公司市场部以及飞机制造商的偏见,他们认为小肋塑料薄膜可能会使飞机看上去不美观从而不受顾客欢迎。对于理性因素,随着科技发展,胶可以非常牢固,小肋塑料薄膜可以使用含氟材料来抵御紫外线,使用防灰尘涂层来防止灰尘污染,技术问题在逐步解决;对于非理性因素则可以通过营销活动来打消顾客的疑虑。总体来说,小肋还未在实际中大量使用主要是因为收益尚未显著大于成本。

综上所述,理论和实验研究都表明,表面小肋可以有效减小表面摩擦阻力,但因为其能达到的减阻效果与投入实际应用需要付出的成本相比较,还未显示出非常大的优势,所以目前还未得到广泛的应用。然而,研究人员已经可以通过应用先进材料、加工技术、维修技术等手段来降低小肋的维护成本,同时通过优化小肋尺寸、形状、在飞机上的布置方式以及局部优化小肋,来使减阻效果进一步提升。如果能够拉开收益与成本的差距,则小肋的实际应用价值将大大提升。因此,对小肋湍流减阻机制的揭示以及进一步对小肋减阻效果进行优化,具有显著的研究价值和广阔的应用前景。

2.2.2 自然层流和混合层流控制技术

边界层内,层流状态的摩擦阻力比湍流状态小 90%。所以,维系机翼以及短舱表面的层流可以有效地减小飞机的总阻力。准确预测转捩对于准确预测阻力和实现层流减阻有重要意义。对于从层流向湍流的转捩机理,国内外研究者提出了不同的看法,如 Craik[15] 提出了共振三波理论,Herbert[16] 提出了二次失稳理论,Kachanov[17] 提出了一般共振理论等。天津大学的周恒团队[18]对不可压槽道流从层流到湍流转捩的"breakdown"过程进行了直接数值模拟,发现平均流剖面线性稳定性理论中的中性曲线急剧扩大在"breakdown"过程中起了关键性的作用。

对于商用飞机,层流的失稳与雷诺数、压力分布、湍流度以及噪声等相关,在飞机的层流设计中,在设计状态以及飞行高度给定的情况下,主要通过改变压力分布来维系更大区域的层流。对于飞机飞行的低湍流度状态,引起层流到湍流的转变主要有 3 个因素:① 前缘附着线转捩;② Tollmien - Schlichting(T - S)波引起的流向失稳;③ 横流(CF)涡失稳。前缘附着线转捩主要发生在机身和机翼的交接处,主要是通过设计小鼓包来避免附着线转捩的发生。对于流向和横向转捩的产生,根据维系层流的手段可以分为两种方法:自然层流控制技术和混合层流控制技术,主要包含吹吸气、等离子体等主动控制技术。其中吹吸气控制在过去的几十年进行了大量的数值、风洞实验以及试飞实验的研究,取得了一些进展。自然层流技术主要通过控制压力分布来抑制转捩的发生,对于流向扰动,逆压梯度可以有效地抑制 T - S 波的增长;相对应的,对于横流扰动,顺压梯度有利于抑制 CF 波的增长。横流扰动的一个关键几何参数是机翼的后掠角,当机翼的后掠角较大时,横流扰动增大,较容易失稳,发生转捩。同时,横流波的增长主要在前缘 20% 处相对激烈,而流向扰动波的增长比较缓慢,从前缘到后缘缓慢增长。所以一般对于同时存在流向和横向扰动的机翼,压力分布的设计概念是保证前缘顺压,后缘到激波处缓慢增长的逆压状态。

转捩机理非常复杂,使得转捩的模拟非常困难,国内外研究人员对此问题进行了大量研究。虽然 Navier - Stokes(N - S)方程具有模拟转捩过程的能力,而且随着计算机技术的发展,近年来湍流的高级数值模拟方法,如直接数值模拟(DNS)和大涡模拟(LES)得到了很大发展,也取得了许多令人满意的结果,但是距工程应用还有较远的距离。在工程应用中,转捩主要靠经验或半经验的方法来确定,比如经验关联方法、e^N 方法和低雷诺数湍流模型方法等。经验关联方法由于要积分计算动量厚度,因此难以与现代计算流体动力学(CFD)方法相匹配;e^N 方法难以推广到三维情况;低雷诺数湍流模型不能模拟旁路转捩,模拟自然转捩的能力也受到质疑。还有一类基于间歇因子 γ 的转捩预测方法,是 Dhawan 和 Narasimha[19] 首先引入的,之后出现了大量的间歇因子的转捩预测方法,如 Cho 和 Chung[20] 针对自由剪切流发展了与 $k-\varepsilon$ 湍流模型联合使用的间歇因子输运方程方法;Steelant 和 Dick[21] 发展了与条件平均 Navier - Stokes 方程联合使用的间歇因子输运方程方法;Suzen 和 Huang[22] 将 Steelant 和 Dick 的模型与 Cho 和 Chung 的模型相结合,发展了间歇因子的对流-扩散方程。但是这些间歇因子方法也都需要积分动量厚度,难以与现代 CFD 方法相匹配。为了适应现代 CFD 计算,Menter 和 Langtry[23-24] 提出了基于当地关联的转捩模型,该模型并不试图模拟边界层内转捩的物理过程,只是为把经验关联方法融入现代 CFD 中去,为工程应用的转捩模拟提供了一个有效途径。波音公司著名飞机气动专家 Cebeci[25] 在回顾了五十年来的转捩预测方法后认为:最实用的转捩预测方法是基于线性稳定性分析或抛物化稳定性方程的半经验 e^N 方法,其前提是有足够多的实验或飞行实验数据作为依据。这对波音这类已积累了大量数据的大公司来说是有可能的,而对我国而言,在积累数据的同时,还必须开展深入的基础研究。

Lee 和 Jameson[26] 使用伴随优化,针对小后掠角(16.69°)飞机进行了层流设计,最终不仅降低了设计点的阻力,而且在非设计点的阻力也得到了改善。Cella[27] 设计了跨声速($Ma=0.75$)、后掠角为 20° 的自然层流机翼,最终设计结果保证了在巡航阶段机翼上有 40% 的层流区,同时使得激波阻力的增加在可承受范围内。德国宇航中心的 LamAir 项目[28] 把层流技术应用在支线客机上,为了维系可观的层流区域,要求机翼后掠角小于 20°;但同时为了达到设计马赫数 0.75,采用了前掠翼进行自然层流设计。马晓永等人[29] 也针对小后掠角(15.6°)进行了自然层流设计,最终降低了 30% 摩擦阻力。针对大后掠角和高雷诺数,Campbell[30] 选择 CRM(后掠角 37.3°,雷诺数 300 万)并使用反设计方法进行了自然层流优化设计,设计结果表明只有在压力分布呈现极限"屋顶"状态时,才能维系可观的层流,这样的代价是激波阻力将会大大增加,整个压力分布也不符合跨声速飞机已成熟的设计概念。所以对于小后掠角或者小雷诺数,自然层流设计非常有意义,可以维系较长的层流,达到减小飞机总阻力和燃油消耗的目的。但是对于现有的跨声速商用客机,大后掠角和高雷诺数的特性意味着自然层流设计技术失效;或者为了维系自然层流,需要损失其他气动性能。所以对于大后掠角和高雷诺数的飞机,我们需要提出主动控制技术来维系机翼以及尾翼/发动机表面的层流区。

国内在边界层转捩的数值模拟方面,清华大学[31] 研究了间歇因子转捩方法,西北工业大学[32] 研究了 $\gamma-Re_\theta$ 转捩方法,还有南京航空航天大学和北京航空航天大学也开展了转捩方法的研究,并且都在一些典型算例上取得了成功,但尚未集成到主流 CFD 软件中,没有实现工程应用。

美国和欧洲在自然层流机翼和混合层流控制机翼方面进行了大量的理论研

究、风洞实验和飞行实验。比较有代表性的是波音公司在 B757[33] 上进行的层流减阻研究(见图 1)，欧洲在 SAAB 2000 飞机[34] 的机翼上进行的层流控制飞行实验(见图 2)和在 A320 垂尾上进行的飞行实验[35](见图 3)。

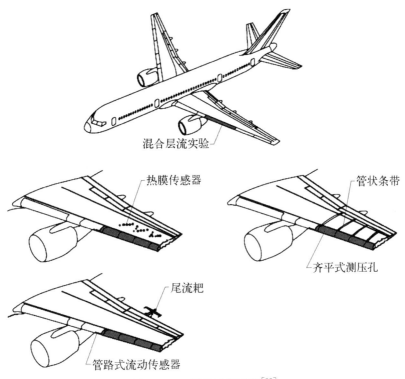

混合层流实验

热膜传感器　　　　　　　管状条带

齐平式测压孔

尾流耙

管路式流动传感器

图 1　B757 层流减阻研究[33]

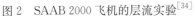

层流垂尾

图 2　SAAB 2000 飞机的层流实验[34]　　　图 3　A320 飞机垂尾的层流实验[35]

在 B757 飞机上进行层流技术研究的目的是：① 发展一个混合层流流动控制(HLFC)应用于大型亚声速民机的数据库；② 评估在飞行雷诺数(包括非设计条件)下 HLFC 的真实性能和可靠性；③ 发展和验证实用的综合高升力、防冰和 HLFC 的系统。研究者在 B757 短舱外的外翼段 22ft(6.7 m)翼展长范围安装了

HLFC 前缘盒、Krueger 襟翼和热空气防冰等系统。飞行实验结果表明，HLFC 对推后转捩点很有效，例如在设计点时可将转捩点推后至机翼后梁处，层流区可超过 65% 弦长。发现的问题是实际所需吸气量只有初始设计值的 1/3，表明设计工具有较大的不确定性。尾缘测量结果表明，可降低 29% 的当地阻力，使总阻力降低 6%。B757 的飞行实验验证了采用前缘吸气系统可较大地扩大层流区，但设计工具的不确定性使民机市场还难以接受此项技术。为了更好地了解流场的复杂性，NASA、空军和波音公司又联合进行了风洞实验研究（1993—1995 年）。波音公司根据实验结果评估了层流流动的设计准则，对外宣称可以指导今后的设计，但没有公开具体细节。

　　现代工业的发展使符合于层流流动对表面波纹度、光洁度等的加工要求可以实现，极大地鼓舞了人们对制造层流飞机的勇气。"本田飞机"（Hondajet，见图 4）[36-37] 的问世是自然层流机翼设计领域一件鼓舞人心的大事。它是一架先进、轻型的公务机，采用了发动机置于机翼上部的布局构型、自然层流机翼、自然层流机身头部。飞机长 12.5 m，翼展长 12.2 m，机高 4.1 m，起飞重量 4.173 t，最大航程 2 037 km，估计在 9.144 km 高度处最大速度为 420 km/h。它已于 2003 年 12 月 3 日进行了首飞，并进行了适航认证试飞，已完成的飞行实验表明，飞机达到了预期的目标和要求。

　　　　　　　(a)　　　　　　　　　　　　　　　　　　　(b)

图 4　本田飞机外形[36-37]

　　为了进一步提高市场竞争力，满足未来"绿色航空"的要求，美国 NASA 为期 5 年、计划投资 3.2 亿美元的"环保航空 ERA 计划"（environmentally responsible aviation）于 2009 年 10 月 1 日启动，每年投入经费超过 6 千万美元。层流机翼和层流控制研究是三大研究内容之一。

　　与此同时，欧洲"清洁天空联合技术计划"（clean sky joint-technology initiative）中与民用客机最接近的两个"清洁天空"项目是投资 3.93 亿欧元的"智能固定翼飞机"（smart fixed wing aircraft，SFWA）项目和投资 1.17 亿欧元的"绿色支线飞机"（green regional aircraft，GRA）项目。层流机翼和具有被动和主动层流控制与载荷控制的智能机翼是重要研究内容之一。

从"八五"开始,西北工业大学和中国航空研究院与德国宇航院(DLR)就亚声速自然层流机翼设计、跨声速自然层流机翼设计方面进行了大量的合作研究工作,开发了相应的设计分析软件系统。中国航空研究院也支持了一项短期的自然层流机翼设计预研。尽管当时 CFD 分析工具还是以势流/欧拉方程加边界层修正为主,但因为有了转捩判定方法,因此应用设计了我国巡航导弹的层流弹翼和高空长航时无人机的局部层流机翼,其中后者成功地应用于型号,保证了航时的突破。

根据目前国内外发展状况可以看出,我国在层流技术研究方面较为薄弱,主要表现在:① 国内的层流稳定性和流动机理的研究多集中于学术范畴,难以满足航空领域的迫切需求;② 缺乏飞机气动设计可靠的转捩模型和相应的流场分析方法;③ 基于层流流动的机翼气动布局设计研究较少;④ 对自然层流机翼和层流短舱设计缺少行业领域内有组织的持续性研究;⑤ 层流流动控制的工程可用技术细节研究不深入。

3 大型客机减阻机理和方法研究的重要进展

3.1 涡致阻力的减阻机理和方法进展

3.1.1 大型客机涡致阻力产生机理

1) 翼尖涡致阻力产生机理

翼尖涡在翼尖区域近壁流场的结构处产生(见图 5)。在 $x/c = 0.78$ 时,在机翼翼尖的侧面和上表面形成了涡结构。上下壁面具有压差,流动在机翼上表面形成主涡结构,并且在翼尖的测量处形成次级涡结构,主涡和次级形成了一个涡对结构。从 $x/c = -0.78$ 到 $x/c = -0.42$ 可以看出,这对涡对沿着流向不断发展,其强度也在增加。在接近尾缘处这对涡对发生融合,形成了一个主涡结构。该主涡结构继续向尾迹中传输形成了一个涡管结构。

该涡环向下游传输过程中,先吸收尾迹中的涡量使环量增加,随后进入衰减过程。由于涡的不稳定机制,因此翼尖涡在传输到一定距离之后开始出现涡核摇摆

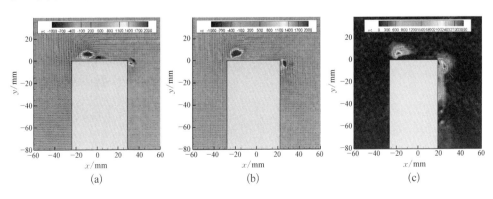

(a)　　　　　　　　　　(b)　　　　　　　　　　(c)

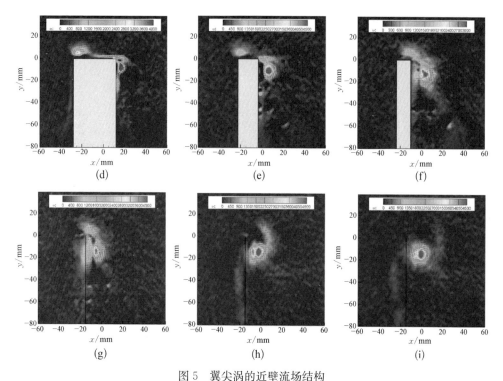

图 5　翼尖涡的近壁流场结构

(a) $x/c=-0.78$　(b) $x/c=-0.66$　(c) $x/c=-0.54$　(d) $x/c=-0.42$　(e) $x/c=-0.18$
(f) $x/c=-0.06$　(g) $x/c=0.04$　(h) $x/c=0.30$　(i) $x/c=0.54$

的现象,也称为翼尖涡的漫步现象(wandering)。如图 6 所示,图(a)显示了翼尖涡涡核的瞬时位置;图(b)是在不同截面处的翼尖涡涡核位置;图(c)是在不同雷诺数下翼尖涡涡核摇摆的幅度随尾迹面的发展。从图中可以看出翼尖涡的摇摆幅度沿着下游方向不断加强。

在传统观点上,根据 Biot‑Savart 定律可知翼尖涡对来流形成一个下洗,进而产生一个额外的诱导阻力。在涡结构的角度上,诱导阻力是由于翼尖涡形成演化过程中,带来的涡结构的动量变化以及涡结构的虚拟质量效应带来的压力变化,产生空气动力,因此也称为涡致阻力。根据动量定理,可以根据尾迹面积分形成估算翼尖涡产生的涡致阻力:

$$F=\frac{\rho}{2}\iint(v^2+w^2)\mathrm{d}y\mathrm{d}z \tag{1}$$

该公式广泛应用于估算翼尖涡产生的涡致阻力,式中 v^2+w^2 表示翼尖涡的旋转动能。因此当翼尖涡的旋转动能越大,其带来的涡致阻力也越大。

翼尖涡在达到能量极限脱落到尾迹中之后,出现了明显的非定常特征。所以翼尖涡产生的涡致阻力 F 的表达式如下:

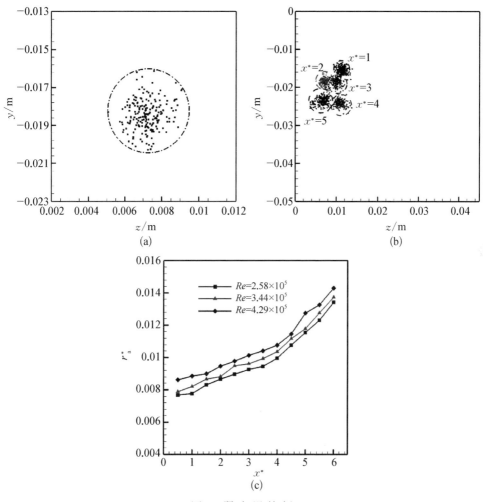

图 6 翼尖涡特征

（a）瞬时涡核位置 （b）不同截面处翼尖涡涡核位置
（c）不同雷诺数下翼尖涡涡核摇摆幅度随尾迹面的发展

$$F = \overline{F} + F'(t) \tag{2}$$

式中：$\overline{F}$ 为根据翼尖涡的平均流场/旋转动能计算出来的结果；$F'(t)$ 为翼尖涡非定常摇摆行为带来的非定常力。

因此，翼尖涡涡致阻力的产生机理是由于翼尖涡生长演化过程中，其旋转能量的增加形成了阻力，该阻力主要有两个部分：翼尖涡动量的变化引起的阻力以及由于翼尖涡的非定常运动带来的额外阻力。涡致阻力 F 可以写成以下形式。

$$F = f(T^*, C^*) \tag{3}$$

式中：T^* 为翼尖涡形成时间表征的翼尖涡的能量生长；C^* 为翼尖涡的虚拟质量效应。C^* 与翼尖涡的摇摆特征有关，即

$$C^* = h(\varphi, \omega) \tag{4}$$

式中：φ 为翼尖涡的摇摆幅度；ω 为翼尖涡的摇摆频率。将式(4)代入式(3)可得

$$F = g(T^*, \varphi, \omega) \tag{5}$$

根据式(5)可知翼尖涡涡致阻力的减阻机理：通过控制翼尖涡的形成时间，也就是翼尖涡的强度，以及抑制翼尖涡的摇摆幅度和频率可以实现减阻。

2) 飞机后体涡致阻力产生机理

当飞机在巡航阶段时，黏性空气流经机身壁面发生剪切过程从而在整个机身壁面产生涡量。在后体这一段，由于机身外形收缩上翘，因此流管突然扩张，形成自机身表面至底部的三维绕流。来流在绕流的横向带动下产生旋转，同时从边界层持续吸收涡量，从而产生一对等强度、相反转向的旋涡(左侧气流为逆时针)，称为后体涡对。这一对旋涡不断向下游发展，涡核附近流线呈现螺旋形。后体表面边界层内逆压梯度扩大，同时后体处于全机边界层发展的下游，从而增加了飞机的巡航阻力。由于产生了负升力，因此平尾翼尖涡也产生了一对同转向涡对，这两对涡对构成了后体涡系(见图 7)。

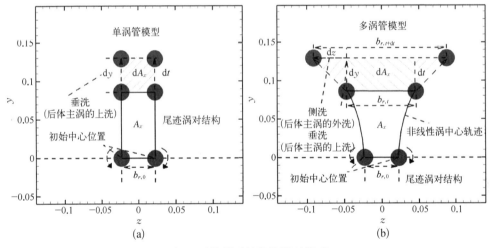

图 7　后体涡系结构的涡环模型

对于足够大的封闭控制体内的固体，假设其相对空气运动，则作用在其上的空气动力为

$$F = -\frac{\rho}{2}\frac{d}{dt}\iiint_{R_v} r \times \omega dR \tag{6}$$

利用封闭的涡量环模型、Stokes 定理、Grimm 定理及 Helmholtz 时间守恒定理等一系列推导可得某一方向的受力为

$$F_n = -\rho\left(\frac{\mathrm{d}A_n}{\mathrm{d}t}\Gamma_v\right) \tag{7}$$

由于单涡量环模型是基于一个飞机反向涡对,如机翼翼尖涡对或后体涡对的自诱导运动现象建立的,因此可以将涡致力和其自诱导运动的参量联系起来。因为其相应的涡量环包围面积为

$$\mathrm{d}A = b\mathrm{d}y \tag{8}$$

所以时均涡致力在单涡量环模型中可以表示为

$$\overline{D_v} = -\rho u_{vw}\Gamma_v b \tag{9}$$

$$\overline{L_v} = -\rho U\Gamma_v b \tag{10}$$

式中:u_{vw} 为一个涡量环自诱导产生的垂直方向涡洗速度,即垂洗速度。

类似的多涡量环系的时均涡致力可以表示为

$$\overline{D_v} = -\rho(u_{vw}b + u_{lw}\Delta\overline{y})\Gamma_v \tag{11}$$

$$\overline{L_v} = -\rho(Ub + u_{lw}\Delta\overline{y})\Gamma_v \tag{12}$$

式中:u_{lw} 为一个涡量环受到另一个涡量环相互诱导产生的侧向涡洗速度,即侧洗速度。通过涡量矩定理将作用在飞机表面的涡致力利用涡强、涡洗速度及涡分离距表示出来,亦即将流固场中的涡运动学和涡动力学紧密联系了起来。

3.1.2 大型客机涡致阻力减阻方法研究进展

1) 小翼减阻原则及效果分析

从沿着机翼展向的环量损失角度来看,机翼翼面不连续处存在的脱落涡系强度等于该处的环量损失,机翼的翼梢涡与小翼翼尖处的涡造成的诱导运动与两个涡系的环量比率和涡间距离相关,利用涡的诱导运动学模型模拟近场涡系的相互诱导,分析小翼的涡控作用与减阻机理。

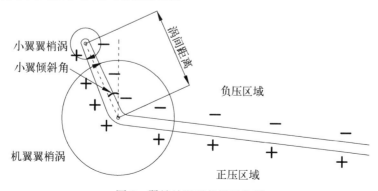

图 8 翼梢处涡系的诱导作用

如图 8 所示，认为顺时针旋向为正，设机翼和小翼翼梢涡的空间起始的位置为 $\mathrm{I}(x_1, y_1, z_1)$ 和 $\mathrm{II}(x_2, y_2, z_2)$，两个同向旋转的脱体涡系起到了相互诱导的作用，在两个涡交界处，必然存在强烈的对流消减作用，对应的无量纲环量分别为 γ_1 和 γ_2，环量之比为

$$r = \frac{\gamma_2}{\gamma_1} \tag{13}$$

本研究改进了飞机飞行重量与尾涡环量的估算关系式，并增加了指数耗散项：

$$\Gamma = \frac{4mg}{\pi \rho V b} \mathrm{e}^{-\lambda t} \delta \gamma \tag{14}$$

式中：mg 为飞机的重量；V 为自由来流速度；b 为飞机的翼展；$\delta \gamma$ 为机翼的无量纲环量的(损失)阶跃值；λ 为随着时间的增长，因黏性和对流扩散导致的集中涡环量的衰减系数，分离流动脱体后，涡量会迅速衰减，可利用涡量峰值衰减的对数曲线拟合 λ。以波音 B737 - 400 为例，对于翼展 b 为 36.5 m，最大起飞重量为 68 050 kg，巡航马赫数为 0.785，机翼升力系数为 0.426(巡航攻角为 2.07°)的带有鲨鱼鳍式的小翼尾流涡系的运动，利用式(14)计算得到机翼翼梢涡的环量可达到 11.28 m^2/s，涡系间距离(翼梢小翼的高度) $H_0 = 0.75$ m。

Whitcomb 对机翼翼尖加装不同构型参数的翼梢小翼进行了系统的风洞实验，总结了小翼的几何造型参数变化对诱导阻力性能的影响。由于带有小翼的机翼翼梢处存在旋向相同的翼梢涡，因此相互靠近的集中涡对流消减，相互诱导造成涡系的扩散。然而不同的小翼构型和安装参数对翼梢处造成的涡系的强度不同，对涡系间造成不同的相互诱导作用，从而形成不同的减阻效果。调整翼梢小翼的高度可改变机翼翼梢涡和小翼涡的间距；改变小翼的倾斜角度可改变机翼翼梢涡和小翼翼梢涡的强度和大小。

首先改变小翼的翼尖处脱落的涡系的强度，这等同于改变翼梢小翼的尖削比和倾角来调节小翼翼展的载荷分布，从而改变小翼的翼尖涡的强度，但两个涡系的间距不变。在机翼翼梢处和小翼的翼梢处存在的环量的阶跃值就是机翼翼梢涡和小翼翼梢涡的涡强。小翼的翼梢处涡强值要小于机翼的翼梢涡强，由于翼梢小翼的倾角的增大造成小翼的翼尖涡强度增加，而机翼翼梢处的涡随着倾角的增加而减弱，所以两个涡的环量比随着倾角的增加而增大。

在脱体之后涡系发生快速的诱导合并作用，形成了螺旋线形的涡运动轨迹。随着环量比的增大，涡间相互诱导作用显著增强。从形成的螺旋线的半径来看，机翼的翼尖涡的轨迹弯曲程度随着环量比和倾角的增大而增加，机翼的翼尖涡也迅速地扩散，造成横向流动速度降低。小翼的翼尖涡随着强度增加，受到的诱导作用

造成涡的运动轨迹弯曲程度减弱。

增大翼梢小翼的高度则增加了涡系的间距，从初始间距 $H_0 = 0.75$ m 增大至 $H = 1.5$ m 为例。随着翼梢小翼高度的增加，机翼的翼梢涡和翼梢小翼的涡间距逐渐增大，若两涡的相对强度比保持不变，那么两涡的相互诱导作用随之减弱，但实际情况是两涡环量共同下降的同时，环量比随着小翼高度的增加而增大。

小翼的高度增加到原来的一倍时，虽然环量比 r 增大，但集中涡量涡强的减小造成近场的相互诱导运动减弱。随着涡间距的增加，两个涡系的诱导形成的螺旋形轨迹的弯曲半径减小。这说明增加翼梢小翼的高度相应地减弱了机翼翼梢涡和小翼涡的强度，并降低了尾流场中涡系的互相诱导，沿着小翼翼展高度的增加使得两个涡强均逐渐减弱，增加小翼的高度比增加倾斜角度对减小诱导阻力的作用更为显著。从能量观点来看，小翼高度增大使得脱体涡系损耗的能量减小，更多的能量转化为沿着小翼展向的载荷分布，涡的破碎程度有所改善，将有助于减小诱导阻力。

在合理选择小翼构型参数范围的基础上，考虑沿着展向的载荷分布，结合涡诱导运动分析小翼的面积变化、弦向位置变化、梢根比变化等构型参数对机翼翼梢涡强度和翼梢涡在尾流空间运动的影响，通过计算发现两个涡的强度和比值变化较小，尾流中两个涡的空间运动轨迹也没有显著的变化，对机翼阻力和小翼的翼根弦向位置、前缘后掠角、梢根比、相对高度、倾斜角、小翼面积、扭转角等构型参数进行回归分析，分析发现相对高度、倾斜角与阻力的相关性较其他构型参数的相关性强，这说明相对于倾斜角和高度而言，其他参数的变化对机翼的诱导阻力的影响小。

利用涡诱导运动模型描述近场尾流结构，对小翼的倾斜角和高度的变化造成机翼翼梢涡和小翼的翼梢涡强与相对位置的变化影响分析表明：

（1）给定涡强度两涡相互的诱导运动的规律为涡间距增加，两个涡系的诱导作用减弱；如果保持涡间距不变，则涡系的诱导作用也会随着涡强度的减弱而减低。

（2）涡运动轨迹呈现螺旋形，相互诱导作用可加速集中涡的扩散失稳与合并。

（3）减小机翼翼梢涡的强度是减小诱导阻力的关键因素。机翼翼梢涡的涡强减小，涡强比增大，增加了小翼的翼梢涡对机翼翼梢涡的诱导运动作用，使得机翼翼梢涡更为快速地扩散，从而减小了诱导阻力。

（4）增加小翼的高度和倾斜角度均减小了机翼翼梢涡的强度，都起到了减小诱导阻力的作用，但是两个构型参数减小诱导阻力的机理却存在不同之处。倾斜角度增大在减小机翼翼梢涡强度的同时增加了翼梢涡的强度，使涡强比增大，从而使两个涡都在较高的涡强水平情况下发生快速的诱导运动与合并，达到扩散涡减小诱导阻力的目的。而高度增加则减小了机翼翼梢涡涡强度，小翼的翼梢涡涡强减小的程度低于机翼翼梢涡，因此涡强比增加的同时两个涡强却有所减小。那么涡间诱导运动也随之减弱，这说明翼梢处的涡系在整体水平上的减小造成较小的诱导阻力。

基于上述原理，针对大型客机构型设计了四种小翼（见图 9）。其中小翼 0 和小翼 1 是鲨鱼鳍小翼构型，小翼 2 和小翼 3 是双叉弯刀小翼构型。

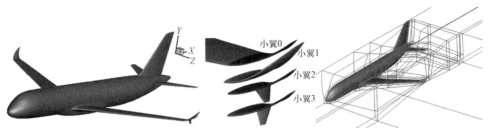

图 9　大型客机构型下的四种小翼形状

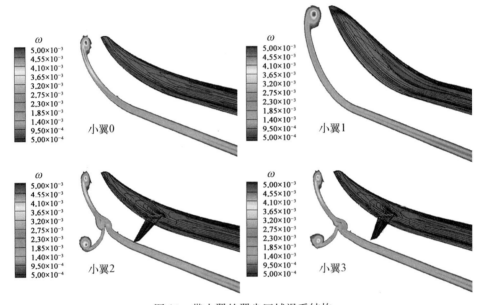

图 10　带小翼的翼尖区域涡系结构

　　基于高精度数值计算方法,对上述四种小翼进行分析(见图 10)。结果表明,鲨鱼鳍小翼构型(小翼 0 和小翼 1)可以有效地减少翼尖涡强度,双叉弯刀小翼构型(小翼 2 和小翼 3)产生了两个较小的涡结构。

　　2)涡流发生器设计原则及减阻效果分析

　　对于飞机后体,平尾与后体涡对相互作用可以减少后体涡对的总涡强,进而减少涡致阻力。当从简化模型转变为真实大型客机时,几何外形的优化使得后体涡也相应从大尺度反向涡对变为主要以涡量聚集的形式存在。借用上述涡对相互作用思路可以利用涡流发生器,引入一对较小的反向涡量对,与后体涡对进行相互作用,从而实现减阻(见图 11)。

　　将涡流发生器布置在涡量源连线上,引入一或多对较小的反向涡量对,与后体涡对进行相互作用,减小其涡强和垂向涡心诱导速度(通常上洗,因为局部负升力,后机身腹部低压),亦即克服该三维逆压梯度(绕流),减少其带来的升力损失和产生的绕流动能,从而增加升力,减少涡致阻力。

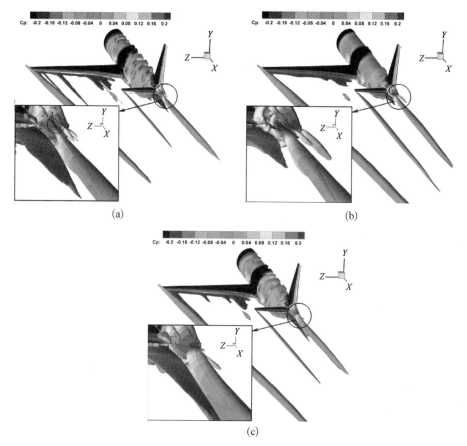

图 11　干净全机以及安装了两种涡流发生器的，以压力系数云图
　　　　着色的 $Q=100$ 等值面图

3.2　摩擦阻力的减阻机理和方法进展

3.2.1　湍流摩擦阻力产生机理研究

在小肋减阻研究方面，本文着重从机理研究角度开展数值模拟和机理性实验研究。湍流相较于层流具有高摩擦阻力，一般认为其来自雷诺切应力的贡献。而雷诺应力主要来自近壁的猝发（低速流体的上抛和高速流体的下扫）过程，因此干扰这种近壁湍流的拟序结构来抑制湍流、降低摩擦阻力是大部分减阻方式的机理。为了具体研究表面粘贴小肋减阻对湍流近壁结构的影响，分别采用数值模拟方法和实验方法对小肋减阻流动进行分析。

在数值模拟方面，使用大涡模拟方法（LES）以更好地解析近壁湍流的结构和特征。首先计算槽道湍流以证明小肋减阻方法的有效性。槽道湍流沿展向共布置 16 个小肋，其沿展向的截面形状为等腰三角形，基于壁面黏性尺度进行无量纲化的宽度 s^+ 为 20，得到如表 1 所示的阻力系数对比，可以发现不同网格下带小肋均具有大约 7% 的减阻效果。

表 1 不同构型阻力系数

构　型	$C_{D,\,AVG}$（光滑侧）	$C_{D,\,AVG}$（有小肋）	减阻百分比/%
疏网格	0.008 43	0.007 83	7.1
密网格	0.008 32	0.007 75	6.9

进一步分析湍流场脉动,可以发现在有小肋一侧速度脉动均方根值峰值均有所降低;再考察流场的瞬时结构,图 12 给出流动中某瞬时流向涡沿展向的分布。在光滑壁面一侧,流向涡量的峰值很大,相反在有小肋一侧流向涡量的峰值更弱。

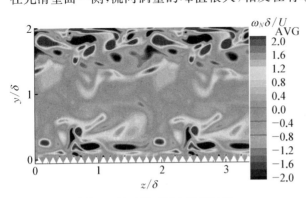

图 12 流动瞬时流向涡量云图

另外可以看出流向涡几乎都在远离小肋的位置,即小肋把流向涡推离了表面,从而使得处于高摩擦阻力区域的壁面面积降低,降低了小肋一侧的整体摩擦阻力。槽道流动的计算验证了网格和数值方法具有捕捉小肋流动特征的能力,也证明了等腰三角形的小肋确实具有较好的减阻效果。因此对于翼型和机翼的分析也采用同样的小肋形状和网格密度。

通过数值方法研究翼型带小肋的流动,分别计算了翼型有无小肋的计算结果。计算网格以翼型的 C 型网格拓扑结构为基准,转捩带的数值处理采用静态壁面吹吸气实现。平均气动力系数的对比如表 2 所示。翼型上增加小肋之后,升力增加,增加了部分压差阻力但是减小了摩擦阻力,使得总阻力降低。

表 2 三种构型平均气动力对比

构　型	C_L	$C_{L,\,rms}$	C_D	$C_{D,\,rms}$	C_{D_p}	C_{D_f}
无小肋	0.539 1	0.003 52	0.012 49	0.000 336	0.003 56	0.008 93
加装小肋	0.555 1	0.003 22	0.011 74	0.000 353	0.004 48	0.007 26

图 13 给出了不同构型表面摩擦系数沿弦向的分布。可以看出当安装了小肋之后,在小肋刚起始的一个小区域——小肋顶部的摩擦阻力增加,而谷底的摩擦阻力始终很小。图 14 给出了有无小肋的翼型附近流动涡结构云图(Q 判据等值面),也可以看出涡结构明显被削弱。综上所述,其反映出和管道流动相同的减阻特性,但是对于翼型流动,需要额外考虑小肋带来的压差阻力增加,避免其抵消减小摩擦阻力带来的益处。

在实验分析方面,采用 NLF0415 翼型和 OAT15A 翼型作为基准翼型,其中 NLF0415 翼型主要进行低速测试,而 OAT15A 翼型主要进行跨声速测试。实验在中国航天空气动力技术研究院进行。实验中,在模型上表面前缘加装转捩带,实现强制转捩。采用轮毂热压工艺实现规则沟槽表面薄膜的制备,并最终粘贴在模型表面作为小肋。低速翼型的小肋薄膜高为 $100~\mu m$,肋间距为 $125~\mu m$,相对于来流速度为 $20~m/s$ 条件下,$h^+=6.6$,$s^+=8.3$;跨声速翼型的小肋薄膜高度和肋间距均约为 $20~\mu m$。采用测压孔和测力天平对模型的气动力进行测量,利用粒子图像测速(PIV)实验和荧光油膜方法分别对机翼附近空间的瞬时流动特性和机翼表面的流动状态进行测量。以低速实验为例,测力实验的结果如图 15 所示,给出了在 1°

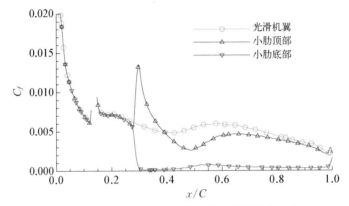

图 13　三种构型上表面摩擦阻力系数沿弦向分布

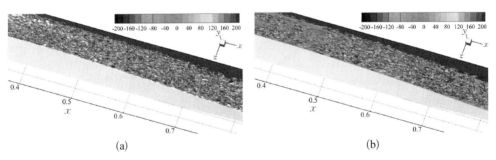

(a)　　　　　　　　　　　　　　(b)

图 14　Q 判据等值面 $Q(C/U_\infty)^2 = 1\,000$(颜色对应流向涡强度)

(a)翼型不带小肋　(b)翼型带小肋

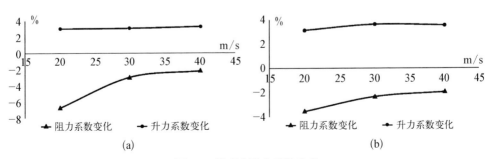

(a)　　　　　　　　　　　　　　(b)

图 15　模型升阻力系数改变

(a)1°攻角　(b)2°攻角

和 2°攻角时模型升阻力在使用小肋之后的变化。结果表明小肋薄膜有提升翼型模型升力系数、降低阻力的效果。这和上面计算得到的结论一致。

PIV 得到的不同位置的速度脉动量和湍动能结果如图 16 所示。图 16(a)给出了空间某高度处速度脉动量在不带小肋(光膜)和带小肋(顺模)状态下的区别。可以看出,采用顺流向小肋薄膜的翼型模型近壁区脉动强度有显著下降;图 16(b)则给出了某一弦向位置沿高度方向湍动能的区别,可以看出使用小肋薄膜后湍动能水平的下降。这和数值模拟的结果一致。

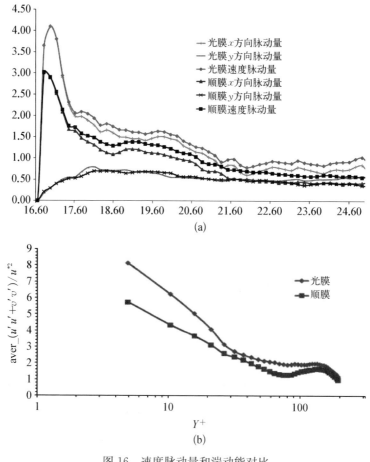

(a)

(b)

图 16　速度脉动量和湍动能对比

(a) 速度脉动量　(b) 湍动能

油膜实验的测量结果如图 17 所示,给出了 1°攻角和来流速度为 20 m/s 工况下油膜图像经处理后得到的相对摩擦阻力幅值分布。可以看出相对摩擦阻力幅值有较明显的降低,和测力结果与 PIV 测量的结果相符。

综上所述,采用天平、PIV 技术、荧光油膜技术,对翼型带小肋的减阻效果进行了验证。测量结果显示,采用顺流向的小肋薄膜后,扩大了翼面高速区域的范围,

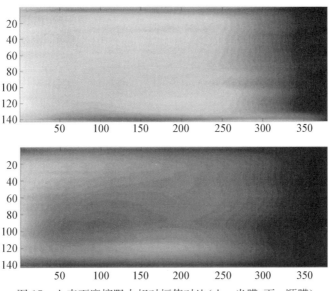

图 17　上表面摩擦阻力相对幅值对比(上：光膜；下：顺膜)

提高了翼型升力。小肋薄膜对翼型模型表面摩擦阻力起到一定的抑制作用，摩擦阻力降低，近壁区速度增大，相关尺度增大，平均雷诺应力和湍动能降低，近壁区触发强度和下掠强度减缓。

3.2.2　方法进展

针对大型客机摩擦阻力的减阻，本文在数值和实验上取得了重要进展。

1) 数值方法进展

建立了考虑吸气的 e^N 转捩预测方法。e^N 方法主要通过小扰动假设和平行流假设求解三维不可压 Orr‐Sommerfeld 方程，得出扰动幅值的放大率，当扰动增长达到一个临界阈值的时候即认为发生转捩。

四阶三维不可压 Orr‐Sommerfeld 方程如下所示。

$$[\varphi^{iv} - 2(\alpha^2 + \beta^2)\varphi'' + (\alpha^2 + \beta^2)^2\varphi]/Re_L - i\{(\alpha u + \beta w) -$$
$$\omega[\varphi'' - (\alpha^2 + \beta^2)\varphi] - (\alpha u'' + \beta w'')\varphi\} = 0 \tag{15}$$

式中：x 轴垂直于机翼前缘，y 轴与物面垂直，z 轴沿展向方向；u、v、w 分别为三个方向的扰动速度；α 和 β 分别代表流向(来流方向)和横向(垂直于势流方向)的波数；φ 为法向速度；Re_L 为基于弦长的雷诺数；ω 为圆频率($\omega = \omega_i i + \omega_r$)。

一般来说，小扰动可以写成正弦行波的形式：

$$q'(x, y, z, t) = \hat{q}(y)e^{i(\alpha x + \beta z - \omega t)} \tag{16}$$

对于时间稳定性分析，α 和 β 是实数，ω 是复数，$\omega = \omega_i i + \omega_r$。波矢量由 α 和 β 决定。该方程求解是一个特征值问题，需要预设一组 α 和 β，通过求解系统的特征

值得到 ω。ω 的虚部用于 N 值积分,由扰动振幅开始放大的点(中立点)沿流向积分。初始 α 和 β 需要求解边界层内部信息得到,边界层信息可以通过边界层方程求解或从 RANS 方程中提取得到。求解的壁面边界条件为

$$\hat{u}(0) = \hat{v}(0) = \hat{w}(0) = 0,\ \hat{T}(0) = 0 \tag{17}$$

外部边界条件为

$$\hat{u}(y_0) = \hat{v}(y_0) = \hat{w}(y_0) = \hat{p}(y_0) = \hat{T}(y_0) = 0 \tag{18}$$

为了实现抽吸气混合层流控制方法的数值模拟,可以采用修改边界条件的方式。吸气与物面垂直,边界条件可改写为

$$\hat{u}(0) = 0,\ \hat{v}(0) = s,\ \hat{w}(0) = 0 \tag{19}$$

式中:s 为垂直物面的吸气速度,s 为负时表示吸气。吸气强度可以通过定义吸气系数 C_q 表示:

$$C_q = \frac{\|\,[\rho u(0)]_{\text{normal}}\,\|}{\|\,(\rho U)_\infty\,\|} = \frac{\|\,\rho \hat{v}(0)\,\|}{\|\,(\rho U)_\infty\,\|} = \frac{\|\,\rho s\,\|}{\|\,(\rho U)_\infty\,\|} \tag{20}$$

使用反向 Rayleigh 迭代对方程进行求解,对 T-S 波和 CF 波分开模拟,放大因子的转捩阈值由经验得到或实验标定。

将基于线性稳定性理论的 e^N 方法与 RANS 方程耦合,采用一种松耦合的迭代方式,开发了一套预测边界层转捩的计算程序,计算流程如图 18 所示。首先,RANS 求解器根据输入的网格计算出压力分布;其次,边界层求解器根据压力分布获得边界层的信息,再通过稳定性分析得到转捩位置;最后,这个转捩位置又输入给 RANS 求解器得到新的转捩位置,这样依次迭代,直至转捩位置收敛,就得到了

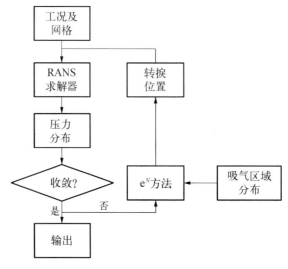

图 18　e^N 方法与 RANS 方程耦合计算流程

最终的流场数据和气动力系数。该方法相对于传统的 $\gamma - \overline{Re_{\theta t}}$ 转捩模型的优势在于可以同时预测 T－S 波和 CF 波诱导的转捩。

Dagenhart 与 Saric[38] 对后掠角 45° NLF(2)－0415 无限展长后掠翼进行了研究，该机翼主要是由横流 CF 波失稳诱发转捩，$\gamma - \overline{Re_{\theta t}}$ 模型转捩位置计算精度很差，而 e^N 和 RANS 耦合转捩模型计算精度较好，结果对比如图 19 所示。

除此之外，项目还在英国 ARA 风洞做了三维机翼的自然层流实验和混合层流实验，实验结果与数值模

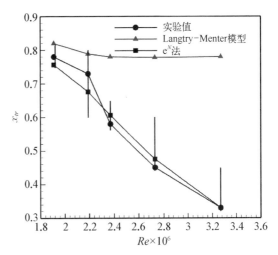

图 19　e^N 方法与 $\gamma - \overline{Re_{\theta t}}$ 模型计算转捩位置对比

拟结果符合良好。图 20(a)是自然层流的实验数值对比结果，图 20(b)是混合层流的实验数值对比结果，两张图中的黑线是数值计算的转捩位置，证明数值方法精度良好。

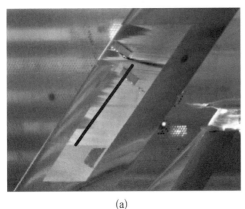

(a)

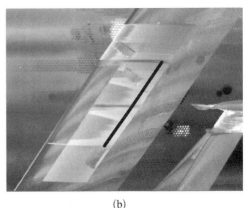

(b)

图 20　风洞实验与数值计算结果对比
(a) 自然层流　(b) 混合层流

2) 设计方法进展

在对自然层流和混合层流机翼的优化设计过程中建立了层流机翼的优化设计系统，包括参数化、动网格、流场求解及优化算法几大模块。

参数化方法采用扩展自由变形技术(EFFD)[39]方法，该方法是在自由变形技术(FFD)方法的基础上改进得到的。EFFD 方法采用非平行六面体控制体的变形方式，可在整体或者局部区域使用，并可以控制体积变化的程度，能够保持任意阶导

数连续。动网格采用径向基函数(RBF)[40]插值方法。RBF方法基于初始网格建立空间网格和边界网格之间的插值矩阵,然后再根据变形后的边界网格来插值出空间网格。该方法适应性强、操作简单,变形后的网格质量高,优势明显。流场求解采用上节的求解方法。利用该优化系统对自然层流机翼和混合层流机翼进行了优化设计,得到了很多关于层流机翼优化设计的重要结论,对大型客机层流机翼优化设计奠定了技术基础。

4 大型客机减阻未来的趋势发展

1)层流控制减阻发展趋势

大型客机未来的布局形式发展趋势有桁架支撑(TBW)翼撑式布局[41]、翼身融合(BWB)布局[42]和D8"double-bubble"布局[43]等。对于翼撑式布局这种小后掠角机翼的布局,可以应用自然层流技术减阻;而对于传统正常布局——BWB布局和D8布局这类后掠角较大的布局形式来说,HLFC技术具有很大的减阻优势和适用性。

2)减阻技术发展趋势

(1)混合层流控制技术相对于自然层流控制技术和全层流控制技术更适用于大型客机的设计。

(2)未来混合层流控制除了应用在机翼上,也可以应用在尾翼或机身上。机身贡献了大部分的摩擦阻力,在机身应用吸气控制可以大大减阻。

(3)混合层流控制技术也需要进行进一步的研究,如更精确、实用的工程设计方法,包含确定吸气位置、吸气孔径、孔间距、吸气量等参数的具体方式;发展耦合吸气控制的复杂三维流场转捩预测方法;重量轻、制造简单、成本低、性能高的新型吸气系统的设计;HLFC与传统民机设计相结合的一体化设计方法等。

3)湍流减阻发展趋势

随着小肋减阻的机理、小肋薄膜的制备技术以及代价与收益评估技术的不断成熟,小肋减阻技术必将在大型飞机湍流减阻方面获得迅速发展。为了加快小肋减阻技术的型号应用,需要解决的问题如下:

(1)小肋薄膜的高效快速制备技术。目前采用树脂压制的方法形成小肋形状,但基准金属滚轮模具的加工非常复杂和昂贵。进一步发展新型的薄膜制备技术,提高制备速度和形貌控制精度,对于小肋减阻的应用具有重要作用。

(2)小肋形貌、尺寸的优化设计技术。小肋的形状、尺寸以及安装方向对于减阻效果有很大影响,如何根据不同流动状态,快速地实现小肋的形貌、尺寸优化设计,将对小肋减阻技术的应用有直接的帮助,并有望获得最佳的减阻效果。

(3)小肋减阻技术对于非设计状态的影响。目前研究表明小肋可以在巡航状态获得良好的减阻效果,但是对于存在流动分离或者近失速条件下的影响尚未深入研究。进一步针对非设计点状态进行小肋减阻效果的研究,可以将减阻技术进一步推向实用。

4）涡致阻力减阻发展趋势

（1）翼尖涡致阻力减阻方法。翼梢小翼的加装抑制了翼尖涡的强度，减少了涡致阻力，但是翼梢小翼同时也增加了翼根弯矩，对飞机性能有一定的影响。因此在未来的小翼设计中需综合考虑多方面因素，进行机翼一体化设计。另外，翼尖主动控制技术以及自适应小翼技术都是翼尖减阻方法研究的方向。

（2）后体涡致阻力减阻方法。后体涡流发生器在大型客机上的应用已经开始凸显，未来将针对大型客机的后体构型，尤其是宽体构型，设计后体涡流发生器，实现大型客机在巡航状态下涡致阻力的减阻，并开展后体涡流发生器适航研究。

参 考 文 献

［1］ Gerz T，Holzäpfel F，Darracq D. Commercial aircraft wake vortices［J］. Progress in Aerospace Sciences，2002，38(3)：181-208.

［2］ McLean J D，George-Falvy D N，Sullivan P P. Flight-test of turbulent skin friction reduction by riblets［C］. Proceedings of International Conference on Turbulent Drag Reduction by Passive Means，Section 16. London：Royal Aeronautical Society. 1987.

［3］ 符松. 边界层阻力机理研究 2014 年度报告汇总，横流转捩实验研究报告（涡流发生器）［R］. 北京：清华大学，中国航天空气动力技术研究院，2014.

［4］ 武宁，段卓毅，廖振荣，等. 大型飞机扁平后体导流片减阻增稳研究［J］. 空气动力学学报，2012，30(2)：223-227.

［5］ Walsh M J，Weinstein L M. Drag and heat transfer on surfaces with small longitudinal fins［J］. AIAA Paper，1978.

［6］ Walsh M J，Sellers W L. Riblets drag reduction at flight conditions［J］. AIAA Paper，1988.

［7］ Airbus to fly riblet-covered A320［G］. Flight International 5，1989.

［8］ Pulles，Krishna P，Nieuwstadt. Simultaneous Flow Visualization and LDA Studies over longitudinal micro-grooved surfaces［M］//Turbulence control by passive means. Neherlands：Kluver Academic，1990.

［9］ Van Der Hoven J G，Bechert D W. Experiments with a 1：4.2 Model of a Commuter Aircraft with Riblets in a Large Wind Tunnel［M］//Choi K S，editior. Recent developments in turbulence management. Dordrecht，Netherlands：Kluwer Academic Publishers，1991.

［10］ 李育斌，乔志德，王志岐. 运七飞机外表面沟纹膜减阻的实验研究［J］. 气动实验与测量控制，1995，9(3)：21-26.

［11］ Jane's All the World's Aircraft［M］//A340. 1996.

［12］ Viswanath P R. Aircraft viscous drag reduction using riblets［J］. Progress in Aerospace Science，2002，38(6)：571-600.

［13］ Bushnell D. Application Frontiers of "Designer Fluid Mechanics" —— Visions Versus Reality or an Attempt to Answer the Perennial Question "Why Isn't It Used?"［M］.

NASA Langley Technical Report Server, 1997.

[14] Bechert D W, Hage W. Drag Reduction with Riblets in Nature and Engineering[M]// Flow phenomena in nature, Volume 2: Inspiration, learning and application, 2004.

[15] Craik A D D. Non-linear resonant instability in boundary layers[J]. Journal of Fluid Mechanics, 1971, 50(2): 393 – 413.

[16] Herbert T. Secondary instability of plane channel flow to subharmonic three — dimensional disturbances[J]. Physics of Fluids, 1983, 26(4): 871 – 874.

[17] Kachanov Y S. The resonance-wave nature of the transition to turbulence in a boundary layer. [J]. Model Mekh, 1987(2): 75 – 98.

[18] 周恒, 王新军. 层流—湍流转捩的"breakdown"过程的内在机理[J]. 中国空气动力学会近代空气动力学研讨会, 2007.

[19] Dhawan S, Narasimha R. Some properties of boundary layer flow during the transition from laminar to turbulent motion[J]. Journal of Fluid Mechanics, 1958, 3(4): 418 – 436.

[20] Cho J R, Chung M K. A k-epsilon-gamma equation turbulence model[J]. 1992.

[21] Steelant J, Dick E. Calculation of transition in adverse pressure gradient flow by conditioned equations[J]. 1996: V001T01A057.

[22] Suzen Y, Huang P. An intermittency transport equation for modeling flow transition [C]//Aerospace Sciences Meeting and Exhibit. 2006: 331 – 342.

[23] Menter F R, Langtry R B, Likki S R, et al. A correlation-based transition model using local variables part I: model formulation[J]. Journal of Turbomachinery, 2004, 128(3): 413 – 422.

[24] Menter F R, Langtry R B, Likki S R, et al. A correlation-based transition model using local variables part II: test cases and industrial applications [J]. Journal of Turbomachinery, 2004, 128(3): 423 – 434.

[25] Cebeci T, Shao J P, Chen H H, et al. The preferred approach for calculating transition by stability theory [C]. An International Conference on Boundary and Interior Layers-Computational and Asymptotic Methods, 2004.

[26] Lee J D, Jameson A. Natural-laminar-flow airfoil and wing design by adjoint method and automatic transition prediction[J]. 2009.

[27] Cella U, Quagliarella D, Donelli R, et al. Design and test of the UW – 5006 transonic natural-laminar-flow wing[J]. Journal of Aircraft, 2012, 47(3): 783 – 795.

[28] Streit T, Wedler S, Kruse M. DLR natural and hybrid transonic laminar wing design incorporating new methodologies [J]. Aeronautical Journal, 2015, 119 (1221): 1303 – 1326.

[29] 马晓永, 张彦军, 段卓毅, 等. 自然层流机翼气动外形优化研究[J]. 空气动力学学报, 2015, 33(6): 812 – 817.

[30] Campbell R L, Lynde M N. Building a practical natural laminar flow design capability [C]//Aiaa Applied Aerodynamics Conference. 2017.

[31] Wang L, Fu S. Development of an intermittency equation for the modeling of the supersonic/hypersonic boundary layer flow transition [J]. Flow Turbulence and Combustion, 2011, 87: 165 – 187.

[32] 徐家宽. 基于 RANS 方程的多速域边界层转捩模式构造方法及应用研究[D]. 西安: 西北

工业大学,2016.

[33] Collier F S. An overview of recent subsonic laminar flow control flight experiments: AIAAA – 1993 – 2987[R]. Reston: AIAA, 1993.

[34] Emborg U, Samuelsson F, Holmgren J, et al. Active and passive noise control in practice on the Saab 2000 high speed turboprop [C]//4th AIAA/CEAS aeroacoustics conference, 1998.

[35] Quast A. Experience with the infrared system for transition detection on A320 fin hybrid laminar flow experiment[J]. 1996.

[36] Fujino M. Design and development of the Hondajet[J]. Journal of Aircraft, 2005, 42(3): 755 – 764.

[37] Fujino M, Yoshizaki Y, Kawamura Y. Natural laminar flow airfoil development for a lightweight business jet[J]. Journal of Aircraft, 2003, 40(4): 609 – 615.

[38] Dagenhart J, Saric W S. Crossflow stability and transition experiments in swept-wing flow [R]. Washington, D. C.: NASA Langley Technical Report Server, 1999.

[39] Coquillart S. Extended free-form deformation: a sculpturing tool for 3D geometric modeling[J]. Computer Graphics, 1990, 24(4): 187 – 196.

[40] Boer A D, Schoot V D, Bijl H. Mesh deformation based on radial basis function interpolation[J]. Computers & Structures, 2007, 85(11 – 14): 784 – 795.

[41] Bradley M K, Droney C K, Allen T J. Subsonic ultra green aircraft research: phase II-volume I-truss braced wing design exploration[R]. 2015

[42] Liebeck R H. Design of the blended wing body subsonic transport[J]. Journal of Aircraft, 2012, 41(1): 10 – 25.

[43] Drela M. Development of the D8 transport configuration[J]. AIAA Paper, 2011.

商用飞机的经济性设计

陈迎春[1]　李晓勇[2]　宋文滨[3]

(1. 中国商用飞机有限责任公司,上海　200240)

(2. 上海飞机设计研究院,上海　201210)

(3. 上海交通大学　航空航天学院,上海　200240)

摘　要：本文介绍了民用飞机经济性设计的定义,阐述了商用飞机经济性设计的主要研究内容,提出了商用飞机设计使用的指标框架体系。在此基础上,给出商用飞机经济性设计的主要方法和分析模型。最后提出了民机经济性设计的研究方向。

关键词：民用飞机;经济性设计;飞机方案

Abstract：The concept and definition of design for economics (DFE) of commercial transport aircraft is introduced first and this is followed by the description of the topics in the field of design for economics. A framework implementing the approach is given along with the design indicators which could be used in various design reviews. Methods and models for estimating the various cost items are also provided. In the end, a number of future research directions are proposed.

Key words：commercial aircraft; design for economics; aircraft design

1　引言

商用飞机制造是国家战略产业,又面临激烈的国际市场竞争,因此经济性是制造商和运营商共同关注的焦点问题,它贯穿飞机预研、可行性论证、初步设计、详细设计、制造、试飞取证、交付运营和处置的全过程。如何协调制造商和运营商的利益冲突,同时取得商业成功是民机经济性工作的焦点和难点问题。

目前,在学术界,对于商用飞机的全寿命周期经济性还存在一些不同的观点,理论体系和设计方法还需要不断完善和发展;在飞机项目的工程实践中,经济性设计工作还分散在不同专业研究室、项目管理和财务管理等部门,还没有形成高效的理论和工程实践体系,缺乏能够在不同层次和阶段有效指导经济性设计的方法和工作流程。同时,我国还面临着技术积累相对缺乏、整体经济环境不断演化、企业制度不断发展和严酷的国际环境等产业发展的挑战。

针对上述问题,本文首先给出商用飞机经济性设计的定义,然后阐述经济性设计的主要内容,接着提出经济性设计指标体系框架,并简要描述民机经济性评估的主要方法和工具,最后给出需要持续开展的经济性设计工作。

2　经济性设计的定义

2.1　定义

商用运输飞机的经济性设计(design for economics,DFE)是指在确保飞机安全运营的前提下,以增强飞机市场竞争力为目标,以提升飞机运营经济性、优化包括全寿命周期成本在内的各项经济性指标为核心的一种商用飞机评价和设计方法。

它综合运用经济学、飞行器设计以及航空运输学等多学科知识,是一门新兴的交叉学科。经济性设计通过研究飞机产业的经济效用、项目的经济可行性以及产品的运营经济性,评估型号方案对全寿命周期成本以及运营经济性的影响,贯穿整个飞机工程设计、升级改型以及后续运营优化过程。

2.2　范围

本文根据商用飞机研制过程中经济性工作的特点和内容,将经济性设计划分为三个层面:民机产业、民机项目和民机产品,如图1所示。

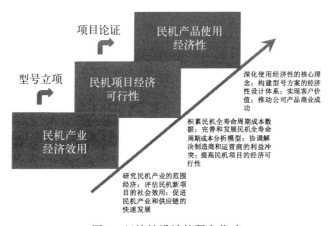

图 1　经济性设计的研究范畴

2.3　主要工作内容及阶段划分

为了更好地理解经济性设计的工作,本文把民机研制简要划分为项目规划、项目论证、研制开发和交付运营等四个阶段(见图2)。

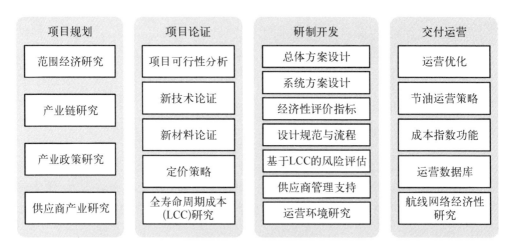

图 2 主要工作分类

3 主要内容和指标框架

民机经济性设计工作,主要包括民机产业经济效用评估、民机项目经济可行性论证和民机产品使用经济性设计等三大块内容。其中,民机产业经济效用评估主要在项目规划阶段完成,它的评估主体是国家相关部委,民机制造商是该项工作的重要参与者和主要推动力量之一。主要内容是民机范围经济性、民机社会效用评估、民机产业链研究、民机供应商链研究以及民机产业政策研究等领域。由于篇幅所限,本文重点阐述了民机项目经济可行性论证和民机产品使用经济性设计两部分内容,并且提出相应的设计指标体系框架。

3.1 民机项目经济可行性论证

民机项目经济可行性论证工作主要为项目立项提供经济性方面的决策依据,它必须平衡制造商与运营商各自利益的差异。民机全寿命周期成本如图 3 所示。在项目论证阶段应该开展大量的总体方案预先研究,主要包括如下工作内容。

(1)估算研制成本。研制成本也称为非重复成本(non-recurring cost,NRC),成本项包括工程设计、制造工程、工装设计、实验和试飞等费用。一般采用参数化法和基于 WBS/CBS 的工程费用法来完成估算研究成本工作。

(2)估算制造成本。制造成本也称为重复成本(recurring cost,RC),成本项包括劳务成本、制造成本和产品支持等内容。它的估算方法与估算研制成本方法类似。

(3)估算运行成本。总运营成本(total operating cost,TOC)包括直接运营成本(direct operating cost,DOC)和间接运营成本(indirect operating cost,IOC)。

(4)估算处置成本。民机的处置成本相当于民机的残值问题。根据调研结果,国际通用的残值标准是飞机运营 20 年后具有总价 5% 的价值,或者采用飞机的净现值(net present value,NPV)数据。

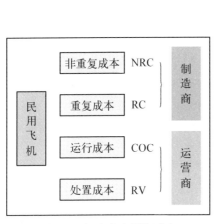

图 3　民机全寿命周期成本

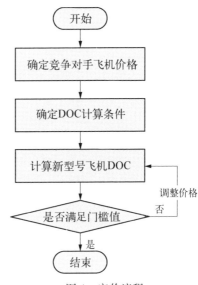

图 4　定价流程

(5) 分析民机价格。分析民机价格的主要目的是预估民机项目价值,采用市场定价方法确定其目录价格,其流程如图 4 所示。调研结果表明,航空公司在考虑引进一款新型号飞机时,对其"DOC/(公里·座)"的指标要求是相对现役类似机型降低 10%～15%。目前的商用飞机市场环境导致我国缺乏商用飞机市场定价的话语权,无疑对飞机项目的成本控制提出了更高的要求。

(6) 分析盈亏平衡。分析盈亏平衡主要根据成本和收益数据,并考虑时间价值理论,给出项目的盈亏平衡点。分析流程见图 5。

该流程综合考虑了民机研制、民机制造、民机运营和民机处置等各个环节的利益冲突,考虑我国的具体情况,还应该适当考虑民机项目的战略成本及战略收益问题。

在完成项目立项论证工作之后,经济可行性分析的重点将转入民机项目的风险控制领域,即"定费用设计(design to cost,DTC)"方法,它是较为常用的研制成本评估和控制方法,其本质是一种管理手段。根据 DTC 的结果,项目风险控制部门可及时跟踪和掌握技术状态变化及其经济性影响,并给出决策建议。

3.2　民机产品使用经济性设计

民机产品使用经济性设计代表着飞机设计技术发展过程中目标函数演化的进展之一,是 Design for X 技术的一类,最早期的目标函数(X)代表性能和重量,其后发展出维修性、可靠性、燃油消耗、成本等指标。民机产品使用经济性贯穿民机全

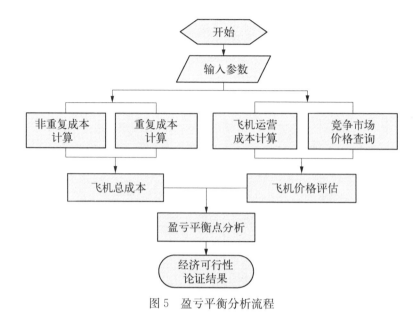

图 5　盈亏平衡分析流程

寿命周期,它是民机经济性设计(DFE)的核心、基础和结果。构建以使用经济性为指挥棒的民机全寿命周期经济性(life circle economy,LCE)评估与设计技术体系是型号项目 DFE 的主要工作。

使用经济性不仅是产品的固有属性,而且具有强烈的市场属性,即满足欧美市场的机型不一定满足中国市场的需求,反之亦然。使用经济性的主要指标是 TOC、DOC 和 IOC(见图 6)。需要指出的是不同市场对 DOC 和 IOC 的划分各不相同,例如,针对国内航线,在中国市场,导航费用是 DOC 的重要组成部分,而在美国市场则没有导航费用。

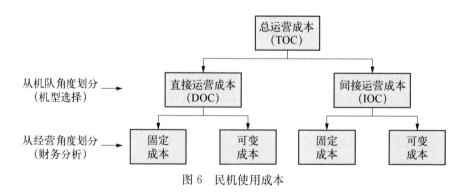

图 6　民机使用成本

其中,直接运营经济性(DOC)是指与飞机产品直接相关的成本,它是民机使用经济性设计的核心指标。面向使用经济性的设计流程见图 7。

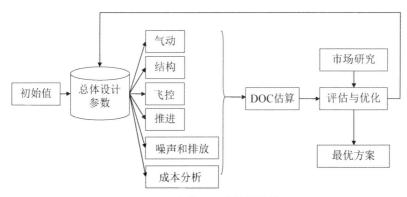

图 7　面向使用经济性的设计

以 DOC 为设计优化指标时,必须考虑设计成本的这一重要影响因素,研制成本分析模型一般由制造商的财务部门参考历史数据提供,需要明确的是,经济性设计在飞机项目的各个阶段,特别是早期阶段将经济性指标融入传统飞机设计流程,在市场需求、技术水平、资本投入和项目进度之间取得较好的平衡。

3.3　民机经济性设计指标框架

建立商用飞机的经济性设计指标框架是开展经济性评估和设计的重要内容,但也存在众多挑战,尽管 DOC/COC 是航空公司重点关注的指标,但是在其他指标相似的前提下,单纯从制造商的角度以全寿命成本为依据也会存在飞机市场竞争力低的风险。因此,需要在项目进展的不同阶段,从多个层次全面衡量飞机的经济性指标。

本文结合对经济性指标在飞机项目研制中的作用,提出民机指标框架(见图 8)。该指标体系参考全寿命周期成本和民机运营成本,从制造商和运营商两个方面全面阐述民机全寿民周期经济性指标体系,涉及民机研制、制造、客户服务和运营等。

4　主要模型与方法

4.1　成本估算模型

根据文献[1],可以采用的主要成本评估方法有定性法和定量法两种,具体的方法如图 9 所示,其中主要的方法包括:参数费用法(parametric cost estimating)、工程费用法(industrial engineering cost method)、类比费用法(analogy cost method)和外推费用法(extrapolation cost method)。不同方法的发展基础不同,对数据的需求不同,各种方法在项目不同阶段的适用性也不同,如表 1 所示。

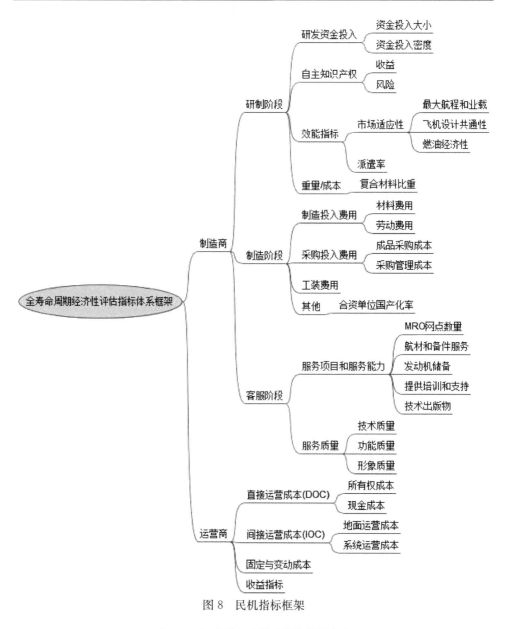

图 8　民机指标框架

表 1　民机研制各阶段适用的估算方法

民机研制阶段 费用估算法	方案论 证阶段	工程预发 展阶段	工程发展阶段		批产阶段	使用运 营阶段
			早　期	后　期		
参数费用方法	适　用	较适用	较适用	不适用	不适用	不适用
工程费用方法	不适用	较适用	适　用	适　用	适　用	适　用
类比费用方法	较适用	较适用	适　用	不适用	不适用	不适用
外摊费用方法	不适用	较适用	适　用	适　用	适　用	适　用

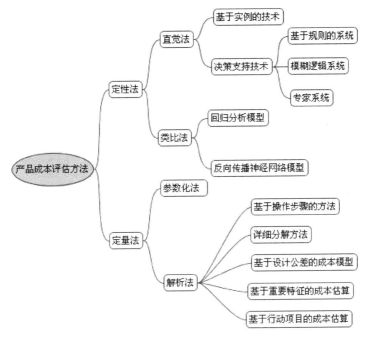

图 9　成本评估方法

4.2　研制成本模型

在国外,研制成本和制造成本的估算相对比较成熟,数据丰富,一般采用基于飞机总体指标的参数化法粗略估算成本。国内民机型号也采用类似的做法估算成本,本文以某国外产品研制成本分析为例阐述该方法的基本思路。

以产品结构分解为基础(见图10),以重量参数为成本参数(见图11)[2],归纳统计单位重量成本费用,计算乘积即获得飞机非重复成本(见图12)和重复成本(见图13)。随着数据的不断丰富,应该发展更精细的成本统计和分解方法,并与飞机的设计参数和性能特点相关联。

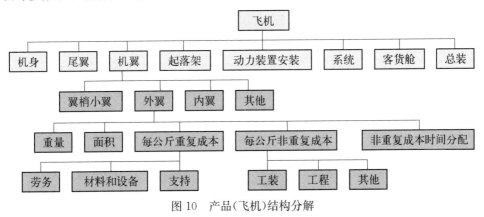

图 10　产品(飞机)结构分解

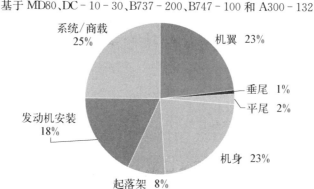

图 11　商用飞机重量分解统计

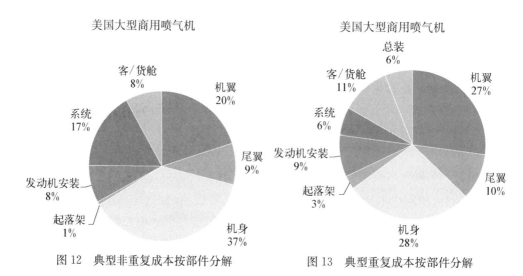

图 12　典型非重复成本按部件分解　　　　图 13　典型重复成本按部件分解

在非重复成本计算过程中,必须考虑试飞实验飞机的成本和飞机系列化发展的成本降低因子。在重复成本计算过程中,必须考虑熟练曲线的影响因素。此外,国外民机产品开发是技术推动型,而国内民机产品开发是项目牵引型,在均需要满足市场竞争的要求下,国内民机产品的开发很显然需要投入更多研制费用,并逐渐形成企业牵引,型号导向,技术推动和多方投入的可持续的新技术研发机制。

4.3　民机使用经济性模型

民机使用经济性模型主要用于经济性竞争分析、方案经济性优化、系统经济性优化和基于成本指数的运营等(见图 14)。

民机使用经济性分析模型与市场环境紧密结合。欧洲和美国分别开发了民机使用经济性模型,主要有 Harris 飞机运营成本分析模型[3]、波音公司于 1993 年提出的飞机运营成本分析方法[4]、Liebeck 飞机运营成本分析模型[5]、欧洲航空公司

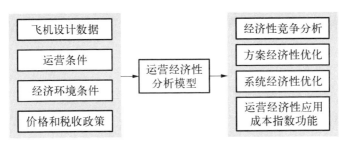

图 14　运营经济性分析模型的作用

协会(AEA)[6-7]和德国汉堡大学的 Scholz 教授及他的学生们开发出的 DOCsys 模型[8]。

国内的学者也在使用经济性领域进行了很有价值的研究工作。中国民航大学的都业富教授提出了一种评价民用飞机经济性的新方法[9],南京航空航天大学的梁剑和左洪福探讨了民用飞机维修成本评估方法[10]。

中国商飞上海飞机设计研究院作为国内喷气式民机研制的主体单位,也开发了符合国内市场环境的运营经济性模型,并用于国产民机的经济性评估与设计工作[11]。

4.4　经济性数据体系

完成飞机经济性的评估和设计,需要大量的数据积累,包括涉及飞机制造商的研发成本、制造成本和涉及航空公司的飞机使用成本的数据。在大量工程与运营数据的基础上建立经济性数据体系以及相关的数据分析方法,是经济性分析工作的重要支撑。

一些主要的数据源包括:有关美国航空业的 US DOT Form 41 以及在此基础上衍生出的一些产品,例如航升(Ascend)与 OAG 的数据库产品。此外,也有一些行业组织、学术和公众领域的数据源。与国际水平相比,我国在有关航空经济性数据的完整性和可达性方面还存在一定的差距,需要得到重视,以提高经济性设计研究和工程应用的水平。

5　结论

商用飞机市场的全球性决定了经济性在项目商业成功中的重要作用,虽然技术先进的飞机可能会更好地满足航空公司的需求,但需要制造商投入更多的研发经费,且需要更长的研发周期,为制造商带来不利的影响。本文主要从制造商的角度出发,定义了民机经济性设计的概念,全面阐述了经济性设计的范围、主要工作内容和指标体系框架,并简要描述了重要的计算模型。而更重要的数据收集、整理和分析工作,经济性设计指标的分解,经济性设计体系和设计流程的完善,以及开展价值工程理论研究等工作,还需要紧密结合国情且充分借鉴国际发展经验,加速提升商用飞机经济性设计的技术水平。

参 考 文 献

［1］　Niazi A，Dai J S，Balabani S，et al. Product cost estimation：technique classification and methodology review［J］. Journal of Manufacturing Science & Engineering，2006，128(2)：563 - 575.

［2］　Markish J. Valuation techniques for commercial aircraft program design［R］. S. M. Thesis，MIT，2002.

［3］　Harris F. An economic model of U. S. airline operating expense［S］. NASA CR - 2005 - 213476. 2005.

［4］　Boeing 1993 Operating Cost Methods. Airplane economics［R］. Boeing Commercial Airplane Group，1993.

［5］　Liebeck R H. Advanced subsonic airplane design & economic studies［S］. NASA CR - 195443，1995.

［6］　Association of European Airlines. Short-medium range aircraft：AEA requirements［R］. AEA，1989.

［7］　Jeff J. Aircraft operating economics［R］. 2009.

［8］　Scholz D. A method to evaluate aircraft systems［EB/OL］. http：//www. fzt. haw-hamburg. de/pers/Scholz/paper/DOCsysPaper. pdf.

［9］　都业富. 民用飞机经济评价的新方法［J］. 航空学报，1995,16(4)：509 - 511

［10］　梁剑,左洪福. 民用飞机维修成本评估［J］. 交通运输工程学报,2002,2(4)：95 - 98.

［11］　陈迎春. 民用飞机直接运营成本(DOC)方法与应用［J］. 中国科技成果,2013,305(15)：66 - 69.

第 1 部分
大型客机的减阻理论研究

1.1　可压缩层流边界层流动特性研究

孟晓轩　白俊强　傅子元

(西北工业大学　航空学院,西安　710072)

摘　要: 基于 RANS 方法发展的工程湍流-转捩模式克服了稳定性分析方法不能适应大规模分块并行计算的缺陷,因而成为高超声速飞行器的转捩研究最常用的方法。现有的湍流-转捩模式在高超声速边界层转捩预测中针对可压缩效应做数值修正,普适性较差,需要进一步改进与完善。基于此,本文建立了可压缩流动下存在压力梯度的无量纲边界层方程,采用当地相似化方法得到层流平板的速度型与温度型近似相似性解。探究了马赫数和压力梯度对动量损失厚度、形状因子等边界层关键参数的影响规律。结果表明压力梯度是边界层转捩判据参数构造的关键因素,并构建了适用于高超声速转捩模式判据的新型拟合公式。

关键词: 边界层转捩;可压缩边界层相似变换方程;自相似解;相似速度型;相似温度型

Abstract: The engineering turbulence-transition model based on RANS method overcomes the defect that stability analysis method can't adapt to large-scale block parallel computation, so it becomes the most common method for the research of transition of hypersonic vehicles. The existing turbulence-transition model makes numerical correction for compressible effects in hypersonic boundary layer transition prediction, which has poor universality and needs further improvement. Based on this, the dimensionless boundary layer equation with pressure gradient in compressible flow is established, and the approximate similarity solution of velocity profiles and temperature profiles of laminar flow plate is obtained by local similarity method. The influence law of Mach number and pressure gradient on key parameters of boundary layer such as momentum loss thickness and shape factor is explored. The results show that the pressure gradient is the key factor in the parameter construction of boundary layer transition criterion. A new fitting formula suitable for hypersonic transition mode criterion is established.

Key words: boundary layer transition; similarity transformation equation of compressible boundary layer; self-similar solution; similar velocity profiles; similar temperature profiles

1 引言

近年来,高超声速飞行器项目成了发达国家的研究热点,而边界层转捩现象对高超声速飞行器影响显著,故而转捩一直是设计高超声速飞行器气动系统、热防护系统、推进系统中的关键问题。开展高超声速边界层转捩现象的研究,并建立与现代 CFD 并行技术兼容的高超声速湍流-转捩模式,对于高超声速飞行器的设计有重要的工程实用价值。

航空航天工程实践中常用的流向转捩预测方法有两类:一类为稳定性理论分析方法,另一类为转捩-湍流耦合的输运方程模式。基于稳定性分析理论[1-4]发展的 e^N 方法[5-6]成为稳定性分析和转捩预测的重要方法,可以预测低湍流度下沿流向的自然转捩和分离流转捩。基于雷诺平均方法的湍流-转捩模型则能够适应现代 CFD 的发展,能够对自然转捩和分离泡转捩等进行数值模拟。当流动速域提高到超/高超声速状态时,边界层的可压缩效应非常明显。对于传统 e^N 方法,国内的苏彩虹等[7]通过研究高超声速圆锥边界层提出了 e^N 方法的改进措施;曹伟等[8]通过分析高超声速边界层的稳定性,修正了 e^N 方法,成功模拟了可压缩流动下边界层的转捩问题,但是 e^N 方法存在固有的缺陷,涉及非当地变量且难以实现并行计算。而在 $\gamma\text{-}\overline{Re}_{\theta t}$ 转捩模式的研究中,国内外许多学者也开展了其在超声速中的探索以及修正其可压缩性的研究:Martin[9]、Ünver[10-11]、You[12]、孔维萱[13]、张毅锋[14]等国内外科研人员均就可压缩性对 $\gamma\text{-}\overline{Re}_{\theta t}$ 进行了修正,将 $\gamma\text{-}\overline{Re}_{\theta t}$ 转捩模式的应用范围推广到高超声速领域,取得了较好的转捩模拟结果。然而,超/高超声速转捩机制与不可压流动相差甚远,仅对转捩模式进行可压缩性修正,会丢失某些转捩现象背后的物理意义,并且普适性也较差。

针对上述文献中研究的不足,本文构建了基于高超声速流动特性的可压缩流动边界层方程,并探究了存在压力梯度流动的相似性速度型和温度型。基于速度型数据库,求解数值得到转捩的关键因子并做出特性分析,以此作为高超声速转捩模式构建的基础。

2 可压缩流动边界层方程及自相似解

对于二维定常流动中一个长度为 L 的平板上的边界层做假设:边界层厚度 δ 相对于平板长度可以忽略不计,即:$\delta \ll L$,经过量级分析以及合理的边界层假设[15],给出近似的边界层方程如下:

$$\frac{\partial(\rho u)}{\partial x} + \frac{\partial(\rho v)}{\partial y} = 0 \tag{1}$$

$$\rho u \frac{\partial u}{\partial x} + \rho v \frac{\partial u}{\partial y} = -\frac{\partial p_e}{\partial x} + \frac{\partial}{\partial y}\left(\mu \frac{\partial u}{\partial y}\right) \tag{2}$$

$$\frac{\partial p}{\partial y}=0 \tag{3}$$

$$\rho u\frac{\partial h}{\partial x}+\rho v\frac{\partial h}{\partial y}=\frac{\partial}{\partial y}\left(k\frac{\partial T}{\partial y}\right)+u\frac{\partial p_e}{\partial x}+\mu\left(\frac{\partial u}{\partial y}\right)^2 \tag{4}$$

不考虑高超声速边界层的黏性耗散、高温特征以及化学反应,假设流体为量热完全气体,则引入气体状态方程,使方程组封闭。

$$\begin{cases}p=\rho RT\\h=c_pT\end{cases} \tag{5}$$

边界条件为

$$\begin{cases}\text{在无滑移物面处}\quad y=0:u=0,v=0\\\text{绝热壁面}\qquad\left(\frac{\partial T}{\partial n}\right)_w=0\\\text{边界层边缘处}\quad y\to\infty:u\to u_e,\ T\to T_e\end{cases} \tag{6}$$

至此,在量热完全气体假设和边界层近似假设下,对二维定常流动建立了边界层控制方程。

2.1　可压缩边界层的 Illingworth 变换方程

对自变量 (x,y) 应用 Illingworth 变换 $\left(\xi=\int_0^x\rho_eu_e\mu_edx,\ \eta=\frac{u_e}{\sqrt{2\xi}}\int_0^y\rho dy\right)$ 使其转换为 (ξ,η),定义一个关于自变量 ξ、η 的函数 $f(\xi,\eta)$,满足:$\frac{u}{u_e}=\frac{\partial f}{\partial\eta}\equiv f'$,因变量函数 $g(\xi,\eta)=\frac{h}{h_e}$,引入流函数 Ψ、边界层马赫数 $Ma_e=\frac{u_e}{a_e}$,其中 h_e 为边界层外缘的静焓,g 为无量纲静焓,$a_e=\gamma RT_e$ 为边界层外缘声速。经推导,得到二维可压缩边界层的 Illingworth 变换方程如下[16]。

$$\begin{cases}(Cf'')'+ff''=0\\(Cg')'+Prfg'+(\gamma-1)PrCMa_e^2f''^2=0\end{cases} \tag{7}$$

将物理空间的边界条件同样做变换,得到下式。

$$\begin{cases}\text{在无滑移物面处}\quad \eta=0:f=f'=0\\\text{绝热壁面}\qquad g'=0\\\text{边界层边缘处}\quad \eta\to\infty:f'=1,\ g=1\end{cases} \tag{8}$$

2.2 可压缩绝热平板边界层求解

对于 C 中气体的黏性系数 μ，有多种近似公式计算，一种更加准确的公式为 Sutherland 公式。

$$\frac{\mu}{\mu_e} = \left(\frac{T}{T_e}\right)^{3/2} \frac{T_e + \tilde{n}}{T + \tilde{n}} \tag{9}$$

式中：$\tilde{n}$ 为常数 0.509。将 C 表示成变量温度的显函数 $C(g)$，对 g 链式求导并将结果记做 $C'(g, g')$，将方程展开并将变量 $C(g)$、$C'(g, g')$ 代入，可得

$$\begin{cases} C(g)f''' + C'(g, g')f'' + ff'' = 0 \\ C(g)g'' + C'(g, g')g' + Prfg' + (\gamma - 1)PrMa_e^2 C(g)f''^2 = 0 \end{cases} \tag{10}$$

令 $y_1 = f$，$y_2 = f'$，$y_3 = f''$，$x_1 = g$，$x_2 = g'$，则原边界层相似变换方程组降阶为

$$\begin{cases} \dfrac{\mathrm{d}y_1}{\mathrm{d}\eta} = y_2 \\[2mm] \dfrac{\mathrm{d}y_2}{\mathrm{d}\eta} = y_3 \\[2mm] \dfrac{\mathrm{d}y_3}{\mathrm{d}\eta} = \dfrac{C'(x_1, x_2)y_3 + y_1 y_3}{-C(x_1)} \\[2mm] \dfrac{\mathrm{d}x_1}{\mathrm{d}\eta} = x_2 \\[2mm] \dfrac{\mathrm{d}x_2}{\mathrm{d}\eta} = \dfrac{C'(x_1, x_2)x_2 + Ay_1 x_2 + BC_1(x_1)y_3^2}{-C(x_1)} \end{cases} \tag{11}$$

边界条件对应修改为

$$y_1(0) = 0,\ y_2(0) = 0,\ y_2(\infty) = 1,\ x_1(\infty) = 1,\ x_2(0) = 0 \tag{12}$$

目前的三阶非线性常微分方程组已经降阶处理，但依然无法直接显式求解。这是由于该问题是初边值综合问题，且边界不定型，因此在对该边界层方程自壁面到边界层边缘的积分过程中，需要指定壁面处速度导数以及温度的边界条件。对于这类问题应化为初值问题求解，原方程的边界条件改为下式。

$$y_1(0) = 0,\ y_2(0) = 0,\ y_3(0) = H_1,\ x_1(0) = H_2,\ x_2(0) = 0 \tag{13}$$

式中：H_1、H_2 为特定的常数，使得方程组的解满足边值条件。

经过上述处理，原边界层相似变换方程组(7)变形得到方程组(11)及其对应边界条件为式(13)，并可以应用 Runge – Kutta 迭代求解，而对于 H_1、H_2 的确定则需要用打靶法进行尝试。

2.3 考虑压力梯度可压缩层流边界层

对于有压力梯度和热传导的可压缩层流边界层,边界层控制方程中能量方程选用温度表示如下:

$$\rho c_p \left(u \frac{\partial T}{\partial x} + v \frac{\partial T}{\partial y} \right) = \frac{\partial}{\partial y} \left(\kappa \frac{\partial T}{\partial y} \right) + \mu \left(\frac{\partial u}{\partial y} \right)^2 \tag{14}$$

对于存在压力梯度的一般情况,该边界层控制方程组不存在相似性解。但是对于绝大多数高超声速边界层的应用都涉及压力梯度的改变,所以采用当地相似解的方法求解非相似边界层的近似解。

考虑一个存在压力梯度的边界层,其边缘以及壁面的流动参数(包括温度、速度、压力、焓等)沿流向处处不同,即 $\partial f / \partial \xi$、$\partial f' / \partial \xi$ 和 $\partial g / \partial \xi$ 等并非准确为零。现在沿流向选取长度为 Δx 的边界层切片,若选取的 Δx 足够小,则流体通过 Δx 的长度时,T_w、T_e、u_e、h_e 和 p_e 等参数的变化量很小,在推导无量纲化边界层方程时可以将其忽略。

无量纲化引入 Mangloer-Levy-Lees 变换[17-18]:$\mathrm{d}\xi = \rho_e \mu_e u_e \mathrm{d}x$,$\mathrm{d}\eta = \rho u_e / \sqrt{2\xi} \mathrm{d}y$,与零压力梯度平板的不同在于,此处的 u_e、ρ_e、μ_e 均为长度为 Δx 的边界层切片边缘的参数。经推导,得到当地化的有压力梯度可压缩边界层方程为

$$\begin{cases} (Cf'')' + ff'' + \beta(g - f'^2) = 0 \\ (Cg')' + Prfg' + Pr(\gamma - 1)Ma_e^2 Cf''^2 + \beta Pr(\gamma - 1)Ma_e^2 f'(f'^2 - g) = 0 \end{cases}$$
$$\tag{15}$$

绝热壁面边界条件为

$$\begin{cases} \xi = 0: f' = f = g' = 0 \\ \xi \to \infty: f' = g = 1 \end{cases} \tag{16}$$

恒温壁面边界条件为

$$\begin{cases} \xi = 0: f' = f = 0, g = g_w \\ \xi \to \infty: f' = g = 1 \end{cases} \tag{17}$$

式中:C 为 Chapman 因子;f'、g 分别为无量纲化的流向速度和温度;$\beta = \dfrac{2\xi}{u_e} \dfrac{\mathrm{d}u_e}{\mathrm{d}\xi}$ 为 Falkner - Skan 压力梯度因子;$\gamma = 1.4$ 为比热容比;普朗特数 Pr 在边界层内的变化忽略不计,取常数 0.72。

该方程依然是典型的初边值问题,可以转换为初值问题并通过打靶法确定初值并迭代求解。但此时方程组对 H_1 和 H_2 初值的选择更加苛刻,需要在 H_1、H_2 真实值附近足够小的区间内才能得到稳定和收敛的相似性解;如果不能给出较为

准确的预估值,则求解的过程中将很容易出现不稳定的趋势。

3　结果与讨论

3.1　方程求解验证

为验证方程求解的正确性,此处选取典型状态:$Ma = 6.0$,恒温壁条件 $g(0) =$
$\dfrac{T_w}{T_e} = 12.3$。求解典型状态下的速度型和温度型,并与 Tunney 等人[19]的计算结果
对比,如图 1 所示,可见吻合良好,并能刻画出边界层内靠近边缘处"速度超越"这
一典型物理现象,可以验证边界层方程求解正确。

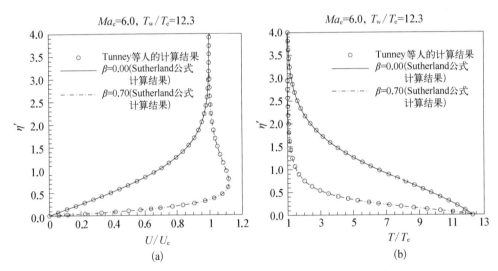

图 1　Sutherland 黏性系数公式边界层相似解计算结果
（a）速度型相似解　（b）温度型相似解

3.2　考虑压力梯度的层流边界层特性

图 2 和图 3 分别以 $Ma_e = 0$ 和 8.0 为例给出了不同马赫数和压力梯度 β 下,速
度型与温度型在边界层内的分布特征。$Ma_e = 0$ 表示不可压流动中存在压力梯度的
平板层流边界层结果,即 Blasius 解,此时温度在边界层内为常数,因此温度型的变
化并未给出。

随着马赫数的增加,绝热壁壁面温度升高增加,而温度的升高对于压力梯度具有
增强的效果[15]。由于高马赫数下边界层内温度较高,因此对应分离点处的逆压梯度
的绝对值明显减小:不可压流动中 $\beta = -0.1988$ 时流动分离(见图 2);而在 $Ma_e =$
8.0 的高马赫数流动中,β 仅仅等于 -0.0168 时流动便出现了分离,如图 3(a)所示。
压力梯度同样也显著影响边界层内速度型和温度型的分布,从而对边界层内的关键
参数产生影响。因此有必要对存在压力梯度的可压缩流动边界层的参数做出分析。

图 4 和图 5 分别给出了不同马赫数下边界层动量损失厚度、形状因子随压力梯度变化的数值趋势。除了 Falkner-Skan 压力梯度因子 β,工程转捩模式中也常常采用 Thwaites 压力梯度因子 $\lambda_\theta = \dfrac{\theta^2}{\nu_\infty} \dfrac{\partial U_\infty}{\partial x}$ 描述压力梯度,因此本文也给出了在 λ_θ 的描述下边界层厚度的变化,如图 4(b)、图 5(b)所示。分析数据可以看出,两种压力梯度的描述方式对于边界层厚度随压力梯度的变化得到相同的结论:逆压梯度使得边界层厚度显著增加,而这一趋势对于高马赫数流动更加明显;逆压梯度下的动量厚度

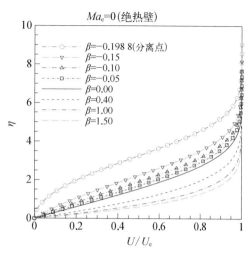

图 2　不同压力梯度下层流边界层
相似解($Ma_e = 0$)

与零压力梯度相比存在近十倍的差距;形状因子的改变在顺压梯度下并不明显,但在即使存在很小的逆压梯度,也会极其迅速地增长。由此可见,压力梯度(尤其逆压梯度)对于边界层的发展至关重要,因此在考虑边界层转捩工程模式的转捩判据参数的构造中,压力梯度成了一个不能忽视的关键因素。

工程转捩模式中,通常希望对于边界层速度型以及温度型进行分析,总结规律,采用公式拟合的方法将边界层内参数随来流参数变化的趋势进行数学化表达,从而运用到转捩判据的构建中。而观察图 5 可以发现,各个边界层参数对于 β 和 λ_θ 压力梯度因子均有很大的梯度,一方面这并不便于选择合适的函数对其变化趋势进行拟合,另一方面函数值与真实值之间会产生较大的误差。于是本文参考 Gary

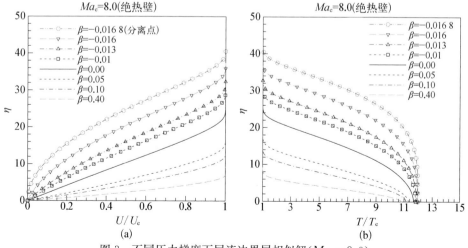

图 3　不同压力梯度下层流边界层相似解($Ma_e = 8.0$)

（a）速度型相似解　（b）温度型相似解

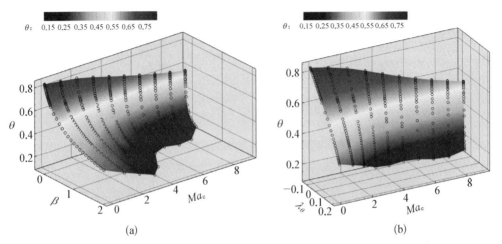

图 4 不同马赫数下边界层动量损失厚度随压力梯度变化的数值特性

(a) Falkner - Skan 压力梯度因子　(b) Thwaites 压力梯度因子

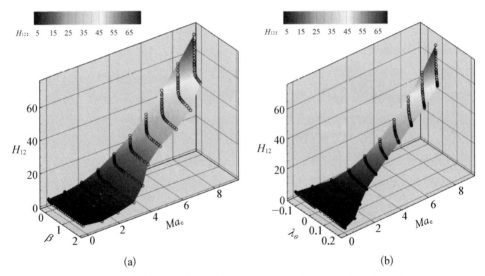

图 5 不同马赫数下边界层形状因子随压力梯度变化的数值特性

(a) Falkner - Skan 压力梯度因子　(b) Thwaites 压力梯度因子

等人[20]的思路，对 Thwaites 压力梯度因子进行可压缩修正，构建压力梯度 λ'_θ：

$$\lambda'_\theta = \left(1 + \frac{\gamma - 1}{2} Ma_e^2\right) \lambda_\theta \tag{18}$$

采用新的压力梯度因子 λ'_θ 重新描述 θ 和 H_{12} 的数值特性，如图 6 和图 7 所示，并给出了动量损失厚度和形状因子在马赫数与压力梯度共同影响下的拟合公式，拟合所得曲面见图 6(b) 和图 7(b)：

$$\theta(Ma_e,\lambda'_\theta)=0.686\,3-0.028\,2Ma_e-1.167\lambda'_\theta-0.105\lambda'_\theta Ma_e-1.7\lambda'^2_\theta$$

$$(19)$$

$$H_{12}(Ma_e,\lambda'_\theta)=\frac{3.182\lambda'_\theta+0.577\,57}{\lambda'^2_\theta+1.49\lambda'_\theta+0.223}\left(1+\frac{\gamma-1}{2}Ma_e^2\right)$$

$$(20)$$

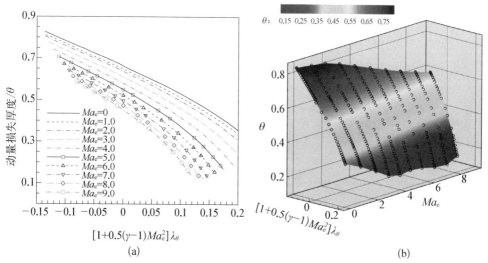

图 6　不同马赫数下边界层动量损失厚度随 λ'_θ 变化的数值特性

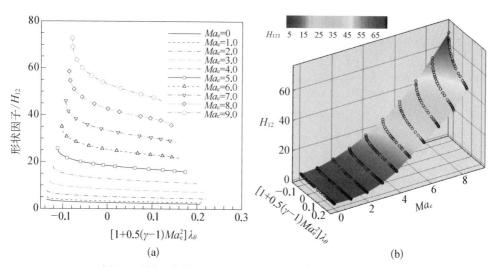

图 7　不同马赫数下边界层形状因子随 λ'_θ 变化的数值特性

　　虽然动量厚度雷诺数是转捩判据构建的关键参数,但流场中并不能进行当地化求解,因此引入涡量厚度雷诺数,在边界层内涡量厚度雷诺数取最大值的位置对动量厚度雷诺数进行标定。于是基于相似性速度型和温度型解,本节给出了不同

马赫数下 $\max(Re_V)/Re_\theta$ 随压力梯度变化的数值趋势。由于 Falkner‑Skan 和 Thwaites 压力梯度因子对于参数的描述仍然存在梯度过大的情况,因此为了较好地拟合参数的变化,仍然需要引入可压缩修正后的 Thwaites 压力梯度因子 λ'_θ,如图 8 所示。

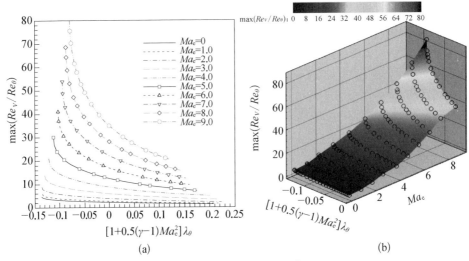

图 8　不同马赫数下 $\max(Re_V)/Re_\theta$ 随 λ'_θ 变化的数值特性

对于稳定性理论中给出的相速度采用相同的方法处理,图 9 给出了不同马赫数下扰动相速度随压力梯度因子 λ'_θ 变化的趋势,拟合公式如下:

$$U_P(Ma_e, \lambda'_\theta) = U_e(0.3163 + 0.1562Ma_e - 1.243\lambda'_\theta - 0.009Ma_e^2 + 0.197\lambda'_\theta Ma_e) \tag{21}$$

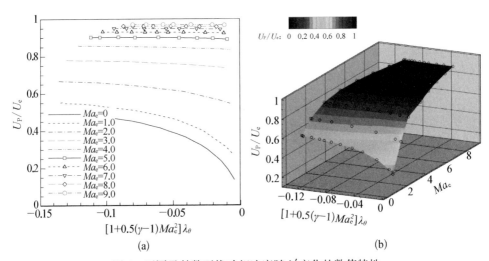

图 9　不同马赫数下扰动相速度随 λ'_θ 变化的数值特性

4　总结

本文从可压缩边界层方程出发,应用 Illingworth 变换得到零压力梯度流动边界层相似变换方程,采用当地相似化方法也可以得到存在压力梯度流动边界层的相似变换方程;通过求解相似变换方程,处理速度型与温度型,对可压缩层流边界层的位移厚度、动量损失厚度、形状因子等关键参数做数值特性分析、总结变化规律、拟合经验公式并作为转捩模式构建的基础。

(1) 在可压缩流动中,压力梯度(尤其逆压梯度)对于边界层的发展至关重要,是构建转捩判据参数中不能忽视的关键参数。压力梯度显著影响边界层内速度型和温度型的分布,从而对边界层内的关键参数产生影响。逆压梯度使得边界层厚度显著增加,而这一趋势对于高马赫数流动更加明显。形状因子的改变在顺压梯度下并不明显,但即使存在很小的逆压梯度,也会极其迅速地增长。

(2) 对转捩判据构建的关键参数随来流参数变化的趋势进行数学化表达。提出了用于高超声速转捩判据的新型拟合公式来描述边界层内动量损失厚度、形状因子及扰动相速度等参数随马赫数及压力梯度等来流参数的变化趋势。

参 考 文 献

[1]　Smith A M O, Gamberoni N. Transition, pressure gradient, and stability theory: Rept, ES‐26388[R]. Douglas Aircraft Co, Inc, ElSegundo, Calif, 1956.

[2]　Van Ingen J L. A suggested semiempirical method for the calculation of the boundary layer transition region: Rept, V. T. H. : 74[R]. Dept. Aero. Eng, Institute of Technology, Delft, 1956.

[3]　Mack L M. Boundary-layer stability theory. In: Michel R, ed. Special course on stability and transition of laminar flow: Rept No. 709[R]. AGARD, 1984: 3.1‐3.81.

[4]　Arnal D, Casalis G. Laminar-turbulent transition prediction in three-dimensional flows [J]. Progress in Aerospace Science, 2000, 36: 173‐191.

[5]　Stock H W. e^N Transition prediction in three-dimensional boundary layers on inclined prolate spheroids[J]. AIAA Journal. 2006, 44(1): 108‐118.

[6]　Arnal D. Predicition based on linear stability: Rep. No. 793[R]. AGARD, 1994.

[7]　苏彩虹. 高超声速圆锥边界层的转捩预测及 e^N 方法的改进[D]. 天津: 天津大学, 2008.

[8]　曹伟. 高超声速边界层的转捩问题[J]. 空气动力学学报, 2009, 27(5): 516‐523.

[9]　Martin K, Marek B, Josef B. Modeling of transition effects in hypersonic intake flows using a correlation-based intermittency model[C]. AIAA 2008‐2598. 15th AIAA International Space Planes and Hypersonic Systems and Technologies Conference Dayton, Ohio. 28 April‐1 May 2008.

[10]　Ünver K, Gürdamar E. Boundary-layer transition under the effect of compressibility for the correlation based transition model[C]. Aiaa Aerospace Sciences Meeting and Exhibit. 2008.

［11］ Ünver K. Supersonic boundary-layer transition prediction under the effect of compressibility using a correlation-based model［J］. Proceedings of the Institution of Mechanical Engineers Part G Journal of Aerospace Engineering, 2012, 226(7): 722 - 739.

［12］ You Y, Luedeke H, Eggers T, et al. Application of the y-Reot transition model in high speed flows［C］. AIAA International Space Planes and Hypersonic Systems and Technologies Conference. 2013: 1 - 14.

［13］ 孔维萱, 阎超, 赵瑞. $\gamma - Re_\theta$ 模式应用于高速边界层转捩的研究［J］. 空气动力学学报, 2013, 31(1): 120 - 126.

［14］ Zhang Y F, Zhang Y R, Chen J Q, et al. Numerical simulations of hypersonic boundary layer transition based on the flow solver chant 2.0［C］. AIAA 2017 - 2409. 21st AIAA International Space Planes and Hypersonics Technologies Conference. Xiamen, China. 6 - 9 March 2017.

［15］ Anderson J D. Hypersonic and high-temperature gas dynamics, Second Edition［M］. McGraw-Hill, 2006.

［16］ Schlichting H. Boundary-layer Theory［M］. 6th ed. McGraw-Hill, 1968.

［17］ Cebeci T, Smith A M O. Analysis of turbulent boundary layers［M］. Academic Press, 1974.

［18］ Cebeci T. Convective Heat Transfer［M］. Springer, 2002.

［19］ Tunney A P, Denier J P, Mattner T W, et al. A new inviscid mode of instability in compressible boundary-layer flows［J］. Journal of Fluid Mechanics, 2015, 785: 301 - 323.

［20］ Gary C, Robert N, Kshitij D N, et al. Validation and assessment of turbulence transition models［C］. AIAA Paper 2009 - 1141. 47th AIAA Aerospace Sciences Meeting, Orlando, Florida, USA, 2009: January 5 - 8.

1.2　可压缩湍流边界层摩擦阻力分解理论

范钇彤　李伟鹏

（上海交通大学　航空航天学院,上海　200240）

摘　要：阻力是飞行器设计中最重要的气动力参数之一,摩擦阻力的分解与预测是学术界普遍关心的热点问题。目前,湍流摩擦阻力分解方法多局限于不可压缩流动,而对于可压缩湍流边界层的摩擦阻力分解方法尚不完善。文章建立了系统的可压缩湍流边界层摩擦阻力分解理论,对光滑和复杂可压缩壁湍流摩擦阻力分解进行了严格的推导,给出了基于动量方程和流向动能方程的两类(四种)阻力分解方法,并从物理角度讨论了摩擦阻力产生的机制,建立了可压缩湍流边界层摩擦阻力分解的量化指标,期望该理论在可压缩湍流边界层减阻中发挥作用。

关键词：可压缩湍流边界层;摩擦阻力分解;摩擦阻力产生机制

Abstract：As drag becomes the significant indication of mechanical system performance, its decomposition and prediction are badly needed and expected to estimate the efficiency of drag control approaches or guide drag reduction. Plenty of researches have been concentrated on the skin-friction drag decomposition for that it plays a more and more important role as the Reynolds number increases in many practical applications. However, most of them are carried out in incompressible turbulent flows so far. This paper establishes a new system of skin-friction decomposition methods for compressible turbulent flows over the flat plate and the geometrically complex surface. The rigorous derivation from two perspectives, i. e. momentum conservation and streamwise averaged kinetic energy budget, has been presented in four forms, as well as the physical interpretation for each drag component. This work is conducive to identifying the mechanism of skin-friction drag generation in compressible wall-bounded turbulent flows and quantifying each contributive component.

Key words：compressible turbulent flow; skin-friction drag decomposition; drag generation mechanism

1　引言

减阻是飞行器设计的永恒话题,而减阻的前提是对阻力进行准确的分解与预测。阻力分解与预测不仅是学术界关心的热点问题,而且直接关系到航空飞行器的经济性和环保性。早在 20 世纪 20 年代,Betz 等人就开展了飞行器阻力的预测方法的研究[1],在过去的一个世纪里,虽然流体力学的计算方法和实验技术不断发展,但实现 1 count(10^{-4},约为一架普通飞机总阻力系数的 0.4%[2])内的阻力预测精度仍是一个巨大的挑战,目前的阻力分解理论仍存在诸多假设条件和适用模型的限制,有待进一步的研究和突破。

对于高速、高雷诺数大型客机而言,湍流摩擦阻力是总阻力的主要组成部分[3],至今,仍缺乏可压缩湍流边界层摩擦阻力的分解理论,大量的研究还局限于不可压缩湍流边界层。2002 年,Fukagata 等人[4]推导了三种典型的不可压缩壁湍流的雷诺应力分布和摩擦阻力的关系式,即 FIK 分解。近年来 FIK 分解方法不断改进和完善,避免了原表达式中流向导数和特定积分域导致的分解精度的局限[5-6],并广泛应用于诸多研究中[7-10]。然而,在 FIK 分解中因线性加权雷诺应力积分缺乏明确的物理含义而引发了学术界的诸多质疑[9,11]。Renard 和 Deck 推导出了一种新的分解方法[11],该方法从绝对参考系下流体流向平均动能守恒角度出发,给出了边界层内流动扩散和能量耗散对摩擦阻力的贡献。Yoon 等人[12]从涡量输运角度出发,量化了速度-涡量耦合项对摩擦阻力的影响。上述研究均基于不可压缩流动假设,事实上,在可压缩流动中,流体的压缩效应对于摩擦阻力的影响不可忽略,至今鲜有摩擦阻力分解是面向可压缩流动的。2009 年,Gomez 等人[13]基于 FIK 方法,量化了压缩性对槽道摩擦阻力的贡献,但是 FIK 方法本身的局限性依旧存在,因此摩擦阻力的分解方法,尤其是针对可压缩湍流流动的研究仍需进一步发展。

本文首先以可压缩光滑平板湍流边界层为例,研究了可压缩湍流边界层摩擦阻力分解理论,对可压缩湍流摩擦阻力分解公式进行了严格的推导,并进一步将阻力分解方法推广到复杂壁面摩擦阻力分解中。该理论从物理角度解释了湍流摩擦阻力的生成机制,可量化评估可压缩湍流边界层摩擦阻力的贡献,期望在湍流减阻技术的研究中发挥重要价值。

2　光滑平板表面摩擦阻力分解理论

一般可压缩流体的流向 Navier - Stokes 方程为

$$\frac{\partial \rho^* u^*}{\partial t^*} + \frac{\partial \rho^* u^* u^*}{\partial x^*} + \frac{\partial \rho^* u^* v^*}{\partial y^*} + \frac{\partial \rho^* u^* w^*}{\partial z^*}$$

$$= -\frac{\partial P^*}{\partial x^*} + \frac{\partial \tau_{xx}^*}{\partial x^*} + \frac{\partial \tau_{yx}^*}{\partial y^*} + \frac{\partial \tau_{zx}^*}{\partial z^*} + \rho^* f_x^* \tag{1}$$

式中:x、y、z 分别为流向、法向和展向坐标;ρ 为流体密度;P 为静压;f_x 为流体所受到的 x 方向的体积力;u、v、w 分别为流向、法向和展向速度;τ_{xx}、

τ_{yx}、τ_{zx} 为 x 方向上的黏性剪切应力。本文中，上标星号变量均为无量纲变量。

对于可压缩湍流，首先我们假设：① 壁面无滑移，即 $u\mid_{\text{wall}}=v\mid_{\text{wall}}=w\mid_{\text{wall}}=0$；② 流动参数在展向上均匀，即 $\partial\varphi/\partial z=0$。 因此得到如下无量纲的 x 方向雷诺平均 Navier‑Stokes 方程：

$$\frac{\partial\overline{\rho u}}{\partial t}+\frac{\partial\overline{\rho uu}}{\partial x}+\frac{\partial\overline{\rho uv}}{\partial y}=-\frac{\partial\overline{P}}{\partial x}+\frac{1}{Re}\left(\frac{\partial\overline{\tau_{xx}}}{\partial x}+\frac{\partial\overline{\tau_{yx}}}{\partial y}\right)+f \tag{2}$$

式中：上划线表示雷诺平均值，雷诺数 $Re=\rho_0^*\,\delta_0^*\,U_0^*/\mu_0^*$。 无量纲特征变量取值如下：自由来流密度 ρ_0^*，边界层厚度 δ_0^*，外边界速度 U_0^*，来流温度 T_0 下的黏性系数 μ_0^*。

对于牛顿流体，雷诺平均剪切应力 $\overline{\tau_{yx}}$ 满足如下方程。

$$\overline{\tau_{yx}}=\overline{\mu\left(\frac{\partial u}{\partial y}+\frac{\partial v}{\partial x}\right)}=\bar{\mu}\,\frac{\partial\bar{u}}{\partial y}+\bar{\mu}\,\frac{\partial\bar{v}}{\partial x}+\overline{\mu'\,\frac{\partial u'}{\partial y}}+\overline{\mu'\,\frac{\partial v'}{\partial x}} \tag{3}$$

式中：脉动变量 $\varphi'=\varphi-\bar{\varphi}$。 因此，式(2)又可写成

$$\frac{\partial\overline{\rho u}}{\partial t}+I=\frac{1}{Re}\,\frac{\partial^2\bar{u}}{\partial y^2}+\frac{1}{Re}\,\frac{\partial}{\partial y}(\bar{\mu}-1)\,\frac{\partial\bar{u}}{\partial y}-\frac{\partial\overline{\rho\widetilde{u''v''}}}{\partial y}+$$
$$\frac{1}{Re}\,\frac{\partial}{\partial y}\left(\overline{\mu'\,\frac{\partial u'}{\partial y}}+\overline{\mu'\,\frac{\partial v'}{\partial x}}\right)+f \tag{4}$$

式中：

$$I=\frac{\partial(\overline{\rho u^2})}{\partial x}+\frac{\partial\overline{\rho\widetilde{u}\widetilde{v}}}{\partial y}-\frac{1}{Re}\,\frac{\partial\overline{\tau_{xx}}}{\partial x}-\frac{1}{Re}\,\frac{\partial}{\partial y}\left(\bar{\mu}\,\frac{\partial\bar{v}}{\partial x}\right)+\frac{\partial\overline{P}}{\partial x} \tag{5}$$

上波浪线 $\widetilde{\varphi}$ 表示法夫雷(Favre)平均值，等于 $\overline{\rho\varphi}/\bar{\rho}$，而 $\varphi''=\varphi-\widetilde{\varphi}$。

平均表面摩擦阻力系数 C_f 定义为作用于壁面上的平均剪切应力与来流动压之比，其无量纲表达式为

$$C_f=\frac{2}{Re}\left(\frac{\partial\bar{u}}{\partial y}\bigg|_{y=0}\right) \tag{6}$$

在下文中，我们将对式(4)进行几种不同的数学处理，包括一次积分、两次分部积分、三次分部积分以及转换参考系后的一次积分方法，进而结合式(6)推导出摩擦阻力公式及其分解结果。

2.1 基于动量方程的一次积分方法

对于平板边界层，忽略外界作用体积力，对式(4)在整个平板湍流边界层内

做一次积分,积分域为 y,从 0 到 1,其中 0 代表壁面,1 代表边界层上界,可以得到:

$$C_f = \frac{2}{Re}\left(\bar{\mu}\,\frac{\partial \bar{u}}{\partial y}\right)\Big|_{y=1} - (2\overline{\rho u''v''})\,|_{y=1} + \left[\frac{2}{Re}\left(\overline{\mu'\,\frac{\partial u'}{\partial y}} + \overline{\mu'\,\frac{\partial v'}{\partial x}}\right)\right]\Big|_{y=1} -$$

$$2\int_0^1\left(\frac{\partial \overline{\rho u}}{\partial t} + I\right)\mathrm{d}y \tag{7}$$

基于平板边界层条件假设,$(\partial \bar{u}/\partial y)\,|_{y=1} = 0$ 及忽略边界层上界处速度脉动,可得到

$$C_f = -2\int_0^1\left(\frac{\partial \overline{\rho u}}{\partial t} + I\right)\mathrm{d}y \tag{8}$$

在此方程中,我们可以得到对湍流摩擦阻力产生贡献的因素包括流动的非定常性、流向异质性、边界层内流体间分子黏性应力以及空间对流扩散。

2.2　基于动量方程的二次积分方法

同理,如果对式(4)做两次分部积分,最外层积分域为 y,从 0 到 1,其中 0 代表壁面,1 代表边界层上界,可以得到:

$$\int_0^1 (1-y)\left(\frac{\partial \overline{\rho u}}{\partial t} + I\right)\mathrm{d}y = \frac{1}{Re}\bar{u}\Big|_{y=1} - \frac{1}{Re}\frac{\partial \bar{u}}{\partial y}\Big|_{y=0}\int_0^1 \mathrm{d}y +$$

$$\frac{1}{Re}\int_0^1 (\bar{\mu}-1)\frac{\partial \bar{u}}{\partial y}\mathrm{d}y - \int_0^1 \overline{\rho u''v''}\mathrm{d}y +$$

$$\frac{1}{Re}\int_0^1\left(\overline{\mu'\,\frac{\partial u'}{\partial y}} + \overline{\mu'\,\frac{\partial v'}{\partial x}}\right)\mathrm{d}y \tag{9}$$

进而得到其阻力系数公式为

$$C_f = \underbrace{\frac{2\bar{u}\,|_{y=1}}{Re}}_{c_\infty} + \underbrace{2\int_0^1 (-\overline{\rho u''v''})\mathrm{d}y}_{c_T} + \underbrace{\frac{2}{Re}\int_0^1 (\bar{\mu}-1)\frac{\partial \bar{u}}{\partial y}\mathrm{d}y}_{c_C} +$$

$$\underbrace{\frac{2}{Re}\int_0^1\left(\overline{\mu'\,\frac{\partial u'}{\partial y}} + \overline{\mu'\,\frac{\partial v'}{\partial x}}\right)\mathrm{d}y}_{c_{CT}} - \underbrace{2\int_0^1 (1-y)\left(\frac{\partial \overline{\rho u}}{\partial t} + I\right)\mathrm{d}y}_{c_{TI}} \tag{10}$$

方程给出了可压缩湍流边界层摩擦阻力的贡献因素,包括外边界流动 C_∞,湍流速度脉动 C_T,流体可压缩性 C_C,湍流速度脉动和黏性脉动的耦合作用 C_{CT},以及非定常性、流向异质性和空间对流 C_{TI},其中 C_C、C_{CT} 由流体的可压缩效应产生,在不可压缩流动中,这两项可以忽略。对于平板边界层而言,有 $\bar{u}\,|_{y=1} \approx 1$,因此摩擦阻力系数的分解公式可以简化为

$$C_f = \frac{2}{Re} - 2\int_0^1 \widetilde{\rho u'' v''}\mathrm{d}y + \frac{2}{Re}\int_0^1 (\bar{\mu}-1)\frac{\partial \bar{u}}{\partial y}\mathrm{d}y + \frac{2}{Re}\int_0^1 \left(\overline{\mu'\frac{\partial u'}{\partial y}} + \overline{\mu'\frac{\partial v'}{\partial x}}\right)\mathrm{d}z -$$

$$2\int_0^1 (1-y)\left(\frac{\partial \overline{\rho u}}{\partial t} + I\right)\mathrm{d}y \tag{11}$$

式(11)的第一项 $2/Re$ 只取决于雷诺数的大小,可以直接反映外边界流动的特性。需要指出的是,湍流脉动项对 $\widetilde{\rho u'' v''}$ 以及可压缩效应项对剪切应力在边界层内的积分仅仅是数学推导而得的数值结果,不具有实际物理意义。

2.3 基于动量方程的三次积分方法

基于 FIK 方法[4],对式(4)进行三次分部积分,最外层积分域为 y,从 0 到 1,其中 0 代表壁面,1 代表边界层上界,可以得到

$$\frac{1}{2}\int_0^1 (1-y)^2\left(\frac{\partial \overline{\rho u}}{\partial t} + I\right)\mathrm{d}y + \int_0^1 (1-y)\widetilde{\rho u'' v''}\mathrm{d}y$$

$$= \frac{1}{Re}\int_0^1 (1-y)\overline{\mu'\left(\frac{\partial v'}{\partial x} + \frac{\partial u'}{\partial y}\right)}\mathrm{d}y + \frac{1}{Re}\int_0^1 (1-y)\left[(\bar{\mu}-1)\frac{\partial \bar{u}}{\partial y}\right]\mathrm{d}y +$$

$$\frac{1}{Re} - \frac{1}{2Re}\frac{\partial \bar{u}}{\partial y}\Big|_{y=0} \tag{12}$$

因此,可压缩湍流边界层摩擦阻力分解可以写成如下的形式:

$$C_f = \frac{4}{Re}\int_0^1 \bar{u}\,\mathrm{d}y + \underbrace{4\int_0^1 (1-y)(-\widetilde{\rho u'' v''})\mathrm{d}y}_{c_\mathrm{T}} + \underbrace{\frac{4}{Re}\int_0^1 (1-y)(\bar{\mu}-1)\frac{\partial \bar{u}}{\partial y}\mathrm{d}y}_{c_\mathrm{C}} +$$

$$\underbrace{\frac{4}{Re}\int_0^1 (1-y)\left(\overline{\mu'\frac{\partial u'}{\partial y}} + \overline{\mu'\frac{\partial v'}{\partial x}}\right)\mathrm{d}y}_{c_\mathrm{CT}} - \underbrace{2\int_0^1 (1-y)^2\left(\frac{\partial \overline{\rho u}}{\partial t} + I\right)\mathrm{d}y}_{c_\mathrm{TI}} \tag{13}$$

式(13)右边第一项与边界层内流向平均速度相关,实际上该项描述了流体的流量。其余项都与边界层内特定的流动特性相关。第二项 C_T 由湍流脉动产生,其中权重函数 $(1-y)$ 定性地描述了距离壁面越近的湍流脉动对于摩擦阻力的贡献越大。但是,这一从数学推导中得到的线性权重函数仍具有争议,因为它无法从物理学的角度去解释湍流诱导阻力贡献的线性分布[11]以及线性加权积分的意义。事实上,在大多数算例中,湍流边界层中无论是流向速度、法向速度梯度还是雷诺应力,其分布均不是线性的。这一问题同样也存在于第三项 C_C 中。C_C 和 C_CT 分别揭示了流体可压缩性和可压缩性与湍流速度脉动的耦合对于摩擦阻力的影响,在不可压缩流动中,$C_\mathrm{C}=C_\mathrm{CT}=0$。最后一项 C_TI 由流动非定常性、流向异质性以及空间对流所产生。在这一方程中,流向导数显性存在,当流向参数迅速变化或者在流场原始数据库中并不包含流向导数时[5],通过差分后处理得到的导数值对差分格式十

分敏感,其计算精度将会受到影响。因此,在实际应用中我们希望方程中的参数只与当地固定的位置 x 处的流动状态有关。引用无量纲雷诺平均动量[见式(4)和式(5)],流向导数项可以被替换。

$$
\begin{aligned}
C_f = & \frac{4}{Re}\int_0^1 \bar{u}\mathrm{d}y + 4\int_0^1 (1-y)(-\widetilde{\rho u''v''})\mathrm{d}y + \frac{4}{Re}\int_0^1 (1-y)(\bar{\mu}-1)\frac{\partial \bar{u}}{\partial y}\mathrm{d}y + \\
& \frac{4}{Re}\int_0^1 (1-y)\overline{\left(\mu'\frac{\partial u'}{\partial y}\right)}\mathrm{d}y - 2\int_0^1 (1-y)^2\left[\frac{1}{Re}\frac{\partial^2 \bar{u}}{\partial y^2} + \right. \\
& \left. \frac{1}{Re}\frac{\partial}{\partial y}(\bar{\mu}-1)\frac{\partial \bar{u}}{\partial y} \frac{\partial \widetilde{\rho u''v''}}{\partial y} + \frac{1}{Re}\frac{\partial}{\partial y}\overline{\left(\mu'\frac{\partial u'}{\partial y}\right)}\right]\mathrm{d}y
\end{aligned}
\tag{14}
$$

通过这种方式,摩擦阻力对于流向导数的显性依赖可以避免,此时,摩擦阻力系数只与 x 点处垂直于流向的纵截面上的流动信息有关,因此,C_f 的结果会随着选取的 x 位置的变动而变化。除此之外,对于空间发展的平板边界层流动,当边界层假设或边界层内部分流动数据出现问题时[6],若以整个边界层为积分域则会导致结果不精确甚至无法得到最终的分解结果。所以将其改为从 $y=0$ 到某一个指定高度 h,只要保证在该区域内的流动信息是准确的,则仍可以给出如下的摩擦阻力系数的分解表达式,即式(15)。这一表达式相较于式(14),避免了流向导数,并对积分域进行了修改,有助于在缺乏相关流场数据的情况下,得到较为精确的阻力分解结果。上述表达式同样可以做相应处理,以得到相对准确的分解结果,本文不再赘述。

$$
\begin{aligned}
C_f = & \frac{4}{h^2 \cdot Re}\int_0^h \bar{u}\mathrm{d}y + \frac{4}{h^2}\int_0^h (h-y)(-\widetilde{\rho u''v''})\mathrm{d}y + \frac{4}{h^2 \cdot Re}\int_0^h (h-y)(\bar{\mu}-1)\frac{\partial \bar{u}}{\partial y}\mathrm{d}y + \\
& \frac{4}{h^2 \cdot Re}\int_0^h (h-y)\overline{\left(\mu'\frac{\partial u'}{\partial y}\right)}\mathrm{d}y - \frac{2}{h^2}\int_0^h (h-y)^2\left[\frac{1}{Re}\frac{\partial^2 \bar{u}}{\partial y^2} + \frac{1}{Re}\frac{\partial}{\partial y}(\bar{\mu}-1)\frac{\partial \bar{u}}{\partial y} - \right. \\
& \left. \frac{\partial \widetilde{\rho u''v''}}{\partial y} + \frac{1}{Re}\frac{\partial}{\partial y}\overline{\left(\mu'\frac{\partial u'}{\partial y}\right)}\right]\mathrm{d}y
\end{aligned}
\tag{15}
$$

2.4 基于流向平均动能守恒的分解理论

基于流向平均动能守恒的分解理论由绝对参考系下流向平均动能守恒推导而得。在这一坐标系下,壁面以 $-U_0$ 的速度移动。流向动能守恒方法可将流场与壁面之间的摩擦阻力描述为壁面与流体之间的能量交换[11],其物理意义更加明确。下面将借鉴 Renard 和 Deck 的思想[11],推导基于动能守恒的可压缩湍流边界层阻力分解理论。

对于可压缩湍流边界层,忽略展向流场数据的变化以及体积力,x 方向雷诺平均动量方程可以表达为

$$\frac{\partial \overline{\rho u}}{\partial t} + \frac{\partial \overline{\rho u u}}{\partial x} + \frac{\partial \overline{\rho u v}}{\partial y} = -\frac{\partial \overline{P}}{\partial x} + \frac{1}{Re}\left(\frac{\partial \overline{\tau_{xx}}}{\partial x} + \frac{\partial \overline{\tau_{yx}}}{\partial y}\right) \tag{16}$$

对式(16)左侧进行法夫雷平均转换,可得

$$\frac{\partial \overline{\rho u}}{\partial t} + \frac{\partial \overline{\rho u u}}{\partial x} + \frac{\partial \overline{\rho u v}}{\partial y} = \widetilde{u}\left(\frac{\partial \overline{\rho}}{\partial t} + \frac{\partial \overline{\rho}\widetilde{u}}{\partial x} + \frac{\partial \overline{\rho}\widetilde{v}}{\partial y}\right) +$$

$$\overline{\rho}\left(\frac{\partial \widetilde{u}}{\partial t} + \widetilde{u}\frac{\partial \widetilde{u}}{\partial x} + \widetilde{v}\frac{\partial \widetilde{u}}{\partial y}\right) + \frac{\partial \overline{\rho \widetilde{u'' u''}}}{\partial x} + \frac{\partial \overline{\rho \widetilde{u'' v''}}}{\partial y} \tag{17}$$

根据雷诺平均质量守恒方程 $\dfrac{\partial \overline{\rho}}{\partial t} + \dfrac{\partial \overline{\rho}\widetilde{u}}{\partial x} + \dfrac{\partial \overline{\rho}\widetilde{v}}{\partial y} = \dfrac{\partial \overline{\rho}}{\partial t} + \dfrac{\partial \overline{\rho u}}{\partial x} + \dfrac{\partial \overline{\rho v}}{\partial y} = 0$,可以将式

(16)转化为

$$\overline{\rho}\left(\frac{\partial \widetilde{u}}{\partial t} + \widetilde{u}\frac{\partial \widetilde{u}}{\partial x} + \widetilde{v}\frac{\partial \widetilde{u}}{\partial y}\right) = -\frac{\partial \overline{P}}{\partial x} + \frac{1}{Re}\left(\frac{\partial \overline{\tau_{xx}}}{\partial x} + \frac{\partial \overline{\tau_{yx}}}{\partial y}\right) - \left(\frac{\partial \overline{\rho \widetilde{u'' u''}}}{\partial x} + \frac{\partial \overline{\rho \widetilde{u'' v''}}}{\partial y}\right)$$
$$\tag{18}$$

若定义 $\dfrac{\widetilde{D}}{\widetilde{D}t} = \dfrac{\partial}{\partial t} + \widetilde{u}\dfrac{\partial}{\partial x} + \widetilde{v}\dfrac{\partial}{\partial y}$, 则

$$\overline{\rho}\frac{\widetilde{D}\widetilde{u}}{\widetilde{D}t} = \frac{1}{Re}\frac{\partial \overline{\tau_{yx}}}{\partial y} - \frac{\partial \overline{\rho \widetilde{u'' v''}}}{\partial y} + \frac{1}{Re}\frac{\partial \overline{\tau_{xx}}}{\partial x} - \frac{\partial \overline{\rho \widetilde{u'' u''}}}{\partial x} - \frac{\partial \overline{P}}{\partial x} \tag{19}$$

转化坐标系,将所有变量从原坐标系转化到新的绝对坐标系中(平板以 $-U_0$ 的速度移动,外边界流动速度为0),下标 A 表示绝对参考系下的量。时间 t,速度 u、v 和坐标点 x、y 的转化分别满足

$$t_A = t, \ u_A = u - 1, \ v_A = v, \ x_A = x - t, \ y_A = y \tag{20}$$

因此有

$$\overline{\rho}\frac{\widetilde{D}\widetilde{u_A}}{\widetilde{D}t} = \frac{1}{Re}\frac{\partial \overline{\tau_{yx}}}{\partial y_A} - \frac{\partial \overline{\rho \widetilde{u'' v''}}}{\partial y_A} + \frac{1}{Re}\frac{\partial \overline{\tau_{xx}}}{\partial (x_A + t_A)} -$$

$$\frac{\partial \overline{\rho \widetilde{u'' u''}}}{\partial (x_A + t_A)} - \frac{\partial \overline{P}}{\partial (x_A + t_A)} \tag{21}$$

若定义 $K_A = \dfrac{1}{2}\widetilde{u_A}^2$,那么 $\dfrac{\widetilde{D}K_A}{\widetilde{D}t} = \widetilde{u_A}\dfrac{\widetilde{D}\widetilde{u_A}}{\widetilde{D}t}$。

对方程两边同时乘以 $\widetilde{u_A}$,可以得到

$$\bar{\rho}\frac{\widetilde{DK_A}}{\widetilde{Dt}} = \frac{\widetilde{u_A}}{Re}\frac{\partial\overline{\tau_{yx}}}{\partial y_A} - \widetilde{u_A}\frac{\partial\overline{\rho\widetilde{u''v''}}}{\partial y_A} + \widetilde{u_A}\left[\frac{1}{Re}\frac{\partial\overline{\tau_{xx}}}{\partial(x_A+t_A)} - \right.$$
$$\left. \frac{\partial\overline{\rho\widetilde{u''u''}}}{\partial(x_A+t_A)} - \frac{\partial\bar{P}}{\partial(x_A+t_A)}\right] \tag{22}$$

对于空间发展的光滑平板边界层,假设壁面无滑移。因此若对方程在整个边界层内做一次积分,则有

$$\int_0^1\bar{\rho}\frac{\widetilde{DK_A}}{\widetilde{Dt}}\mathrm{d}y_A = \frac{\overline{\tau_{yx}}\mid_{y=0}}{Re} - \int_0^1\frac{\overline{\tau_{yx}}}{Re}\frac{\partial\widetilde{u_A}}{\partial y_A}\mathrm{d}y_A - \int_0^1\widetilde{u_A}\frac{\partial\overline{\rho\widetilde{u''v''}}}{\partial y_A}\mathrm{d}y_A + $$
$$\int_0^1\widetilde{u_A}\left(\frac{1}{Re}\frac{\partial\overline{\tau_{xx}}}{\partial(x_A+t_A)} - \frac{\partial\overline{\rho\widetilde{u''u''}}}{\partial(x_A+t_A)} - \right.$$
$$\left. \frac{\partial\bar{P}}{\partial(x_A+t_A)}\right)\mathrm{d}y_A \tag{23}$$

因此可以得到光滑平板表面摩擦阻力系数的分解表达式为

$$C_f = \underbrace{2\int_0^1\bar{\rho}\frac{\widetilde{DK_A}}{\widetilde{Dt}}\mathrm{d}y_A}_{c_{f1}} + \underbrace{2\int_0^1\frac{\overline{\tau_{yx}}}{Re}\frac{\partial\widetilde{u_A}}{\partial y_A}\mathrm{d}y_A}_{c_{f2}} - \underbrace{2\int_0^1\overline{\rho\widetilde{u''v''}}\frac{\partial\widetilde{u_A}}{\partial y_A}\mathrm{d}y_A}_{c_{f3}} - $$
$$\underbrace{2\int_0^1\widetilde{u_A}\left[\frac{1}{Re}\frac{\partial\overline{\tau_{xx}}}{\partial(x_A+t_A)} - \frac{\partial\overline{\rho\widetilde{u''u''}}}{\partial(x_A+t_A)} - \frac{\partial\bar{P}}{\partial(x_A+t_A)}\right]\mathrm{d}y_A}_{c_{f4}} \tag{24}$$

不同于以上三种方法的是,为了使能量项在方程中显性出现,方程是在绝对参考系下进行推导的。这里,摩擦阻力系数的贡献主要来源于以下四个方面。C_{f1}:绝对参考系下,边界层内流向平均动能的时间变化率,即在这一参考系下,平板运动传递给流体的动能随时间的变化率。C_{f2}:边界层内直接黏性耗散,事实上可以看作是流场间分子黏性应力在槽道内的加权积分,权重系数为 $\partial\widetilde{u_A}/\partial y_A$。$C_{f3}$:湍动能的生成,由湍流脉动产生,$\bar{\rho}\widetilde{u''v''}$ 的加权积分,权重函数为 $\partial\widetilde{u_A}/\partial y_A$;同样地,由于边界层内流向速度为抛物线型分布,因此这一项也定性地说明了距离壁面越近的湍流脉动对摩擦阻力的贡献越大,此处不再具有权重函数线性的问题,并引入了湍动能生成量的概念。C_{f4}:边界层内流动参数的流向异质性,如果统计数据在流向上是均匀的,那么此项可以忽略;若不能忽略,则流向导数需要通过动量方程转化为另一种形式,进而避免由差分格式带来的精度问题,该转化方法已在 2.3 节中做了解释,此处便不再详细推导。

为了便于实际数值计算,将方程所处的参考坐标系重新转化到原坐标系中,则有

$$C_f = 2\underbrace{\int_0^1 \bar{\rho}(\tilde{u}-1)\left(\frac{\partial \tilde{u}}{\partial t}+\tilde{u}\frac{\partial \tilde{u}}{\partial x}+\tilde{v}\frac{\partial \tilde{u}}{\partial y}\right)\mathrm{d}y}_{c_{f1}} + 2\underbrace{\int_0^1 \frac{\overline{\tau_{yx}}}{Re}\frac{\partial \tilde{u}}{\partial y}\mathrm{d}y}_{c_{f2}} -$$

$$2\underbrace{\int_0^1 \widetilde{\rho u''v''}\frac{\partial \tilde{u}}{\partial y}\mathrm{d}y}_{c_{f3}} - 2\underbrace{\int_0^1 (\tilde{u}-1)\left(\frac{1}{Re}\frac{\overline{\partial \tau_{xx}}}{\partial x}-\frac{\partial \overline{\rho u''u''}}{\partial x}-\frac{\partial \bar{P}}{\partial x}\right)\mathrm{d}y}_{c_{f4}} \quad (25)$$

第一项在绝对坐标系中代表了边界层内流向动能时间变化率,在经过参考系转化之后变为对流项的形式,代表了流体的时-空间发展。

3 复杂壁面表面摩擦阻力分解理论

事实上,在实际工程应用中,壁面材料往往是非光滑的,复杂的壁面结构会对近壁面处湍流脉动产生影响,进而改变摩擦阻力的分布。例如,仿鲨鱼皮"小肋"减阻受到学术界和工业界的广泛关注。因此,本文将上述的三次积分方法和流向平均动能守恒的方法进一步推广到可压缩复杂平面湍流边界层摩擦阻力的分解中,由于基于动量方程的一次积分和二次积分方法在分解结果上与三次积分存在一致性,所以在本节中不再赘述。

3.1 基于动量方程的三次积分方法

对于复杂壁面湍流边界层,我们不再对流场中的参数在展向上做均匀性假设,忽略外界作用体积力,因此,方程进一步改写为

$$\frac{\partial \overline{\rho u}}{\partial t} + II = \frac{1}{Re}\left(\frac{\partial^2 \bar{u}}{\partial y^2}+\frac{\partial^2 \bar{u}}{\partial z^2}\right)+\frac{1}{Re}\left[\frac{\partial}{\partial y}(\bar{\mu}-1)\frac{\partial \bar{u}}{\partial y}+\frac{\partial}{\partial z}(\bar{\mu}-1)\frac{\partial \bar{u}}{\partial z}\right]-$$

$$\frac{\partial \overline{\rho u''v''}}{\partial y}-\frac{\partial \overline{\rho u''w''}}{\partial z}+\frac{1}{Re}\frac{\partial}{\partial y}\left(\overline{\mu'\frac{\partial u'}{\partial y}}+\overline{\mu'\frac{\partial v'}{\partial x}}\right)+$$

$$\frac{1}{Re}\frac{\partial}{\partial z}\left(\overline{\mu'\frac{\partial u'}{\partial z}}+\overline{\mu'\frac{\partial w'}{\partial x}}\right) \quad (26)$$

式中:

$$II = \frac{\partial (\overline{\rho u^2})}{\partial x}+\frac{\partial \overline{\rho \tilde{u}\tilde{v}}}{\partial y}+\frac{\partial \overline{\rho \tilde{u}\tilde{w}}}{\partial z}-\frac{1}{Re}\left[\frac{\overline{\partial \tau_{xx}}}{\partial x}+\frac{\partial}{\partial y}\left(\bar{\mu}\frac{\partial \bar{v}}{\partial x}\right)+\frac{\partial}{\partial z}\left(\bar{\mu}\frac{\partial \bar{w}}{\partial x}\right)\right]+\frac{\partial \bar{P}}{\partial x}$$

$$(27)$$

假设选取一个垂直于流向的横截面 Σ,其上界距离无滑移壁面足够远以致此处的流场与外边界自由流相同,则流动参数在展向上呈现出周期性,一个周期长度为

s,也即边界条件满足[14]:

(1) 上界。

$$\frac{\partial \bar{u}}{\partial y} = \frac{\partial \bar{u}}{\partial z} = 0, \ u'' = v'' = w'' = 0$$

(2) 壁面上。

$$u = v = w = 0$$

(3) 两边(r 和 l 分别表示纵截面 Σ 的左右两边界)。

$$u_1 = u_r, \ v_1 = v_r, \ w_1 = w_r, \ \left(\frac{\partial \bar{u}}{\partial y}\right)_1 = \left(\frac{\partial \bar{u}}{\partial y}\right)_r, \ \left(\frac{\partial \bar{u}}{\partial z}\right)_1 = \left(\frac{\partial \bar{u}}{\partial z}\right)_r$$

若对上述方程在此横截面上做三次积分,最内层为面积分,取流动的一个周期为展向积分域,最外层为线积分,线积分域为 y,从壁面到边界层上界。则有

$$\begin{aligned}\frac{1}{2} \iint_{\Sigma} (1-y)^2 \left(\frac{\partial \overline{\rho u}}{\partial t} + II\right) \mathrm{d}\Sigma = &\int_0^1 \int_0^y \iint_S \frac{1}{Re}\left(\frac{\partial^2 \bar{u}}{\partial y^2} + \frac{\partial^2 \bar{u}}{\partial z^2}\right) \mathrm{d}S \mathrm{d}y \mathrm{d}y - \\ &\iint_{\Sigma} (1-y)(\widetilde{\rho u'' v''}) \mathrm{d}\Sigma + \\ &\frac{1}{Re} \iint_{\Sigma} (1-y)(\bar{\mu}-1)\frac{\partial \bar{u}}{\partial y} \mathrm{d}\Sigma + \\ &\frac{1}{Re} \iint_{\Sigma} (1-y)\mu'\overline{\left(\frac{\partial v'}{\partial x} + \frac{\partial u'}{\partial y}\right)} \mathrm{d}\Sigma \end{aligned} \quad (28)$$

若取 n_{Σ} 是纵截面 Σ 内垂直于积分面轮廓的单位矢量,指向面外,则可通过 Gauss-Ostrogradski 理论将式(28)中的面积分转换为曲线环路积分。

$$\int_0^1 \int_0^y \iint_S \frac{1}{Re}\left(\frac{\partial^2 \bar{u}}{\partial y^2} + \frac{\partial^2 \bar{u}}{\partial z^2}\right) \mathrm{d}S \mathrm{d}y \mathrm{d}y = \frac{1}{Re} \iint_{\Sigma} \bar{u} \mathrm{d}\Sigma + \frac{1}{Re}\int_0^1 \int_0^y \int_0^s \frac{\partial \bar{u}}{\partial n_{\Sigma}}\bigg|_{y=0} \mathrm{d}z \mathrm{d}y \mathrm{d}y \quad (29)$$

对于复杂平面,当地壁面处的阻力系数可以表示为

$$C_f = -\frac{2}{Re}\frac{\partial \bar{u}}{\partial n}\bigg|_{\text{wall}} \quad (30)$$

式中:n 为指向非流体一侧的垂直于当地表面的单位矢量。

对于式(29)中的最后一项,有

$$\frac{\partial \bar{u}}{\partial n_{\Sigma}}\bigg|_{y=0} = \frac{\partial \bar{u}}{\partial n}\bigg|_{y=0} \cdot \cos\beta \quad (31)$$

式中：β 为 n_Σ 和 n 之间的夹角。如果我们假设夹角 β 沿着展向是不变的，取 $\overline{C_f}$ 为展向平均摩擦阻力系数，那么，我们可以得到如下形式的复杂壁面湍流边界层摩擦阻力分解公式

$$\overline{C_f} = \frac{4}{Re \cdot s \cdot \cos\beta} \iint_\Sigma \bar{u}\,\mathrm{d}\Sigma + \underbrace{\frac{4}{s \cdot \cos\beta} \iint_\Sigma (1-y)(-\overline{\rho\widetilde{u''v''}})\,\mathrm{d}\Sigma}_{c_T} +$$

$$\underbrace{\frac{4}{Re \cdot s \cdot \cos\beta} \iint_\Sigma (1-y)(\bar{\mu}-1)\frac{\partial \bar{u}}{\partial y}\,\mathrm{d}\Sigma}_{c_C} +$$

$$\underbrace{\frac{4}{Re \cdot s \cdot \cos\beta} \iint_\Sigma (1-y)\overline{\mu'\left(\frac{\partial v'}{\partial x} + \frac{\partial u'}{\partial y}\right)}\,\mathrm{d}\Sigma}_{c_{CT}} -$$

$$\underbrace{\frac{2}{s \cdot \cos\beta} \iint_\Sigma (1-y)^2 \left(\frac{\partial \overline{\rho u}}{\partial t} + II\right)\mathrm{d}\Sigma}_{c_{TI}} \tag{32}$$

该结果表明，复杂壁面湍流边界层摩擦阻力产生的原因与光滑平板一致。上式右边第一项与边界层流向的平均速度有关，$\iint_\Sigma \bar{u}\,\mathrm{d}\Sigma$ 描述了单位时间内通过 x 处横截面 Σ 的流量，反映了外边界流动的特点。其余各项分别与湍流速度脉动，黏性剪切应力，湍流速度-黏性系数脉动耦合，以及流动非定常性、流向异质性和空间对流有关。其中，C_C 和 C_{CT} 由于流体在高速运动中的可压缩性而产生，对于不可压缩湍流，有 $C_C = C_{CT} = 0$。

3.2 基于流向平均动能守恒的方法

同样地，对复杂壁面湍流边界层，我们考虑流动参数在展向上的变化，因此，绝对参考系（壁面以 $-U_0$ 的速度移动）下边界层内流体流向平均动能守恒的表达式可以写成

$$\bar{\rho}\frac{\widetilde{DK_A}}{\widetilde{Dt}} = \frac{\widetilde{u_A}}{Re}\frac{\partial \overline{\tau_{yx}}}{\partial y_A} + \frac{\widetilde{u_A}}{Re}\frac{\partial \overline{\tau_{zx}}}{\partial z_A} - \widetilde{u_A}\frac{\partial \bar{\rho}\widetilde{u''_A v''_A}}{\partial y_A} - \widetilde{u_A}\frac{\partial \bar{\rho}\widetilde{u''_A w''_A}}{\partial z_A} +$$

$$\widetilde{u_A}\left[\frac{1}{Re}\frac{\partial \overline{\tau_{xx}}}{\partial(x_A + t_A)} - \frac{\partial \bar{\rho}\widetilde{u''_A u''_A}}{\partial(x_A + t_A)} - \frac{\partial \bar{P}}{\partial(x_A + t_A)}\right] \tag{33}$$

对式(33)在垂直于流向的纵截面 Σ_A 上进行面积分，得到

$$\iint\limits_{\Sigma_A} \bar{\rho}\,\frac{\widetilde{DK_A}}{\widetilde{Dt}}\,\mathrm{d}\Sigma_A = \underbrace{\iint\limits_{\Sigma_A}\left[\frac{\partial}{\partial y_A}\left(\frac{\widetilde{u_A}}{Re}\overline{\tau_{yx}}\right)+\frac{\partial}{\partial z_A}\left(\frac{\widetilde{u_A}}{Re}\overline{\tau_{zx}}\right)\right]\mathrm{d}\Sigma_A}_{(1)} -$$

$$\underbrace{\iint\limits_{\Sigma_A}\left[\overline{\tau_{yx}}\,\frac{\partial}{\partial y_A}\left(\frac{\widetilde{u_A}}{Re}\right)+\overline{\tau_{zx}}\,\frac{\partial}{\partial z_A}\left(\frac{\widetilde{u_A}}{Re}\right)\right]\mathrm{d}\Sigma_A}_{(2)} -$$

$$\underbrace{\iint\limits_{\Sigma_A}\left(\frac{\partial\widetilde{u_A}\,\overline{\rho u''_A v''_A}}{\partial y_A}+\frac{\partial\widetilde{u_A}\,\overline{\rho u''_A w''_A}}{\partial z_A}\right)\mathrm{d}\Sigma_A}_{(3)} +$$

$$\underbrace{\iint\limits_{\Sigma_A}\left(\overline{\rho u''_A v''_A}\,\frac{\partial\widetilde{u_A}}{\partial y_A}+\overline{\rho u''_A w''_A}\,\frac{\partial\widetilde{u_A}}{\partial z_A}\right)\mathrm{d}\Sigma_A}_{(4)} +$$

$$\underbrace{\iint\limits_{\Sigma_A}\widetilde{u_A}\left[\frac{1}{Re}\frac{\partial\overline{\tau_{xx}}}{\partial(x_A+t_A)}-\frac{\partial\overline{\rho u''_A u''_A}}{\partial(x_A+t_A)}-\frac{\partial\bar{P}}{\partial(x_A+t_A)}\right]\mathrm{d}\Sigma_A}_{(5)} \tag{34}$$

将其中的面积分转换为曲线环路积分

$$(1)=\oint\limits_{\partial\Sigma_A}\left(\frac{\widetilde{u_A}}{Re}\overline{\tau_{yx}}\cdot\boldsymbol{j}+\frac{\widetilde{u_A}}{Re}\overline{\tau_{zx}}\cdot\boldsymbol{k}\right)\cdot n_{\Sigma_A}\,\mathrm{d}\gamma \tag{35}$$

$$(3)=-\oint\limits_{\partial\Sigma_A}\left(\widetilde{u_A}\,\overline{\rho u''_A v''_A}\cdot\boldsymbol{j}+\widetilde{u_A}\,\overline{\rho u''_A w''_A}\cdot\boldsymbol{k}\right)\cdot n_{\Sigma_A}\,\mathrm{d}\gamma \tag{36}$$

式中：γ 为环路积分的轮廓；n_{Σ_A} 为纵截面 Σ_A 内垂直于积分轮廓的单位矢量，指向面外。

采用如 3.1 节中所述的假设条件，式(35)和式(36)可以转化为

$$(1)=-\frac{1}{Re}\int\limits_{\text{wall}}\frac{\partial\overline{u_A}}{\partial n_A}\cdot\cos\beta_A\,\mathrm{d}\gamma \tag{37}$$

$$(3)=0 \tag{38}$$

式中：n_A 为指向截面外侧的垂直于当地表面的单位矢量；β_A 为 n_{Σ_A} 和 n_A 之间的夹角。

如果我们假设夹角 β_A 沿着展向是不变的，取 $\overline{C_f}$ 为展向平均摩擦阻力系数，s 为展向宽度，则式(37)右侧可以进一步进行推导变换，最终为 $\dfrac{\cos\beta_A}{2}\overline{C_f}s$。$\overline{C_f}$ 会随 x 的变化而改变。

结合式(34)、式(37)和式(38),我们可以得到在某一个特定的 x 处的展向平均摩擦阻力系数。

$$
\overline{C_f} = \underbrace{\frac{2}{s \cdot \cos\beta_A} \iint_{\Sigma_A} \overline{\rho} \frac{\widetilde{DK_A}}{\widetilde{Dt}} \mathrm{d}\Sigma_A}_{c_{f1}} + \underbrace{\frac{2}{s \cdot \cos\beta_A} \iint_{\Sigma_A} \left[\overline{\tau_{yx}} \frac{\partial}{\partial y_A}\left(\frac{\widetilde{u_A}}{Re}\right) + \overline{\tau_{zx}} \frac{\partial}{\partial z_A}\left(\frac{\widetilde{u_A}}{Re}\right) \right] \mathrm{d}\Sigma_A}_{c_{f2}} +
$$

$$
\underbrace{\frac{2}{s \cdot \cos\beta_A} \iint_{\Sigma_A} \left(-\overline{\rho u_A'' v_A''} \frac{\partial \widetilde{u_A}}{\partial y_A} - \overline{\rho u_A'' w_A''} \frac{\partial \widetilde{u_A}}{\partial z_A} \right) \mathrm{d}\Sigma_A}_{c_{f3}} -
$$

$$
\underbrace{\frac{2}{s \cdot \cos\beta_A} \iint_{\Sigma_A} \widetilde{u_A} \left[\frac{1}{Re} \frac{\partial \overline{\tau_{xx}}}{\partial(x_A + t_A)} - \frac{\partial \overline{\rho u_A'' u_A''}}{\partial(x_A + t_A)} - \frac{\partial \overline{P}}{\partial(x_A + t_A)} \right] \mathrm{d}\Sigma_A}_{c_{f4}} \tag{39}
$$

方程从能量的角度反映了在绝对参考系下,摩擦阻力系数的来源主要包括四个方面: C_{f1},边界层内流向平均动能的时间变化率,在原参考系(壁面静止)下,此项表征了流动的时间-空间发展; C_{f2},边界层内直接黏性耗散,由流场间分子的黏性应力所产生; C_{f3},边界层内湍动能的生成,由湍流脉动产生; C_{f4},由边界层内流动参数在流向上的异质性所产生。

当壁面光滑,即 $\cos\beta_A = 1$,并且由流动参数展向均匀性假设以忽略展向导数时,可压缩湍流边界层表面摩擦阻力系数满足

$$
C_f = 2\int_0^\infty \overline{\tau_{yx}} \frac{\partial}{\partial y_A}\left(\frac{\widetilde{u_A}}{Re}\right) \mathrm{d}y_A - 2\int_0^\infty \overline{\rho u_A'' v_A''} \frac{\partial \widetilde{u_A}}{\partial y_A} \mathrm{d}y_A + 2\int_0^\infty \overline{\rho} \frac{\widetilde{DK_A}}{\widetilde{Dt}} \mathrm{d}y_A -
$$

$$
2\int_0^\infty \widetilde{u_A} \left[\frac{1}{Re} \frac{\partial \overline{\tau_{xx}}}{\partial(x_A + t_A)} - \frac{\partial \overline{\rho u_A'' u_A''}}{\partial(x_A + t_A)} - \frac{\partial \overline{P}}{\partial(x_A + t_A)} \right] \mathrm{d}y_A \tag{40}
$$

这一方程与 2.4 节中对于光滑平板表面摩擦阻力的分解结果是一致的。

为了便于计算处理,回到原始坐标系中,式(39)可以转化为

$$
\overline{C_f} = \frac{2}{s \cdot \cos\beta} \iint_\Sigma \overline{\rho} (\widetilde{u} - 1)\left(\frac{\partial \widetilde{u}}{\partial t} + \widetilde{u} \frac{\partial \widetilde{u}}{\partial x} + \widetilde{v} \frac{\partial \widetilde{u}}{\partial y} + \widetilde{w} \frac{\partial \widetilde{u}}{\partial z} \right) \mathrm{d}\Sigma +
$$

$$
\frac{2}{s \cdot \cos\beta} \iint_\Sigma \left[\overline{\tau_{yx}} \frac{\partial}{\partial y}\left(\frac{\widetilde{u}}{Re}\right) + \overline{\tau_{zx}} \frac{\partial}{\partial z}\left(\frac{\widetilde{u}}{Re}\right) \right] \mathrm{d}\Sigma +
$$

$$
\frac{2}{s \cdot \cos\beta} \iint_\Sigma \left(-\overline{\rho u'' v''} \frac{\partial \widetilde{u}}{\partial y} - \overline{\rho u'' w''} \frac{\partial \widetilde{u}}{\partial z} \right) \mathrm{d}\Sigma -
$$

$$
\frac{2}{s \cdot \cos\beta} \iint_\Sigma (\widetilde{u} - 1)\left(\frac{1}{Re} \frac{\partial \overline{\tau_{xx}}}{\partial x} - \frac{\partial \overline{\rho u'' u''}}{\partial x} - \frac{\partial \overline{P}}{\partial x} \right) \mathrm{d}\Sigma \tag{41}
$$

4 总结

本文建立了可压缩湍流边界层摩擦阻力分解理论，从不同的数学方法和物理学角度对光滑和复杂壁湍流摩擦阻力进行了严格的推导，给出了四种不同形式的摩擦阻力分解表达式，并对摩擦阻力分量的物理意义进行了详细的阐述，该研究有助于明确可压缩壁湍流摩擦阻力产生的物理机制，并定量分析摩擦阻力的来源。

文中对无量纲雷诺平均 Navier-Stokes 方程进行的一次、二次和三次积分的数学推导存在一致性，从外边界流动特性、湍流、黏性、速度脉动-黏性脉动耦合以及非定常性、流向异质性和空间对流五个角度对摩擦阻力的产生进行理论上的解释。但该类分解方法存在的问题也是明显的，一方面，权重函数缺乏对应的物理解释；另一方面，加权雷诺剪切应力或加权黏性剪切应力在整个边界层内的积分并不具有实际的物理意义。从能量运输角度出发，将摩擦阻力的产生描述为分子黏性耗散、湍动能耗散以及时-空扩散的贡献，这一分解方法反映了边界层内的湍流性质对表面摩擦阻力的影响，分解贡献项具有明确的物理意义。

附录 光滑槽道表面摩擦阻力分解

槽道湍流是一种典型的简单有界壁流动，诸多学者关注于此类流动，因此本文分别基于动量方程的二次、三次积分方法和流向平均动能守恒的方法，给出了三种可压缩光滑槽道湍流的摩擦阻力分解公式。

对于可压缩槽道湍流，无量纲特征变量取值如下：体密度 $\rho_b^* = (1/\delta_0^*)\int_0^{\delta_0^*} \overline{\rho}^* \, dy^*$；槽道半宽 δ_0^*，速度 $U_b^* = (1/\rho_b^*\delta_0^*)\int_0^{\delta_0^*} \overline{\rho u}^* \, dy^*$；壁面温度 T_0 下的黏性系数 μ_0^*。雷诺数 $Re = \rho_b^*\delta_0^*U_b^*/\mu_0^*$。我们假设：① 流动关于槽道中间面对称，即 $(\partial\varphi/\partial y)|_{center} = 0$，$w|_{center} = 0$；② 壁面无滑移；③ 流场参数在流向和展向上具有均匀性。不同于平板边界层，为了在槽道中得到充分发展的湍流，附加的体积力不可忽略，以确保流动连续性以及流向各参数的均匀性。接下来我们对方程进行 y 从 0 到 1 的积分，0 和 1 分别表示壁面和槽道中间面，得到质量流量随时间的变化，进而确定作用于流体上的体积力[15]。

$$\frac{\partial Q}{\partial t} = -\frac{1}{Re}\tau_{yx}\Big|_{y=0} + f \tag{42}$$

式中：$Q = \int_0^1 \overline{\rho u} \, dy$，代表穿过纵截面的质量流量，且 $\partial Q/\partial t = 0$ 以确保流动的稳定性和持续性。因此，我们可以得到体积力公式 $f = \frac{1}{2}C_f$，这一体积力随时间变化。

因此，槽道湍流无量纲雷诺平均 x 方向动量方程变为

$$\frac{\partial \overline{\rho u}}{\partial t} + \frac{\partial \overline{\rho \widetilde{u} \widetilde{v}}}{\partial y} = \frac{1}{Re} \frac{\partial^2 \overline{u}}{\partial y^2} + \frac{1}{Re} \frac{\partial}{\partial y} (\overline{\mu} - 1) \frac{\partial \overline{u}}{\partial y} - \frac{\partial \overline{\rho u'' v''}}{\partial y} +$$

$$\frac{1}{Re} \frac{\partial}{\partial y} \left(\overline{\mu' \frac{\partial u'}{\partial y}} + \overline{\mu' \frac{\partial v'}{\partial x}} \right) + \frac{1}{2} C_f \tag{43}$$

(1) 对上述方程,我们两次分步积分之后,有

$$C_f = \frac{4}{Re} \overline{u} \bigg|_{y=1} - 4 \int_0^1 \overline{\rho u'' v''} \mathrm{d}y + \frac{4}{Re} \int_0^1 (\overline{\mu} - 1) \frac{\partial \overline{u}}{\partial y} \mathrm{d}y +$$

$$4 \int_0^1 (1-y) \frac{1}{Re} \frac{\partial}{\partial y} \left(\overline{\mu' \frac{\partial u'}{\partial y}} + \overline{\mu' \frac{\partial v'}{\partial x}} \right) \mathrm{d}y -$$

$$4 \int_0^1 (1-y) \left(\frac{\partial \overline{\rho u}}{\partial t} + \frac{\partial \overline{\rho \widetilde{u} \widetilde{v}}}{\partial y} \right) \mathrm{d}y \tag{44}$$

方程右侧的第一项与槽道对称面处的流向平均速度相关,不显性与湍流脉动有关。事实上,湍流脉动会间接地影响平均流场,因此该项并不严格等同于层流阻力。其余各项分别表述了湍流速度脉动、分子黏性应力、湍流速度-黏性脉动耦合以及流场非定常性和空间对流相关。第三和第四项与流体的可压缩性能相关,在不可压缩流动中,这两项可以省略。

(2) 对上述方程进行三次积分之后,有

$$C_f = \underbrace{\frac{6}{Re}}_{c_L} + \underbrace{6 \int_0^1 (1-y)(-\overline{\rho u'' v''}) \mathrm{d}y}_{c_T} + \underbrace{\frac{6}{Re} \int_0^1 (1-y)(\overline{\mu} - 1) \frac{\partial \overline{u}}{\partial y} \mathrm{d}y}_{c_C} +$$

$$\underbrace{3 \int_0^1 (1-y)^2 \frac{1}{Re} \frac{\partial}{\partial y} \left(\overline{\mu' \frac{\partial u'}{\partial y}} + \overline{\mu' \frac{\partial v'}{\partial x}} \right) \mathrm{d}y}_{c_{CT}} -$$

$$\underbrace{3 \int_0^1 (1-y)^2 \left(\frac{\partial \overline{\rho u}}{\partial t} + \frac{\partial \overline{\rho \widetilde{u} \widetilde{v}}}{\partial y} \right) \mathrm{d}y}_{c_{TI}} \tag{45}$$

根据这一方程,我们可以将槽道湍流摩擦阻力分解为层流阻力 C_L、C_T、C_C、C_{CT} 以及 C_{TI}。其中第一项可以被证明与槽道内层流摩擦阻力计算公式一致[16]。该项只与雷诺数 Re 相关,与槽道内速度的脉动和导数的平均值等均无关,反映了相同雷诺数下某一时刻层流所受到的阻力。

(3) 在绝对参考系下(槽道以 $-U_b$ 的速度移动),由流向平均动能守恒方程可得

$$C_f = \left(\int_0^1 \frac{\overline{\tau_{yx}}}{Re} \frac{\partial \widetilde{u_A}}{\partial y_A} \mathrm{d}y_A - \int_0^1 \overline{\rho u'' v''} \frac{\partial \widetilde{u_A}}{\partial y_A} \mathrm{d}y_A + \int_0^1 \bar{\rho} \frac{\widetilde{DK_A}}{\widetilde{Dt}} \mathrm{d}y_A \right) \Big/ \left(\frac{1}{2} + \int_0^1 \frac{\widetilde{u_A}}{2} \mathrm{d}y_A \right)$$

$$\underbrace{\qquad}_{(2)} \qquad \underbrace{\qquad}_{(1)} \qquad \underbrace{\qquad}_{(3)}$$

（46）

　　槽道湍流摩擦阻力主要受以下三个方面的影响：① 直接黏性耗散，被转化为热能；② 湍动能生成，被转化为边界层内湍流动能，在槽道内，由湍动能方程可知，湍动能的耗散项等于湍动能的生成项加上扩散项，当忽略扩散项的影响时，耗散项与生成项达到平衡，此项即为湍动能耗散；③ 绝对参考系下边界层内流体流向动能的时间变化率。

　　在原始坐标系中，槽道湍流摩擦系数公式为

$$C_f = \left(\int_0^1 \frac{\overline{\tau_{yx}}}{Re} \frac{\partial \widetilde{u}}{\partial y} \mathrm{d}y - \int_0^1 \overline{\rho u'' v''} \frac{\partial \widetilde{u}}{\partial y} \mathrm{d}y + \int_0^1 \bar{\rho}(\widetilde{u}-1)\left(\frac{\partial \widetilde{u}}{\partial t} + \widetilde{v} \frac{\partial \widetilde{u}}{\partial y} \right) \mathrm{d}y \right) \Big/ \left(\int_0^1 \frac{\widetilde{u}}{2} \mathrm{d}y \right)$$

$$\underbrace{\qquad}_{(2)} \qquad \underbrace{\qquad}_{(1)} \qquad \underbrace{\qquad}_{(3)}$$

（47）

参 考 文 献

[1] Betz A. A method for the direct determination of wing-section drag[J]. Technical Report Archive & Image Library，1925.

[2] Yamazaki W，Matsushima K，Nakahashi K. Drag prediction and decomposition based on CFD computations[J]. Jsme International Journal，2005，48(2)：235 – 240.

[3] Gad-El-Hak M. Interactive control of turbulent boundary layers：a futuristic overview[J]. AIAA Journal，1994，32(32)：1753 – 1765.

[4] Fukagata K，Iwamoto K，Kasagi N. Contribution of Reynolds stress distribution to the skin friction in wall-bounded flows[J]. Physics of Fluids，2002，14(11)：L73 – L76.

[5] White C，Mehdi F. Integral form of the skin friction coefficient suitable for experimental data[J]. Experiments in Fluids，2011，50(1)：43 – 51.

[6] Mehdi F，Johansson T G，White C M，et al. On determining wall shear stress in spatially developing two-dimensional wall-bounded flows[J]. Experiments in Fluids，2014，55(1)：1 – 9.

[7] Li F C，Kawaguchi Y，Segawa T，et al. Reynolds-number dependence of turbulence structures in a drag-reducing surfactant solution channel flow investigated by particle image velocimetry[J]. Physics of Fluids，2005，17(7)：307 – 141.

[8] Matteo D G，Yongyun H，Haecheon C. Skin-friction generation by attached eddies in turbulent channel flow[J]. Journal of Fluid Mechanics，2016，808：511 – 538.

[9] Sébastien D，Nicolas R，Romain L，et al. Large-scale contribution to mean wall shear stress in high-Reynolds-number flat-plate boundary layers up to[J]. Journal of Fluid

Mechanics，2014，743：202 – 248.

[10] Bannier A，ÉricGarnier，Sagaut P. Riblet flow model based on an extended FIK identity [J]. Flow Turbulence & Combustion，2015，95(2 – 3)：351 – 376.

[11] Renard N，Deck S. A theoretical decomposition of mean skin friction generation into physical phenomena across the boundary layer[J]. Journal of Fluid Mechanics，2016，790：339 – 367.

[12] Yoon M，Ahn J，Hwang J，et al. Contribution of velocity-vorticity correlations to the frictional drag in wall-bounded turbulent flows[J]. Physics of Fluids，2016，28(8)：75 – 110.

[13] Gomez T，Flutet V，Sagaut P. Contribution of Reynolds stress distribution to the skin friction in compressible turbulent channel flows [J]. Physical Review E Statistical Nonlinear & Soft Matter Physics，2009，79(2)：035301.

[14] Sagaut P，Peet Y. Theoretical prediction of turbulent skin friction on geometrically complex surfaces[J]. Physics of Fluids，2009，21(10)：L73.

[15] 叶建. 非定常环境中叶片边界层时空演化机制的大涡模拟[D]. 北京：北京航空航天大学，2008.

[16] Dean R B. Reynolds number dependence of skin friction and other bulk flow variables in two-dimensional rectangular duct flow[J]. Journal of Fluids Engineering，1978，100(2)：215 – 223.

1.3 NLF0415后掠翼边界层速度分布实验研究

于 沿 王庆洋 徐胜金 符 松

(清华大学航天航空学院应用力学重点实验室,北京 100084)

摘 要:横流失稳是导致大型客机后掠翼流动转捩的重要原因,以横流为主导的边界层转捩过程会出现横流涡,使边界层内的流动呈现复杂的三维特性,其速度的三维空间分布是这种复杂三维流动的基本特征。本文在低湍流度回流式风洞中,利用双丝边界层热线针对 45°后掠角、-4°攻角的后掠翼模型的主流和横流速度的空间分布进行了精细测量,模型平行于来流方向的截面形状为 NLF0415 层流翼型。实验雷诺数 $Re = 2.15 \times 10^6$,测量距离壁面的最小距离为 0.05 mm,垂直于壁面方向和平行于翼展方向的空间分辨率分别为 0.05 mm 和 0.707 mm。研究发现,边界层主流速度剖面沿垂直于壁面方向呈现不同程度的扭曲,主流平均速度等值线沿展向呈现波状分布。在转捩过程中,壁面附近横流速度方向一致,随着壁面距离的增加,横流速度剖面沿展向呈现正负交替变化,横流速度是导致主流速度剖面出现扭曲的重要原因。主流、横流雷诺正应力主要分布在各自对应的平均速度沿翼展方向梯度较大的空间位置上,在边界层内沿展向呈现周期性分布规律。速度频谱中存在 400 Hz、5 000 Hz、10 000 Hz、15 000 Hz 的特征频率,根据这些频谱增长率和空间分布位置的分析,推测 400 Hz 和 5 000 Hz 对应的流动结构是导致边界层转捩的重要原因;主、横流脉动速度的频谱特征基本一致,说明诱导转捩的边界层结构存在明显的三维特性。

关键词:横流失稳;后掠翼;双丝热线;流动结构

Abstract:The crossflow instability is a key factor to the flow transit from laminar to turbulence on swept wings of large passenger aircrafts. Crossflow vortex is a typical flow structure in such boundary layer, in which the velocities present a complex 3D distribution. In this paper, the flow velocities in streamwise and spanwise, respectively, in boundary layer of a swept-wing model (the cross section is NLF0415) with 45° swept angle, -4° angle of attack are measured using a V-type hot-wire. The measurement is conducting in a low turbulent intensity wind tunnel. The Reynolds number is based on the chord length $Re = 2.15 \times 10^6$. The spatial resolution of hot wire measurement is 0.05 mm and 0.707 mm along streamwise and spanwise, respectively. The nearest point to the wing surface of measurement is 0.05 mm. The mean velocity profiles of the boundary layer exhibit 3D and wave distribution along spanwise. The results show that the crossflow has a big contribution to the distortion the mean flow velocity. In spanwise direction, the large Reynolds normal stresses concentrate where the large mean velocity gradient is, similar to the mean flow, the Reynolds normal stress also presents a wave shape. There are 400 Hz, 5 000 Hz, 10 000 Hz, and 15 000 Hz dominant frequencies in the power density function (PDF). The flow structures corresponding to 400 Hz and 5 000 Hz are rapidly increasing nearby the 52% of the chord length where the flow becomes turbulence. The PDF whatever in streamwise or spanwise presents the similar pattern.

Key words：crossflow instability；swept wing；V-hotwire；turbulence

1 引言

为了降低激波阻力和压差阻力,提高飞行临界马赫数,现代大型客机普遍采用后掠翼布局[1],然而实践中发现,在同等雷诺数下后掠翼比平直翼更容易发生转捩[2]。研究结果表明,后掠翼表面的边界层呈现复杂的三维特性,主导其转捩过程的有四种不稳定机制,分别是由翼型表面逆压梯度导致的 Tollmien-Schlichting 不稳定性、前缘半径过大导致的附着线不稳定性、壁面凹面曲率导致的离心不稳定性以及横流不稳定性[1]。通过精心设计翼型剖面曲线,可以有效地避免前三种不稳定机制[3],但横流不稳定性很难通过翼型剖面曲线设计消除,因此,横流不稳定性是导致后掠翼边界层转捩的主要原因[4]。来流湍流度和机翼前缘粗糙度会在边界层内部诱发横向的驻波和行波[5],Bippes 和 Wassermann 等人在 DLR 不同湍流度风洞中对横流不稳定性进行实验研究发现,来流湍流度 $Tu < 0.15\%$ 时横流驻波主导转捩过程[5-6]。Saric 等人通过热线测量和流动显示研究表明横流驻波实际上对应着边界层内部一系列同向旋转的流向涡,涡的位置相对稳定[2,7-8]。此外,在横流涡的调制作用下,边界层内主流速度一般呈现波状分布[9-10],并且在边界层内出现了拐点,诱发高频不稳定模态[11-13]。总结发现,首先,Saric 等前人的工作中使用的是单丝热线,仅获得了主流方向的速度,没有测量横流速度分量,没有考虑主流不稳定性与横流的关联;其次,Saric 等前人的工作以主流速度 10% 作为速度边界获得速度边界层,以速度最小值确定的流动边界不能对应一个固定的空间位置,即测量中探针靠近壁面的边界位置不确定,这会影响速度剖面形状并可能遗漏近壁流动结构的变化;此外,测量的空间分辨率普遍较低,可能遗漏了对转捩具有影响的小尺度流动结构。Serpieri 等人用 Tomo-PIV 对三维边界层流动进行了实验研究,可以在有限空间尺度内揭示边界层三个方向上的流动分布规律和相关不稳定模态的流动结构[14],但展现的空间尺度小,不能给出三维边界层的全貌,而且,由于壁面光学干扰以及近壁区示踪粒子跟随性下降等问题,实验对近壁面($Y <$ 0.95 mm)强剪切区域的测量具有很高的不确定度[15]。为了弥补前人工作的不足,

本文利用双丝边界层热线和高精度四自由度位移平台对 45°后掠角、−4°攻角、基于 NLF0415 的后掠翼三维边界层进行了精细测量,同时获得了主流和横流速度的空间分布,刻画出边界层二维速度型的几何特征,分析了横流对主流的影响;并通过雷诺应力和频谱分析得到了脉动速度的分布和发展规律。

2　实验细节

由 Bippes 的研究结果可知,来流湍流度低于 0.15% 时,后掠翼三维边界层以横流驻波主导的转捩为主;当湍流度高于此值时,横流行波将主导转捩过程[16]。在高空真实飞行环境下,湍流度一般低于 0.1%,横流驻波是导致转捩的主要因素[17]。因此,实验在清华大学低湍流度回流式风洞中开展,风洞实验段尺寸为 1.2 m×1.2 m×3.2 m,收缩比为 10:1,利用 8 层阻尼网控制来流湍流度,在实验风速下湍流度约为 0.08%~0.12%,风洞风速可调节范围为 3~90 m/s,这些条件满足横流转捩研究的要求。

实验模型平行于来流方向的截面为 NLF-0415 翼型,机翼的后掠角为 45°,流向弦长 $c=1.2$ m,展长 1.2 m,并以 −4°攻角安装于风洞中。NLF-0415 是典型的层流翼型,通过精心设计的曲面形状保证机翼表面 70% 以上的范围均为顺压梯度(见图 1),从而抑制 T-S 不稳定性[8,18];机翼前缘半径较小($r \approx 0.85\% \; c$),上表面不存在凹面,这可以有效抑制前缘附着线不稳定性和离心不稳定性的发展[4,19]。采用 −4°攻角可以进一步增大机翼表面顺压梯度范围,并减小机翼产生的升力以便于模型的安装固定。这样布置的后掠翼,可以更好地凸显横流不稳定性的作用。实验模型如图 2(a)所示,机翼模型由铝合金整体加工而成,表面经过抛光处理,具有极高的曲面精度和较低的表面粗糙度。模型在风洞中的安装方式如图 2(b)所示。

采用 Dantec StreamLine Pro 恒温式热线风速仪及 Dantec-14561S01 V 形双

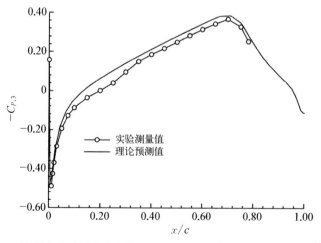

图 1　机翼上表面压力分布情况(NLF0415,45°后掠角,−4°攻角)[19]

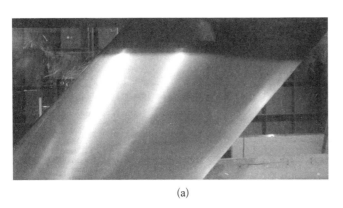
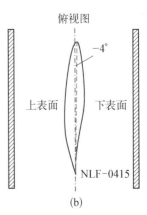

图 2   实验模型及安装示意

（a）机翼模型   （b）模型安装示意

丝边界层热线探针测量边界层的主流速度和横流速度。V 形双丝边界层热线探针的两热丝与探头中轴线成±45°夹角，其感受到的速度信号经过简单的角度变换后即可得到平行于来流和垂直于来流两个方向的速度分量。

如图 3 所示，实际测量中 V 形双丝边界层热线置于边界层内，另外布置一根单丝热线监测自由来流速度。热线探杆上安装加速度传感器监测振动，在风速较高时，如果探杆发生振动，则可根据加速度传感器信号对热线数据进行滤波降噪。

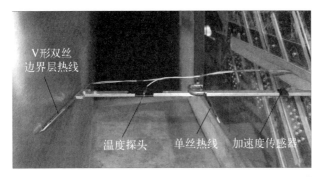

图 3   热线探针安装示意

为了提高探针空间定位的准确性，实验中采用了独立设计的四自由度位移平台（见图 4），测量过程中可通过计算机的上位机软件控制热线探针分别沿机翼弦长方向、翼展方向、垂直于机翼表面方向平移及绕铅垂方向转动。利用高分辨率摄像机实时监控 V 形热线探针与其在翼型表面的成像，结合图像测量方法可精确测量热线探针到壁面的距离。利用计算机位移控制平台，控制测量初始点到壁面的距离始终为 0.05 mm，测量过程中，探针沿壁面主法线方向移动，测点间距为

0.05 mm,采样频率为 60 kHz,采样时间为 4.37 s,每组数据包含 262 144 个时序速度信号,根据当地边界层厚度的不同,测量 60～120 个点不等,完成一个边界层剖面的测量;沿翼展方向每间隔 0.707 mm 测量 30～40 条边界层,完成一个弦向位置的测量;沿机翼弦长方向分别对 30％、35％、40％、45％、47％、48％、49％、50％、51％、52％、53％、54％、55％、56％、57％、60％、65％共 17 个弦向位置进行测量。

图 4　四自由度电控位移平台

3　结果分析

实验测量范围涵盖横流涡产生及发展过程、横流涡饱和(即涡的强度和尺度沿流向不再发生变化)及横流涡破碎导致转捩的全过程。这里针对其中比较有代表性的弦向位置分别在主流、横流的平均速度、雷诺应力、频谱特征三个方面展开分析。

3.1　坐标系定义

精准描述流动特征需要对坐标系进行准确定义,如图 5 所示。首先定义模型无后掠坐标系 $x_0 y_0 z_0$,其中 x_0 与机翼中弦线重合,从机翼前缘指向后缘为正;y_0 沿当地铅垂方向,从风洞底部指向风洞顶部为正;z_0 垂直于 $x_0 - y_0$ 平面,方向满足右手坐标系。定义模型坐标系 xyz,其中 z 平行于机翼前缘,由翼根指向翼梢为

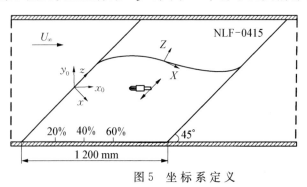

图 5　坐 标 系 定 义

正;x 垂直于机翼前缘,平行于机翼中弦面,以机翼前缘指向后缘为正;y 垂直于 $x-z$ 平面,满足左手坐标系。定义局部坐标系 $X_0Y_0Z_0$,其中 X_0 与当地机翼表面相切,以机翼前缘指向后缘为正;Y_0 垂直于当地机翼表面;Z_0 垂直于 X_0-Y_0 平面,满足左手坐标系。定义流线坐标系 XYZ,其中 X 平行于当地无黏流线的切线方向;Z 垂直于 X,由翼根指向翼梢;Y 垂直于 $X-Z$ 平面,满足左手坐标系。

测量过程中保证双丝热线探针的两根热丝所在的平面平行于机翼表面,剖面测量过程中热线探针移动方向垂直于机翼表面,即,热线探针在局部坐标系下测得两个速度分量。进行后续分析时,根据下式将热线探针测得的速度从局部坐标系转换到流线坐标系。

$$\begin{cases} U = U_0 \cdot \cos\theta - W_0 \cdot \sin\theta \\ W = U_0 \cdot \sin\theta + W_0 \cdot \cos\theta \end{cases} \tag{1}$$

式中:U_0 为局部坐标系 $X_0Y_0Z_0$ 下 X_0 方向速度,W_0 为 Z_0 方向速度;U 为流线坐标系 XYZ 下 X 方向速度,称主流;W 为 Z 方向速度,称横流;θ 为局部坐标系和流线坐标系之间的夹角,可根据边界层外缘 X_0 方向和 Y_0 方向的速度分量得到。

3.2　平均速度分布

3.2.1　主流分量

对主流速度和横流速度根据当地边界层外缘速度进行无量纲化处理,分别记为 U^*、W^*。

图 6 所示为边界层主流速度剖面沿流向的发展过程,其中不同的线条表示展

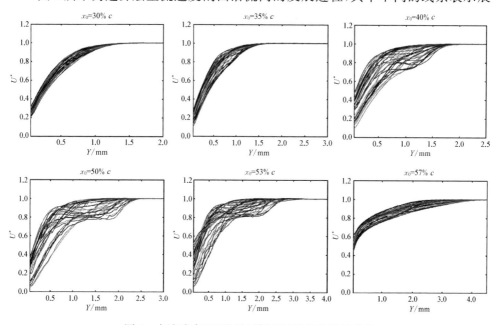

图 6　主流速度 U^* 边界层剖面随弦长位置的变化

向不同位置上的速度剖面。由图中可见,在 $x_0 = 30\%c$ 位置处主流速度剖面沿展向变化很小,边界层名义厚度约为 1.4 mm;随着流动向下游发展,同一弦向位置上主流速度剖面沿展向的变化逐渐增大,到 $x_0 = 40\%c$ 位置时边界层主流速度剖面已经开始出现明显的扭曲,边界层名义厚度增长至 2.0 mm。$x_0 = 40\%c \sim 50\%c$ 位置处的发展过程中边界层厚度略有增长(约 0.5 mm),但值得注意的变化是主流速度剖面已经出现拐点,且边界层剖面扭曲的空间范围明显增大,这反映了边界层内横流涡的强度有所增强。$x_0 = 53\%c$ 位置处,边界层厚度增长至 3.0 mm,边界层的空间扭曲程度与 $x_0 = 50\%c$ 处的情况基本持平,主流速度剖面曲线的波动程度有所增加,可能是此处速度脉动较强导致的。$x_0 = 57\%c$ 位置边界层厚度增长至 4.5 mm,边界层剖面不存在扭曲且沿展向变化较小,底层速度剪切非常强,再结合其剖面形状可以判断此处横流涡已经破碎,流动转捩为湍流。

将边界层速度剖面沿 z 方向展开可以得到某一弦向位置上边界层内的主流速度分布云图,如图 7 所示。其中 Y 垂直于当地机翼表面,z 平行于机翼前缘;云图分辨率为 $0.05\ \text{mm} \times 0.707\ \text{mm}$。从图中可以直观地看到主流速度剖面在横流涡的作用下逐渐发生扭曲最终导致转捩的过程,主流速度沿展向呈现波状分布,并在壁面附近出现高低速条带状分布。沿流向发展过程中,横流涡的强度逐渐增强,边界层厚度逐渐增大,而横流涡间距基本稳定在 $9 \sim 10\ \text{mm}$ 左右。

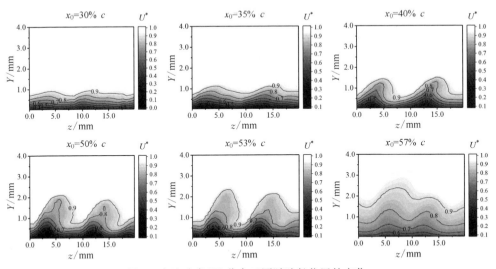

图 7　主流速度 U^* 分布云图随弦长位置的变化

图 8 表示主流速度剖面在 z-Y 平面内的分布情况,其中每一个网格节点代表一个热线探针测量位置,空间分辨率为 $0.707\ \text{mm} \times 0.5\ \text{mm}$;网格中的灰度表现了该位置相对于同一边界层高度上展向平均速度的变化情况,称扰动速度,计算方法见下式,其中 n 为展向测试的边界层数目。图中负扰动速度表示当地速度低于相同边界层高度上的平均速度;正扰动速度表示当地速度高于平均速度;扰动速度表

现了主流速度分量在横流涡作用下偏离基本流的程度。

$$U_{\mathrm{dis}_{i,j}}^{*} = U_{i,j}^{*} - \sum_{t=1}^{n} U_{t,j}^{*} \Big/ n \tag{2}$$

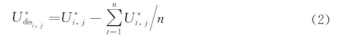

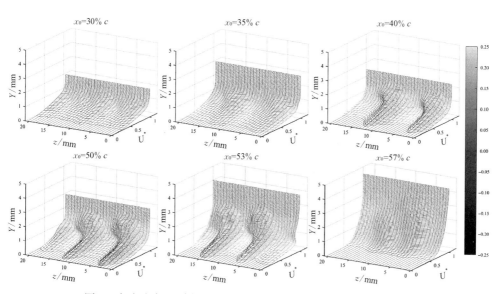

图 8 主流速度 U^* 剖面在 z-Y 平面内的分布随弦长位置的变化

如图 8 所示,沿流向发展过程中,边界层厚度逐渐增大,主流速度在空间中的扭曲程度逐渐增强,扰动速度逐渐增大,反映了横流涡的强度逐渐增加。到了 $x_0 = 57\%c$ 位置处,边界层底部呈现很大的速度梯度,主流速度剖面形状呈现明显的湍流特征,且扰动速度非常小,主流速度分量沿展向无明显变化。

3.2.2 横流分量

图 9 表现了横流速度剖面的分布和发展特点,由于速度分量转换到了流线坐标系下,因此边界层外缘的横流速度为零。其中 $x_0 = 30\%c$ 处和 $x_0 = 35\%c$ 处因为处于机翼前缘,边界层外缘流线与自由来流方向夹角较大,所以出现横流速度均小于零的情况。结合主流速度剖面的特点可以发现,横流速度越大则主流速度边界层剖面的扭曲越严重;横流速度沿垂直于壁面方向开始出现正负交替分布时,主流速度边界层开始出现拐点;$x_0 = 50\%c$ 处相对 $x_0 = 40\%c$ 处主流速度边界层扭曲的空间范围增大,则对应着横流速度沿垂直于壁面方向分布的范围增大。根据横流涡形成之前($x_0 = 30\%c$ 处)和边界层转捩之后($x_0 = 57\%c$ 处)的主流、横流速度剖面可以发现,当横流速度较小且横流速度沿翼展方向变化较小时,主流速度剖面不发生扭曲且沿展向变化较小。横流速度的分布与主流速度边界层的扭曲呈现强相关性。

图 10 为横流速度分布云图,其中灰度部分表示横流速度的分布情况,黑色线

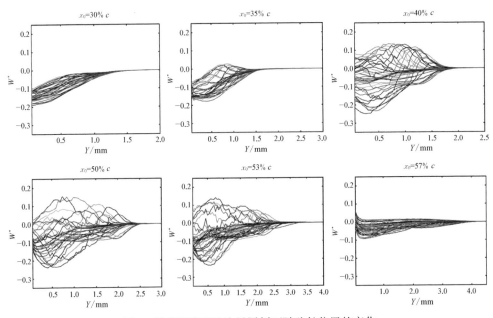

图 9　横流速度 W^* 边界层剖面随弦长位置的变化

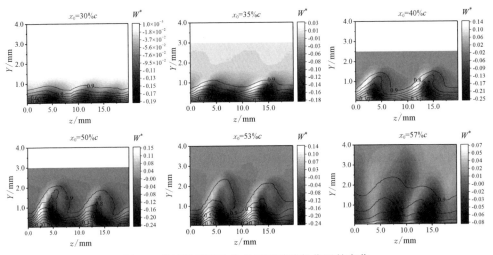

图 10　横流速度 W^* 分布云图随弦长位置的变化

为主流平均速度等值线（$\Delta U^* = 0.1$），这样绘图是为了便于分析主流和横流速度分量之间的关系。与主流平均速度类似，横流速度沿机翼展向呈现一定规律的周期性分布。结合主流速度的等值线进行分析可以发现，正的横流速度与横流波的上升侧极为吻合，此处低动量流体被推向边界层较高的位置处，表现为主流速度等值线向高处弯曲；而负的横流速度与横流波的下降侧底部十分吻合，此处边界层较高位置处的高动量流体被拉至边界层底部,表现为主流速度等值线向低处弯曲。而且横流速度绝对值越大,主流速度等值线的弯曲越严重。

根据横流速度剖面在 z–Y 平面内的分布(见图 11)可以看出,从 $x_0=30\%c$ 处到 $x_0=53\%c$ 处,横流速度沿展向呈现正负交替分布,沿流向发展过程中逐渐增大,且在 Y 方向上的分布范围逐渐增大,这与主流速度分量中观察到的现象一致。在 $x_0=57\%c$ 的位置处,边界层发生转捩,横流速度很小,且沿展向没有明显变化,说明此时横流涡已经破碎。

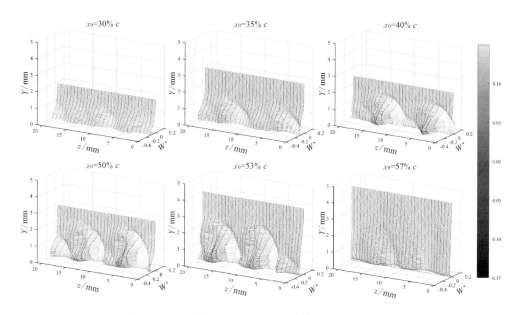

图 11 横流速度 W^* 剖面在 z–Y 平面内的分布随弦长位置的变化

以主流速度最大值的 99% 为标准统计边界层名义厚度,在横流涡的作用下边界层速度呈现波状分布,因此在展向不同位置上得到的边界层厚度略有差异,这里取展向不同位置上边界层厚度平均值作为该弦向位置的边界层厚度。由图 12(a)可见,横流涡沿展向发展过程中,从 $x_0=30\%c$ 处到 $x_0=51\%c$ 处边界层厚度呈现线性增长规律;从 $x_0=53\%c$ 处到 $x_0=54\%c$ 处边界层厚度迅速增长,随后增速放缓;结合图 12(b)可见边界层形状因子在 $x_0=53\%c$ 处到 $x_0=54\%c$ 处也表现出剧烈变化,到 $x_0=60\%c$ 处后得到一个比较稳定的值。据此可以推断 Breakdown 过程发生在 $x_0=53\%c$ 处到 $x_0=54\%c$ 处之间。

3.3 雷诺应力分布

雷诺应力是脉动动量交换导致的附加应力,包括雷诺正应力和雷诺剪应力。雷诺应力可以在一定程度上反映湍流脉动强度。雷诺应力用边界层外缘速度进行

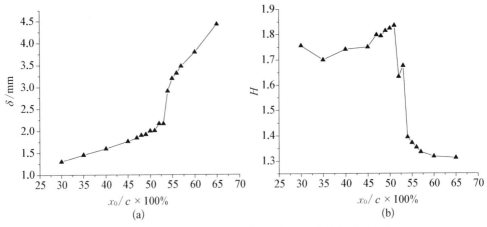

图 12　边界层名义厚度 δ 及形状因子 H 随弦长位置的变化

无量纲化处理。

$$\overline{u'u'}/U_\delta^2 = \left[\sum_{i=1}^{n}(u'_i - \bar{U})^2\Big/n\right]\Big/U_\delta^2$$

$$\overline{w'w'}/U_\delta^2 = \left[\sum_{i=1}^{n}(w'_i - \bar{W})^2\Big/n\right]\Big/U_\delta^2 \qquad (3)$$

$$\overline{u'w'}/U_\delta^2 = \left[\sum_{i=1}^{n}(u'_i - U)(w'_i - \bar{W})\Big/n\right]\Big/U_\delta^2$$

式中：u'、w' 和 $\bar{U}$、$\bar{W}$ 分别为空间中某点处主流、横流速度的瞬时速度和平均速度；$n = 262\,144$ 为时序速度信号的个数；U_δ 为边界层外缘合速度。

　　根据不同弦向位置上的雷诺应力分布，可以得到速度脉动能量在空间中的分布规律和发展情况。图 13 表现了主流雷诺正应力的分布情况，其中黑色线为主流

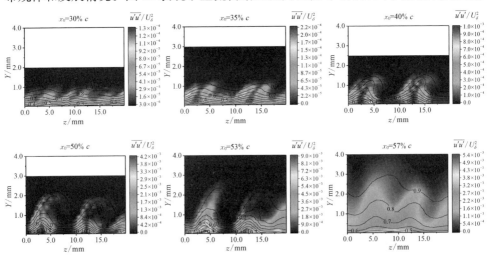

图 13　主流雷诺正应力分布随弦长位置的变化

平均速度等值线（$\Delta U^* = 0.1$）。在 $x_0 = 30\%c$ 位置处,主流速度雷诺正应力主要分布在边界层底部,量级相对较小;在 $x_0 = 35\%c$ 位置处,横流涡已经逐渐发展起来,导致主流平均速度呈现波状分布,雷诺应力则分布在波的两侧,沿展向随横流驻波呈现明确的周期性分布;随着横流涡的逐渐发展,雷诺正应力逐渐增大,空间分布位置基本不变。结合图 7 主流速度分布云图进一步分析可以发现,主流速度雷诺正应力通常分布在平均速度沿展向速度梯度较大的位置上,据此推测其与某种类似 $K\text{-}H$ 不稳定性的无黏不稳定模态相关。到 $x_0 = 53\%c$ 位置处时,雷诺应力分布出现较大变化。首先,从分布位置上看,雷诺应力遍布整个横流波的空间范围,最大值由波的两侧集中到波中心,分布在近壁面区域($Y < 0.5$ mm);其次,雷诺应力的量级有了很大增长,甚至大于转捩后($x_0 = 57\%c$ 处)的雷诺正应力,反映了该位置非常高的脉动强度。

横流分量雷诺正应力的分布与主流分量有较大区别,如图 14 所示,横流分量的雷诺正应力主要分布在波的中心位置,数值上与主流雷诺正应力处于同一量级;结合图 10 横流分量平均速度的分布云图可见,在转捩之前横流雷诺正应力主要分布在横流平均速度沿 z 方向梯度较大的位置上,这一点与主流雷诺正应力的分布规律一致。在 $x_0 = 53\%c$ 位置处,横流雷诺正应力的空间分布范围突然增大,与主流分量不同的是,横流雷诺正应力的最大值分布在波中心距离壁面相对较远的位置上(0.5 mm $< Y < 1$ mm)。

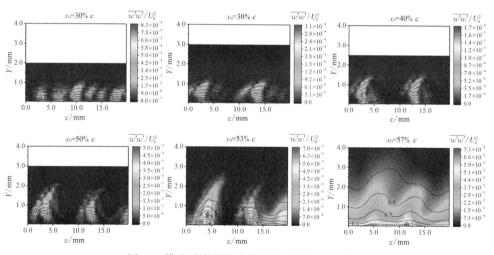

图 14　横流雷诺正应力分布随弦长位置的变化

雷诺剪应力一般分布于高、低速流体之间,速度剪切较大的位置。脉动动量在时均速度较高的流体和时均速度较低的流体之间传递,导致高速流体减速,低速流体加速,使两层流体在动量传输方向上受到切应力作用。由图 15 可见,横流涡发展起来之后,雷诺剪应力以"正负对"的形式分布在波的上升缘外侧和下降缘底部,反映了这些位置比较强的剪切作用和高、低速流体之间的脉动动量交换。

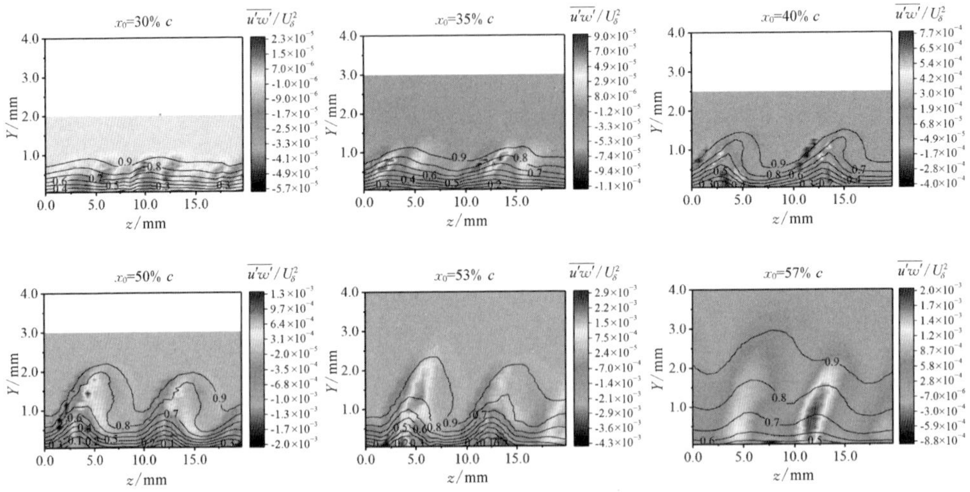

图 15　主流-横流雷诺剪应力分布随弦长位置的变化

对比图 10 可知,雷诺剪应力的分布情况与横流速度的分布高度一致,据此可以判断,横流速度是导致主流速度剖面出现扭曲的重要原因。在横流速度的作用下,边界层底部的低动量流体被推向较高的位置,同时高动量流体被拉至边界层底部,从而形成了主流速度边界层的波状分布。而在受横流速度影响较大的位置上,如波的上升缘外侧和波的下降缘底部,由于存在高动量流体和低动量流体之间的脉动动量传递而表现出较强的雷诺剪应力;同时波状分布的边界层速度剖面由于存在拐点,因此容易诱发无黏不稳定模态,从而导致了主流和横流雷诺正应力呈现如上所述的分布规律。

3.4　频域特征

上一节通过对雷诺应力的分析得到了脉动能量在空间中的分布和发展情况,下面对瞬时速度信号进行功率谱分析以研究脉动速度的频域特征。

对 $x_0 = 30\%c$、$35\%c$、$45\%c$、$50\%c$、$53\%c$、$57\%c$ 六个弦向位置处,横流波中心距离壁面分别为 $Y = 0.50$ mm、0.75 mm、1.00 mm、1.10 mm、1.20 mm、1.30 mm 六个点处的瞬时速度信号进行功率谱密度计算。利用窗函数法将 262 144 个瞬时速度信号分为 16 等份,相邻窗之间的重叠率为 50%,每份分别计算功率谱然后取平均,频域范围为 10 Hz～3×10^4 Hz,频率分辨率为 10 Hz。需要说明的是,频谱中 7 000 Hz 和 14 000 Hz 附近的尖峰信号来自电子电路中的噪音干扰。

在 $x_0 = 30\%c$ 位置处,近壁面 $Y = 0.50$ mm 及 $Y = 0.75$ mm 处开始出现 400 Hz 左右的脉动;到了 $x_0 = 35\%c$ 位置处,该频段的脉动有所增强,并由边界层底部逐渐扩散到整个边界层厚度范围内。前人的研究表明,该低频脉动是由横流行波与横流驻波的相互干扰导致的不稳定模态[12-13,20]。在 $x_0 = 45\%c$ 位置处,400 Hz 左右的低频脉动进一步增强,且不同边界层高度上的强度差异减小;值得注意的是,频谱中开始出现了以 5 000 Hz 为中心的高频率、宽频带脉动,与 400 Hz 脉动不同,该频段的脉动在距离壁面较远的边界层位置上强度较高,而近壁面强度很低。在 $x_0 = 50\%c$ 位置处,400 Hz 左右的脉动强度进一步增强,且不同边界层高度上强度基本一致;而 5 000 Hz 附近的高频脉动强度迅速增大,在距离壁面 $Y = 1.2$ mm 的位置上达到最大值,靠近壁面附近的位置上脉动强度相对较低,同时出现了 10 000 Hz 和 15 000 Hz 的倍频模态,其脉动强度依次降低,脉动强度的迅速增大和倍频模态的出现都说明了该高频扰动模态具有极高的放大率,且表现出强非线性增长特征。在 $x_0 = 53\%c$ 位置处,400 Hz 和 5 000 Hz 左右的扰动模态都已经不再明显,500~4 000 Hz 频段的脉动能量增长,脉动速度的频谱特征呈现一定程度的宽频特征,结合图 7 所示的主流平均速度、图 10 所示的横流平均速度、图 13 所示的主流雷诺正应力和图 14 所示的横流雷诺正应力的分布特征可以判断,此时横流涡的平均速度依然保持原有的特征,这说明涡没有发生破碎;但是雷诺应力的分布和脉动速度频谱特征却发生了剧烈的变化,推测可能是边界层中 400 Hz 或 5 000 Hz 脉动模态对应的大尺度流动结构发生了破碎,在横流涡空间尺度内产生了高脉动能量、多空间尺度的流动结构,引起流体湍动能整体增大,从而导致在 $x_0 = 53\%c$ 处到 $x_0 = 54\%c$ 处范围边界层名义厚度急剧增大,形状因子迅速降低,横流涡迅速破碎并进一步导致边界层流动的迅速湍流化。到了 $x_0 = 57\%c$ 位置处,已经成为充分发展的湍流边界层。

对比图 16 所示的主流速度频谱特征和图 17 所示的横流速度频谱特征,可以发现主流和横流两个方向上的脉动频率和强度基本一致。结合不同边界层高度上的

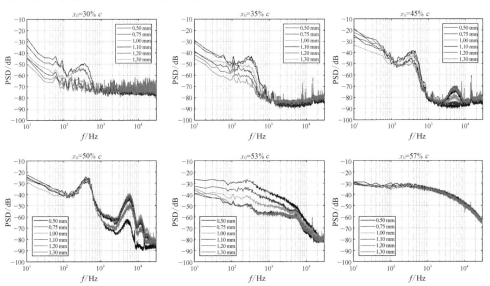

图 16 主流速度频谱特征随弦长位置的变化

变化可以判断,上述脉动速度模态对应的流动结构是一种三维结构,在主流和横流方向上存在相同的变化规律。

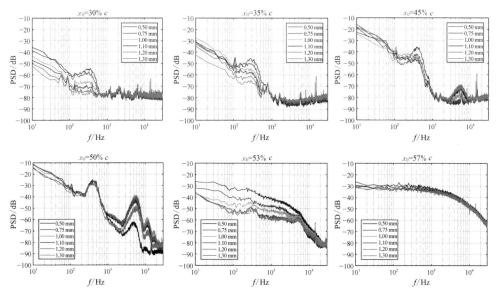

图 17 横流速度频谱特征随弦长位置的变化

3.5 展向大尺度变化规律

以上分析主要针对横流涡沿流向的发展演化过程,但是在自然条件下流动沿翼展方向也存在一定的变化,为了充分认识后掠翼三维边界层的流动全貌,分别在 $x_0 = 20\%c$、$40\%c$、$60\%c$ 三个位置处进行展向大尺度测量。展向以 1 mm 间距测量 70~80 条边界层分别得到以下结果。

图 18 和图 19 给出了在 $x_0 = 20\%c$ 位置处主流和横流速度在 z-Y 平面内的分

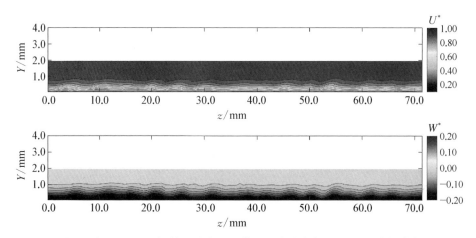

图 18 在 $x_0 = 20\%c$ 位置处主流及横流平均速度在 z-Y 平面内的分布

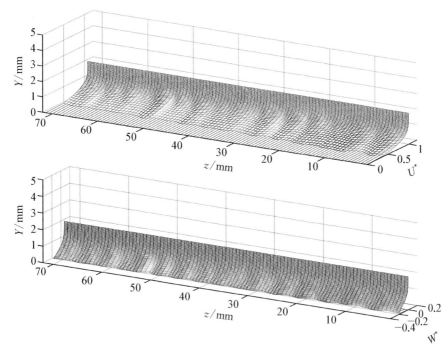

图 19 在 $x_0 = 20\%c$ 位置处主流及横流速度剖面沿翼展方向的分布

布。由图可见,在机翼前缘位置处横流涡尚未充分发展起来,横流速度以负值为主
(流线弯曲所致),展向变化很小;主流速度仅在少数几个位置处出现轻微波动,大
部分区域沿展向都没有明显变化。

这说明在发展的初始阶段,展向不同位置处横流涡的强度差异不大。但是随
着流动沿流向的发展,这些微小的差异会逐步放大,造成沿展向涡强度的明显
变化。

图 20 和图 21 给出了在 $x_0 = 40\%c$ 位置处主流和横流速度在 z-Y 平面内的分
布。由图可见,在自然条件下,主流速度等值线沿展向的波动间距在 9~11 mm 之
间,展向不同的位置上横流波间距并不固定;主流速度剖面的扭曲程度不同,对应
的横流速度大小也有所差异。这反映了展向不同位置处的横流涡强度不一致、间
距不统一。结合大展向范围内的速度测量结果可以进一步确认关于主流与横流之
间关系的分析,如在 $z = 12$ mm 位置处横流速度较大,对应的该位置处主流速度的
波动程度相对较大,边界层剖面的扭曲程度也更加明显;在 $z = 20$ mm 位置处横流
速度较小,且没有出现正的横流速度,则该位置处对应的主流速度边界层没有出现
明显的波动,说明横流速度对调制主流速度分布情况起着至关重要的作用。

图 22 和图 23 给出了在 $x_0 = 60\%c$ 位置处主流和横流速度在 z-Y 平面内的分
布。其中速度等值线在 $z = 12$ mm 处附近的阶跃是测量中断导致的。由图可见,转
捩之后边界层厚度明显增大,横流速度很小,主流速度沿展向没有明显的变化,此

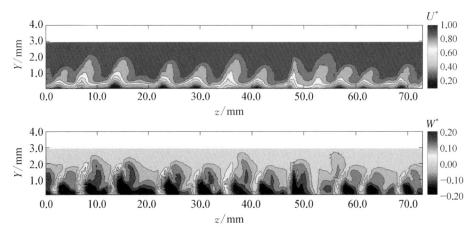

图 20 在 $x_0 = 40\%c$ 位置处主流及横流平均速度在 z - Y 平面内的分布

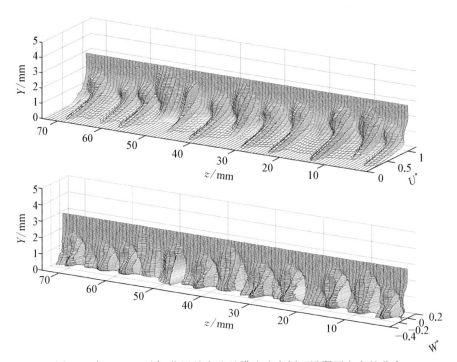

图 21 在 $x_0 = 40\%c$ 位置处主流及横流速度剖面沿翼展方向的分布

时边界层内涡结构已经破碎。

4 结论

本文利用双丝边界层热线对后掠翼三维边界层内的流动特征进行了精细测量,分别得到了主流和横流的平均速度、扰动速度、雷诺应力在空间中的分布情况和沿流向的发展规律,重点分析了横流速度对主流速度和雷诺应力分布的影响;对

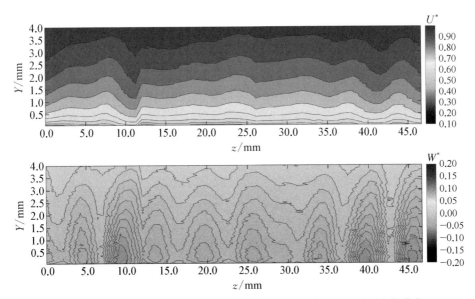

图 22　在 $x_0 = 60\%c$ 位置处主流及横流平均速度在 $z\text{-}Y$ 平面内的分布

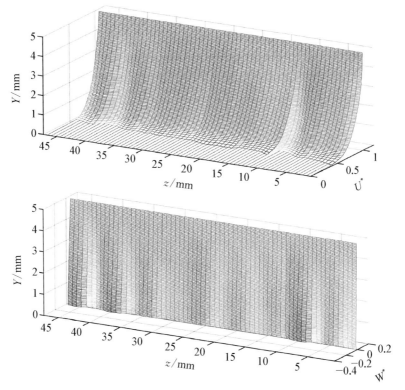

图 23　在 $x_0 = 60\%c$ 位置处主流及横流速度剖面沿翼展方向的分布

空间中特定位置处的脉动速度信号进行了功率谱密度计算，从频域的角度上分析了边界层中主要脉动模态的特征，并结合流动结构对其进行了解释。根据以上分析可以得到如下结论：

（1）在横流主导的后掠翼三维边界层内部，主流速度剖面存在扭曲，等值线沿翼展方向呈现波状分布，随着流向的发展，横流速度逐渐增大，主流速度剖面的扭曲愈加严重；结合主流速度等值线和横流平均速度、主流-横流雷诺剪应力的分布情况可以判断横流速度分量是导致主流速度边界层出现扭曲的重要原因；自然条件下，机翼表面同一弦向位置、不同展向位置处横流涡的强度、尺度和发展阶段有所不同，这会导致不同展向位置处流动的转捩点出现差异。

（2）主、横流雷诺正应力在边界层内沿展向呈现周期性分布规律，两个方向雷诺正应力大小处于同一量级，沿流向发展过程中雷诺应力逐渐增大；主流和横流雷诺正应力均分布在各自平均速度沿展向梯度较大的位置上，其对应的速度脉动是平均速度剪切导致的无黏不稳定模态。

（3）边界层脉动速度中主要存在 400 Hz 和 5 000 Hz 两个特征频率，400 Hz 扰动模态起源于壁面附近，沿流向发展过程中在边界层内逐渐扩散，同时脉动强度逐渐增加；5 000 Hz 左右的扰动模态在横流涡充分发展起来之后才开始出现，脉动中心分布在距离壁面 1 mm 左右的位置处，沿流向发展过程中迅速增长并出现 10 000 Hz 和 15 000 Hz 的二倍频、三倍频模态，呈现出很强的非线性增长特征，该迅速增长的高频扰动模态是导致转捩的重要原因；空间中同一位置上主流和横流方向脉动速度的频谱特征基本一致，且在不同的边界层高度上脉动强度有所差异；这说明这些脉动对应着某种三维的流动结构。

（4）涡结构破碎之前，从平均速度上看横流涡仍然保持原有的形态，但是在整个涡空间范围内都出现较强的速度脉动，脉动最大值出现在横流波中心位置处；此时速度脉动呈现一定的宽频特性，原有的 400 Hz 和 5 000 Hz 峰值不再明显；这是由于 400 Hz 或 5 000 Hz 对应的流动结构破碎，进而出现高脉动强度、多空间尺度的流动结构，导致横流涡内湍动能整体增大，引起横流涡破碎，流动迅速转捩。

参 考 文 献

[1] Saric W, Reed H L, White E B. Stability and transition of three-dimensional boundarylayers [J]. Annual Review of Fluid Mechanics, 2003, 35(1)：413 - 440.

[2] Saric W, Yeates L. Experiments on the stability of crossflow vortices in swept-wing flows [C]. AIAA 23rd Aerospace Sciences Meeting, 1985.

[3] Malik M. Wave-interactions in three-dimensional boundary layers[J], 1986.

[4] Reibert M, Saric W, Reibert M, et al. Review of swept-wing transition[J]. AIAA Journal, 1997.

[5] Bippes H, Nitschke-Kowsky P. Experimental study of instability modes in a three-

dimensional boundary layer[J]. AIAA Journal, 1990, 28(10): 1758 – 1763.

[6] Wassermann P, Kloker M. Transition mechanisms induced by travelling crossflow vortices in a three-dimensional boundary layer[J]. Journal of Fluid Mechanics, 2003, 483: 67 – 89.

[7] Saric W, Carrillo J R, Reibert M. Leading-edge roughness as a transition control mechanism[J]. AIAA Journal, 1998.

[8] Saric W, Reed H. Crossflow instabilities-theory & technology [C]. 41st Aerospace Sciences Meeting and Exhibit, 2003.

[9] Radzetsky J R, Reibert M, Saric W. Development of a stationary crossflow vortices on a swept wing[C]. 25th AIAA Fluid Dynamics Conference, 1994.

[10] Reed H L. Wave interactions in swept-wing flows[J]. Physics of Fluids, 1987, 30 (11): 3419.

[11] Bonfigli G, Kloker M. Secondary instability of crossflow vortices: validation of the stability theory by direct numerical simulation[J]. Journal of Fluid Mechanics, 2007, 583: 229.

[12] White E B, Saric W S. Secondary instability of crossflow vortices[J]. Journal of Fluid Mechanics, 2005, 525: 275 – 308.

[13] Malik M R, Li F E I, Choudhari M M, et al. Secondary instability of crossflow vortices and swept-wing boundary-layer transition[J]. Journal of Fluid Mechanics, 1999, 399: 85 – 115.

[14] Serpieri J, Kotsonis M. Tomographic PIV investigation of crossflow instability of swept wing boundary layers[C]. 46th AIAA Fluid Dynamics Conference, 2016.

[15] Serpieri J, Kotsonis M. Three-dimensional organisation of primary and secondary crossflow instability[J]. Journal of Fluid Mechanics, 2016, 799: 200 – 245.

[16] Bippes H. Basic experiments on transition in three-dimensional boundary layers dominated by crossflow instability[J]. Progress in Aerospace Sciences, 1999, 35(4): 363 – 412.

[17] Joslin R D, Streett C L. The role of stationary cross — flow vortices in boundary — layer transition on swept wings[J]. Physics of Fluids, 1994, 6(10): 3442 – 3453.

[18] Carpenter M, Choudhari M, Li F, et al. Excitation of crossflow instabilities in a swept wing boundary layer[J], 2010.

[19] Saric J R D W S. Crossflow stability and transition experiment in swept-wing flow[R]. Hampton, Virginia: National Aeronautics and Space Administrations, 1999: 150.

[20] Deyhle H, Hoehler G, Bippes H. Experimental investigation of instability wave propagation in a three-dimensional boundary-layer flow[J]. AIAA Journal, 1993, 31(4): 637 – 645.

1.4　翼尖涡涡系结构的生长演化及诱导阻力产生机理

张　森[1]　王煜凯[2]　符　松[3]

（1. 上海飞机设计研究院,上海　201210）

（2. 上海交通大学　航空航天学院,上海　200240）

（3. 清华大学　航天航空学院应用力学重点实验室,北京　100084）

摘　要：利用改进的延迟分离涡模拟(IDDES)方法模拟了三种机翼布局产生的翼尖涡流流动的形成和演化。数值结果表明每种布局均会产生一个相互作用的翼尖涡流系统。这三种相应的涡流相互作用分别是翼尖涡旋与其反旋涡、翼尖涡旋和小翼四涡系统之间的相互作用。在翼尖涡演化过程中,周围环境中流体的夹带和由下洗所引起的涡量的输运导致了诱导阻力的产生。研究表明,带外撇角的小翼改变了小翼周围的流场,并且将小翼周围的涡旋流动分解成四个小涡旋。由于几乎没有流体夹带效应,这种典型的四涡系统不能合并,只能在近尾流中消散,所以几乎不会引起诱导阻力。与此同时,合理利用翼尖和小翼尖涡流合并前后的诱导阻力差,可能会提供新的减阻思路,从而为指导翼尖装置的设计和降低飞机阻力的方法提供新的视角。

关键词：翼尖涡;涡流;生长演化;诱导阻力;减阻

Abstract：The formation and evolution of wingtip vortex system generated from three wing configurations are simulated with the improved delayed detached eddy simulation (IDDES) method. Numerical results show that each layout produces an interacting wingtip vortex system. The three corresponding vortical interactions are, respectively, the interaction between wingtip vortex and its counter-rotating vortex, winglet-tip vortex, and winglet four-vortex system. The fluid entrainment of ambient fluid and vertical impulse transport resulted from inductive effect have been founded generally existing in its formation and evolution. The two dominated mechanisms account for induced drag generation. On one hand, the winglet with toed-out angle is considered capable of changing the flow field around the winglet and decomposing the winglet-tip vortex into four small vortices. Due to quite few fluid entrainment effects, this typical four-vortex system that cannot merge and only dissipate in the near wake scarcely contributes to the induced drag. On the other hand, a potential drag reduction method is also indicated that a lower induced drag can be obtained when the merger of wingtip and winglet-tip vortex is controlled and eliminated. This investigation will offer a novel perspective to guide the design of wingtip device and method of cruising resistance reduction for aircrafts.

Key words: wingtip vortex; vortical flow; formation and evolution; induced drag; drag reduction

1 引言

通常来说,机翼上、下表面的压力差导致了涡量在流动不连续处(如翼梢、机翼尾缘)的集中,涡量脱离机翼物面,并在机翼尾缘脱离后,形成了所谓的翼尖涡。在真实的民用飞机飞行过程中,翼尖涡产生后,逐渐向机翼远后方发展和演化,并且持续数百倍的飞机平均气动弦长的长度,从而带来气动噪声,危害飞行安全[1],影响飞机起降频率[2],产生诱导阻力等负面效果。以诱导阻力为例,由飞机产生的翼尖涡所导致的诱导阻力达到了 40%,在起降状态时,甚至可以达到 80%[3]。为实现使飞机起降的时间间隔最小化和减阻的目标,必须精确预测翼尖涡流尾流特性。

作为一个经典的空气动力学问题,对于翼尖涡的研究主要包括:机翼的几何参数和翼尖形状对翼尖涡的影响[4-5];翼尖涡系在近、远场的结构及其演化[6-7];翼尖涡系内部相互作用或与其他飞机涡系的相互作用[8-12];诱导阻力的尾迹积分方法[3-4,13-15]。

翼尖主涡和次级涡之间的内部相互作用受到了研究人员的广泛关注。在研究早期,Birch 等人[16]发现翼尖涡旋系统由主旋涡引起的主涡和次级涡组成,尖端区域存在多个次级涡结构。Giuni[7]将其命名为涡对结构。结果表明,在次级涡产生的地方,流线明显弯向翼根;同时,主涡内部的湍流强度发生显著变化。Chen 等人[8]在不同的小翼布局下进行了多组实验,以研究两个共旋涡对组成的涡系统合并过程的机理。结果表明,所有涡对均表现出典型的 Lamb - Oseen 旋涡涡度分布[9],并在旋转周期的 0.8 倍处合并;随着涡旋强度的比例变化,较弱的涡旋沿径向、轴向或两个方向分裂成细丝。Allen[10]研究了机翼水平尾部结构产生的尾涡的形成和演化,结果表明,尾涡由两个反旋涡对组成,尾尖涡与翼尖涡之间的循环比为 -0.3,这种布局在距翼展不到 30 倍的距离上可以有效加速涡流衰减。Wang 等人[12]发现后体涡旋系统存在两种不同的相互作用模式。其中强旋转相互作用表明,涡旋螺旋结构由后体原涡对和水平尾尖涡对组成,在 9 倍特征长度的尾迹处完成一个旋转周期,并且强应变相互作用造成涡对的强烈涡心变形,导致翼尖涡更不稳定且更容易消散。

在阻力的分解和计算上,主要包括"近场""远场""中场"三种思想,由于数值耗散和表面压差较大,因此近壁面积分法会带来积分误差和较低的计算精度。后两种方法不仅可以消除总阻力的数值误差,而且可以分解为熵增加阻力和诱导阻力[15]。尽管尾迹积分方法反映了阻力的物理机制，是研究减阻机制的一种很好的方法，但它的假设仍然存在一些问题。Kroo[3]认为在诱导阻力的计算和测量中存在两个困难：一个是从一个非常大的平面计算速度场，另一个是从远离墙壁的尾迹平面中获取速度场。Spalart[1]提出在诱导阻力计算公式中流向扰动速度的平方项的方法，该方法在由翼尖涡所导致的诱导阻力的计算中得到了广泛的应用。Birch等人[16]比较了由尾流积分法计算的诱导阻力系数和使用流函数和速度势的Maskell变换得到的诱导阻力系数，两者具有很好的一致性。

　　综上所述，本文主要从研究 M6 干净机翼出发，通过加装无外撇角的机翼和带外撇角的机翼等三种小翼布局，以寻求它们在生长演化过程中的不同相互作用类型，从而揭示涡相互作用与诱导阻力之间的关系，进而解释诱导阻力的产生机理，提出减阻方法。

2　模型与方法简述

2.1　计算模型

　　为引入翼尖涡在生长演化过程中的不同相互作用模式，文章中的计算模型采用 M6 机翼（PW）、M6 机翼加装无外撇角的翼梢小翼（WOT）、M6 机翼加装带外撇角的翼梢小翼（WWT）这三种小翼布局形式，其中 WWT 的计算模型外形如图 1 所示。计算模型采用达索公司提供的 CATIA V5 R21 三维建模软件完成。

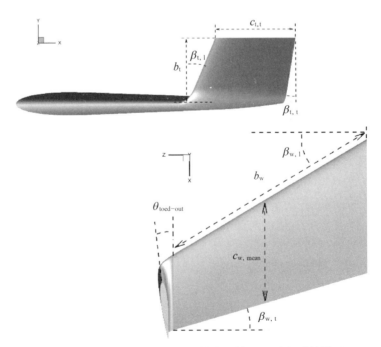

图 1　M6 机翼加装带外撇角的翼梢小翼（WWT）的计算模型

基准模型 PW 的平均气动弦长 $c_{w, mean} = 0.316\ m$，翼展 $b_w = 0.6\ m$。除基准模型 PW 之外，WOT 和 WWT 所加装的翼梢小翼翼型为 NACA0012，除了外撇角这一外形参数不同之外，机翼的前掠角和后掠角等必要外形参数均保持一致。小翼的弦长 $c_{t, t} = 0.173\ m$，展长 $b_t = 0.136\ m$。WWT 相对于小翼翼型的气动中心的外撇角 $\theta_{toed\text{-}out} = 6°$。

2.2 数值方法

为保证翼尖涡的结构特征和演化特征能清楚地被捕捉到，文章采用商业软件 ANSYS-Fluent 基于 $k\text{-}\omega$ 湍流模型的 IDDES 数值方法。对于 IDDES 方法而言，其湍动能输运方程为

$$\frac{\partial \rho k}{\partial t} + \nabla \cdot (\widetilde{\rho U} k) = \nabla \cdot \left[\left(\mu + \frac{\mu_T}{\sigma_k} \right) \nabla k \right] + P_k - \frac{\rho k^{3/2}}{l_{IDDES}} \tag{1}$$

式中：l_{IDDES} 由 RANS 湍流尺度和 LES 湍流尺度决定。注意到其亚格子长度 Δ 与 DES 的表达是不一样的。

三种小翼布局的计算条件保持一致，来流速度 U_∞ 均为 50 m/s，攻角 $\alpha = 6°$，相对于平均气动弦长的雷诺数 $Re = 3.3 \times 10^5$。在计算过程中，求解器选择压力基，空间离散采用三阶 MUSCL 格式，壁面处选择二阶隐式格式。为加速收敛过程，在非定常计算之前先采用基于 S-A 湍流模型的 1 000 计算步长的定常求解。在非定常计算过程中，相对于来流和平均气动弦长的非定常的无量纲计算时间步长为 0.126 38 s，内迭代次数为 20 步。

计算网格如图 2 所示，为保证翼尖涡捕获的准确性，在近壁面和尾迹范围内进

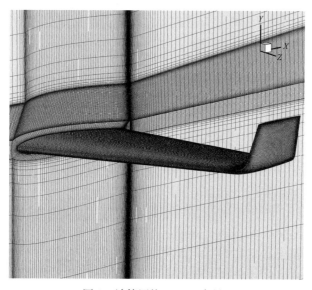

图 2　计算网格（WWT 布局）

行了加密处理,在进行了网格无关性验证后,最终的网格分布分别为 $230 \times 235 \times 30$,$300 \times 180 \times 85$,网格单元总数为 1.04×10^{7}。

2.3 数值验证

本文的数值验证主要是在 M6 机翼(PW)上展开的。由不同网格数量和计算时间步长所导致六种不同计算策略的翼尖涡无量纲环量随不同尾迹面位置的计算结果如图 3 所示。

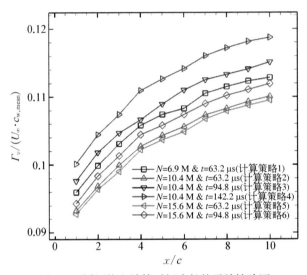

图 3 不同网格和计算时间步长的无关性验证

从图 3 可以看出,正如预期的一样,网格越稀疏,时间步长越长,尾迹流场的质量相对来说越差;同时还发现时间步长对流场质量的影响要比网格数量的影响更大。文章最终采用了第二种计算策略。

3 翼尖涡涡系结构的生长演化特征

3.1 翼尖涡的捕获方法

关于涡的识别和捕获目前尚无统一定论,主流方法主要有 Q 准则和 λ_2 准则等。在本文中,采用 Q 准则来识别和捕获翼尖涡结构。

$$Q = \frac{1}{2}(\parallel \boldsymbol{\Omega} \parallel^2 - \parallel \boldsymbol{E} \parallel^2) = \frac{1}{2}(\Omega_{ij}\Omega_{ji} - e_{ij}e_{ji}) \tag{2}$$

式中:$\Omega_{ij} = (u_{i,j} - u_{j,i})/2$ 和 $e_{ij} = (u_{i,j} + u_{j,i})/2$ 分别为速度张量的非对称张量部分和对称张量部分。Q 值为正的区域表示涡量的集聚区域。

3.2 不同翼尖形态的涡系结构生长演化分析

图 4 给出了不同机翼布局下翼尖涡在生长演化过程中的结构特征和物理特

征。可以发现对于三种布局而言,翼尖涡在生长演化过程中的结构特征和物理特征表现出不同的反映。总体来说,纯机翼布局表现出主涡与次级涡的结构,无外撇角小翼的布局表现出主涡与次级涡的结构,而有外撇角小翼的布局表现出四涡系统的结构。具体而言:

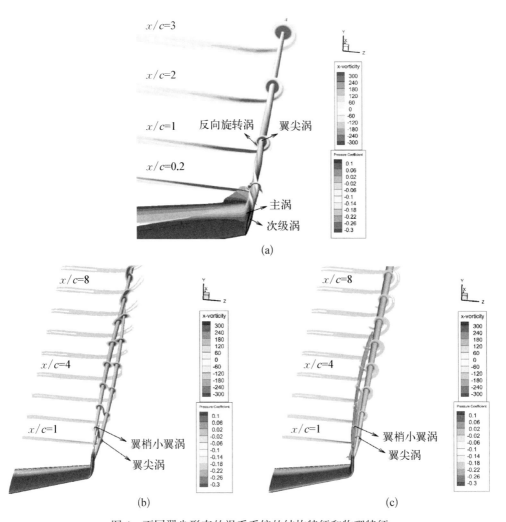

图 4   不同翼尖形态的涡系系统的结构特征和物理特征

(a) PW 布局流向涡量 $W_x = -1\,600(1/s)$ 的等值面   (b) WOT 布局 $Q = 1\,000(1/s^2)$ 的等值面

(c) WWT 布局 $Q = 1\,000(1/s^2)$ 的等值面

对于 PW(纯机翼)布局,翼尖涡系在形成阶段主要由一个主涡和一个同转向次级涡组成,二者逐渐融合成为一个蕴含大量转动动能的尾涡管。

对于 WOT(无外撇角小翼)布局,小翼除扮演短板效应的角色来阻碍由下表面到上表面的绕流,还在耗散翼尖涡上起到重要作用,它将翼尖涡系分解成一个翼尖涡和一个小翼翼尖涡,并同时削弱了二者,这两个同转向涡会在下游输运过程中绕固定转动中心相互诱导转动。

对于 WWT(带外撇角小翼)布局,其小翼翼尖涡结构尺度被强烈削减,而翼尖涡获得了一定程度的增加,同时较弱的、细长的小翼翼尖涡被翼尖涡诱导绕其转动,而翼尖涡几乎没有表现出受到诱导效应影响。

图 5 所示为三种不同布局下的翼尖涡涡系系统在不同流向位置以涡量云图所

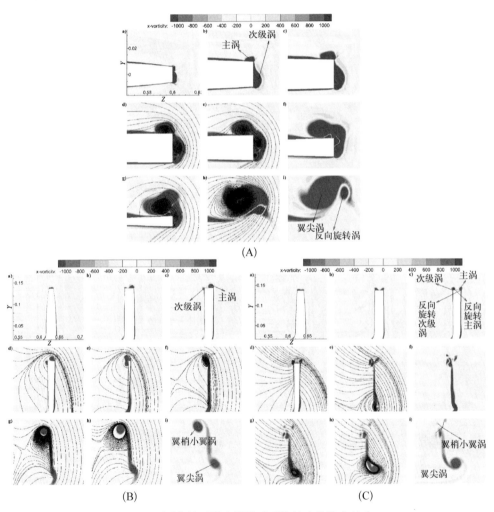

图 5　不同布局下翼尖涡涡系系统的生长演化特点

(A) a) $x/c = -0.7$; b) $x/c = -0.6$; c) $x/c = -0.5$; d) $x/c = -0.4$; e) $x/c = -0.3$; f) $x/c = -0.2$; g) $x/c = -0.1$; h) $x/c = 0.1$; i) $x/c = 0.2$; (B) a) $x/c = -0.4$; b) $x/c = -0.3$; c) $x/c = -0.2$; d) $x/c = -0.1$; e) $x/c = 0.1$; f) $x/c = 0.2$; g) $x/c = 0.5$; h) $x/c = 0.7$; i) $x/c = 1$; (C) a) $x/c = -0.4$; b) $x/c = -0.3$; c) $x/c = -0.2$; d) $x/c = -0.1$; e) $x/c = 0.1$; f) $x/c = 0.2$; g) $x/c = 0.5$; h) $x/c = 0.7$; i) $x/c = 1$。

(A) PW 在不同流向位置的流向涡量云图　(B) WOT 在不同流向位置的流向涡量云图

(C) WWT 在不同流向位置的流向涡量云图

展示的生长演化特点。三种布局下的翼尖涡涡量云图和流线位置与图 4 其所对应的理解是一致的。

4 翼尖涡涡系结构的动力学特征

4.1 无量纲环量分析

尾迹区的翼尖涡环量由涡量在翼尖涡形态识别区域的面积分获得,并且以来流速度和机翼的平均气动弦长对其无量纲化。

$$\Gamma_v^* = \frac{\Gamma_v}{U_\infty \cdot \bar{c}} = \iint_{S_v} \boldsymbol{\omega} \cdot \mathrm{d}\boldsymbol{S}/(U_\infty \cdot \bar{c}) \tag{3}$$

图 6 所示为三种不同布局翼尖涡系的无量纲环量沿尾迹距离的变化规律。从图中可以发现,相比于基准布局 PW,WOT 布局和 WWT 布局在翼尖涡系总涡强改变上显示出不同的效应。WOT 布局和 WWT 布局在初始尾迹处都增加了涡系总涡强(分别为 11.7% 和 15.3%),WWT 布局虽然增加初始涡强更多但是随尾迹距离增加时下降速度更快,这一趋势持续到尾迹距离为四倍特征长度处;两者在十倍特征长度处分别削弱总涡强 11.8% 和 18.2%。

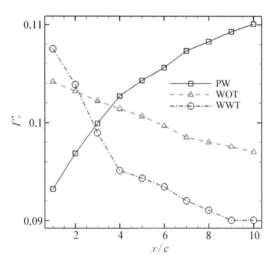

图 6 三种不同布局翼尖涡系的无量纲环量沿尾迹距离的变化规律

4.2 无量纲诱导阻力分析

根据远场积分法的思想,低马赫数下的三维机翼的诱导阻力可根据从 Betz 升力线理论发展而来的 Maskell 诱导阻力模型来求解计算。

$$D_i = \iint_s \frac{1}{2}\rho(v^2 + w^2)\mathrm{d}y\mathrm{d}z \tag{4}$$

在此基础上，定义的诱导阻力面密度如下式所示。

$$d_i = \frac{1}{2}\rho(v^2 + w^2) \tag{5}$$

图 7 所示是三种不同布局翼尖涡系与诱导阻力的关系图。上面一栏是标识涡系的 W 准则；下面一栏则是诱导阻力 D_i（或者说绕流动能）在尾迹积分方法中的积分变量，我们将其(d_i)定义为诱导阻力的面密度函数。由上面分析已知不同翼尖布局产生了不同相互作用形式的翼尖涡系，从而导致了不同的涡系总环量的变化规律。

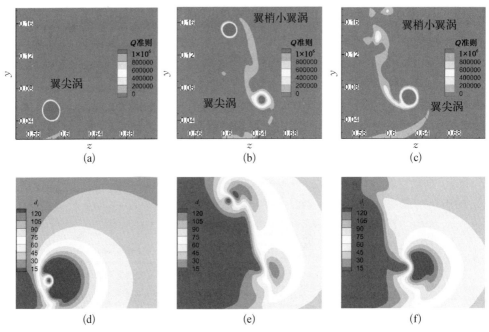

图 7　三种不同布局翼尖涡系与诱导阻力的关系

这里使用 Q 准则和 d_i 云图揭示诱导阻力的来源。当翼尖涡形成并向下游输运时，下游的无旋流体不能穿过涡，只能被涡的旋转运动所卷吸，形成稳定的涡核。这种流体卷吸现象在第二栏中翼尖涡的右侧非常明显，同时在第一栏中也显示出一部分流体在涡后形成了一段尾迹。这一现象贯穿于涡的形成、演化和相互作用阶段。

以 PW 布局为例说明，一个由光机翼形成的单独翼尖涡促使翼尖周围流管卷起，形成一个巨大的绕流区，图 7(d)中显示出上洗区（亦即翼尖涡的右半部分）比起下洗区创造了更大的诱导阻力。而对于 WOT 布局，分离的小翼翼尖涡和翼尖涡产生了各自的上洗区，并且小翼翼尖涡区域面积更大，诱导阻力贡献也更大。这准确反映了流体卷吸正是诱导阻力的来源。

另外,在 WOT 布局中,翼尖涡不像小翼翼尖涡贡献那么多诱导阻力,这也说明涡量从翼尖涡到小翼翼尖涡之间存在输运,这是由诱导效应引起的。而对于 WWT 布局,它只含有一个单独的上洗区,由一个增强的翼尖涡产生,没有明显的上洗区和流体卷吸效应发生在小翼翼尖涡的相应位置,因为在涡系形成,开始向下游演化之后四涡系显示出了强烈的黏性耗散效应。

5 不同翼尖形态下诱导阻力的产生机理

在揭示了不同布局下的翼尖涡涡系生长演化特征和动力学特征的基础上,本节进一步揭示了其诱导阻力的产生机理。

图 8 所示为三种布局下诱导阻力最大面密度沿尾迹距离的变化规律。从图中可以发现,比起 WWT 布局,WOT 布局产生了更大的初始 d_i 下降率,但是其获得了一个局部峰值在下游尾迹 7 倍特征长度处,刚好是翼尖涡和小翼翼尖涡相互融合的时候,之后变得比 WWT 布局的值略高;d_i 之于 D_i 就如涡量之于环量,其只能说明涡核内涡心附近的最大强度,不能说明一个涡的总强度,因此我们也计算出了 D_i 随下游尾迹的变化规律。

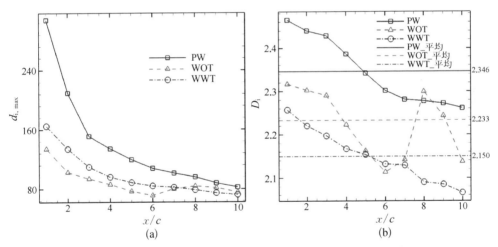

图 8 三种布局下诱导阻力最大面密度沿尾迹距离的变化规律

三种布局的诱导阻力都显示出连续的下降趋势,除了 WOT 布局的融合区域,这也和前面对 d_i 的最大值及其云图的分析显示出了一致性。并且,WOT 布局和 WWT 布局分别获得了 4.8% 和 8.4% 的平均诱导阻力降。

此外,在 WOT 布局中,在翼尖涡和小翼翼尖涡融合前的诱导阻力要比融合后一个单独大涡产生的值小 8.1%,这可以归因于上文提及的两同向涡诱导的更弱的速度场。

因此可能实现一种潜在的减阻方法,那就是合理利用翼尖涡系内两涡的相互作用,例如如果可以设计两涡的相互诱导转动,在远尾迹处因为黏性而逐渐耗散而非融合成一个单独的大涡,则诱导阻力也许能够在如图中尾迹距离为 6 倍特征长度之后继续快速下降。

6 结论

文章使用 IDDES 数值模拟了三种翼尖布局产生的翼尖涡系,描述、对比了各自的形成、演化和相互作用特征,分析了其涡运动学和动力学的参数。取得了如下结论:

(1) 揭示了小外撇角情况下的涡动力学。倾斜角度改变了小翼周围的流场,增加了反向旋转初级涡的强度以接近初级涡的强度,然后将小翼尖涡旋分解成四个小涡旋,这些涡旋不能彼此合并,并且仅仅在附近消失。这四个涡旋形成典型的四涡旋系统,由于对环境流体的流体夹带效应极少,因此其对诱导阻力的贡献几乎为零。

(2) 指出了利用翼尖涡旋系统相互作用的潜在减阻方法。当涡旋合流后,小翼尖端涡到叶尖涡的流量比接近于 1 时,两涡对外部流场产生的诱导阻力比单涡流合并时减小了 8.1%(2.230～2.113 N)。与基准布局相比,WOT 布局和 WWT 布局涡流系统的总循环量在 $x/c=1$ 处的初始尾流中分别高 11.7% 和 15.3%,但在 $x/c=10$ 处分别下降 11.8% 和 18.2%;对应的诱导阻力分别减少了 4.8% 和 8.4%。

参 考 文 献

[1] Spalart P R. Airplane trailing vortices[J]. Annual Review of Fluid Mechanics, 2003, 30 (1): 107 - 138.

[2] Gerz T, Holzäpfel F, Darracq D. Commercial aircraft wake vortices[J]. Progress in Aerospace Sciences, 2002, 38(3): 181 - 208.

[3] Kroo I. DRAG DUE TO LIFT: Concepts for prediction and reduction[J]. Annual Review of Fluid Mechanics, 2001, 33(1): 587 - 617.

[4] Birch D, Lee T, Mokhtarian F, et al. Structure and induced drag of a tip vortex[J]. Journal of Aircraft, 2004, 41(5): 1138 - 1145.

[5] Narayan G, John B. Effect of winglets induced tip vortex structure on the performance of subsonic wings[J]. Aerospace Science & Technology, 2016, 58: 328 - 340.

[6] Giuni M, Green R B. Vortex formation on squared and rounded tip[J]. Aerospace Science & Technology, 2013, 29(1): 191 - 199.

[7] Giuni M. Formation and early development of wingtip vortices [D]. University of Glasgow, 2013.

[8] Chen A L, Jacob J D, Sava S Ö. Dynamics of corotating vortex pairs in the wakes of flapped airfoils[J]. Journal of Fluid Mechanics, 1999, 382(382): 155 - 193.

[9] Lamb H. Hydrodynamics[J]. Hydrodynamics New York Dover, 1975, 6(4): 181 - 185.

[10] Allen A, Breitsamter C. Experimental investigation of counter-rotating four vortex aircraft wake[J]. Aerospace Science & Technology, 2009, 13(2): 114-129.

[11] Devenport W J, Vogel C M, Zsoldos J S. Flow structure produced by the interaction and merger of a pair of co-rotating wing-tip vortices[J]. Journal of Fluid Mechanics, 1999, 394 (394): 357-377.

[12] Wang Y, Qin S, Xiang Y, et al. Interaction mechanism of vortex system generated by large civil aircraft afterbody[J]. Journal of Aeronautics Astronautics & Aviation, 2017, 49(1): 67-76.

[13] Anderson D J. Fundamentals of Aerodynamics, 4th Edition[M]. McGraw-Hill Education (Asia) and Aviation Industry Press, 2010.

[14] Spalart P R. On the far wake and induced drag of aircraft[J]. Journal of Fluid Mechanics, 2008, 603(603): 413-430.

[15] Chen Z L, Zhang B Q. Drag prediction method investigation basing on the wake integral [J]. Acta Aerodynamica Sinica, 2009, 27(3): 329-334.

[16] Birch D, Lee T, Mokhtarian F, et al. Structure and induced drag of a tip vortex[J]. Journal of Aircraft, 2004, 41(5): 1138-1145.

1.5 基于涡摇摆特征的翼尖涡流场结构修正及演化研究

邱思逸[1]　田　伟[1]　向　阳[1]　刘　洪[1]　张　淼[2]

(1. 上海交通大学 航空航天学院,上海　200240)

(2. 上海飞机设计研究院,上海　201210)

摘　要:采用体式粒子图像测速(SPIV)技术对 NACA0015 等直机翼在不同雷诺数和攻角来流条件下产生的翼尖涡(6 倍机翼弦长范围内)的演化特性展开研究,清晰地显示了翼尖涡的涡核摇摆现象及其演化过程,发现涡核摇摆在远场具有强烈的各向异性。在不同来流条件下,涡核摇摆幅值均随流向非线性增大,并且攻角增大会明显加剧涡核摇摆的各向异性。由于涡核摆动对准确获取翼尖涡的切向速度、环量和涡量等涡特征参数都会产生影响,因此通过重新定位不同时刻涡核位置,消除了涡核摆动对翼尖涡流场特征捕获的误差,发现涡核摇摆现象会使时均涡切向速度及环量减小。在此基础上,翼尖涡随流向的演化特性更加准确地得以揭示,得到的翼尖涡在 4.8 倍弦长内保持其切向速度,并且在雷诺数为 $2.1×10^5 \sim 3.5×10^5$ 范围内相似。

关键词:SPIV;翼尖涡;涡核摆动;演化特性

Abstract: The evolution of the wingtip vortex generated by a NACA0012 rectangular wing within 6 chord lengths of wake under different Reynolds number and angle of attack is investigated by SPIV experiment. The phenomenon and evolution of vortex wandering is clearly captured which demonstrates strong anisotropy. The amplitude of vortex wandering increases in all conditions and its anisotropy is significantly amplified by the angle of attack. For the fact that vortex wandering affects the accuracy of measurement of tangential velocity, circulation, vorticity and other parameters of the wingtip vortex, the flow field obtained by experiment is corrected by re-centering the instantaneous vortex core to eliminate the effect of wandering so that the streamwise evolution of wingtip vortex can be characterized accurately. It is found that vortex wandering reduces the time-averaged tangential velocity and circulation, and wingtip vortex remains its tangential momentum in 4.8 chord lengths of wake and is self-similar within the Reynolds number of $2.1×10^5$ to $3.5×10^5$.

Key words: SPIV; wingtip vortex; vortex wandering; evolution

1 引言

一般翼尖涡作为一种强烈的三维涡流，是飞机尾迹中最明显的一种相干结构，在大型客机尾迹中尤为明显。大型客机的翼尖涡可以在很长距离内维持强度，对后续起降的飞机产生安全威胁，是限制机场起降频率的主要原因之一[1]。此外，翼尖涡诱导产生的诱导阻力是飞机阻力的主要来源[2]，目前大部分民航客机均安装了不同类型的翼稍小翼，通过减弱翼尖涡强度达到减小阻力的目的。另外，翼尖涡与桨叶的相互作用对船舶螺旋桨、直升机或螺旋桨桨叶和风力机等旋转部件的正常工作也会产生影响[3-5]。因此，研究翼尖涡的物理特征与演化对飞机翼尖流动控制、大型客机减阻等其他多方面都有重要指导意义。此外，翼尖涡具有明显的非定常特征，表现为涡核的低频振荡（vortex wandering）[6]，这种现象起初被认为是由于风洞效应导致[7]，而实际是由于翼尖涡自身的不稳定性导致的[8]，虽然风洞湍流度也可以加强涡核摇摆现象[9-10]。涡核摇摆现象会对翼尖涡流场的准确测量产生影响[9,11-12]，使翼尖涡结构的捕捉产生偏差，因此本文的目标是通过实验 PIV 方法获取翼尖涡流场，并对翼尖涡涡核摇摆现象进行准确、定量化的描述，并通过对涡核摇摆现象的修正，更准确地揭示翼尖涡结构以及其随流向的演化特征。

翼尖涡作为一种典型的涡流，其形成和演化过程得到了广泛的研究，且存在多种理论模型以描述翼尖涡速度场分布，如 Batchlor 涡、Lamb-Oseen 涡等[13]。按照涡核处轴向速度与自由来流速度的比，翼尖涡可以分为喷流型（jet-like）与尾迹型（wave-like）两种。Brown 提出喷流型与尾迹型翼尖涡和机翼型阻与诱导阻力的比值有关，并且研究了机翼载荷分布形式，如椭圆载荷分布对翼尖涡结构的影响，且提出了涡核随流向生长、切向速度随流向变化的近似公式[14]。Birch 等人则认为翼尖涡呈现出喷流型或者尾迹型特性由机翼攻角决定，并且通过研究等直单段机翼翼尖涡在近场的形成和演化过程，发现翼尖位置由多个二次涡结构主导，翼尖涡的卷起在尾缘处已经完成，涡强度在尾缘下游 1.5 倍弦长内几乎保持不变，涡核半径、强度、最大切向和轴向速度随攻角增大而显著增大[15]。翼尖涡的湍流特征同样也是研究焦点之一，而由于其涡核摇摆特征阻碍了流场的精确测量，因此对这方面研究造成了较大的影响[6,9]。Baker 等人最早计算了涡核摇摆现象对测量结果的影响，他使用水槽对水翼流场进行实验，并使用激光多普勒仪对其尾迹涡速度场进行了测量，认为涡核摇摆现象与来流湍流度有关[11]。Devenport 和 Rife 则首次对涡核摇摆现象进行了修正，通过联合概率密度函数近似瞬时涡核位置分布，并使用反卷积修正法消除涡核摇摆对测量的影响，第一次使用固定热线仪得到了清晰的远场翼尖涡时均湍流结构，发现涡核为层流状态，并且螺旋状尾迹中的湍流结构自相似[6]。使用联合概率密度函数近似瞬时涡核位置分布，并据此进行修正的方法解决了使用固定探针无法精确测量翼尖涡流场的问题，并影响了之后的大量研究。

Bailey 使用热线风速仪测量涡核摇摆中的翼尖涡速度场,发现涡核摇摆现象能由 bi-normal 概率密度函数准确表示,同时涡核摇摆幅值随着自由来流湍流度增大而变大,涡核摆动的主导波长则不随自由流条件改变[16]。Iungo 等人使用类似的方法对翼尖涡流场进行了修正,发现涡核摇摆主要遵从上外至下内的方向[17],并且摇摆幅值随流向增大,而随着涡强度增大而减小[7,9]。Igarashi 等人的实验则发现涡核摇摆幅值随攻角先减小后缓慢增大[18]。随着 PIV 技术的普及,研究者开始在 PIV 流场数据的基础上对涡核摇摆效应进行修正,Heyes 首次使用涡核重新定位的方法从 PIV 数据中提取出了准确的涡结构[9];Deem 等人比较了涡核重定位方法和使用反卷积法对涡核摇摆进行修正的效果,发现瞬时涡核位置分布符合高斯分布,并且为各向异性[12]。此外,对涡核摇摆现象的机理认识也在不断变化,最初研究者认为这是由风洞来流湍流度或风洞壁面边界层干扰[7]导致的,而最近关于涡核摇摆机理的认识则逐渐归于翼尖涡的不稳定性[8]。

由于过去对翼尖涡的研究往往集中于翼尖涡特征的某一单独方面,因此本文希望从一个更为全面的角度展示翼尖涡的瞬时涡核分布、涡核摇摆特性与其随流向演化的过程,以及经涡核摇摆修正后的准确结构。据此本文主要分为以下几部分:第 2 节介绍 SPIV 实验方法和翼尖涡涡核、摇摆幅值等特征的计算,以及涡核摇摆修正方法;第 3 节介绍实验测得的尾迹涡涡核摇摆特征及其随流向的演化,第 4 节介绍在经过涡核摇摆修正后得到的翼尖涡结构与相关特征参数,从而对翼尖涡的演化进行更准确的描述,第 5 节是对本文工作的总结。

2　实验设置与翼尖涡特征计算

2.1　实验方法

实验在上海交通大学的低速回流式风洞中进行,最大风速为 70 m/s,实验段尺寸为 1 200 mm×900 mm。收缩段前装有蜂窝网以降低实验段的湍流度,通过热线测速仪测得实验段的湍流度为 0.2%,满足实验需求。实验中用于产生翼尖涡的模型是 NACA0012 等直单段翼,使用铝合金加工,弦长 $c = 0.203$ m,展弦比为 2.0。机翼模型安装在一个与实验段下表面固定的转盘上,通过转动转盘实现攻角的调节。实验共包含 4°、8°、10°三种攻角条件和 15 m/s、20 m/s、25 m/s 三种风速条件,对应雷诺数为 $2.1×10^5$、$2.8×10^5$ 和 $3.5×10^5$,共计 9 种工况,并且对每种工况下尾迹区内不同截面的翼尖涡流场进行了测量,测量范围 $x/c = 0.6 \sim 6$,x 为流向坐标。

翼尖涡流场通过 SPIV 获得,通过大小为 1～5 μm 的乙二醇小油滴对流动进行示踪。其发烟器位于模型下游的风洞管道内,粒子在风洞中经过多次循环以保证布撒均匀,减轻粒子不均匀性对流场测量的影响。实验中,使用 Nd：YAG 激光发射器产生的片光源照射失踪粒子,从而对流场进行显示。产生激光的双脉冲能量为 200 mJ,双脉冲频率为 1 Hz,激光波长为 532 nm,两次脉冲间隔为 10 μs,片光源的厚度为 2 mm 并垂直于来流方向。使用 2 台型号为 Imager - PCO 的高分辨率 CCD 相机对激光片光源照射的流场截面进行拍摄,相机的夹角为 90°,如图 1 所示。实验中图像采集的分辨率为 2 048×2 048 像素,采样频率同步为 1 Hz,此外通过 532 nm 波长带通滤光镜来提高图像信噪比。为了得到翼尖尾迹区内不同截面的翼尖涡结构,可通过导光臂调节激光器所发射片光源在流向的位置处。对每个截面采集 200 s 流场数据,并通过商业软件 TSI INSIGHT 4G 对图像进行配对和解算,其解调范围为 24×24 像素,有效重叠率为 50%,得到翼尖涡流场在 x、y、z 三个方向的速度,并进一步计算得到涡量场。

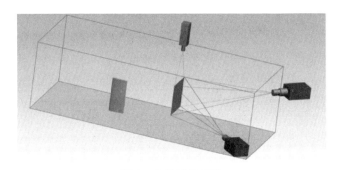

图 1 实验装置示意

2.2 涡核位置与摇摆幅值计算

翼尖涡的瞬时涡核位置是其涡核摇摆过程中的一个重要物理量,通常计算涡核位置的方法有以下几种:① 通过流向涡量最大值所在位置确定;② 通过切向和径向速度为 0 的位置确定;③ 通过涡量一阶或二阶原点矩确定;④ 通过涡量一阶中心距确定。由于涡核摆动现象的影响,通过方法②计算的涡核位置可能不准确。比较方法①、②、④后,使用方法③中计算涡量一阶原点矩的方法确定翼尖涡的瞬时涡核位置。

$$y_c = \frac{\sum_{i=0}^{m} \sum_{j=0}^{n} y(i,j)\omega(i,j)}{\sum_{i=0}^{m} \sum_{j=0}^{n} \omega(i,j)}, \ z_c = \frac{\sum_{i=0}^{m} \sum_{j=0}^{n} z(i,j)\omega(i,j)}{\sum_{i=0}^{m} \sum_{j=0}^{n} \omega(i,j)} \tag{1}$$

式中: y_c 和 z_c 为涡核位置坐标;$y(i,j)$ 和 $z(i,j)$ 为某一点瞬时涡量 $\omega(i,j)$ 的坐标。根据 Heyes 的研究[9],涡核摇摆幅值可以用瞬时涡核位置的标准差来表征,瞬时涡核 y 坐标和 z 坐标的标准差分别记为 σ_y 和 σ_z,则涡核摇摆幅值 σ 可由下式求得,而涡核摇摆在 y 方向和 z 方向的相关系数 e(correlation parameter)则可由瞬时涡核坐标的 y_c 和 z_c 的协方差表示。

$$\sigma = \sqrt{\sigma_y^2 + \sigma_z^2} \tag{2}$$

2.3 基于涡核摇摆流场修正方法

翼尖涡的涡核摇摆现象可以分解为在稳态翼尖涡流场 $\bar{u}(r)$ 基础上叠加一个拟序分量 $\tilde{u}(r, t)$，即

$$u(r, t) = \bar{u}(r) + \tilde{u}(r, t) \tag{3}$$

因此对于每一个瞬时的 SPIV 流场截面数据，在计算得到其瞬时涡核位置 (y_c, z_c) 和当前截面平均涡核位置 $(\overline{y_c}, \overline{z_c})$，即其稳态涡核位置后，可以对每一瞬时的翼尖涡流场进行重新定位，移动瞬时涡核 (y_c, z_c) 与平均涡核位置 $(\overline{y_c}, \overline{z_c})$ 重合，再对其进行时均处理得到平均流场的速度、涡量、涡核半径等物理量，从而实现对涡核摇摆现象的流场修正。具体的计算过程如下。

（1）计算得到同一工况、某一截面每个时刻的瞬时涡核位置 (y_c, z_c)，共计 200 张 SPIV 图像，进一步得到该截面的平均涡核位置 $(\overline{y_c}, \overline{z_c})$。

（2）将每一瞬时的翼尖涡流场平移 $\Delta r_c(t_k)$，使其与平均涡核位置相重合。平移向量如下。

$$\Delta r_c(t_k) = (y_c - \overline{y_c}, z_c - \overline{z_c}) \tag{4}$$

（3）对重新定位后的瞬时翼尖涡流场进行时均处理，得到平均速度场等物理量，星号（*）表示平移后的流场。

$$\bar{u}^*(r) = \frac{1}{N} \sum_{k=1}^{N} u^* [r - \Delta r_c(t_k), t_k] \tag{5}$$

本文中使用的翼尖涡修正方法的优势是利用 PIV 技术可以获得拍摄截面上的完整速度场的优点，不需要对受涡核摇摆现象的翼尖涡瞬时涡核分布进行例如高斯分布等假设，再对其进行反卷积修正[6]，而是对每一瞬时的流场直接进行重新定位，从根本上消除涡核摇摆现象对翼尖涡流场测量的误差与模糊效果，具有高效、易于实现的优点。在程序实现过程中，由于所有流场数据储存在各像素点所在的网格节点上，因此在计算平移向量 Δr_c 时对瞬时涡核位置 (y_c, z_c) 和时均涡核位置 $(\overline{y_c}, \overline{z_c})$ 进行了一定的近似，以距离最近的像素点位置代替，因此引入了一定的误差，考虑后续可以将像素点上的流场数据插值到分辨率更高的网格中以提高重新定位的精度；然而介于实验中使用的 CCD 相机的分辨率（2 048×2 048）已经较高，因此认为在计算平移向量时近似产生的误差不会对处理结果产生影响。

3 翼尖涡涡核摇摆特征

计算各截面的瞬时涡核位置,可以得到翼尖涡在不同截面的瞬时涡核分布,图 2 所示为在 8°攻角、来流速度为 25 m/s 条件下,在 $x/c=1.2$、3.6、6.0 三个截面的瞬时涡核分布,可以观察到在近场($x/c=1.2$),瞬时涡核分布近似各向同性,涡核摇摆幅值随流向逐渐放大,且涡核分布逐渐呈现出各向异性特征,从涡核坐标的 y_c 和 z_c 互相关系数可以发现其各向异性特征随流向也逐渐增强。图 3 是实验测得的瞬时涡核在 y 和 z 方向的分布与标准正态分布的比较,两者精确符合,说明涡核摇摆影响下的瞬时涡核分布可以通过高斯分布描述;此外,从图中可以更清晰地观察到涡核摇摆幅值随流向增大,以及涡核摇摆在 y 方向的幅值大于 z 方向的特征。

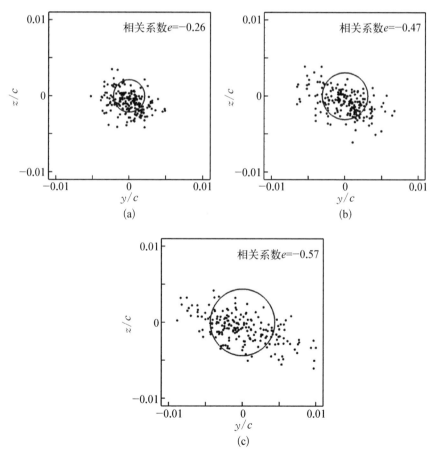

图 2 $\alpha=8°$,$V=25$ m/s 工况下的瞬时涡核分布

(a) $x/c=1.2$ (b) $x/c=3.6$ (c) $x/c=6.0$

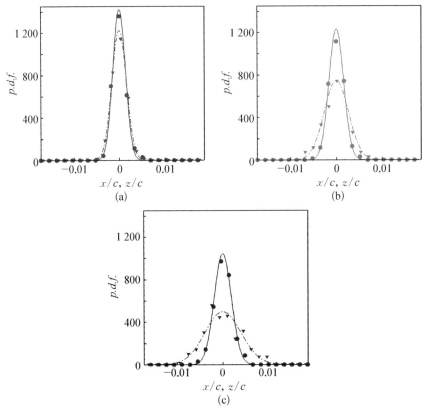

图 3 $\alpha = 8°$, $V = 25\ \mathrm{m/s}$ 工况下瞬时涡核分布的概率密度函数

实线为 $p.d.f.x$；虚线为 $p.d.f.y$；散点为实验结果

(a) $x/c = 1.2$ (b) $x/c = 3.6$ (c) $x/c = 6.0$

进一步计算 4°和 10°攻角下的涡核摇摆幅值（见图 4），发现涡核摇摆幅值与 8°攻角条件下的情况相同，均随流向放大，但是其随攻角的变化不明显，当攻角增大时，涡核摇摆幅值随流向的放大略微增大。图 5 是涡核摇摆幅值在不同截面的值线性拟合后的结果。比较来流速度（雷诺数）对涡核摇摆幅值的影响，保持攻角为 10°不变，发现在来流速度为 25 m/s 与 20 m/s 的工况下，涡核摇摆幅值明显较其为 15 m/s 的工况更大，但是它们之间的区别不太明显。需要指出的是，涡核摇摆幅值虽然随流向在总体上是放大的，但是并非线性放大，其过程中可能存在波动或振荡，因此某些文献中取单一截面研究涡核摇摆幅值随攻角变化得到的结果可能不准确[18]。

为了更直观、清晰地描述翼尖涡涡核摇摆随流向的运动轨迹以及其随流向的变化规律，计算了 $x/c = 1.2$、3.6、6.0 三个截面的瞬时涡核分布在各攻角和来流速度条件下的联合概率密度分布函数（$j.p.d.f.$），以表征涡核摇摆的幅度和随流向空间的分布。图 6 清晰地展示了翼尖涡涡核由近场的集中分布和微弱的摇摆特征，沿流向逐渐发展为十分离散的分布及强烈并且各向异性的摇摆特征，并且在机

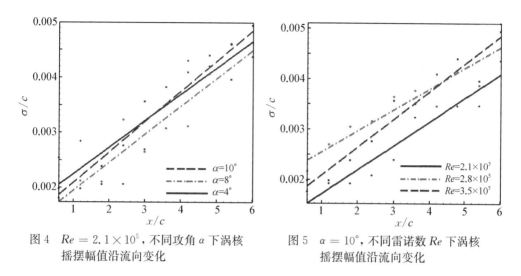

图 4　$Re = 2.1 \times 10^5$, 不同攻角 α 下涡核摇摆幅值沿流向变化

图 5　$\alpha = 10°$, 不同雷诺数 Re 下涡核摇摆幅值沿流向变化

翼法向方向的摇摆幅值更大。进一步比较涡核摇摆幅度受机翼攻角和来流速度（雷诺数）的影响规律,如图 7 所示,发现总体上翼尖涡涡核摇摆幅值随攻角和雷诺数的增大均有增大趋势,而受攻角的影响更大,在攻角从 4°增至 8°时可以明显观察到涡核摇摆幅值的增加,并且摇摆的各向异性程度也有所上升;攻角的增加显著增强了涡核摇摆的各向异性特征。此外,比较不同工况下的翼尖涡涡核随流向的运动轨迹,发现随着攻角的增大,翼尖涡的内洗现象也更明显,翼尖涡沿流向向翼根处运动的趋势更为显著;呈现出相同规律的还有上洗现象,随攻角增大,翼尖涡随流向向上运动的趋势也更加明显;然而这两种现象随来流速度（雷诺数）的变化却十分微弱。

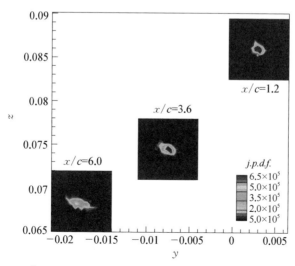

图 6　$\alpha = 8°$, $V = 25\,\mathrm{m/s}$ 工况下的涡核分布联合概率密度 $j.p.d.f.$

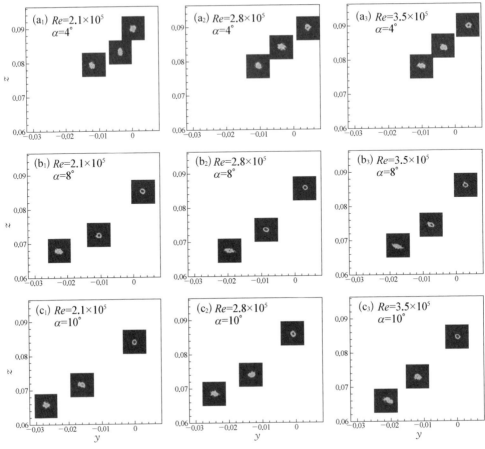

图 7　不同攻角、雷诺数条件下的涡核分布概率密度，$x/c = 1.2，3.6，6.0$
（相对位置与图相同）

4　基于涡核摇摆的流场修正结果

上面描述的涡核摇摆现象在对翼尖涡速度场测量时很难得到准确的结果，尤其是对于使用固定探针的方式而言；对于 PIV 实验得到的结果，在得到的每一帧流场数据中也会引入由于涡核摇摆运动引起的误差，对数据直接进行时均处理并不能够减小这一误差，特别当涡核摇摆具有各向异性时。因此，使用在第 2 节中介绍的涡核摇摆修正方法，在获得每一瞬时的涡核位置后，对它们进行重新定位使其与平均位置重合，再进行时均处理获得速度、涡量等相关物理量，从而得到更准确的翼尖涡流场特征。图 8 所示为对 $\alpha = 10°$，$V = 25$ m/s，$x/c = 6.0$ 截面的翼尖涡流场进行涡核摇摆修正后得到的结果，翼尖涡最大切向速度较修正前增加了来流速度的 0.21%，显示了涡核摇摆对翼尖涡速度场的模糊效果，但这种效果并不明显；同样地，涡核摇摆的模糊效果还会使得测量得到的涡核相较实际涡核变大;此外,涡核摇摆幅值沿流向增大,涡核摇摆修正的效果也愈加明显。

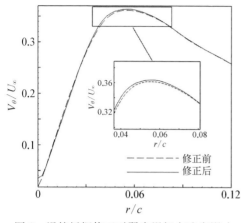

图 8 涡核摇摆修正对翼尖涡切向速度影响 ($\alpha = 10°$, $V = 25$ m/s, $x/c = 6.0$)

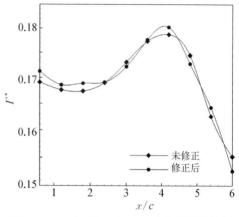

图 9 $\alpha = 10°$, $V = 20$ m/s 条件下涡核摇摆修正对环量影响

当涡核摇摆运动更剧烈时,它对翼尖涡流场的准确测量影响也更大,表 1 显示了在不同攻角条件下涡核摇摆修正的效果,翼尖涡摇摆运动随攻角增大而加强,对未修正的流场数据产生的误差更大。图 9 显示了在 $\alpha = 10°$, $V = 25$ m/s 条件下,涡核摇摆修正对于各个截面的翼尖涡环量的修正效果,总体来说,修正后的环量结果较直接对流场进行时均处理得到的翼尖涡环量有所增大,这也和涡核摇摆修正对切向速度的效果相符合,但是对于某些截面这种效果并不明显。从环量的结果中可以发现,翼尖涡环量沿流向先增大至一个极值随后衰减,这与从环量角度对涡生长解释的理论[19-20]相符。

表 1 切向速度修正影响

攻　角	$V_{\theta, \max}$(未修正)	$V_{\theta, \max}$(修正后)	$V_{\theta, \max}/U_\infty$(修正量)
4°	3.549 1	3.588 1	0.17%
8°	8.209 4	8.258 2	0.20%
10°	9.037 6	9.090 8	0.21%

在对涡核摇摆进行修正的基础上,分析不同攻角 α、来流速度(雷诺数)对翼尖涡结构的影响,以及翼尖涡随流向的演化过程。从攻角对翼尖涡速度场的影响来看,当来流速度保持 25 m/s 不变,攻角从 4° 增至 10° 时,在 $x/c = 6.0$ 截面的翼尖涡切向速度也显著增大;若以切向速度最大处定义涡核半径,则翼尖涡涡核随机翼攻角增加而变大。另一方面,翼尖涡的无量纲切向速度型在 $\alpha = 10°$, $x/c = 6.0$ 条件下,在来流速度从 15 m/s 变化至 25 m/s($Re = 2.1 \times 10^5 \sim 3.5 \times 10^5$)的范围内基本一致,说明翼尖涡速度型在此雷诺数范围内是相似的,随着切向速度增大,翼尖涡

切向速度虽然增大,但是其流动本质并未发生变化。进一步分析翼尖涡速度型沿流向的演化过程,如图 11 所示,在 $x/c=4.8$ 范围内翼尖涡切向速度基本维持不变,说明翼尖涡可以在尾迹区的相当范围内维持强度[15],沿流向发展至 4.8 倍之后翼尖涡开始逐渐衰减,最大切向速度逐渐减小。图 12 所示为 $\alpha=10°$,$V=25$ m/s 条件下在 $x=0.24$ m、0.72 m、1.2 m(对应 $x/c=1.2$、3.6、6.0)处经过涡核摇摆修正的时均涡量场,涡量在 $x/c=6.0$ 处有所衰减,并且从红线标记的涡核轨迹可以看到有明显的上洗与内洗现象,介于本次 PIV 实验测量的截面十分有限,因此考虑进一步增加截面数量获得更高分辨率的涡核运动轨迹。

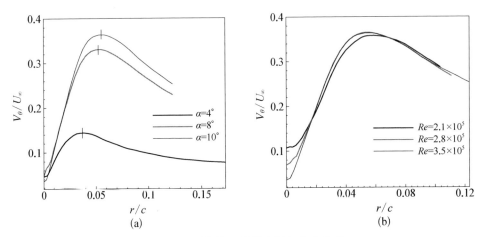

图 10　不同条件下的翼尖涡切向速度型
(a) 随攻角变化　(b) 随速度变化

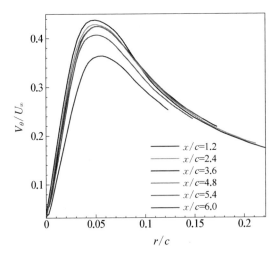

图 11　$\alpha=10°$,$V=25$ m/s 不同截面的切向速度比较

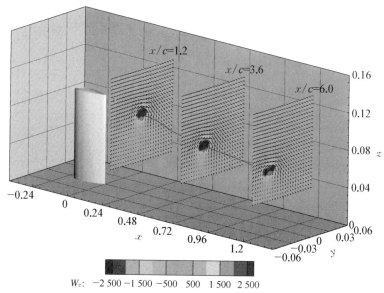

图 12 $\alpha = 10°$，$V = 25\,\mathrm{m/s}$ 速度矢量和流向涡量(W_z)云图和涡核轨迹(修正后)

5 结论

本文使用 SPIV 技术测量了在不同攻角、不同雷诺数条件下 NACA0015 等直机翼在 6 倍弦长尾迹区内的翼尖涡流场，清晰地展示了翼尖涡的涡核摇摆现象，通过涡核摇摆半径、瞬时涡核分布的互相关系数、涡核概率密度分布对涡核摇摆运动进行了定量化描述，并进一步使用涡核重新定位的方法对涡核摇摆现象进行修正，得出了涡核摇摆现象对翼尖涡测量的影响，并得到了更为准确的翼尖涡流场特征。本文的结论主要有以下三方面：

（1）涡核摇摆在大攻角条件($\alpha = 8°$、$10°$)下在远场具有强烈的各向异性，由近场的各向同性随流向逐渐发展为机翼法向的摇摆运动明显大于展向摇摆运动；此外在各个工况下，涡核摇摆半径均沿流向放大，但不是线性放大，而是具有振荡特性，而它对攻角和雷诺数的影响却不甚明显。通过三种攻角、雷诺数以及截面位置下瞬时涡核分布的联合概率密度函数比较发现，攻角的增大显著地增大了涡核摇摆在远场的各向异性。

（2）修正后的翼尖涡切向速度相比修正前略微增大，显示出了涡核摇摆运动对翼尖涡流场测量的模糊效果；相应地，修正后尾迹各个截面的环量总体上也有所增大。然而，本文中得到的翼尖涡修正结果显示，涡核摇摆对翼尖涡流场测量的影响总体上较小，并没有 Deem 等人[12]得到的结果明显，这可能是由于实验风洞中的湍流度较小导致涡核摇摆幅值整体上小于他们的实验，但与 Beresh 等人的结果相近[7]。

（3）分析修正后的翼尖涡结构可以得到，翼尖涡切向速度随攻角增大而增大，显示出其强度的上升，而它在实验中的雷诺数在 $2.1 \times 10^5 \sim 3.5 \times 10^5$ 范围内是相似的，随着切向速度增大，翼尖涡切向速度增大但是其流动状态并未发生改变。同时还发现，翼尖涡切向速度在 $x/c = 4.8$ 范围内基本维持不变，说明翼尖涡可以在较大流向范围内保持强度。此外，得到了修正后的翼尖涡涡量场随流向的演化过程，并展示了涡核在流向的轨迹。

参 考 文 献

[1] Jacquin L, Fabre D, Geffroy P, et al. The properties of a transport aircraft wake in the extended near field: an experimental study[C]//39th AIAA Aerospace Sciences Meeting & Exhibit. 2001.

[2] Birch D, Lee T. Structure and induced drag of a tip vortex[J]. Journal of Aircraft, 2004, 41(5): 1138-1145.

[3] Di Felice F, Felli M, Liefvendahl M, et al. Numerical and experimental analysis of the wake behavior of a generic submarine propeller[J]. Prism, 2009, 1(8): 158.

[4] Leishman J G. Measurements of the aperiodic wake of a hovering rotor[J]. Experiments in Fluids, 1998, 25(4): 352-361.

[5] Lignarolo L E M, Ragni D, Scarano F, et al. Tip-vortex instability and turbulent mixing in wind-turbine wakes[J]. Journal of Fluid Mechanics, Cambridge University Press, 2015, 781(1): 467-493.

[6] Devenport B W J, Rife M C. The structure and development of a wing-tip vortex [J]. 1996.

[7] Beresh S J, F Henfling J, Spillers R W. Meander of a fin trailing vortex and the origin of its turbulence[J]. Experiments in Fluids, 2010: 599-611.

[8] Edstrand A M, Davis T B, Schmid P J, et al. On the mechanism of trailing vortex wandering[J]. J. Fluid Mech., 2017, 801: 1-11.

[9] Heyes A L. Wandering of wing-tip vortices[C]//Proceedings of the 12th International Symposium on Application of Lase Techniques to Fluid Mechanics. 2004.

[10] Bailey S C C, Tavoularis S. Measurements of the velocity field of a wing-tip vortex, wandering in grid turbulence[J]. J. Fluid Mech., 2008, 601: 281-315.

[11] Baker R, Barker J, Bofah K K. Laser anemometer measurements of trailing vortices in water[J]. J. Fluid Mech., 1974, 65: 325-336.

[12] Deem E, Edstrand A, Reger R, et al. Deconvolution correction for wandering in wingtip vortex flowfield data [J]. Journal of Fluid Science and Technology, 2013, 8(2): 219-232.

[13] Batchelor G K. Axial flow in trailing line vortices[J]. J. Fluid Mech., 1964, 26(1986): 645-658.

[14] Brown C E. Aerodynamics of wake vortices[J]. AIAA Journal, 1973, 11(4).

[15] Birch D, Lee T. Rollup and near-field behavior of a tip vortex[J]. Journal of Aircraft, 1992, 40(3): 603-607.

[16] Bailey S C C. Measurements of the velocity field of a wing-tip vortex, wandering in grid turbulence[J]. J. Fluid Mech. , 2008, 601: 281 - 315.

[17] Iungo G V, Skinner P, Buresti G. Correction of wandering smoothing effects on static measurements of a wing-tip vortex[J]. Experiments in Fluids, 2009: 435 - 452.

[18] Igarashi H, Durbin P A, Ma H, et al. A stereoscopic PIV study of a near-field wingtip vortex[C]//48th AIAA Aerospace Sciences Meeting Including the New Horizons Forum and Aerospace Exposition. 2010: 1 - 13.

1.6　基于 LSA 的翼尖涡不稳定性特征的研究

程泽鹏[1]　东乔天[2]　邱思逸[1]　张　淼[2]　刘　洪[1]

(1. 上海交通大学　航空航天学院,上海　200240)

(2. 上海飞机设计研究院,上海　201210)

摘　要：由大型客机所产生的翼尖涡在尾迹区演化过程中,表现出涡核摆动的不稳定现象。为了定量化研究翼尖涡的涡核摆动现象和不稳定特征,针对 NACA0015 等直机翼在不同攻角和雷诺数的生长条件下,在 6 倍机翼弦长的尾迹区范围内进行 SPIV 流场测量。同时,对得到的可视化流场结果进行了流场重构,消除翼尖涡涡核摆动对流场测量的影响。在此基础上,针对不同生长条件和尾迹面位置上的翼尖涡展开了时间和空间的线性稳定性分析。定量化分析结果表明,翼尖涡在时间和空间上均具有最不稳定的流动模态,其最不稳定放大率随来流攻角的增大而减小,随雷诺数和尾迹面位置的增大而增大。翼尖涡的时空不稳定特性的定量化确定有助于实现翼尖涡进一步的精细化涡流控制,从而为大型客机的涡致阻力提供减阻决策和参考。

关键词：翼尖涡;涡流;涡核摆动;线性稳定性;SPIV

Abstract：The wingtip vortex generated by a large passenger aircraft exhibits the vortex wandering phenomenon during the evolution among the wake region. To quantitatively study the vortex wandering phenomenon and the instability characters, the SPIV flow field for different angles of attack, Reynolds numbers among 6 times chord length of the NACA0015 rectangular wing are measured. At the same time, the visualized flow fields obtained are re-centered to eliminate the influence of the vortex wandering. Based on the re-centered flow field, the linear stability analysis in time and space is performed for the wingtip vortex with different growth conditions and wake surface positions. Quantitative analysis results show that wingtip vortex have the most unstable flow models both in time and space. Furthermore, their most unstable amplification decreases with the angle of attack increases with Reynolds number and wake surface position. The quantitative determination of the instability characteristics of the wingtip vortex in spatial and temporal instability can help to achieve further fine-grained vortex control of wingtip vortex, thereby providing the vortex induced drag reduction decisions for the large passenger aircraft.

Key words：wingtip vortex；vortex flow；vortex wandering；linear stability；SPIV

1　引言

大型客机在飞行过程中会在其后方产生明显的翼尖涡结构,该翼尖涡会延伸到远场近 100 倍的机翼平均气动弦长区域并且产生诱导阻力,从而对飞机的气动性能[1]和运行时的经济性指标[2]产生至关重要的影响。从阻力的角度而言,大型民用客机在巡航时,诱导阻力占总阻力的 40% 以上;在飞机起飞时,这部分阻力甚至可以达到总阻力的 80%～90%。受此启发,长期以来,空气动力学学者及研究人员针对翼尖涡从近壁面的生成卷起到尾迹区的生长演化行为展开了大量的研究[3-6]。

在针对翼尖涡演化过程中物理特征的研究过程时,Crow[7]建立了翼尖涡在演化过程中的不稳定特性理论,即 Crow 不稳定性。在 Crow 不稳定性的理论基础上,Blanco - RodräGuez[8]、He[9]等人针对翼尖涡的波长和脱涡频率对不稳定性的影响展开了深入的讨论。此外,Deem[10]、Jammy[11]、Edstrand[12]等人对翼尖涡在演化过程中明显存在的非定常效应——涡核摆动(vortex wandering)现象展开了研究,结果表明同一截面翼尖涡的涡核位置在不同时刻的统计结果满足高斯分布,同时也证实了翼尖涡的涡核摆动是由翼尖涡的不稳定特性所导致的。尽管如此,对于翼尖涡不稳定特性的定量化研究和对涡核摆动幅值的变化规律并没有很好地被认知。

线性稳定性分析(linear stability analysis,LSA)是一种基于线性化小扰动假设分析流动稳定性的方法,假设流动中的速度和压力扰动均为线性,则忽略扰动量的高阶小量,通过计算线性化的小扰动在时均流场中是否会随时间或空间放大或衰减分析流场的稳定性,可以获得振荡频率、空间波数、不稳定放大率等不稳定特征。这种方法被广泛用于对孤立涡的线性稳定性分析[13]、边界层[14]和气动噪声[15]的频谱特征定量化分析,针对翼尖涡和涡对的演化行为[16],LSA 也可以在其中发挥作用。

综上所述,本文的主要目的是对翼尖涡的时空不稳定特性进行定量化的研究。主要内容分成三部分:首先,介绍了风洞实验的实验方法和考虑翼尖涡涡核摆动的流场重构方法;其次,基于 SPIV 的测量结果,对翼尖涡在尾迹区的涡核摆动特征和环量特征等不稳定演化特征展开研究;最后,基于重构的流场结果,采用线性稳定性方法对翼尖涡在时间和空间上的最不稳定轴向波数、时间频率展开定量化的研究。

2   实验与方法介绍

2.1   实验介绍

2.1.1   风洞介绍

实验在如图 1 所示的上海交通大学低速回流式风洞中进行,风洞测试段截面高 0.9 m,宽 1.2 m。自由来流的湍流度小于 0.3%。

图 1   实验中的回流式风洞

2.1.2   实验模型

实验模型采用 NACA0015 等直机翼,其中弦长 $c = 203$ mm,机翼半展长 $b = 508$ mm,机翼一侧固定在风洞壁面上,另一侧为翼尖。由机翼造成的风洞阻塞度为 1.91%。实验过程中的来流速度 $u_\infty = 15$ m/s、20 m/s、25 m/s,机翼安装攻角 $\alpha = 4°$、8°、10°,所对应的基于弦长的来流雷诺数 $Re_c = 2.15 \times 10^5$、2.86×10^5、3.58×10^5。

2.1.3   PIV 系统

如图 2 所示,实验采用 2D3C 的 SPIV 系统对实验模型在不同来流条件下 6 倍机翼弦长的尾迹区内拍摄测量。示踪粒子为乙二醇加热雾化后的颗粒,粒径为 1～5 μm。激光器为一台双脉冲 Nd:YAG 激光器,所激发的激光波长为 532 nm、激光能量为 200 mJ。在整个拍摄区域,激光厚度为 2 mm。激光面等距离设置在垂直于来流方向的 $x/c = 0.6 \sim 6.0$ 的尾迹面上,间距为 0.6。实验过程中,采样频率为 1 Hz。

两台 PCO2000 12 字节的高分辨率 CCD 相机对称安装在风洞壁面上;选用镜头为 Nikkon 100 mm,分辨率为 2 048×2 048 像素,对应的拍摄画幅的空间分辨率为 0.107 mm/像素。CCD 相机与激光器同步,发射与采样周期为 1 Hz,两束激光的时间间隔 Δt 为 15～20 μs,根据实验风速调节适当的 Δt。对每个截面连续记录 200 多对图像,并对其中的 200 对图像可视化后做时均计算,同时考虑翼尖涡的涡核摆动现象,对流场进行重构处理。

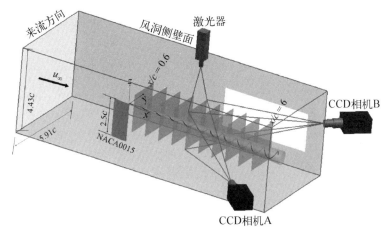

图 2　实 验 装 置

2.2　考虑翼尖涡涡核摆动的流场重构方法

由于拍摄的是速度场的脉动量,将实验后处理所得到的瞬时流场进行直接数值平均所得到的平均流场会使得涡核半径相比于真实半径偏大,其旋向速度峰值相比于真实速度峰值偏小。因此,文章采用 Edstrand 等人[12] 和 Reynolds[17] 所采用的方法对流场做重构处理。具体重构思路如下。

(1)获取每一帧的速度场,并将其进行简单数值平均。同时求解每一帧的速度场与平均流场之间的平移向量 $\delta r = [\delta y(t_k), \delta z(t_k)]^{\mathrm{T}}$,即

$$\boldsymbol{u}(t_k) = \bar{\boldsymbol{u}}(t_k) + \boldsymbol{u}'(t_k) \tag{1}$$

$$\delta y(t_k) = y_{\mathrm{c}}(t_k) - \bar{y}_{\mathrm{c}}, \delta z(t_k) = z_{\mathrm{c}}(t_k) - \bar{z}_{\mathrm{c}} \tag{2}$$

式中: $\bar{y}_{\mathrm{c}}$、$\bar{z}_{\mathrm{c}}$ 为简单平均流场的涡核的位置坐标。

(2)将每一瞬时的翼尖涡流场平移到使其与平均的涡核位置相重合的位置。平移向量即为 δr。

(3)对重新定位后的瞬时翼尖涡流场进行时均计算,得到重新定位后的平均速度场 $\tilde{\boldsymbol{u}}$ 相关物理量。

$$\tilde{\tilde{\boldsymbol{u}}} = \sum_{k=1}^{N} \tilde{\boldsymbol{u}}(t_k)/N \tag{3}$$

该法相较于传统的卷积重构方法,由于不用预先进行人工统计计算涡核摇摆幅值,因此重构方法更具实际物理意义,也更具操作性。

3 翼尖涡的不稳定演化特征

3.1 翼尖涡的涡核摆动特征

3.1.1 涡核摆动现象

传统意义上的翼尖涡涡核位置的计算方法可以分成两大类：一类是在涡量集中的区域内，其旋向速度（包括切向速度和径向速度）为 0 的位置点；另一类是流向涡量最大位置点（正或者负，符号与翼尖涡的旋转方向有关）。这两种方法对于定常流动的孤立涡位置计算都是适合的，然而，由于本次实验中翼尖涡在尾迹面上会随机摆动，因此不再使用已有的确定翼尖涡涡核位置的方法。考虑到翼尖涡涡核摆动现象，本次实验采用涡量的质心公式来求解翼尖涡的瞬时涡核位置。

$$y_c = \frac{\iint y\omega_x \,\mathrm{d}y\,\mathrm{d}z}{\iint \omega_x \,\mathrm{d}y\,\mathrm{d}z}, \ z_c = \frac{\iint z\omega_x \,\mathrm{d}y\,\mathrm{d}z}{\iint \omega_x \,\mathrm{d}y\,\mathrm{d}z} \tag{4}$$

图 3 所示为翼尖涡在尾迹演化阶段的涡核摆动现象，其中图 3(a)为翼尖涡在某一典型工况下的瞬时涡核位置分布情况；图 3(b)为不同截面位置下的涡核摆动运动及其运动轨迹。

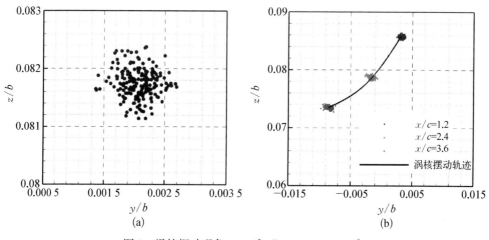

图 3　涡核摆动现象 $\alpha = 8°$, $Re_c = 2.86 \times 10^5$

(a) $x/c = 1.8$　(b) 不同截面位置

从图 3(a)中可以发现，翼尖涡的瞬时涡核位置服从某一联合概率密度的高斯分布。进一步进行统计计算发现，y 方向和 z 方向涡核位置呈负相关的关系，其相关系数 $e = -0.090\,8$；同时，y 方向和 z 方向涡核位置的标准差近似相等，为 $\sigma_y \approx \sigma_z = 2.483\,7 \times 10^{-4}$，表明了翼尖涡的涡核位置在摆动时呈现出各向同性的特点。随着翼尖涡向尾迹区下游演化，可以发现，涡核摆动的运动向 $y-$ 方向（机翼的背压面)和 z—方向(机翼的翼根方向)运动,摆动运动的轨迹近似为下降的凹曲线。

3.1.2　涡核摆动对流场的影响

　　由于翼尖涡存在涡核摆动现象,因此翼尖涡的切向速度型不可避免地会受到影响。图 4 给出了不同攻角条件下测量所得到的流场在重构前后,涡核摆动对翼尖涡的切向速度的影响情况。

　　可以发现,本次实验得到了与 Beresh 等人[18]相类似的结果,即翼尖涡的涡核摆动对切向速度型影响比较小,这主要是由于实验过程中来流湍流度比较弱的缘故。尽管影响比较小,但其影响的规律依然是存在的,即重构后的流场的翼尖涡切向速度峰值比未加重构的翼尖涡切向速度峰值要小一些。由结果可见,两者最大的差别在攻角为 $10°$ 的情况下出现。

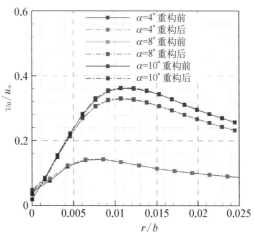

图 4　不同攻角条件下的涡核摆动对翼尖涡的切向速度的影响($Re_c = 3.15 \times 10^5$，$x/c = 6.0$)

　　需要指出的是,翼尖涡的涡核摆动对结果的影响不仅仅是翼尖涡的切向速度。按照 Chow 等人[19]和 Birch 等人[5]的翼尖涡位置的定义方法,可以预计涡核摆动会使得翼尖涡的涡核半径估计值偏大。此外,由于涡核摆动影响的是翼尖涡内部区域的速度分布这一基本量,因此所导出的翼尖涡的环量和涡致阻力也会受到影响。

3.2　翼尖涡的环量特征

　　考虑到尾迹面上翼尖涡区域附近比较显著的速度梯度,翼尖涡的环量由所包围区域的旋向速度的线积分所得,即

$$\Gamma = \oint_l \sqrt{v^2 + w^2}\, \mathrm{d}l \tag{5}$$

　　对其进行无量纲的环量计算

$$\Gamma^* = \Gamma/(u_\infty c) \tag{6}$$

　　图 5 所示为不同工况条件下的翼尖涡无量纲环量随时间的遍历。由于翼尖涡的不稳定特性,因此其无量纲环量在其平均值范围内波动;同时,和预期的一样,翼尖涡的强度会随着攻角和雷诺数的增加而加强。

　　由无量纲环量时间序列的标准差所定义的环量离散度随着攻角的增大而增大,随着来流雷诺数的增大而减小。比如,攻角从 $4°$ 增加到 $10°$ 时,标准差从 2.67×10^{-3} 增加到 1.21×10^{-2};来流雷诺数从 2.15×10^5 增加到 3.58×10^5 时,标准差则

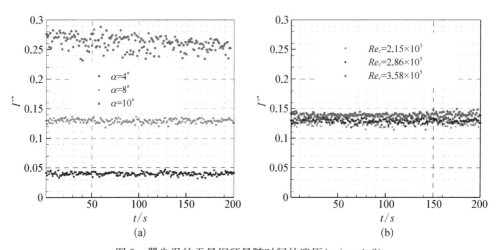

图 5　翼尖涡的无量纲环量随时间的遍历($x/c = 4.2$)

(a) 相同雷诺数 $Re_c = 2.86 \times 10^5$,不同攻角　(b) 相同攻角 $\alpha = 8°$,不同雷诺数

从 4.80×10^{-3} 减小到 3.21×10^{-3}。

4　线性稳定性分析

4.1　线性稳定性方法介绍

考虑到翼尖涡的轴对称的特点[20-21],从不可压缩的 Navier‑Stokes 方程组里得到的柱坐标体系(r,θ,z)下的简化方程组为

$$\begin{cases} \nabla \cdot \boldsymbol{u} = 0 \\ \dfrac{\partial \boldsymbol{u}}{\partial t} + \bar{\boldsymbol{u}} \cdot \nabla \boldsymbol{u} + \boldsymbol{u} \cdot \nabla \bar{\boldsymbol{u}} = -\nabla p + \dfrac{1}{Re_c} \nabla^2 \boldsymbol{u} \end{cases} \tag{7}$$

式中:$\boldsymbol{u} = \boldsymbol{u}(r,\theta,z)$。需要指出的是,在做线性稳定性分析的过程中,所用到的基准流动的流场均是在考虑翼尖涡涡核摆动效应的基础上,重构后的流场结果。

在本文的实验中,轴向速度梯度比径向速度梯度小得多,翼尖涡在尾迹区的流动符合"准平行流"假设[13,21-22],同时假定尾迹区的波形扰动有如下形式

$$\{u,v,w,p\} = \{iF(r), G(r), H(r), P(r)\} \exp(i\alpha_w z + in\theta - i\omega_w t) \tag{8}$$

式中:F、G、H 和 P 为扰动的特征函数,由于平行流假设和翼尖涡周向均匀的假设,因此幅值函数只是径向坐标的函数,而相位函数则与流向、切向坐标和时间均有关;α_w[①]、n 和 ω 分别为轴向波数、径向波数和时间频率,α_w 和 ω 是复数形式。

将式(8)代入式(7),略去非线性项和高阶项,可得到流动稳定性方程的统一形式,其结果如下式所示。

---

①　此处用下标"w"表示波,用"α_w"表示轴向波数以与攻角 α 进行区分。——编注

$$Aq^* = \lambda Bq^* \tag{9}$$

式中：q^* 为与先前所给定的扰动形式有关的辅助矢量；A 和 B 为推导得到的流动稳定方程的矩阵算子。对于时间稳定性分析而言，$\lambda = \omega$，$q^* = [F, G, H, P]$；对于空间稳定性而言，$\lambda = \alpha_w$，$q^* = [F, G, H, P, \alpha_w F, \alpha_w G, \alpha_w H]$。

计算过程中，边界条件采用与 Khorrami 等人相同的 Dirichlet 边界条件形式[21]。Chebyshev-Gauss-Lobatto（CGL）点配置法也被采用，经过数值验证，文章最后采用的 CGL 的点的数目为 200。为保证计算的准确性，在不同的轴向波数、径向波数和雷诺数范围内均进行了有效的数值验证。

4.2 时间不稳定性分析

为研究某一截面处翼尖涡的时间不稳定性特征，先对某一典型工况（$\alpha = 8°$，$Re_c = 2.86 \times 10^5$，$x/c = 5.4$）下重构后的流场进行了时间不稳定分析。相关结果如图 6 所示。

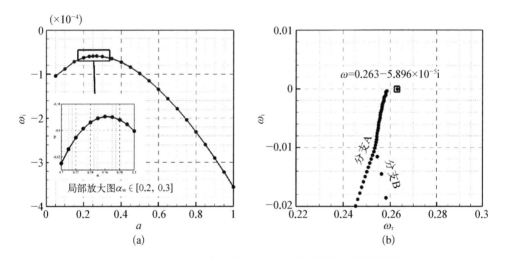

图 6 $\alpha = 8°$，$Re_c = 2.86 \times 10^5$，$x/c = 5.4$ 条件下的频率谱的结果

(a) 翼尖涡在时间上的放大率随轴向波数的变化规律
(b) 翼尖涡在最不稳定的轴向波数 $\alpha_w = 0.26$ 条件下的特征值谱

从图 6(a) 可以发现，翼尖涡在时间上的放大率随轴向波数先增大后减小，即存在一个最不稳定的轴向波数的扰动情形。本次结果的分析中，该最不稳定的轴向波数 $\alpha_w = 0.26$。图 6(b) 所示为在 $\alpha_w = 0.26$ 的扰动条件下，翼尖涡的时间放大率的频谱特征的分布情况，其中横轴为实部，纵轴为虚部。从图中可以发现，时间放大率的频谱总共由两个连续的分支和一个在虚轴附近的零点所组成。计算结果表明，随着所设置的 CGL 配置点数的增加，连续分支的时间放大率的频谱会愈发聚集，但是虚轴附近的孤立点的位置依然保持不变。由式(8)可知，ω_i 越大，翼尖涡越不稳定。由此，可以得知该条件下生成的翼尖涡最不稳定的时间放大率为 $\omega = $

$0.263-5.896\times10^{-5}$i，即图 6(b)中黑色小矩形所标识的点。时间不稳定性分析结果表明，在最不稳定的轴向波数条件下，时间放大率 $\omega=0.263-5.896\times10^{-5}$i 所对应的模态是翼尖涡最不稳定的模态。可以预见，在自由耗散条件下，即使其他模态都被耗散完全，该最不稳定模态所对应的翼尖涡的流动依然存在，即 $\omega=0.263-5.896\times10^{-5}$i 所对应的模态主导了翼尖涡在尾迹区的流动状态。

进一步的分析结果表明，对于某一确定的翼尖涡生长条件（来流雷诺数和攻角）而言，不同尾迹面位置的 LSA 分析结果表明，翼尖涡的最不稳定的轴向波数 α_w 是近似相等的。比如，在 $\alpha=8°$，$Re_c=2.86\times10^5$ 的条件下，最不稳定的轴向波数 α_w 在 0.30 ± 0.04 范围内波动。

图 7 所示为翼尖涡最不稳定的时间放大率随不同攻角、雷诺数和尾迹面位置的变化规律。

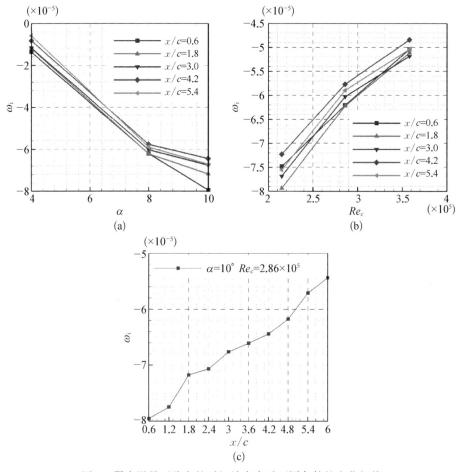

图 7　翼尖涡最不稳定的时间放大率随不同条件的变化规律
（a）不同攻角，$Re_c=2.86\times10^5$　（b）不同雷诺数，$\alpha=8°$　（c）不同尾迹面位置

结果表明,翼尖涡的最不稳定的时间放大率随攻角的增大而减小,随雷诺数的增大而增大。同时,翼尖涡在向远场发展过程中,ω_i 也在增大,表明翼尖涡变得愈发不稳定。这与翼尖涡的摆动幅值随生长条件和尾迹面位置的变化规律是一致的。出现这种现象的原因是翼尖涡的扭结度在不同的生长条件下不一样,翼尖涡的扭结度愈大,翼尖涡愈发不稳定。

4.3 空间不稳定性分析

在研究了翼尖涡的时间不稳定性结果的基础上,还对不同生长条件下的翼尖涡空间不稳定性展开了分析。与时间不稳定性分析思路类似,先对 $\alpha = 8°$,$Re_c = 2.86 \times 10^5$,尾迹面位置 $x/c = 5.4$ 的重构后的流场翼尖涡进行定量分析,其结果如图 8 所示。

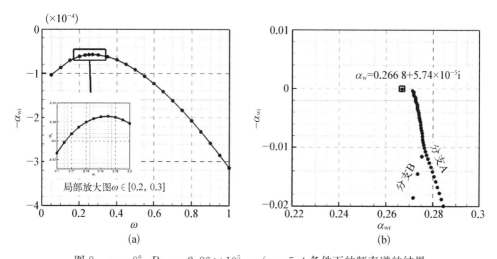

图 8 $\alpha = 8°$,$Re_c = 2.86 \times 10^5$,$x/c = 5.4$ 条件下的频率谱的结果
(a) 翼尖涡在空间上的放大率随轴向波数的变化规律
(b) 翼尖涡在最不稳定的时间频率 $\omega = 0.27$ 条件下的特征值谱

从图 8 中可以发现,空间不稳定的 LSA 结果与时间不稳定的 LSA 结果类似。在该生长条件和截面位置下,翼尖涡的最不稳定的时间频率为 0.27。在 $\omega = 0.27$ 条件下,轴向波数的谱分布结果也包含了两个连续的分支和虚轴附近的孤立点。虚轴附近的孤立点即为翼尖涡的最不稳定的轴向波数所对应的模态,此时 $\alpha_w = 0.266\,8 + 5.74 \times 10^{-5}\mathrm{i}$。

同理,$\alpha_w = 0.266\,8 + 5.74 \times 10^{-5}\mathrm{i}$ 所对应的模态主导了翼尖涡在尾迹区的空间流动结构。进一步的分析结果也表明,在确定的生长条件下,翼尖涡在不同尾迹面位置的最不稳定时间频率近似相同,对于 $\alpha = 8°$,$Re_c = 2.86 \times 10^5$ 的情形,ω 在 0.30 ± 0.04 范围内变化。

针对不同的生长条件,图 9 给出了翼尖涡最不稳定的空间放大率随不同条件的变化规律。如图 9 所示,翼尖涡最不稳定的空间上的放大率随不同攻角、雷诺数

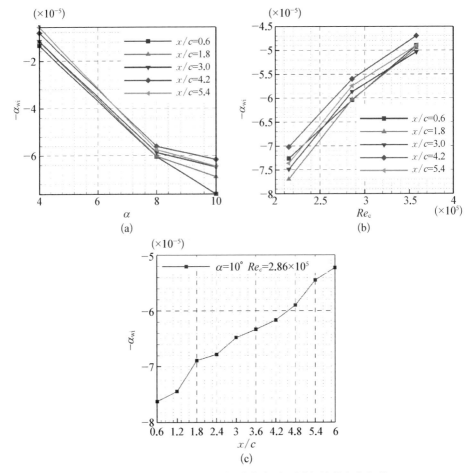

图 9　翼尖涡最不稳定的空间放大率随不同条件的变化规律

（a）不同攻角，$Re_c = 2.86 \times 10^5$　（b）不同雷诺数，$\alpha = 8°$　（c）不同尾迹面位置

和尾迹面位置的变化规律与图 7 所示的时间上的放大率的变化规律相类似。图 7 和图 9 所示的结果也从侧面表征了翼尖涡在演化过程中时空不稳定性的放大因子与翼尖涡的涡核摆动幅值有关，进一步说明了这种变化规律与翼尖涡的扭结度有关。研究结果启发我们，可以通过 LSA 分析计算得到翼尖涡在时空上最不稳定的频率，并在此基础上实现对翼尖涡的精准化控制。

5　结论

在不同雷诺数和攻角的来流条件下，基于 NACA0015 等直机翼在 6 倍弦长的尾迹区范围内 SPIV 的测量结果，对翼尖涡在尾迹区的涡核摆动特征和环量特征等不稳定演化特征展开研究。为消除涡核摆动对流场测量的影响，对不同尾迹面的翼尖涡流场进行了重构。在此基础上，采用线性稳定性方法对翼尖涡在时间上和空间上的最不稳定轴向波数、时间频率展开定量化的研究。获得了以下结论：

（1）翼尖涡在尾迹区的演化过程中，存在着涡核摆动的不稳定演化行为。其涡核位置的时间序列表现出高斯分布的特点，并且尾迹测量平面上的涡核摆动表现出负相关的特点。

（2）翼尖涡的涡核摆动对流场速度等基本测量物理量有影响，其旋向速度会比真实的旋向速度小。由此导致翼尖涡的涡核半径、翼尖涡等物理量也会受到影响。为消除涡核摆动对流场测量结果的影响，必须要对其进行流场重构处理。

（3）线性稳定性分析是翼尖涡定量化不稳定特征分析的有效手段。对不同生长条件和尾迹面位置重构后的翼尖涡流场的 LSA 时空不稳定性分析表明，翼尖涡在时间和空间上都存在最不稳定的模态，其最不稳定模态所对应的时间和空间放大率随来流雷诺数的增加而增大，随攻角的增加而减小，随距离机翼尾缘的距离的增加而增大。翼尖涡的这种不稳定特征变化规律有助于实现对翼尖涡在生长演化过程中的不稳定涡流的控制，从而达到减阻的目的。

参 考 文 献

［1］ Spalart P R. Airplane trailing vortices[J]. Annual Review of Fluid Mechanics, 2003, 30 (1): 107 - 138.

［2］ Gerz T, Holzäpfel F, Darracq D. Commercial aircraft wake vortices[J]. Progress in Aerospace Sciences, 2002, 38(3): 181 - 208.

［3］ Churchfield M J, Blaisdell G A. Numerical simulations of a wingtip vortex in the near field [J]. Journal of Aircraft, 2015, 46(1): 230 - 243.

［4］ Lombard J E, Moxey D, Sherwin S. Implicit large eddy simulation of a wingtip vortex[J]. AIAA Journal, 2016, 54(2): 1 - 13.

［5］ Birch D, Lee T, Mokhtarian F, et al. Structure and induced drag of a tip vortex[J]. Journal of Aircraft, 2015, 41(5): 1138 - 1145.

［6］ Mallik W, Kapania R K, Schetz J A. Aeroelastic applications of a variable-geometry raked wingtip[J]. Journal of Aircraft, 2016: 1 - 13.

［7］ Grow T L. Effect of a wing on its tip vortex[J]. Journal of Aircraft, 2015, 6(1): 37 - 41.

［8］ Blanco-RodräGuez F J, Le D S. Elliptic instability of a curved Batchelor vortex[J]. Journal of Fluid Mechanics, 2015, 804: 224 - 247.

［9］ He W, Tendero J Á, Paredes P, et al. Linear instability in the wake of an elliptic wing [J]. Theoretical & Computational Fluid Dynamics, 2016, 30: 1 - 22.

［10］ Deem E, Edstrand A, Reger R, et al. Deconvolution correction for wandering in wingtip vortex flowfield data[J]. Journal of Fluid Science & Technology, 2013, 8(2): 219 - 232.

［11］ Jammy S P, Nick H, Birch D M. Boundary conditions and vortex wandering[J]. Journal of Fluid Mechanics, 2014, 747(3): 350 - 368.

［12］ Edstrand A M, Davis T B, Schmid P J, et al. On the mechanism of trailing vortex wandering[J]. Journal of Fluid Mechanics, 2016, 801: 440 - 451.

[13]　Parras L, Fernandezferia R. Spatial stability and the onset of absolute instability of Batchelor vortex for high swirl numbers[J]. Journal of Fluid Mechanics, 2007, 583(583): 27 - 43.

[14]　Siconolfi L, Camarri S, Fransson J H M. Boundary layer stabilization using free-stream vortices[J]. Journal of Fluid Mechanics, 2015, 764: 1 - 11.

[15]　Khorrami M R, Singer B A. Stability analysis for noise-source modeling of a part-span flap [J]. Aiaa Journal, 2015, 37(10): 1206 - 1212.

[16]　Theofilis V. Advances in global linear instability analysis of nonparallel and three-dimensional flows[J]. Progress in Aerospace Sciences, 2003, 39(4): 249 - 315.

[17]　Reynolds W C. The Mechanics of an organized wave in turbulent shear flow, part 3, theoretical models and comparisons with experiment[J]. Journal of Fluid Mechanics, 1972, 54(2): 263 - 288.

[18]　Beresh S J, Henfling J F, Spillers R W. Meander of a fin trailing vortex and the origin of its turbulence[J]. Experiments in Fluids, 2010, 49(3): 599 - 611.

[19]　Chow J S, Zilliac G G, Bradshaw P. Mean and turbulence measurements in the near field of a wingtip vortex[J]. Aiaa Journal, 1997, 35(10): 1561 - 1567.

[20]　Devenport W J, Rife M C, Liapis S I, et al. The structure and development of a wing-tip vortex. J. Fluid Mech. 312, 67 - 106[J]. Journal of Fluid Mechanics, 1996, 312(312): 67 - 106.

[21]　Khorrami M R, Malik M R, Ash R L. Application of spectral collocation techniques to the stability of swirling flows[J]. Journal of Computational Physics, 1989, 81(1): 206 - 229.

[22]　Paredes P. Advances in Global Instability Computations: from Incompressible to Hypersonic Flows[D]. Madrid: University of Politécnica de Madrid, 2014.

1.7 民机尾流的刚性涡丝近似

王志博[1] 孙 刚[1] 张 森[2] 刘铁军[2]

(1. 复旦大学 航空航天系,上海 200433)
(2. 上海飞机设计研究院,上海 201210)

摘 要: 本研究应用一个刚体涡丝动力学模型计算飞机受到的涡流诱导阻力。飞机近场的尾流结构可利用已知的尾涡测量的实验数据和求解雷诺平均方程获得,这些尾流场结构数据可用于对刚性涡丝的近似模拟。典型的尾涡结构特征,如翼梢涡、翼身组合体涡的运动轨迹可用来标定涡丝模型,也可以验证下洗流场的构建。

关键词: 刚性涡丝;涡系下洗;涡诱导阻力

Abstract: Vortex flow induced drag is estimated by a dynamic model of multi-rigid static vortex filaments system. Transport aircraft wake approximation system is built by known vortex profiles from experimental data and RANS simulations. Typical axisymmetric vortex structure such as tip vortex, wing-fuselage junction vortex in the wake is used to calibrate the filament model. Finally, downwash around an aircraft is verified.

Key words: rigid filament; vortex downwash; vortex induced drag

1 引言

从 20 世纪 70 年代开始直到今天,大量的文献记录了典型的运输飞机的尾流速度和涡度场的结构和计算方法,飞机近场结构的特点是旋涡初始形成和诱导卷起过程。

在飞机的近场尾流场中,以单涡主导的流动诱导作用为主,近场的涡通常有六个主涡,即翼梢涡(WTV)、外侧襟翼涡(OFV)、发动机挂架处的内外发动机机舱涡(ONV 和 IV)、机翼机身涡(WFV)、平尾和垂直尾翼涡(HTV)。WTV、OFV、ONV 和 IV 具有相同的旋转方向,可定义为正符号[1-2],即正涡度或环流,这参照了升力产生的环量方向。WFV 和 HTV 的特征是形成与升力反向的旋涡或负涡量。对于 WFV 这类涡,负涡度是由机翼机身结合处的循环梯度的变化引起的;而对于 HTV,尾翼相对于修正的气动布局需要产生负升力[3-5]。

由于风洞固定模型浸没在高水平的动量环境中,因此分离涡是由边界层的阻尼和大尺度流动分离产生的[6]。被动分离的涡旋流包含低水平的横流分量[7],它还会引起飞机周围诱导的交叉流场的延迟。已有的自由飞行实验表明,风洞实验中的气动特性与固定模型实验存在显著的差异,飞机绕流产生的高动量涡使边界层在剪切层中不受阻尼的流体加速影响。在拘束模型的风洞实验中进行尾迹观测得到自由飞行尾流中的横流比持久型更重要。

2　复合涡丝模型

轴对称涡度分布有一个环量

$$\Gamma(r) = 2\pi r v_\theta(r) \tag{1}$$

基于横截面涡度的分布,式(2)给出了涡旋的质心位置,每个截面中的质心连续分布定义了丝的位置。

$$y_i = \frac{1}{\Gamma} \int_{-\infty}^{\infty} \int_0^{\infty} y\omega_x \mathrm{d}y\mathrm{d}z, \quad z_i = \frac{1}{\Gamma} \int_{-\infty}^{\infty} \int_0^{\infty} z\omega_x \mathrm{d}y\mathrm{d}z \tag{2}$$

下面给出了一种涡旋形心识别的实用方法。

运输飞机尾迹中的分离旋涡大多是轴对称的集中涡度,在形成后卷起。这些旋涡脱落后具有不同的横速度分布。Gerz[8]总结了六种描述尾流结构的涡旋模型。这些模型通过非定义参数 r_c 将轴对称柱状涡分离为核心区域和扩展区域。

$$v_\theta(r) = \frac{\Gamma_0}{2\pi r_c} \frac{r}{r_c} \quad r \leqslant r_c$$

Rankine 涡
$$v_\theta(r) = \frac{\Gamma_0}{2\pi r} \quad r > r_c \tag{3}$$

Lamb Oseen 涡
$$v_\theta(r) = \frac{\Gamma_0}{2\pi r}\left[1 - \mathrm{e}^{-1.2526(r/r_c)^2}\right] \tag{4}$$

Hallock - Burnham 涡
$$v_\theta(r) = \frac{\Gamma_0}{2\pi r} \frac{r^2}{r^2 + r_c^2} \tag{5}$$

自适应涡

$$v_\theta(r) = 1.4 \frac{\Gamma_0}{2\pi r}\left[1 - \mathrm{e}^{-10(r_c/b)^{0.75}}\right]\left[1 - \mathrm{e}^{-1.2526(r/r_c)^2}\right] \quad r \leqslant r_c$$

$$\tag{6}$$

$$v_\theta(r) = 1.4 \frac{\Gamma_0}{2\pi r}\left[1 - \mathrm{e}^{-10(r_c/b)^{0.75}}\right] \quad r > r_c$$

光顺混合涡

$$v_\theta(r) = \frac{\Gamma_0}{2\pi r}\left[1 - \exp\left(-\frac{\beta_i(r/b)^2}{(1+[(\beta_i/\beta_0)(r/b)^{5/4}]^p)^{1/p}}\right)\right] \qquad (7)$$

$$v_\theta(r) = \frac{\Gamma_0}{2\pi r_i}\frac{r}{(r_i r_0)^{1/2}} \quad r \leqslant r_i$$

多尺度涡　　　$$v_\theta(r) = \frac{\Gamma_0}{2\pi(r_0 r)^{1/2}} \quad r_i \leqslant r \leqslant r_0 \qquad (8)$$

$$v_\theta(r) = \frac{\Gamma_0}{2\pi r} \quad r \geqslant r_0$$

式中：$\beta_0 = 10$；$\beta_i = 500$；$p = 3$；b 为翼展；$r_i \leqslant 0.01b$；$r_0 = 0.1b$。

本文在风洞实验和 RANS 仿真的基础上，利用细丝系统对涡流进行了动态建模。细丝模型基于以下条件进行简化。

（1）考虑在近场中的扩散或耗散，通过速度分布来模拟涡矩心位置。

（2）近场尾迹结构导致下洗流场，但旋涡尾流扩展区域几乎没有感应（$r > r_c$）。

（3）一个重要的简化是近场刚性灯丝结构，不是动态地考虑涡丝之间的感应运动，而是通过涡卷的卷绕力矩计算获得质心轨迹。

（4）为了避免奇异性，刚性长丝不能与自身或其他的涡丝相交。

（5）计算了飞行器周围流场的涡丝的计算长度，忽略的部分对浸没场没有显著影响。

3　动力学模型的构造

3.1　涡丝的诱导速度场

涡丝在场点 $P(x, y, z)$ 的诱导速度利用 Biot - Savart 定律获得，如下式所示。

$$u(\boldsymbol{R}) = -\frac{\Gamma}{4\pi}\int_L \frac{(R - R') \times \mathrm{d}s(R')}{|R - R'|^3} \qquad (9)$$

式中：$\Gamma = \oint v_\theta \mathrm{d}s = \int_{-\infty}^{\infty}\int_0^{\infty} \omega_x \mathrm{d}y\mathrm{d}z$，为涡的环量；下标 L 标记了被积分的涡丝。在近场中未受到扰动的分离涡的涡结构由预先定义的速度剖面决定。下式是在横向截面内的积分值，即涡的强度。

$$\Gamma = \oint v_\theta \mathrm{d}s = \int_0^{R_0}\int_0^{2\pi} \omega_x \mathrm{d}r\mathrm{d}\theta \qquad (10)$$

式中：R_0 为横断面速度的分布指数，其使涡量衰减为零。

$$\Gamma = \rho V L$$

式中：L 为升力；V 为巡航速度。

涡量的矩心定义为

$$r_c = \frac{1}{\Gamma} \int_0^{R_0} \int_0^{2\pi} r \omega_x \, d\theta \, dr \tag{11}$$

$$\theta_c = \frac{1}{\Gamma} \int_0^{R_0} \int_0^{2\pi} \theta \omega_x \, d\theta \, dr$$

然而，识别涡中心的一种方便的方法是在线性核涡剖面中找到交叉速度停滞的中心。

利用叠加原理给出了多丝系统的诱导速度场，如下式所示。

$$\boldsymbol{U} = \sum_{j=1}^{N} \frac{\Gamma_j}{4\pi} \int_{L_i} \frac{d\boldsymbol{l}_j \times \boldsymbol{r}}{r^3} \tag{12}$$

飞机尾流中的细丝形状可用离散涡中心点来定义 $F(x_j, y_j, z_j)$

$$L = F(x_j, y_j, z_j) \tag{13}$$

式中：$j = 0, 1, 2, 3, \cdots, N$，涡丝的分段如下。

$$\Delta L_j = (x_{j+1} - x_j, y_{j+1} - y_j, z_{j+1} - z_j) \tag{14}$$

场点 P 与涡中心点 F 之间的距离为

$$R = \sqrt{(x - x_j)^2 + (y - y_j)^2 + (z - z_j)^2} \tag{15}$$

距离 $R > r_c$，r_c 是涡的核区域半径，r_c 可以避免数值的奇异性。

其他涡丝的诱导速度为 $d\boldsymbol{U}(u_j, v_j, w_j)$

$$d\boldsymbol{U} = \frac{\Gamma}{4\pi} \frac{\Delta \boldsymbol{L}_j \times \boldsymbol{R}}{|R^3|} \tag{16}$$

速度分量如下：

$$du_j = \frac{\pi}{4} \frac{\Gamma}{R^3} (dL_x R_z - dL_z R_y)$$

$$dv_j = \frac{\pi}{4} \frac{\Gamma}{R^3} (dL_z R_x - dL_x R_z) \tag{17}$$

$$dw_j = \frac{\pi}{4} \frac{\Gamma}{R^3} (dL_x R_y - dL_y R_x)$$

飞机尾流结构的类型包括翼梢涡、翼身组合体涡和许多其他的涡。通过调整

涡系结构,可以得到不同类型的涡速度分布。例如采用自适应涡模型,涡的诱导速度为

$$\mathrm{d}u_i = \frac{\pi}{4} k_1 \frac{\Gamma}{R^3} (\mathrm{d}L_x R_z - \mathrm{d}L_z R_y) \left[1 - \mathrm{e}^{-k_{11}(r_c/b)^{0.75}} \right] \left[1 - \mathrm{e}^{-1.2526(r/r_c)^2} \right]$$

$$\mathrm{d}v_i = \frac{\pi}{4} k_2 \frac{\Gamma}{R^3} (\mathrm{d}L_z R_x - \mathrm{d}L_x R_z) \left[1 - \mathrm{e}^{-1k_{22}(r_c/b)^{0.75}} \right] \left[1 - \mathrm{e}^{-1.2526(r/r_c)^2} \right] \quad (18)$$

$$\mathrm{d}w_i = \frac{\pi}{4} k_3 \frac{\Gamma}{R^3} (\mathrm{d}L_x R_y - \mathrm{d}L_y R_x) \left[1 - \mathrm{e}^{-k_{33}(r_c/b)^{0.75}} \right] \left[1 - \mathrm{e}^{-1.2526(r/r_c)^2} \right]$$

涡旋引起的下洗场改变了机翼周围自由流的方向,并比预先设计的入流角度小,这种增量称为下洗角。它会导致附加的气动载荷。在尾流涡丝近似尾迹结构时,采用速度叠加法可构造下洗场。

3.2 有效涡丝长度

细涡丝感应模型在模拟近尾迹速度时应具有有效截断长度。在图1中给出了场点的归一化诱导速度。随着丝长的增加,在固定点处的诱导速度增加,但是当涡丝继续增长时,速度趋于恒定值。这表明在尾迹结构模拟中,长涡丝系统具有有效的有限长度。与长丝相比,变形丝相对于恒定值略有不同。变形涡丝也具有有效的计算长度。在接近尾迹的飞行器中,长丝的有效长度 x/b 不大于10。

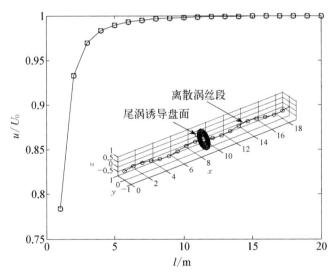

图1 增加涡丝长度对固定点诱导速度的影响

3.3 模型比较和涡核简化

式(3)～式(8)所述的涡结构模型的实验速度分布比较如图2所示。所有模型

都不能很好地模拟涡核心速度剖面。翼尖涡具有高涡度集中的特点，在核心具有线性分布。自适应涡和光顺混合涡都通过调整一个参数 b 以适应叶尖涡轮廓。涡心边界参数 r_c 由不同截面的速度剖面决定。如下式所示尾涡速度分布采用涡度集中因子 k 可较好地模拟涡核速度分布。然而柱状涡在近尾迹场中由于椭圆不稳定性和其他短波不稳定性而具有变形的核分布。涡丝简化将不考虑这些核心处的变形。涡丝模型通过线性假设将涡核规则地分布在其中心附近。由单个涡丝组成的线性内芯轮廓和外诱导区域由下式中的集中因子 k 给出。涡心速度剖面如图 2 所示。

$$v_\theta - v_c = k \frac{\Gamma}{2\pi} \frac{r}{r_c^2} \tag{19}$$

式中：k 为集中因子。涡系中心是以涡系中心速度为原点的局部极点坐标原点。

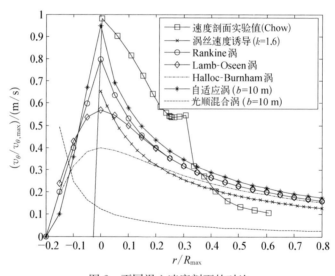

图 2　不同涡心速度剖面的对比

3.4　多涡丝系统的插值

涡丝诱导速度场的叠加如图 3 所示，多尾涡丝对飞机近场涡流的近似计算流程如图 4 所示。

4　典型单螺旋涡丝动力学建模

螺旋结构可给出一个自感应场，如图 5 所示，实际情况下自感螺旋刚性涡丝将很快地耗散。

下洗流场定义如下式所示。

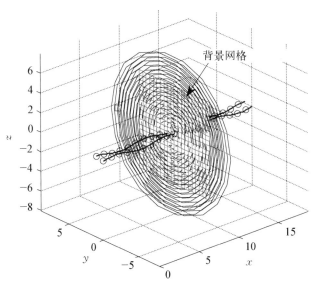

图 3 两个自适应涡丝诱导速度场的叠加

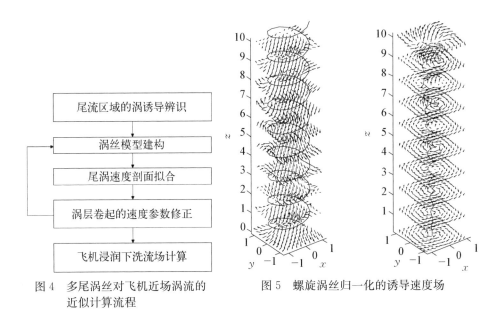

图 4 多尾涡丝对飞机近场涡流的
近似计算流程

图 5 螺旋涡丝归一化的诱导速度场

$$\varepsilon_z = \arctan \frac{w}{u + U_\infty} \qquad \varepsilon_y = \arctan \frac{v}{u + U_\infty} \qquad \varepsilon_{xy} = \arctan \frac{v}{w} \qquad (20)$$

两个螺旋涡丝进行诱导运动时,一个长涡丝的回旋会导致一个显著的横向流场而不是一个直的流场。机翼表面不连续的细丝变形通常是由涡层卷起和短波不稳定性引起的。长丝的近尾迹不稳定性也具有显著的诱导阻力。

涡丝起源于柱状涡流初始生成区的位置。飞机浸没在长涡丝引起的横流场中。浸没速度场通常位于这些涡旋生成区的前面。浸没速度场定义为绕丝引起的流动。该流场与涡阻力密切相关,合理的浸没流场分布可以减少这些阻力分量。

5　近场运输飞机尾流结构的刚性涡丝模型

5.1　典型飞机速度剖面的横流结构

在图 6 和图 7 中示出了典型的襟翼涡流和叶尖涡联合速度剖面的近似。该交叉流速度场由 Coustols[1] 给出。从详细的截面速度测量中提取了该横流速度剖面。风洞实验表明,在近尾流场中,互感应的卷绕过程并不显著。速度分布在 $x/b=1$ 和 2.5 之间。通过中心直径的线性插值,给出了涡的中心点。

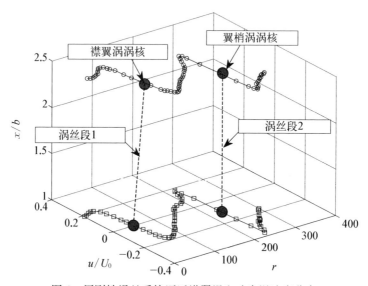

图 6　用刚性涡丝系统逼近襟翼涡和叶尖涡速度分布

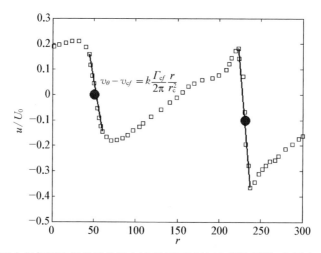

图 7　两个相邻尾迹涡的线性涡心速度剖面近似(左侧为瓣涡,右侧为叶尖涡)

翼尖涡比其邻近的襟翼涡更集中。两涡间的联合诱导速度场平稳过渡。用两个细丝系统对尾翼涡的轮廓进行近似，可以通过涡核和外轮廓丝的自由裁剪来实现。

5.2 平行丝诱导速度场

机翼表面不连续的尾流涡在襟翼间隙和襟翼轨道上产生涡流，翼尖的根结包括翼梢根部等。这些不连续性的初始配置设计决定了多个细丝分布和围绕翼和其他气动部件的下洗场。根据测量，柱状涡由于相互的短波不稳定性而略微卷起。涡丝运动模拟表明，下洗幅度随细丝轨迹的变形而增加。卷绕的长丝会导致显著的横向流场，这表明增加了额外的阻力。下面给出两个例子，一个是浸没交叉流动的平行旋转短波长丝，另一个是反旋转平行相对长波长丝。在图 8 和图 9 中，每根

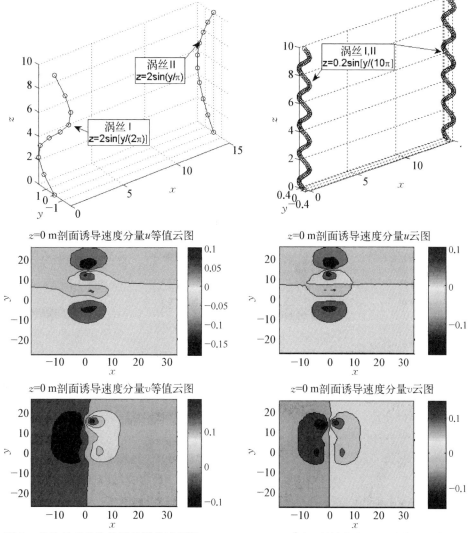

图 8　共轴丝对 I 和 II 诱导浸没速度场，$\Gamma_1 = \Gamma_2 = 10\ \mathrm{m^2/s}$，起始点 $(0, 0, 0)$ 和 $(15, 0, 0)$

涡丝都具有直径为 $10\ \mathrm{m^2/s}$ 的核心轮廓，其原点为$(0，0，0)$和$(15，0，0)$。芯径 $r_c = 0.5\ \mathrm{m}$，修正参数 $k=1$。在图 10 和图 11 中，对转涡丝引起的横向流场几乎没有差别。

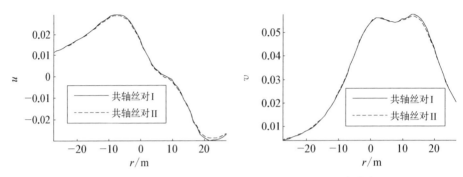

图 9　共轴丝对在 $z = 0\ \mathrm{m}$，$y = 0\ \mathrm{m}$ 处引起浸没速度分布，
$\Gamma_1 = \Gamma_2 = 10\ \mathrm{m^2/s}$，起始点$(0，0，0)$和$(15，0，0)$

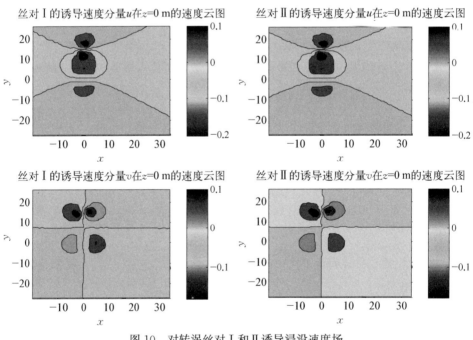

图 10　对转涡丝对 I 和 II 诱导浸没速度场
$\Gamma_1 = 10\ \mathrm{m^2/s}$，$\Gamma_2 = -10\ \mathrm{m^2/s}$，起始点$(0，0，0)$和$(15，0，0)$

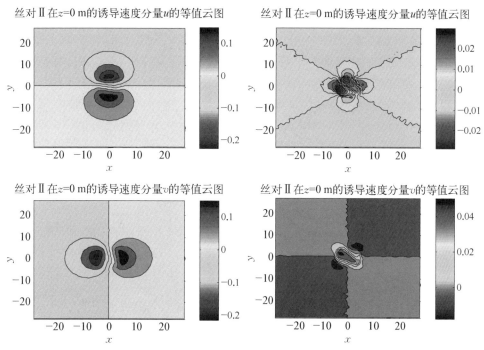

图 11　共轴同向旋转(左)和共轴反向旋转(右)丝对 II 诱导浸没速度场

$\Gamma_1 = 10\ \mathrm{m^2/s}$，$\Gamma_2 = \pm 10\ \mathrm{m^2/s}$，起始点$(0, 0, 0)$和$(1, 0, 0)$

6　飞机尾流结构的多涡丝近似

通过细丝系统对浸没场区域进行数值模拟。该系统包括翼尖涡丝、水平尾翼和垂直尾翼涡丝、翼身连接涡丝、襟翼涡丝。这种结构是对称的，使得感应场具有对称分布。这些丝源于襟翼和翼面不连续处、翼尖和接合处。

接合处的涡阻力是压力相关的阻力，结构涡在图 12 中给出，与图 13 中的风洞数据进行了比较，在图 14 和图 15 中给出了诱导下洗速度。

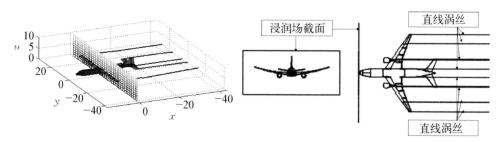

图 12　飞机尾流离散细丝系统

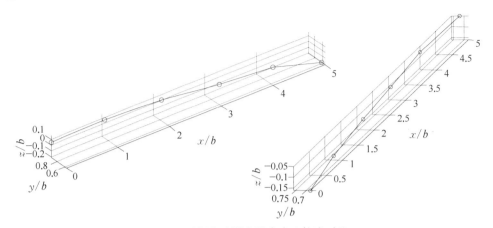

图 13 风洞实验翼尖涡度中心轨迹对比

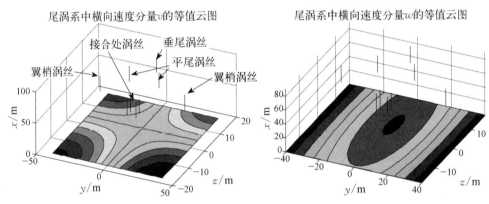

图 14 浸没场的多直丝近似

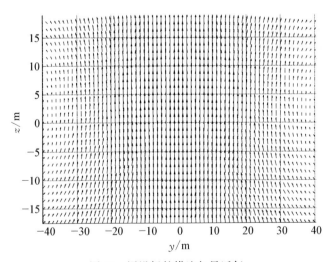

图 15 浸没场的横流矢量近似

7 结论

本文通过比较集中涡度结构模型,建立了多刚体涡丝诱导的方法。涡度层连接集中涡度具有卷起效应。由感应引起的细丝变形是由飞行器产生的快速模拟和尾流结构产生的。此外,本文模拟了分离和集中涡的诱导下洗速度。

参 考 文 献

[1] Coustols EOTF, Stumpf E, Vollmers H, et al. Minimised wake: a collaborative research programme on aircraft wake vortice[J]. Aiaa, 2003: 1 - 15.

[2] Fabre D, Jacquin L. Stability of a four-vortex aircraft wake model[J]. Physics of Fluids, 2000, 12(10): 2438 - 2443.

[3] Rennich S, Lele S. Method for accelerating the destruction of aircraft wake vortices[J]. Journal of Aircraft, 1999, 36(36): 398 - 404.

[4] Jacquin L, Fabre D, Sipp D, et al. Instability and unsteadiness of aircraft wake vortices [J]. Aerospace Science & Technology, 2003, 7(8): 577 - 593.

[5] Holzäpfel F, Gerz T, Köpp F, et al. Strategies for circulation evaluation of aircraft wake vortices measured by lidar[J]. Journal of Atmospheric & Oceanic Technology, 2003, 20 (2003): 1183 - 1195.

[6] Sarpkaya T. Decay of wake vortices of large aircraft[J]. Aiaa Journal, 2015, 36(36): 1671 - 1679.

[7] Harris M, Vaughan J M, Huenecke K, et al. Aircraft wake vortices: a comparison of wind-tunnel data with field trial measurements by laser radar[J]. Aerospace Science & Technology, 2000, 4(5): 363 - 370.

[8] Gerz T, Holzolpfel F, Darracq D. Commercial aircraft wake vortices[J]. Progress in Aerospace Sciences, 2002, 38(3): 181 - 208.

第 2 部分
大型客机减阻机理研究

2.1 小肋减阻机理研究

李伟鹏　王福新　刘　洪

（上海交通大学　航空航天学院，上海　200240）

摘　要：湍流摩擦阻力是高雷诺数流动中的主要阻力来源，仿鲨鱼皮小肋是一种沿流向平均速度布置的微尺度沟槽结构，可减小 8％左右的湍流摩擦阻力。为揭示小肋的减阻机理，本文开展了直接数值模拟，首次利用速度-涡量两点相关性分析，研究了小肋与湍流相干结构之间的相互作用，从统计意义上揭示了小肋的减阻机理，并对湍流摩擦阻力进行分解，描述了小肋减阻的主要来源。

关键词：湍流减阻；小肋；二点相关性

Abstract：Riblets are micro-grooved structures that are aligned parallel to the mean streamwise direction of the fluid flow. They are inspired by the skin of fast-swimming sharks and have been proved to passively reduce the turbulence skin friction up to 8％, despite an increase in the wetted surface area. Direct numerical simulations of turbulent flow over a drag reduction and a drag increase riblet configuration are performed. Three-dimensional two-point statistics are presented for the first time to quantify the interaction of the riblet surfaces with the coherent, energy-bearing eddy structures in the near-wall region. Results provide statistical evidence about the mechanism of the turbulent drag reduction with riblets.

Key words：turbulent drag reduction；riblets；two-point statistics

1 引言

仿鲨鱼皮小肋是一种沿流向平均速度布置的微尺度沟槽结构，用于减小高雷诺数下的湍流摩擦阻力，虽然小肋增加了固壁面的浸润面积，但小肋可被动地减小 8％左右的湍流摩擦阻力，具有结构简单、成本低等特点，在大型客机湍流减阻中具有较好的应用前景。小肋减阻的综述性文章可参考文献[1]～[5]，对小肋几何优化、飞机实用、减阻机理分析和加工制造等方面进行了详细的评论。针对小肋减阻的研究开展了近 40 年，进行了大量的实验和数值仿真研究，但对小肋减阻机理的认识仍不十分清楚，难点在于如何定量地描述小肋与近壁湍流涡结构之间的相互作用。

　　Bacher 和 Smith[6] 利用染色和氢气泡显示技术分析了小肋表面湍流涡结构的变化,研究结果表明小肋表面产生的横向二次涡结构可减弱湍流边界层内部的动量传递,并且阻碍黏性底层低速条带结构的生成。Suzuki 和 Kasagi[7] 的实验测量了小肋表面的三维速度场,发现小肋表面的横向二次涡结构增强了近壁区的动量传递,指出小肋减阻的机理与近壁区涡生成和湍动能再分配因素具有直接关联。基于 Stokes 流动假设,Bechert 和 Bartenwerfer[8] 的理论研究了黏性底层的流场变化,指出小肋阻碍了湍流涡结构在展向方向的瞬时脉动,从而减弱了湍流动量传递和瞬时切应力的变化。Luchini 等人[9] 提出了一种“等效壁面高度”理论,用于定性地区分小肋表面平行流和横向流动产生的效果。Choi 等人[10] 开展了直接数值模拟研究,通过对瞬时流场的分析,提出了一种小肋的减阻机理:减阻小肋能够将局部流向涡结构约束于小肋上表面,减弱了湍流边界层中高速下扫流体与小肋表面的相互作用;而在增阻小肋中,局部流向涡结构更多地浸没于小肋内部,高速下扫流动与壁面相互作用诱导产生更多的摩擦阻力累积增加效应。Lee 等人[11] 利用 PIV 技术实验测量了小肋近壁区的瞬时速度场,实验测量的涡结构分布与 Choi 等人[10] 的假设分析一致。Martin 和 Bhushan[12] 的数值研究也验证了小肋诱导流向涡抬升机制,并且给出了小肋最优减阻效果的几何设计。

　　揭示小肋减阻的关键在于定量分析湍流边界层相干结构的变化规律,然而以上文献中关于小肋减阻机理的研究多是基于瞬时流场的定性讨论或基于 Stokes 流动假设的理论分析,缺少定量的或统计分析的结果。湍流场是三维的、非定常的、随机的、非线性的动力系统,基于瞬时流场的讨论会引入采样误差,基于 Stokes 流动假设的理论分析忽略了湍流的非线性特征,对于定量描述小肋减阻的本质机理存在方法不适定问题。

　　本文利用高可靠性直接数值模拟数据,首次开展了三维速度和涡量场的两点相关性分析,从统计意义上避免了瞬时流场分析小肋减阻机理的误差,且直接数值模拟数据包含了真实湍流结构的本征特征,研究结果对于定量揭示小肋减阻机理具有重大意义。

2　直接数值模拟与验证

　　利用自主开发程序求解三维非定常可压缩 Navier‐Stokes 方程,对流项采用 6 阶精度的紧致格式,黏性项采用 6 阶精度的中心格式,时间推进项采用 2 阶精度的 ADI‐SGS 格式,时间步长为 $1 \times 10^{-3} \delta_{in}/a_{\infty}$,其中 δ_{in} 为入口湍流边界层的厚度, a_{∞} 为来流声速,满足 CFL 数小于 1 的约束。湍流入口采用 Recycling 和 Rescaling 方法生成,基于边界层厚度的雷诺数 $Re_{\delta_{in}} = 1.1 \times 10^{4}$,壁面采用无滑移绝热壁面,出口和上边界采用海绵层式的压力远场边界。计算网格总数约为

41 000 000,小肋计算网格模型如图 1 所示,采用等边直角三角形小肋,小肋的高度为 h,宽度为 S。计算了三个算例,其中 Baseline 算例为光滑壁面,S-20 算例为减阻小肋,S-40 算例为增阻小肋,其中 S-20 和 S-40 算例中的 S 的黏性无量纲数分别为 20 和 40。

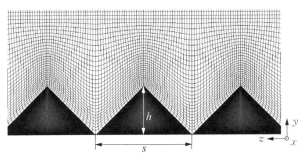

图 1   小肋计算网格模型

图 2 显示了湍流边界层流向平均速度分布,计算结果与理论预测结果吻合。图 3 显示了速度脉动均方根分布和涡量脉动均方根分布,与文献的直接数值模拟结果吻合。数值验证分析表明本文中的数值方法和直接数值模拟设置具有很高的可信度。

为分析小肋的减阻效果,定义了减阻系数 DR,如表 1 所示,本文小肋减阻效果与 Duan 和 Choudhari[13] 的直接模拟数据相近,与其他的实验和数值结果有一定误差[10,14-15],但基本符合了数值分析需要,定性说明了 S-20 是减阻小肋,S-40 是增阻小肋。

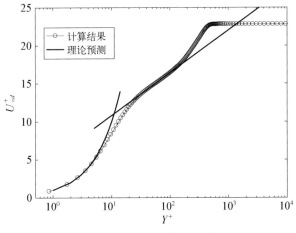

图 2   边界层流向平均速度分布

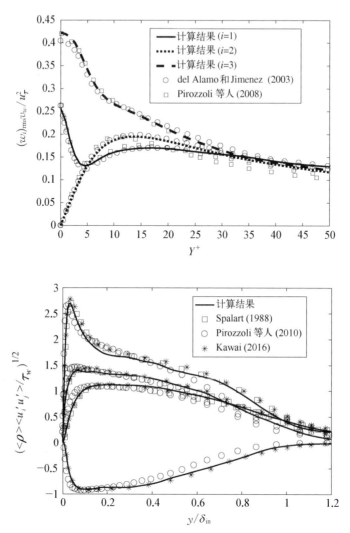

图 3　速度脉动均方根和雷诺应力分布(上)，涡量脉动均方根分布(下)

表 1　小肋减阻系数比较

算例	DR	Walsh[14]	Bechert 等人[15]	Choi 等人[10]	Duan 和 Choudhari[13]
S-20	−6.3%	−2%	−3.25%	−5%	−7.0%
S-40	+4.1%	+3%	—	+2%	+4.4%

3　结果分析

　　为了统计分析小肋结构与近壁区湍流涡结构的相互作用，我们采用了两点相关函数来表征相干结构的变化。

$$R(x_r, y_r, z_r, x, y, z) = \frac{\sum \left[(\Phi^A - \langle \Phi^A \rangle)(\Phi^B - \langle \Phi^B \rangle) \right]}{(\Phi^A)_{rms}(\Phi^B)_{rms}} \tag{1}$$

式中：Φ^A 和 Φ^B 分别为在参考点 $A = (x_r, y_r, z_r)$ 和任一点 $B = (x, y, z)$ 处的变量，$\langle \rangle$ 为取时间平均。两点相关函数可以获得任意两个流动变量的相关（相干）结构，根据 Chen 等人[16]的研究结果，如果 Φ^A 为流向速度，Φ^B 为流向涡量，则可以获得速度和涡量的相干结构，定义为 VVCS(velocity-vorticity correlation structure)。

图 4 为 VVCS 统计结果，附着于壁面的涡对结构定义为 NWCS(near-wall correlation structure)，NWCS 上面的涡对结构定义为 ASCS(accompanying streamwise correlation structure)。NWCS 与黏性底层的条带结构相似，ASCS 与过渡区和对数区的流向涡结构相似。图 5 显示了 VVCS 的横截面分布，对于 S-20 减阻小肋，可见不论参考点 y_r 位于小肋顶部(tip)还是小肋底部(valley)，ASCS 均高于小肋的顶部，ASCS 代表了流向涡结构的平均统计特性，图 5(b,d)说明在减阻小肋的近壁面流动中，减阻小肋有效地约束流向涡结构位于小肋顶部，使得高速流向涡仅与小肋顶部表面发生强剪切作用，而小肋的大部分表面位于低速 NWCS 相干结构的作用下，而产生较小的剪切力。对于增阻小肋，如图 5(c,e)所示，ASCS 更多地浸没于小肋内部，尤其当参考点 y_r 位于小肋底部时，ASCS 的涡核位置低于小肋高度，使得高速流向涡与较多的小肋表面发生强剪切作用，当小肋顶部的增阻效果大于小肋底部区域的减阻效果时，产生浸润面积加权的阻力增加。

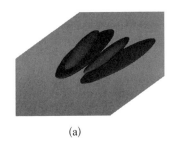 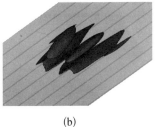 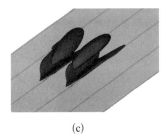

(a) (b) (c)

图 4　三维 VVCS 统计结果

(a) Baseline　(b) S-20　(c) S-40

小肋减阻或增阻取决于小肋底部局部减阻效应是否能够克服小肋顶部的增阻效应，而小肋局部减阻或增阻的关键在于如何控制流向涡结构。当小肋能够较好地约束流向涡位于小肋顶部时，流向涡的抬升效果可大幅减弱高速流向涡与小肋表面的强剪切作用，从而使得浸润面积加权的局部摩擦阻力减小，达到减阻目的；而当小肋不能抬升流向涡而使得流向涡浸没于小肋内部时，小肋底部局部减阻效应不能克服小肋顶部的增阻效应，从而使得浸润面积加权的局部摩擦阻力增大，而起到增阻作用。

为了考察 S-20 算例中小肋为何能够抬升流向涡结构，对流向涡量进行了自相

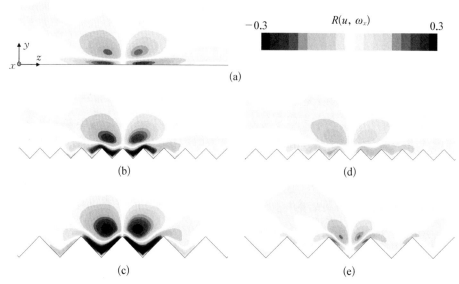

图 5   VVCS 横截面分布

(a) Baseline   (b) S-20 y_r 位于小肋顶部   (c) S-40 y_r 位于小肋顶部

(d) S-20 y_r 位于小肋底部   (e) S-40 y_r 位于小肋底部

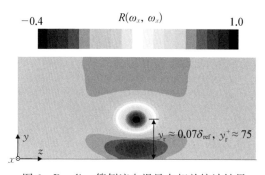

图 6   Baseline 算例流向涡量自相关统计结果

关分析，如图 6 所示，为 Baseline 算例流向涡量自相关统计结果，其中参考点 $y_r=0$ 位于湍流边界层的对数区，分析可知流向涡的涡核直径 $d^+\approx33$，与 Kim 等人[17]的估计结果（$d^+\approx33$）相同。流向涡量的自相关描述了流向涡的统计平均特征，其涡核直径表征了流向涡的统计平均特征尺寸，对于 S-20 和 S-40 算例，小肋的黏性无量纲宽度 s^+ 分别为 20 和 40，流向涡的产生与演化具有自组织特性，当小肋的宽度小于流向涡的直径时，流向涡难以浸没于小肋内部而趋向于在小肋上方发展；当小肋宽度大于流向涡直径时，流向涡可自由地浸没于小肋内部。

根据 FIK 理论[18-19]，对湍流摩擦阻力分解成层流贡献（$C_{f,1}$）、湍流脉动贡献（$C_{f,2}$）和空间不均匀性贡献（$C_{f,3}$），如图 7 所示。对于计算的三个算例，层流贡献基本不变，占比约为 10%，湍流脉动贡献占比约为 70%，空间不均匀性贡献占比约为 20%。对于减阻小肋，湍流脉动贡献和空间不均匀性贡献均减小，其原因是小肋抑制了雷诺应力的强度，减弱了平均流向速度法向导数的空间分布，而对于增阻小肋，增阻效应主要来源于空间不均匀性的贡献。

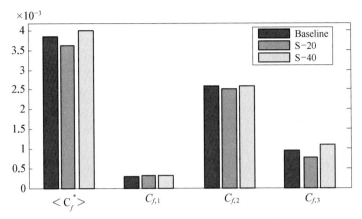

图 7 基于 FIK 理论的湍流摩擦阻力分解

4 结论

本文开展了小肋减阻的直接数值模拟,首次采用速度和涡量场的两点相关性分析,从统计意义上分析了小肋结构对湍流相干结构的影响,定量地描述了小肋的减阻机理源于流向涡的抬升机制,证实了流向涡的抬升机制受制于流向涡的本征涡核直径尺寸,通过摩擦阻力分解,定量阐述了小肋减阻效应来源于对湍流脉动贡献和空间不均匀性贡献的抑制。

参 考 文 献

[1] Walsh M J. Viscous drag reduction in boundary layers[J]. Progress in Astronautics & Aeronautics,1990,123.

[2] Viswanath P R. Aircraft viscous drag reduction using riblets[J]. Progress in Aerospace Sciences,2002,38(6):571 - 600.

[3] Dean B, Bhushan B. Shark-skin surfaces for fluid-drag reduction in turbulent flow:a review[J]. Philos Trans A Math Phys Eng Sci,2010,368(1929):4775 - 4806.

[4] Abdulbari H A, Mahammed H D, Hassan Z B Y. Bio-inspired passive drag reduction techniques:a review[J]. ChemBioEng Reviews,2015,2(3):185 - 203.

[5] Luo Y, Xia X, Dong L, et al. Recent developments in fabricating drag reduction surfaces covering biological sharkskin morphology[J]. Reviews in Chemical Engineering,2016,32 (1):93 - 113.

[6] Bacher E V, Smith C R. Turbulent boundary-layer modification by surface riblets[J]. Aiaaj,2015,24(8):1382 - 1385.

[7] Suzuki Y, Kasagi N. Turbulent drag reduction mechanism above a riblet surface[J]. Aiaa Journal,2012,32(9):1781 - 1790.

[8] Bechert D W, Bartenwerfer M. The viscous flow on surfaces with longitudinal ribs[J].

Journal of Fluid Mechanics, 2006, 206(-1): 105 - 129.

[9] Luchini P, Manzo F, Pozzi A. Resistance of a grooved surface to parallel flow and cross-flow[J]. Journal of Fluid Mechanics, 1991, 228(228): 87 - 109.

[10] Choi, Haecheon, Moin, et al. Direct numerical simulation of turbulent flow over riblets [J]. Journal of Fluid Mechanics, 2016, 255(-1): 503 - 539.

[11] Lee S J, Lee S H. Flow field analysis of a turbulent boundary layer over a riblet surface [J]. Experiments in Fluids, 2001, 30(2): 153 - 166.

[12] Martin S, Bhushan B. Fluid flow analysis of a shark-inspired microstructure[J]. Journal of Fluid Mechanics, 2014, 756(4): 5 - 29.

[13] Duan L, Choudhari M. Effects of riblets on skin friction and heat transfer in high-speed turbulent boundary layers[C]//AIAA Aerospace Sciences Meeting Including the New Horizons Forum and Aerospace Exposition. 2012.

[14] Walsh M J. Turbulent boundary layer drag reduction using riblets[C]//AIAA Aerospace Sciences Meeting. 1982.

[15] Bechert D W, Bruse M, Hage W, et al. Experiments on drag-reducing surfaces and their optimization with an adjustable geometry[J]. J of Fluid Mechanics, 1997, 338(338): 59 - 87.

[16] Chen J, Fazle H, Pei J, et al. Velocity-vorticity correlation structure in turbulent channel flow[J]. Journal of Fluid Mechanics, 2014, 742: 291 - 307.

[17] Kim J, Moin P, Moser R. Turbulence statistics in fully developed channel flow at low Reynolds number[J]. Journal of Fluid Mechanics, 1987, 177(177): 133 - 166.

[18] Fukagata K, Iwamoto K, Kasagi N. Contribution of Reynolds stress distribution to the skin friction in wall-bounded flows[J]. Physics of Fluids, 2002, 14(11): L73 - L76.

[19] Bannier A, Éric Garnier, Sagaut P. Riblet flow model based on an extended FIK identity [J]. Flow Turbulence & Combustion, 2015, 95(2 - 3): 351 - 376.

2.2 基于小肋的湍流减阻大涡模拟研究

董文娇 陈海昕 张宇飞

(清华大学 航天航空学院,北京 100084)

摘 要:采用隐式大涡模拟的方法,数值化地研究了带小肋壁面的流动,以减小湍流阻力。计算域是一个由小肋壁面和光滑壁面组成的槽道。针对不同尺寸和形状的小肋,研究了其对湍流减阻的影响和减阻机理。本文将两种分别具有减阻和增阻效果的算例作为标准算例,通过对湍流统计数据的分析,从三个不同角度解释了小肋结构用于湍流减阻的机理。

关键词:湍流减阻;隐式大涡模拟;小肋;雷诺剪切应力

Abstract:Flow over riblet-mounted surface is numerically investigated by implicit large eddy simulation to reduce turbulent drag. The computational domain is a channel. The lower wall is a plate mounted with riblets, while the upper wall is a smooth wall. Different riblets with different sizes and shapes are used to investigate the influence and the mechanism of turbulent drag reduction. Two cases with drag reduction effects and drag increasing effects would be taken as classical cases. Through analysis of the turbulence statistical data, this paper would reveal the mechanisms of turbulence drag reduction from three different perspectives.

Key words:turbulent drag reduction; implicit large eddy simulation; riblets; Reynolds shear stress

1 引言

湍流引起的表面摩擦阻力是民用飞机总阻力的重要组成部分,大约占总阻力的 50% 左右。增加小肋结构是一种用于减小摩擦阻力的被动流动控制方法,这种方法在飞机表面具有很高的可实现性。在高雷诺数流动中,湍流结构较小,小肋的尺寸随之变得非常小,小肋的形状成为影响减阻性能的重要因素,但是目前还没有关于小肋形状影响真实流动的可靠结论。通过研究小肋减阻的机理以获得更优减阻效果的小肋形状具有重要的研究意义。

本文通过大涡模拟方法数值化地研究了不同形状和尺寸的小肋,以分析其对减阻性能的影响。用于对比研究的是一个由光滑表面和小肋表面组成的槽道流动算例。空间离散采用的是高分辨率和低耗散的数值格式[1-2],时间推进方法选用隐式时间格式 LU‐SGS。在计算结果的基础上,利用雷诺剪应力的象限分析方法[3]研究了减阻机理。

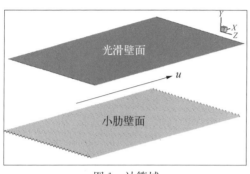

图 1 　计算域

2　计算设置

基于槽道流动算例建立流动几何模型和坐标系,计算域(见图 1)的上壁面是光滑壁面,下壁面布置有小肋,两处壁面均设为无滑移边界。槽道的流向和展向分别采用周期性边界条件,同时在流向上施加恒定的体积力以维持流动。在流向、展向和法向上计算域的大小分别为 4π、π、2.0,计算网格节点数分别为 160、32×24 和 160。基于流向平均速度和槽道半宽,计算中将雷诺数设定为 3 000。

3　湍流减阻机理分析

3.1　高湍流度壁面摩擦阻力的来源

壁面摩擦阻力系数计算如下式所示,其中第一项与黏性直接相关,湍流壁面的这部分阻力系数与层流壁面是相同的;第二项是雷诺剪应力的加权积分,在层流中积分结果为零,这意味着高湍流度壁面的摩擦阻力主要来自雷诺剪应力。雷诺剪应力的产生与近壁区域流体的相干结构密切相关,包括低速带、低速流的喷射和扫掠以及不同形式的涡结构[4]。当 $Y^+ < 60$ 时,涡结构的影响主要是指靠近低速带并与其有很大的空间对应关系的流向涡的影响。低速带位于反向旋转的流向涡对之间,在流向涡的驱动下,低速流进行喷射以及高速流进行扫掠,这一过程被称为涡的破裂。雷诺剪应力来源于近壁流动的涡破裂过程,而破裂的周期取决于低速带和流向涡的自我维持过程,这意味着我们可以采取措施控制破裂周期中的某些过程,从而影响雷诺剪应力的产生。

$$C_f = \frac{3}{Re_{\mathrm{m}}} - \frac{3}{\delta^2 U_{\mathrm{m}}^2}\int_0^\delta (\delta - y)\langle u'v'\rangle \mathrm{d}y \qquad (1)$$

3.2　湍流统计数据分析

通过对计算结果进行分析,从中选出两种可以增加阻力和减小阻力的算例作为标准算例,分别称为算例 A 和算例 B,其中小肋壁面和光滑壁面的阻力分布如

图 2 所示。由于湍流具有随机性和间断性,因此计算时需要对阻力值进行统计平均,才能通过阻力系数充分反映流动特性。在无量纲时间 250 内进行统计平均后,算例 A 中小肋表面与平滑表面相比获得了 1.3% 的减阻效率。这个结果与直接数值模拟得到的结果相比较低,但考虑到实验误差和阻力系数积分过程中产生的误差,计算得到的减阻效率与实验结果基本一致。对于算例 B,小肋表面计算得到的阻力系数则明显高于光滑表面。具体结果与理论值如表 1 所示。

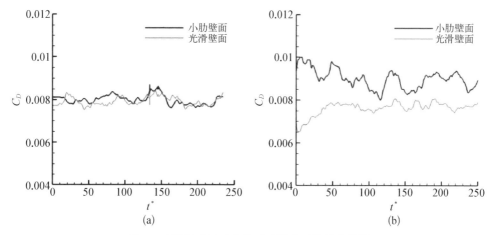

图 2　无量纲时间对应的瞬时阻力系数分布曲线

(a) 算例 A　(b) 算例 B

表 1　小肋表面的减阻效率

算例	s^+	h^+	Re_τ	C_{D_f}	C_{D_τ}	ΔC_D	Haecheon 等人[8]	Walsh
A	19.40	9.70	173	0.0079	0.0078	−1.3%	−5%	−2%
B	40.61	20.30	179	0.0077	0.0088	+14.3%	+12%	+11%

3.2.1　湍流强度

图 3 分别显示了全局坐标中沿流向、法向和展向的均方根速度波动。图 4 显示了壁面坐标中由壁面剪切速度 u_τ 归一化得到的均方根速度波动。比较法向湍流强度分布的各个组成部分,减阻算例(算例 A)中小肋表面的湍流强度相比于光滑表面有所减小,而在算例 B 中有所增加。

3.2.2　雷诺剪应力

由壁面剪切速度归一化得到的雷诺剪应力如图 5(a)所示,以平均速度归一化得到的雷诺剪应力如图 5(b)所示。与相应的光滑表面相比,算例 A 中小肋表面的雷诺剪应力减小约 15.8%,算例 B 中增加约 10.9%。

3.2.3　总剪应力

根据计算公式,在忽略展向变化时,总剪应力随 y 坐标的变化呈线性分布。壁

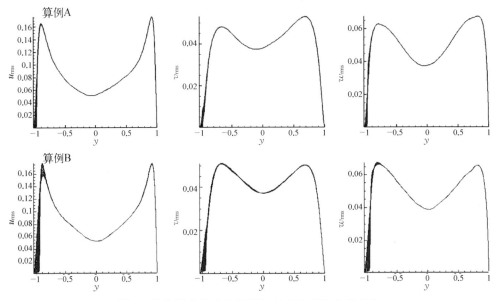

图 3　均方根速度波动在流向、法向和展向上的变化

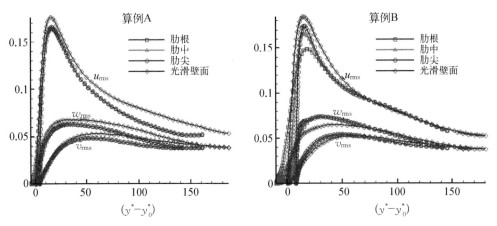

图 4　由壁面剪切速度归一化得到的均方根速度波动

面坐标中的总剪切应力如图 6 所示,图中数据表明,小肋对湍流流动有影响,并且影响主要集中在近壁面区域。

$$\frac{\partial}{\partial y}\left(-\overline{uv}+\nu\,\frac{\partial \overline{u}}{\partial y}\right)+\frac{\partial}{\partial z}\left(-\overline{uw}+\nu\,\frac{\partial \overline{u}}{\partial z}\right)=\frac{1}{\rho}\,\frac{\partial \overline{p}}{\partial x}=常数$$

　　综上所述,通过统计数据分析表明,具有减阻效应的小肋可以减小湍流强度和雷诺剪应力,而具有增阻效应的小肋则会产生相反的效果。为了进一步解释小肋对湍流强度产生的影响,对近壁面区域的湍流能量进行了分析,其中湍流动能的产生情况如图 7 所示,算例 A 中小肋表面的湍流动能有所减小,而算例 B 中有所增

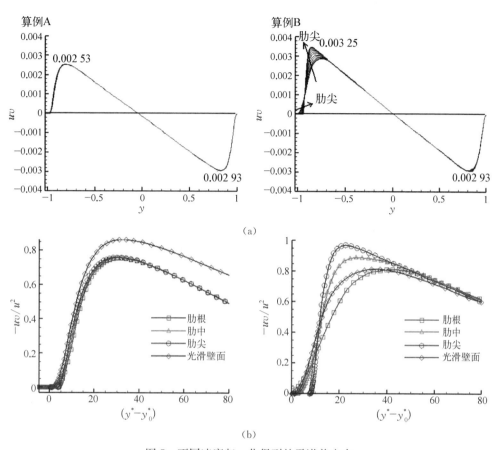

(a)

(b)

图 5 不同速度归一化得到的雷诺剪应力

(a) 壁面坐标系中的雷诺剪应力 (b) 全局坐标系中的雷诺剪应力

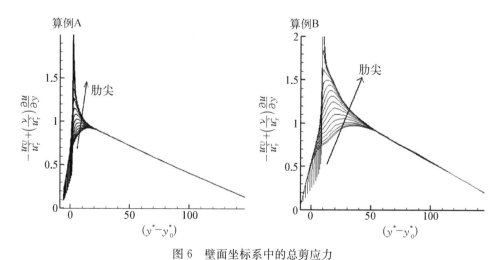

图 6 壁面坐标系中的总剪应力

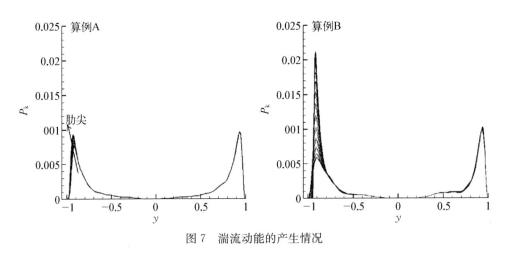

图 7 湍流动能的产生情况

加。为了明确小肋的具体影响,本文采用象限分析的方法研究了不同符号的雷诺剪应力对湍流动能的贡献。

3.3 象限分析

雷诺剪应力的象限分析提供了关于速度波动 u' 和 v' 的不同组合影响总湍流能量产生的详细信息[3]。根据 u' 和 v' 的符号,该分析将雷诺剪应力分为四类,第二象限($u'<0$ 和 $v'>0$,喷射)和第四象限($u'>0$ 和 $v'<0$,扫掠)的组合促进正雷诺剪应力的产生;而第一象限($u'>0$ 和 $v'>0$)和第三象限($u'<0$ 和 $v'<0$)的组合促进负雷诺剪应力的产生。

图 8 显示了法向各象限对雷诺剪应力的贡献。根据图 8(a),算例 A 中三个不同展向位置上的剖面显示的结果基本相同,在非常接近小肋的位置处存在差异。对比光滑表面发现,第二象限和第四象限的雷诺剪应力的最大值有所减小,而第一象限和第三象限的雷诺剪应力几乎没有变化,这表明小肋只对正雷诺剪应力的产生过程具有影响,以及小肋影响涡的破裂过程。在算例 B 中表现出相反的影响效果。

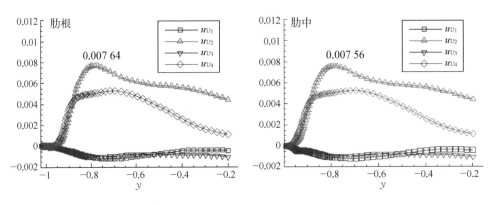

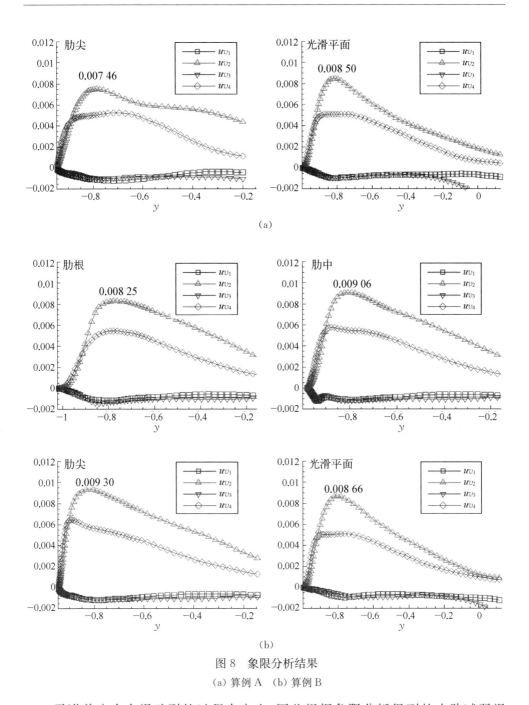

图 8　象限分析结果

(a) 算例 A　(b) 算例 B

雷诺剪应力在涡破裂的过程中产生，因此根据象限分析得到的小肋减弱涡的破裂过程，从而减小雷诺剪应力的解释是合理的。为了解释为什么会发生这种情况，本文从三个方面对小肋影响近壁面区域湍流流动的详细机制进行探索。

3.4 减阻机理分析

3.4.1 近壁相干结构

图 9 显示了不同法向位置的低速带,其中颜色深浅与流向波动速度相关,浅色区域代表高速流动,深色区域代表低速流动。通过比较可以发现不同位置低速带的分布表现出某种周期性,并且在远离壁面的地方,低速带具有更小的流向尺寸和更大的展向尺寸[5-6]。对比小肋表面和光滑表面的低速带,发现当 $Y^+ > 31$ 时,光滑表面上的低速带在空间上变短、变宽,而小肋表面的低速带在 $Y^+ = 40$ 时依旧表现出规则的条带状,这意味着小肋在更大的法向范围内增加了流动的秩序,即小肋将相干结构驱离壁面,从而减弱湍流动能的产生[7]。

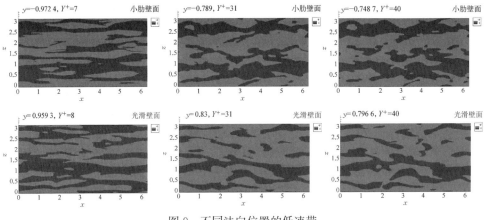

图 9   不同法向位置的低速带

由图 9 还可以得到,小肋表面的低速带与光滑表面相比在空间上更宽一些,这可以通过相关函数进行具体研究。图 10 显示了流向波动速度的展向相关性,$y <$

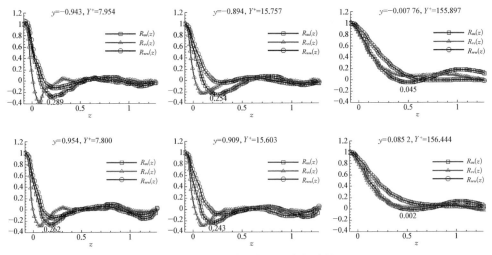

图 10   流向波动速度的展向相关性

0 代表小肋表面，$y > 0$ 代表光滑表面，该相关性反映了相干程度，代表了低速带的展向空间。根据图 10 所示，与光滑表面相比，小肋表面上的低速带的展向空间有所增加。

3.4.2 近壁面区域的涡结构

图 11 显示了一个流向位置处的速度矢量 $(v\text{-}w)$ 和流向涡度等值线的分布情况，其中流向涡的分布是清晰的。在算例 A 中几乎所有的流向涡都位于小肋尖端上方，流向涡的影响难以深入到肋根；但在算例 B 中，肋根处存在流向涡，并且流向涡明显地影响了肋根附近的速度分布。

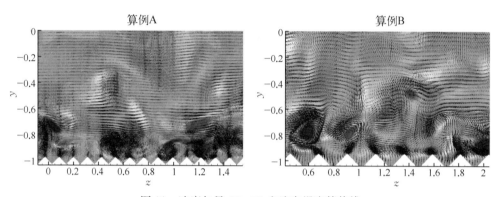

图 11　速度矢量 $(v\text{-}w)$ 和流向涡度等值线

如图 12(a)所示，当流向涡位于小肋尖上方时，流向涡旋产生的高摩擦阻力区域减小；当流向涡流位于肋根时，如图 12(b)所示，高摩擦阻力区域将大大增加。合理的推测是，具有减阻效果的小肋可以限制流向涡位于尖端上方，从而在由流向涡引起的高速流动中减小高摩擦阻力区域的面积。

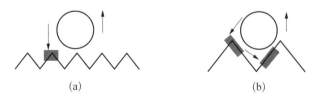

图 12　流动涡旋驱动高速流动扫描并形成高摩擦阻力[8]
(a) 减阻情况　(b) 阻力增加情况

如上所述，小肋拓宽了低速带之间的空间范围，使得展向单位长度中低速带和流向涡数目减少。通过 Q 值（速度梯度的第二个不变量）等值线分布可以观察到涡数量的变化，如图 13 所示，在算例 A 中涡的数量明显减少，而在算例 B 中恰恰相反。

图 14 显示了流向涡度波动的均方根分布，算例 A 中小肋上涡度的峰值降低了约 14%，这意味着小肋减弱了流向涡的强度。

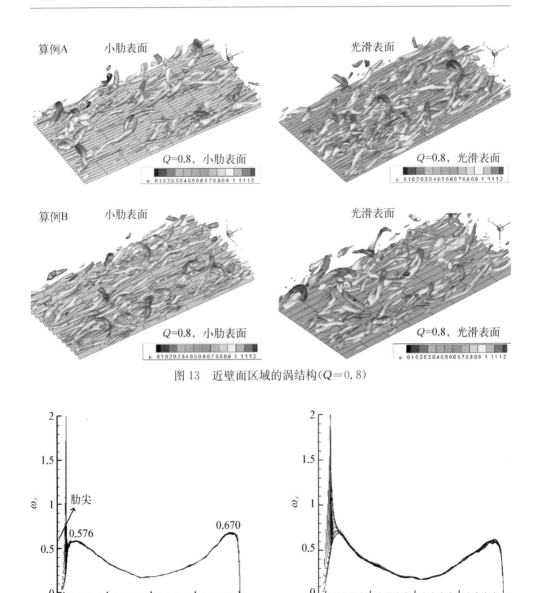

图 13　近壁面区域的涡结构（$Q=0.8$）

图 14　流向涡度波动的均方根

　　综上所述，小肋可以改变流向涡的位置，减少流向涡的数量并削弱流向涡的强度。考虑到流向涡与涡破裂的关系，对流向涡的影响可能在小肋减阻机理中起着关键作用。

3.4.3　平均二次流

　　图 15 和图 16 分别显示出算例 A 和算例 B 中小肋尖端附近展向流动和流向流动（uw）及展向流动和法向流动（vw）之间存在的相关性。在具有横向流动波

动的情况下,展向流动被小肋脊部的迎风侧阻塞,流动方向改变,然后与流向流动和法向流动发生相互作用,最终在小肋尖端附近形成二次流动,从而造成上述相关性[9-10]。对于算例 A,小肋削弱了展向波动,因此小肋尖端附近的二次流强度较弱,二次流只能改变流动方向,并不会增加速度,因此低速黏性流可能滞留在肋根处。对于算例 B,展向波动很大,横向流动可能会延伸到相邻的小肋上,因此二次流强度更大,低速流动不仅会滞留在肋根处,而且会增加流速并导致阻力的增加(详见图 17)。

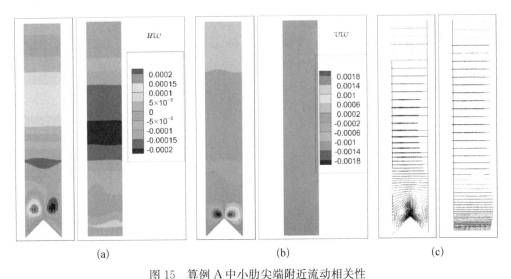

图 15 算例 A 中小肋尖端附近流动相关性

(a) 统计平均 uw 等值线 (b) 统计平均 vw 等值线 (c) 速度矢量 ($v-w$)

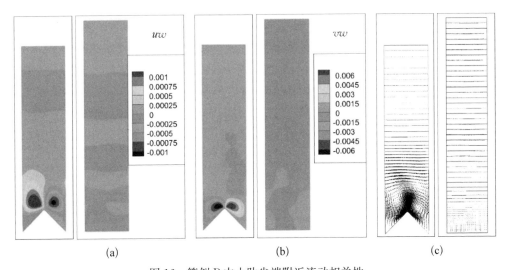

图 16 算例 B 中小肋尖端附近流动相关性

(a) 统计平均 uw 等值线 (b) 统计平均 vw 等值线 (c) 速度矢量 ($v-w$)

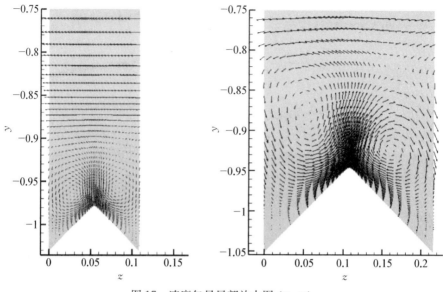

图 17　速度矢量局部放大图 (v-w)

4　结论

小肋可用于湍流减阻,减阻机理与小肋壁面附近湍流运动的变化有关。本文通过对湍流统计数据的分析,从三个不同的角度解释了小肋湍流减阻的机理,包括:

（1）具有减阻效果的小肋可以改变近壁区域内的相干结构的位置,使其远离壁面。

（2）小肋可以削弱流向涡的强度并减少流向涡的数量。

（3）靠近小肋尖端的二次流可以改变高速流动的扫掠方向,然后维持低速流动进入肋根处。

参 考 文 献

［1］　王秋菊,任玉新. 最小色散自适应耗散的有限体积方法［C］//中国力学大会. 2013.

［2］　李钊,陈海昕,张宇飞. 基于 k-kL 两方程湍流模式的尺度自适应模拟［J］. 工程力学, 2016,33(12): 21-30.

［3］　Wallace J M, Eckelmann H, Brodkey R S. The wall region in turbulent shear flow［J］. Journal of Fluid Mechanics, 2006, 54(1): 39-48.

［4］　Robinson S K. The kinetics of turbulent boundary layer structure［D］. Stanford: Stanford University, 1991.

［5］　Jiménez J, Moin P. The minimal flow unit in near-wall turbulence［J］. Journal of Fluid Mechanics, 1991, 225: 213-240.

［6］ 李新亮，马延文，傅德薰. 可压槽道湍流的直接数值模拟及标度律分析［J］. 中国科学，2001，31(2)：153 - 164.

［7］ Bushnell D M. Application frontiers of "designer fluid mechanics" — visions versus reality or an attempt to answer the perennial question "why isn't it used?"［M］. NASA Langley Technical Report Server，1997.

［8］ Haecheon Choi，Parviz Moin，John Kim. Direct numerical simulation of turbulent flow over riblets［J］. Journal of Fluid Mechanics，2016，255：503 - 539.

［9］ Crawford C H. The structure and statistics of turbulent flow over riblets［D］. New Jersey：Princeton University，1994.

［10］ Suzuki Y，Kasagi N. Turbulent drag reduction mechanism above a riblet surface［J］. AIAA Journal，2012，32(9)：1781 - 1790.

2.3 带小翼的翼尖涡物理特征及摇摆机制的实验研究

刘 洪[1] 向 阳[1] 张 淼[2]

(1. 上海交通大学 航空航天学院，上海 200240)
(2. 上海飞机设计研究院，上海 201210)

摘 要： 对于不同翼尖形态产生的翼尖涡，其涡结构以及摇摆特征都不同。翼尖涡的摇摆特征指的是由于涡的不稳定性特征，翼尖涡涡核会出现左右摇摆的行为。本文将采用风洞实验以及 PIV 技术，针对三种典型的翼尖形态（方形翼尖、后掠小翼以及混合小翼）产生翼尖涡的物理特征以及摇摆特征进行研究。基于三种雷诺数的实验结果发现小翼可以有效地减少翼尖涡的强度。另外，不同翼尖形态对应的翼尖涡拥有不同的结构、切向速度分布以及轨迹特征。通过追踪翼尖涡涡核的瞬时中心位置，可以发现翼尖涡的摇摆幅度向下游不断扩大。后掠和混合小翼产生翼尖涡的摇摆幅度要小于方形翼尖产生翼尖涡的摇摆幅度，而其中混合小翼对应的翼尖涡摇摆幅度在这三种翼尖形态中最小。因此，本文的研究发现小翼不仅能减少翼尖涡的环量，而且会改变翼尖涡的结构来抑制其摇摆特征。

关键词： 涡结构；翼尖涡；涡核摇摆；小翼形态

Abstract： For different tip configurations, the wingtip vortices have distinct vortex structures and vortex wandering behavior, which indicates the slow side-to-side movement of the wing-tip vortex core behind the wing and is one result of a vortex instability. In this paper, the vortex structures and vortex wandering behaviors of wingtip vortices for three typical tip configurations, namely, square-cut, raked winglet, and blended winglet wingtips, are experimentally investigated by using the particle image velocimetry (PIV) technique. The results based on three different Reynolds number clearly show that winglets can effectively reduce the strength of wingtip vortices. In addition, the wingtip vortices for different wingtip configurations have distinct structures, tangential velocity profiles and trajectory characteristics. By tracking the instantaneous center of the vortex core, it is found that the wandering amplitude of wingtip vortices is amplified with downstream position for the three tip configurations. Moreover, the wandering amplitude for raked and blended winglet wingtips is much smaller than that for square-cut wingtip, and the wingtip vortex for blended winglet configuration has the smallest wandering amplitude than those for the other two configurations. Accordingly, it is concluded that winglets can not only reduce the circulation of tip vortices, but also change the tip-vortex structures to weaken vortex wandering amplitude.

Key words: vortex structure; wingtip vortex; wandering feature winglet configuration

1 引言

作为飞机流场中的一个三维涡结构,翼尖涡尤其重要,因为翼尖涡影响了飞机的起降距离、频率以及阻力的组成。采用理论分析、数值模型以及实验研究方法,学者们开展了大量的研究来提高对翼尖涡从近场到远场演化的特性[1-5]。为了控制和改变翼尖涡特征,通常在翼尖区域加装小翼。而翼尖小翼的设计基于翼尖涡时间平均特征以及对应的空气动力学载荷来进行研究。当加装小翼之后,翼尖涡的很多非定常特征也发生了改变[6-10]。其中一个最重要的非定常特征就是翼尖涡的摇摆特征,也就是翼尖涡从翼尖脱落之后出现了摇摆的行为。本文将重点分析翼尖涡的生长演化过程以及对应的非定常特征,进而揭示涡致阻力的产生机理以及小翼的减阻机理。

对于有限展长的机翼,环量在机翼翼尖区域聚集,进而形成了翼尖涡。翼尖涡可以向机翼尾迹中传输,并产生诱导阻力。翼尖涡从机翼翼尖区域卷起发生并脱落到尾迹中,变成了尾迹涡结构。翼尖涡的生长演化研究主要从近壁面生长,从近场、中场以及远场进行分析。针对翼尖涡的近壁形成以及近场演化特征,Chow等人[4]、Francis 和 Katz[11]以及 McAlister 和 Takahashi[12]开展了系统的研究,并且重点讨论了攻角、雷诺数以及翼尖形态对翼尖涡的物理特征的影响。这些研究大大提高了我们对翼尖涡初始生长阶段的流动结构以及流动机理的认识。通过对初始阶段的研究可以认识翼尖涡与诱导阻力之间的关系。当翼尖涡变成远场尾迹涡结构时,翼尖涡的研究也是很重要的。正如 Gerz 等人[13]提到的,当飞机的尾迹遇到其他飞行器时,翼尖涡的远场特征就十分重要。在研究翼尖涡远场特征时主要有两种手段:一种是通过控制涡的不稳定性使翼尖涡迅速衰减;另一种是减少翼尖涡远场的强度。对于翼尖涡的控制来讲,最常用的方法就是加装小翼,阻止机翼上、下壁面的分离来减少翼尖涡的强度。这种方法可以有效地减少翼尖涡的强度,进而减少诱导阻力。但是翼尖涡的远场特征是否被改变?尤其是这些小翼的加装对翼尖涡的摇摆非定常特征的影响是什么?这些问题都是未知的。

在翼尖涡从壁面脱落到尾迹中时,出现了一个典型的非定常行为:翼尖涡的摇摆行为[14]。在 20 世纪 70 年代,研究者在风洞实验中发现在尾迹一个截面上翼尖涡存在明显的摇摆行为[15-16]。翼尖涡的摇摆行为指的是在尾迹一个平面上,翼尖涡涡核的位置随时间会发生变化,表现出摇摆的特征。最开始,研究者认为翼尖涡的这种摇摆行为是由于风洞的洞壁效应产生的。支持这个观点最明显的实验现象是翼尖涡的这种摇摆行为与涡的自身特征没有明显的关系，因此可能是由于风洞洞壁造成的[16]。但是，随后的研究发现了一个自相矛盾的现象：Devenport 等人[17]发现翼尖涡的摇摆半径随着尾迹面的延后会不断增加。这个现象意味着翼尖涡的这种摇摆特征可能与某种涡的不稳定性机理有关。Jacquin 等人[18]进一步通过实验证实，翼尖涡的这种摇摆特征不会受风洞洞壁的影响，并且其摇摆的频率与每种涡的不稳定性频率保持一致。通过增加来流的湍流度，Bailey 和 Tavouaris[19]发现翼尖涡摇摆的幅度也在增加，也就意味着翼尖涡摇摆这种非定常特征确实是涡的不稳定性导致的。在 2016 年，Edstreand 等人[14]再次利用实验研究翼尖涡摇摆的物理机理。他们通过 POD 分析，并借助于 Batchelor 涡来拟合翼尖涡的物理特征。研究结果发现通过对拟合后的 Batchelor 涡进行空间线性稳定性分析，得到的结果与实验 POD 分析结果保持一致。该研究直接证实了翼尖涡的摇摆特征是由于涡的不稳定性导致的。

到目前为止，研究发现翼尖涡的摇摆特征是一个普遍存在的非定常现象，产生这种现象的原因是涡的不稳定性。由于存在翼尖涡的摇摆特征，因此基于平均流场确定的翼尖涡涡核半径会被估计得偏大，翼尖涡的切向速度又会被估计得过小。因此，Devenport 等人[17]尝试通过热线风速仪测量的结果来对平均速度场进行修正，他们尝试基于雷诺应力的方法，定量化估计翼尖涡摇摆幅度。但是，基于热线风速测量的方法确定翼尖涡的摇摆特征存在很大的挑战。通过采用 PIV 方法，Heyes 等人[20]测量了翼尖涡在每个尾迹面的定量化的速度场，并且估计了摇摆行为对翼尖涡的涡核半径以及切向速度的影响。这些基于 PIV 测量的结果与 Devenport 等人的结果保持一致。此外，Heyes 等人[20]发现翼尖涡摇摆的幅度与翼尖涡的强度不是线性相关的。由于翼尖涡存在摇摆的非定常特征，因此其产生的诱导阻力也会受到明显的影响。

因此，我们将对翼尖涡的生长演化进行研究，尤其是揭示翼尖涡的非定常行为对涡致阻力的影响。随后研究加装小翼之后，翼尖涡物理特征的变化以及翼尖涡摇摆特征的变化，进而揭示小翼的减阻机理。

2　研究方法

2.1　实验装置

实验在上海交通大学的低速回流式风洞中进行。该风洞实验段口径是 1 200 mm×900 mm，实验段洞壁采用光学玻璃。通过热线标定，来流速度的脉动是来流速度的 0.05%。如图 1 所示，风洞中安装了一个截面是 NACA0020 翼型的等直翼，其半展弦比是 2.5。弦长是 250 mm，攻角是 6°。在本文的研究中，雷诺数根据来流速度和弦长获得。雷诺数的表达式为

$$Re \equiv \frac{U_\infty c}{\nu_\infty} \tag{1}$$

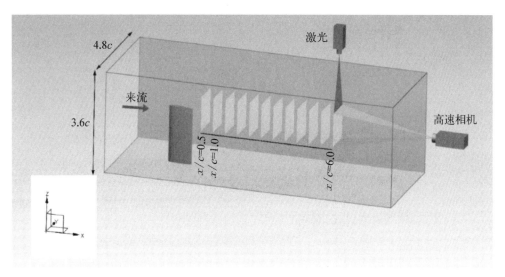

图 1 风洞实验装置、PIV 系统以及坐标系统的示意(x/c 指的是不同下游位置的尾迹平面;c 是机翼的弦长 $c=250\ \text{mm}$)

式中:ν_∞ 为来流的动力学黏度。在我们在研究中,主要有三种雷诺数:$Re=2.58\times10^5$、$Re=3.44\times10^5$、$Re=4.29\times10^5$。在本研究中,我们针对两种典型小翼的翼尖涡进行研究。如图 2 所示,一种是基于 Whitcomb 的小翼形式,根部弦长为 $0.7c$,展长为 $1.0c$,后掠角为 $20°$;另外一种是参考波音 B787 的后掠小翼。

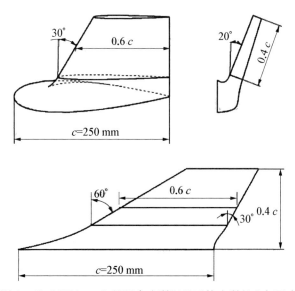

图 2 基于 Whitcomb 的混合小翼以及后掠小翼的几何示意

通过数字粒子图像测速(DPIV)技术,测量翼尖涡在每个尾迹面上的流场分布。示踪粒子选择 $1\sim5\ \mu\text{s}$ 的油滴。采用最大能量是 200 mJ 的双脉冲激光器 ND:

YAG 照亮粒子,激光器的曝光频率是 1 Hz。激光器发出的波长是 532 nm 的绿光,同时双脉冲之间的时间间隔是 10^{-5} s。通过激光导光臂产生一个厚度为 2 mm 的激光面并且将该激光面放置在 y-z 平面上。把 CCD 相机(PCO200)放置在垂直于激光面的位置,记录激光面上粒子的图像。CCD 相机的分辨率是 2 048×2 048 像素,对应的流场大小是 238 mm × 238 mm。得到的图片通过商用软件(TSI INSIGHT 4G)进行处理。后处理中查询窗口是 24×24 像素。基于该软件处理获得流场的速度分布,并通过周围 8 个点的信息,采用二阶精度方法计算每个点的涡量值。

本文的实验获取从前缘位置一直到尾迹处的翼尖涡的流场结果,并且获得从 $x/c = 0.5 \sim 6$ 的流场,x 指的是到机翼尾缘处的流向距离,c 是机翼的弦长。

2.2　涡核位置确定方法

在翼尖涡的研究中,尤其是在研究翼尖涡摇摆特征时,通常需要确定涡核的位置。为了精确地提取出翼尖涡涡核的位置,通常有两种方法:一种方法是确定流向速度的最大值;另一种方法是确定径向速度和切向速度都为 0 的点。但是对于翼尖涡来讲,其涡核会上下移动。因此本文将采用重心法,通过考虑涡量的权重来获得涡核位置。对于每一个瞬时,涡核的位置$(y_{\text{core}}, z_{\text{core}})$的计算方法如下所示。

$$y_{\text{core}} = \frac{\sum_{i=0}^{m} \sum_{j=0}^{n} y(i,j)\omega(i,j)}{\sum_{i=0}^{m} \sum_{j=0}^{n} \omega(i,j)} , \quad z_{\text{core}} = \frac{\sum_{i=0}^{m} \sum_{j=0}^{n} z(i,j)\omega(i,j)}{\sum_{i=0}^{m} \sum_{j=0}^{n} \omega(i,j)} \quad (2)$$

式中:$y(i,j)$ 和 $z(i,j)$ 是在尾迹面上的 y 和 z 方向的坐标。随后翼尖涡的半径可以通过以下方法计算。

$$r^2 = \frac{\sum_{i=0}^{m} \sum_{j=0}^{n} \Delta a_i^2 \omega(i,j)}{\sum_{i=0}^{m} \sum_{j=0}^{n} \omega(i,j)} \quad (3)$$

式中:Δa_i 是每个点到涡核中心的距离。

3　翼尖涡非定常演化特征的影响

3.1　翼尖涡的尾迹演化形态

在改变翼尖的物理特征时,常用的办法是加装小翼。接下来本文将重点研究不同翼尖形态对于翼尖涡物理特征的影响。图 3 显示了三种典型翼尖形态下,翼尖涡在不同尾迹截面上的速度矢量分布以及流向涡量云图。流向涡量通过 PIV 测量的截面速度分布计算获得,该截面的速度通过平均 200 张瞬时 PIV 流场获得。来流速度是 15 m/s,对应的 $Re = 2.58 \times 10^5$。

从图 3 可以明显地看出三种典型翼尖形态的翼尖涡位置。在本节的研究中,

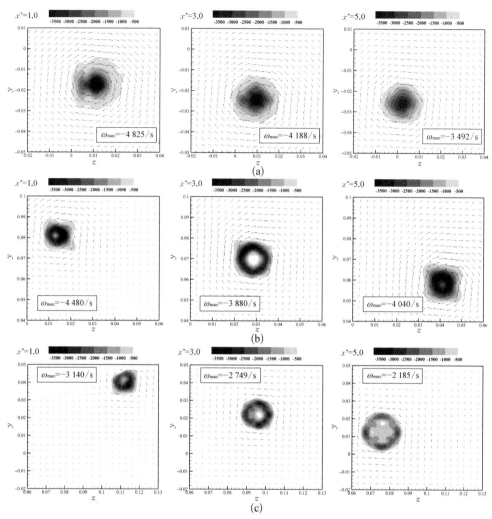

图3 三种典型翼尖形态的翼尖涡流向涡量云图和速度矢量
（对应的雷诺数是 $Re=2.58\times10^5$）

（a）方形翼尖 （b）后掠小翼 （c）混合小翼

翼尖尾迹处的坐标定为：$y=0$，$z=0$。 对于方形翼尖，翼尖涡随尾迹面的变化基本停留在翼尖的区域。但是后掠和混合小翼产生的翼尖涡的位置有明显的变化。另外，从图3中可以看出翼尖涡涡核处的最大涡量值随着向尾迹下游的发展在不断衰减。例如，对于方形翼尖产生的翼尖涡在 $x/c=1.0$ 的尾迹面上的最大涡量是 $\omega_{max}=-4\,825/s$；而在 $x/c=5.0$ 的尾迹面上最大涡量值已经降到 $\omega_{max}=-3\,492/s$。 并且相比于方形翼尖产生的翼尖涡，后掠小翼和混合小翼产生的翼尖涡涡核中心的最大涡量值小一些。表1展示了在三种雷诺数下，三种小翼产生翼尖涡在尾迹面 $x/c=1.0$ 处的环量。实验结果显示随着雷诺数的增加，翼尖涡的强度和环量都在增加。当翼尖区域安装上小翼之后，产生翼尖涡的强度明显下降。相比于后掠小翼来讲,混合小翼可以更加显著地降低翼尖涡的强度。

表1　在尾迹面 $x/c = 1.0$ 处的翼尖涡平均环量 $\Gamma/(\mathrm{m^2/s})$

小 翼 构 型	$Re = 2.58 \times 10^5$	$Re = 3.44 \times 10^5$	$Re = 4.298 \times 10^5$
方形翼尖	0.49	0.67	0.98
后掠小翼	0.34	0.56	0.74
混合小翼	0.14	0.37	0.47

3.2　不同雷诺数下翼尖涡的非定常物理特征

由于翼尖涡的不稳定性特征,翼尖涡在尾迹中呈现出摇摆的非定常物理特征。Devenport 等人采用时间平均的单点测量方法,估算了翼尖涡的摇摆半径并且重构了翼尖涡的速度分布。在本节的研究中,可以根据 PIV 的时均结果获得翼尖涡涡核切面上的切向速度。图 4 所示为三种翼尖形态下翼尖涡涡核切面的速度分布。从图中可以看出,翼尖涡切向速度分布随雷诺数的变化基本不发生变化。基于图 4 (a)的切向速度分布,可以采用标准的 Batchelor 涡进行拟合。相比于方形翼尖形态产生的翼尖涡,其他两种翼尖形态产生的翼尖涡切向速度分布存在一些不同。在涡核内存在一个很小的区域,该区域内切向速度近似为 0。这种差距产生的主要原因在于不同翼尖形态下翼尖涡的生长演化过程不同,尤其是近壁面的涡对形态有很大的区别。对于方形翼尖,在翼尖近壁面产生一个主涡和一个次级涡结构,他们组成一个涡对,该涡对在翼尖尾缘处发生融合。而相比之下,对于带混合小翼或者后掠小翼的翼尖涡结构,存在多个二次涡结构,并且它们和主涡之间的融合过程在翼尖尾缘处可能还未完全完成。

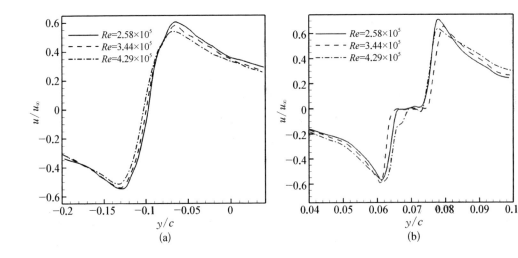

(a)   (b)

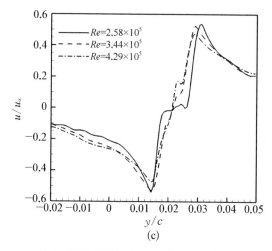

图 4　翼尖涡涡核中心切面上切向速度分布

（a）方形翼尖　（b）后掠小翼　（c）混合小翼

4　不同翼尖下的翼尖涡非定常摇摆特征及机理

在揭示三种典型翼尖形态下的翼尖涡的物理特征和结构特征之后，本节将重点研究翼尖涡的摇摆特征。

4.1　翼尖涡的摇摆特征

根据重心法确定翼尖涡的涡核中心位置坐标，可以在图中标注出翼尖涡的涡核中心分布。如图 5 所示，涡核中心坐标分布在一个圆圈范围内。但是，翼尖涡在 y 方向和 z 方向的摇摆有一定的差别。Devenport 等人和 Igarashi 等人也发现了这种差异。这里，我们采用一个特征半径 r_a 来衡量摇摆的幅度。特征半径的计算如下所示。

$$r_a = \frac{1}{N} \sum_{i=0}^{N} \Delta r_i \qquad (4)$$

式中：Δr_i 为瞬时涡核位置到平均涡核位置的距离。平均涡核位置是根据这些瞬时涡核位置的平均值获得的。另外，这个半径包含了超过了 95% 的瞬时涡核中心位置的瞬时点。如图 5 所示，方形翼尖、混合小翼和后掠小翼对应的翼尖涡摇摆幅度分别是 $0.005c$、$0.004c$ 和 $0.0026c$。对于方形小翼，翼尖涡的摇摆幅度和 Devenport 等人获得结果一致。

图 6 展示了不同尾迹面的翼尖涡摇摆行为。结果显示随着尾迹面的变化，三种不同翼尖形态对应的翼尖涡的摇摆幅度都在增大。另外，图中也明确地显示了翼尖形态对翼尖涡轨迹的影响。例如，后掠小翼产生翼尖涡飘向 $z+$ 方向，也就是远离翼根方向；而混合小翼产生的翼尖涡飘向 $z-$ 方向，也就是靠近翼根方向。

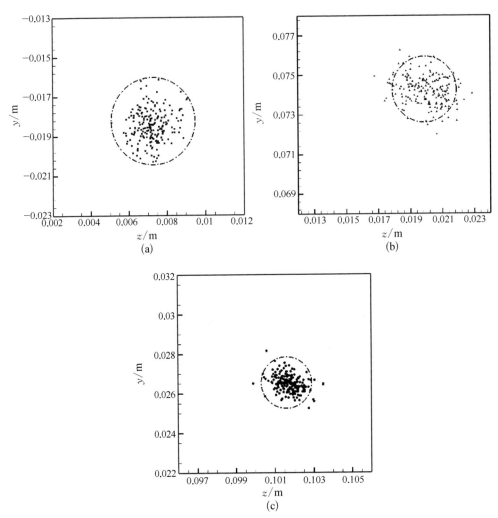

图 5　不同翼尖形态的翼尖涡瞬时涡核位置（结果对应于 $x/c = 2.0$ 和 $Re = 2.58 \times 10^5$）

4.2　不同雷诺数下的翼尖涡摇摆特征

　　翼尖涡的摇摆特征是翼尖涡最典型的非定常特征。本节研究了雷诺数对翼尖涡摇摆特征的影响。图 7 显示了三种翼尖产生的翼尖涡在三种雷诺数下的摇摆特征。从图中可以明显地看到，翼尖涡摇摆幅度随尾迹面向下游发展而增加，但是这个增加是非线性的，尤其是对于混合小翼产生的翼尖涡，在尾迹面 $x^* = 3.0$ 之后迅速增加。因此在翼尖涡向下游传输的过程中，涡的不稳定性存在一个放大机制。

　　我们进而对比了三种翼尖形态下，翼尖涡的摇摆幅度。结果显示加装小翼之后可以明显地抑制翼尖涡的摇摆行为。相比于后掠小翼，混合小翼产生翼尖涡的摇摆幅度更小。需要指出的是，混合小翼对应的翼尖涡环量也是最小的。而对于后掠小翼来讲，其可以很好地抑制翼尖涡的强度，但是却不能很好地抑制翼尖涡的不稳定特征。

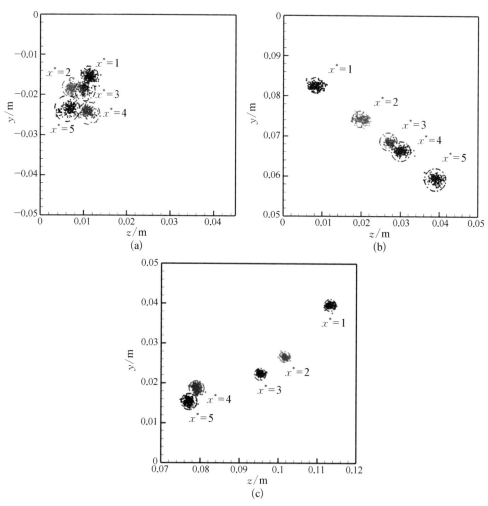

图 6　翼尖涡在不同尾迹面上的摇摆行为
（a）方形翼尖　（b）后掠小翼　（c）混合小翼

5　结论

本文针对翼尖涡的近壁生长、近场以及远场特性进行研究,尤其重点研究了翼尖涡在远场具有的非定常摇摆行为和分析了三种典型翼尖形态对于翼尖涡的物理特征以及摇摆行为的影响。通过对比方形翼尖、后掠小翼的翼尖以及混合小翼的翼尖产生的翼尖涡,发现翼尖涡的摇摆幅度随下游尾迹面的发展在不断增加。与此同时,小翼改变了翼尖涡的尾迹轨迹,并显著地减小了翼尖涡的强度以及翼尖涡摇摆的幅度。相比于后掠小翼,加装混合小翼产生的翼尖涡的强度和摇摆幅度都大幅下降。

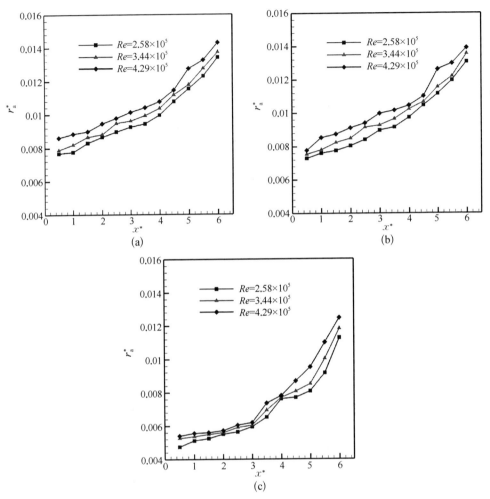

图 7　翼尖涡摇摆幅度随下游尾迹面发展的变化

（a）方型翼尖　（b）后掠小翼　（c）混合小翼

参 考 文 献

[1] Vatistas G H, Lin S, Kwok C K. Reverse flow radius in vortex chambers[J]. AIAA Journal, 1986, 24(11): 1872.

[2] Birch D M, Lee T. Rollup and near-field behavior of a tip vortex[J]. Journal of Aircraft, 2003, 40(3): 603 - 607.

[3] Birch D M, Lee T. Structure and induced drag of a tip vortex[J]. Journal of Aircraft, 2004, 41(5): 1138 - 1145.

[4] Chow J S, Zilliac G G, Bradshaw P. Mean and turbulence measurements in the near field of a wingtip vortex[J]. AIAA Journal, 1997, 35(10): 1561 - 1567.

[5] Craft T J, Gerasimov A V, Launder B E, et al. A computational study of the near-field generation and decay of wingtip vortices[J]. International Journal of Heat and Fluid Flow, 2006, 27(4): 684 - 695.

[6] Dacles-Mariani J S, Zilliac G G, Chow J S, et al. Numerical/experiment study of a wingtip vortex in the near field[J]. AIAA Journal, 1997, 33(9): 1561 - 1568.

[7] Kravchenco S. The application of the wing tip lifting surfaces for practical aerodynamic [C]. ICAS - 96 - 4. 6. 4. Sorrento Italy, 1996.

[8] Takenaka K, Hatanaka K, Yamazaki K, et al. Multidisciplinary design exploration for a winglet[J]. Journal of Aircraft, 2008, 45(5): 1601 - 1611.

[9] Narayan G, John B. Effect of winglets induced tip vortex structure on the performance of subsonic wings[J]. Aerospace Science & Technology, 2016, 58: 328 - 340.

[10] Sohn M H, Chang J W. Visualization and PIV study of wing-tip vortices for three different tip configurations[J]. Aerospace Science & Technology, 2012, 16(1): 40 - 46.

[11] Francis T B, Katz J. Observations on the development of a tip vortex on a rectangular hydrofoil[J]. Journal of Fluids Engineering, 1998, 110(2): 208 - 215.

[12] McAlister K W, Takahashi R K. Wing pressure and trailing vortex measurements[R]. NASA: Technical report 3151.

[13] Gerz T, Holzpfel F, Darracq D. Commercial aircraft wake vortices[J]. Progress in Aerospace Science, 2002, 38(3): 181 - 208.

[14] Edstrand A M, Davis T B, Schmid P J, et al. On the mechanism of trailing vortex wandering[J]. Journal of Fluids Mechanics, 2016, 801: 1 - 11.

[15] Corsiglia V R, Schwind R G, Chigier N A. Rapid scanning, three-dimensional hot-wire anemometer surveys of wing-tip vortices [J]. Journal of Aircraft, 1973, 10 (12): 752 - 757.

[16] Baker G R, Barker S J, Bofan K K, et al. Laser anemometer measurements of trailing vortices in water[J]. Journal of Fluids Mechanics, 1974, 65(2): 325 - 336.

[17] Devenport W J, Rife M C, Liapis S I, et al. The structure and development of a wing-tip vortex[J]. Journal of Fluids Mechanics, 1996, 312: 67 - 106.

[18] Jacquin L, Fabre D, Geffroy D, et al. The properties of a transport aircraft wake in the extended near field: an experimental study[G]. AIAA paper, 2001.

[19] Bailey S C C, Tavoularis S. Measurements of the velocity field of a wing-tip vortex, wandering in grid turbulence[J]. Journal of Fluids Mechanics, 2008, 601: 281 - 315.

[20] Heyesf A L, Jones R F, Smith D A R. Wandering of wing-tip vortices [C]. In International Symposia on Applications of Laser Techniques to Fluid Mechanics, Portugal: Lisbon.

2.4 翼梢小翼诱导阻力性能涡丝动力学计算

王志博[1]　张　淼[2]　孙　刚[1]　马涂亮[2]

(1. 复旦大学　航空航天系,上海　200433)
(2. 上海飞机设计研究院,上海　201210)

摘　要:本文利用涡格法获得沿着机翼展长的环量分布,计算环量阶跃获得脱体涡的强度和位置,根据 Boit‑Savart 定律推导出涡在空间发放后的互相诱导运动和自诱导运动的计算模型,利用该计算模型模拟尾涡诱导运动至失稳合并的空间运动,结合对机翼的面元划分计算空间尾涡分布诱导的下洗流场中的诱导速度分布,最后得到下洗流场的结构和诱导气动力,结合不同布置形式的翼梢小翼进行涡诱导流场控制的对比。

关键词:涡格法;环量;下洗流场;翼梢小翼

Abstract: In this paper, the circulation distribution along wing is obtained by vortex lattice method. The strength and position of the vortex in the loop step is calculated. According to Biot-Savart law, the calculation model of mutual induced motion and self-induced motion of vortex after space release is derived. The model is used to simulate the induced motion of wake vortex to the spatial motion of instability. The distribution of the induced velocity in the down wash flow induced by the wake distribution of the space is calculated by dividing the wing surface into panels. Finally, the structure and induced aerodynamic force of the down wash flow field is obtained. Comparison of vortex induces flow control with winged winglets with different configurations.

Key words: vortex lattice method; circulation; downwash; winglet

1　引言

在机翼翼梢处加装小翼可以起到保持环量、扩散和减小翼梢涡涡量进而降低诱导阻力的作用[1-3]。然而加装小翼并不能根除翼梢涡,从环量沿着机翼翼展的方向分布可知,机翼翼梢处环量存在不连续分布和阶跃,翼梢加装了小翼后,小翼的翼面部分地保持了环量,从而改善了环量不连续分布的状态,减缓了阶跃程度。普遍认为沿着翼展方向的环量阶跃对应了该处的脱体涡系，这些涡系带有本应该提供升力的环量。而小翼所起的作用就是对翼梢涡带有的环量在翼梢处进行补充[4]。

常规的离散求解 RANS 方程的数值方法，不能区分因涡诱导形成的气动力组成[5]，而考虑尾涡构型的涡格法以及其他高阶面元法无法准确刻画带有翼梢小翼处因诱导而造成的扭转变形的尾涡构型[6-8]，因此准确描述尾涡构型是提高计算精度的关键[9-10]。为克服翼梢处的畸变涡系对计算诱导阻力性能造成的困难，利用涡丝表示互相靠近的集中涡量的诱导运动，对描述这一畸变流场具有显著的优势。本研究首先利用涡格法计算得到带有翼梢小翼的机翼上的环量分布，得到脱体涡系的起始位置和环量，推导涡丝动力学模型，计算涡丝在近场空间的定常运动轨迹；其次对机翼进行表面面元划分，计算面元受到的涡丝的诱导速度分布；最后得到翼梢小翼的涡致气动力特性。

2　计算原理

2.1　涡丝诱导运动的动力学模型

风洞流场测试与精细 CFD 数值计算显示了翼梢的尾流场中存在机翼的梢涡和小翼的梢涡等两个以上的涡系。这些脱体涡系在近场的尾流中因相互诱导而发生转动，集中涡量的运动轨迹近似于螺旋线，在飞机定直平飞的巡航状态下，机翼的翼梢处脱落的尾涡在近场的空间诱导运动可以看作一个定常的流动，这些集中涡量的运动轨迹可用涡丝表示，涡丝的运动轨迹如下所示。

$$r_n = \boldsymbol{i} x_n + \boldsymbol{j} y_n + \boldsymbol{k} z_n \tag{1}$$

对于空间存在 N 个涡丝的互诱导运动，服从 Boit - Savart 定律

$$U_n = \sum_{m=1}^{N} \frac{\Gamma_m}{4\pi} \int \frac{R_{mn} \times \mathrm{d}L_m}{|R_{mn}|^3} = \sum_{m=1}^{N} \frac{\Gamma_m}{4\pi} \int_{-\infty}^{\infty} \frac{(r_m - r_n)}{|r_m - r_n|^3} \times \frac{\partial r_m}{\partial x_m} \mathrm{d}x_{mn} \tag{2}$$

对(2)式线性化得到

$$v_n = \sum_{m=1}^{N} \frac{\Gamma_m}{4\pi} V_{0mn} \boldsymbol{j}$$

$$w_n = \sum_{m=1}^{N} \frac{\Gamma_m}{4\pi} W_{0mn} \boldsymbol{k}$$

N 涡丝系统互诱导运动可写成如下动力学方程组

$$
\begin{cases}
\dfrac{\partial y_1}{\partial t} = \displaystyle\sum_{m=1}^{N} \dfrac{\Gamma_m}{4\pi} V_{0m1} \\[2mm]
\dfrac{\partial z_1}{\partial t} = \displaystyle\sum_{m=1}^{N} \dfrac{\Gamma_m}{4\pi} W_{0m1} \\[2mm]
\cdots \\[1mm]
\dfrac{\partial y_n}{\partial t} = \displaystyle\sum_{m=1}^{N} \dfrac{\Gamma_m}{4\pi} V_{0mn} \\[2mm]
\dfrac{\partial z_n}{\partial t} = \displaystyle\sum_{m=1}^{N} \dfrac{\Gamma_m}{4\pi} W_{0mn} \\[2mm]
\cdots \\[1mm]
\dfrac{\partial y_N}{\partial t} = \displaystyle\sum_{m=1}^{N} \dfrac{\Gamma_m}{4\pi} V_{0mN} \\[2mm]
\dfrac{\partial z_N}{\partial t} = \displaystyle\sum_{m=1}^{N} \dfrac{\Gamma_m}{4\pi} W_{0mN}
\end{cases}
\tag{3}
$$

式中：当 $m=n$ 时，$V_{0mn} = -\dfrac{z_{mn}}{2r^2}$，$W_{0mn} = \dfrac{y_{mn}}{2r^2}$，其中 $r^2 = x_{mn}^2 + y_{mn}^2 + z_{mn}^2$，表示互异的涡丝上的两个点的距离；当 $m \neq n$ 时，$V_{0mn} = 0$，$W_{0mn} = 0$。

常见的翼梢小翼的设计中，引入的集中涡的数量一般为 $N = 2，3，4\cdots$

2.2　涡丝环量的确定

结合涡格法计算涡丝环量的分布，涡格法是一种经典的近似求解诱导阻力的方法，利用该方法可快速计算得到环量沿着翼展的分布，本研究不做具体展开。根据茹科夫斯基环量定理可知无量纲环量 γ 与环量的换算如下所示。

$$
\Gamma = \rho V L = \frac{1}{2}\rho^2 V^3 c^2 \Delta
\tag{4}
$$

式中：c 为涡脱体处的弦长；Δ 为机翼的无量纲环量的阶跃值。

2.3　诱导速度场的计算

在机翼的表面布置面元，计算每个面元的重心 G、面积 ΔS_i 以及面元的外法向矢量 $(\boldsymbol{n}_x，\boldsymbol{n}_y，\boldsymbol{n}_z)$，利用 Boit-Savart 定律可计算在重心处的诱导速度。

$$
u(\boldsymbol{R}) = -\frac{\Gamma}{4\pi}\int_L \frac{(R-R') \times \mathrm{d}s(R')}{|R-R'|^3}
\tag{5}
$$

涡丝系统对机翼上一点的诱导速度可利用叠加原理求得

$$
\boldsymbol{U} = \sum_{j=1}^{N} \frac{\Gamma_j}{4\pi}\int_{L_i} \frac{\mathrm{d}\boldsymbol{l}_j \times \boldsymbol{r}}{r^3}
\tag{6}
$$

利用前述涡丝动力学模型得到的涡丝构型,可利用插值方法离散为一系列的空间点 $F(x_j, y_j, z_j)$

$$L = F(x_j, y_j, z_j)$$

式中: $j = 0, 1, 2, 3, \cdots, N$,涡丝分段长度为

$$\Delta L_j = (x_{j+1} - x_j, y_{j+1} - y_j, z_{j+1} - z_j)$$

翼面上一点 P 和位于涡丝上的离散点的距离为

$$R = \sqrt{(x - x_j)^2 + (y - y_j)^2 + (z - z_j)^2}$$

那么微元的诱导速度可写成

$$d\boldsymbol{U} = \frac{\Gamma}{4\pi} \frac{\Delta \boldsymbol{L}_j \times \boldsymbol{R}}{|R^3|}$$

速度分量写成

$$\begin{aligned}
du_j &= \frac{\pi}{4} \frac{\Gamma}{R^3}(dL_x R_z - dL_z R_y) \\
dv_j &= \frac{\pi}{4} \frac{\Gamma}{R^3}(dL_z R_x - dL_x R_z) \\
dw_j &= \frac{\pi}{4} \frac{\Gamma}{R^3}(dL_x R_y - dL_y R_x)
\end{aligned} \tag{7}$$

三角形面元能够较好地适用于复杂的翼梢小翼的构型表面网格划分,并且三角形的重心和面积等较容易计算(见图1)。

诱导阻力由以下积分求和给出

$$\begin{aligned}
F_x &= \sum_{i=1}^{N} p_i \Delta S_i \boldsymbol{n}_{xi} \\
F_y &= \sum_{i=1}^{N} p_i \Delta S_i \boldsymbol{n}_{yi} \\
F_z &= \sum_{i=1}^{N} p_i \Delta S_i \boldsymbol{n}_{zi}
\end{aligned} \tag{8}$$

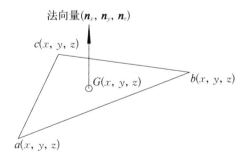

图1　面元几何信息

式中: $p_i = \dfrac{1}{2}(u_i^2 + v_i^2 + w_i^2)$,为计算得到的动压; ΔS 为面元的面积; $\boldsymbol{n}_x$、$\boldsymbol{n}_y$、$\boldsymbol{n}_z$ 为方向余弦。

2.4　计算流程

利用涡格法程序计算得到无量纲载荷沿着展向的分布,获得在小翼的翼根和翼梢等翼面不连续处的涡脱落的强度和脱体涡系的位置和环量损失,从而得到涡

系脱落的构型和涡系脱落构型的初始位置。在布置涡丝的起始位置时,涡丝不能与壁面相交,否则会引起计算发散。由于民用飞机在定直平飞过程中,涡系在近场的运动可近似看作定常运动,因此计算得到尾涡丝的构型可看做定常构型,利用尾涡丝构型,结合 Boit - Savart 定律计算在机翼表面的诱导速度,最后利用积分关系式计算诱导阻力。尾涡丝构型与机翼表面的计算点如图 2 所示;翼梢小翼诱导阻力的计算流程如图 3 所示。

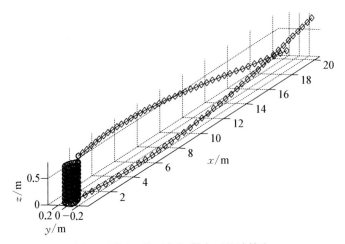

图 2　尾涡丝构型与机翼表面的计算点

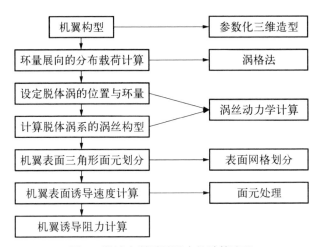

图 3　翼梢小翼诱导阻力的计算流程

3　翼梢处脱体涡系的强度计算

本部分利用涡格法计算翼梢和翼面不连续处的脱体涡的强度,给出了沿着展向的环量分布曲线随着翼梢小翼的构型参数的变化。

三种典型的翼梢小翼的构型可用如图 4 所示的面元域近似表示,其中(a)种小翼是上反式小翼,其中影响几何构型的变量还包括倾角小翼的倾角和小翼的高度等;(b)种小翼是翼尖帆式的小翼,两个扭转角度控制下端的小翼沿机翼翼梢的相对转动角度;(c)种小翼是平面形小翼,也就是小翼位于一个平面内,如果采用更多的面元表示,那么对翼梢小翼的近似将更加准确。本研究采用如图1所示的面元域近似这三种小翼的构型。计算中可通过划分适当数量的面元域,表达扭转角效应,可计算扭转角沿着展向的变化对翼展向荷载的影响。

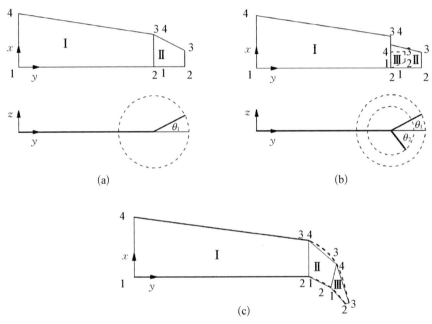

图 4 三种翼梢小翼面元域角点分布和翼梢小翼的倾角与空间坐标顺序
(a) 两个面元域近似 (b) 三个面元域近似 (c) 三个面元域近似

首先对(a)种翼梢小翼的构型进行分析,保持小翼的翼展长度不变,随着 θ_1 的增加,小翼的高度增加。给出如下所示的机翼构型面元区域角点坐标,得到如图5所示的环量分布曲线。计算得到在机翼表面的壁面不连续处、过渡处和翼面间断处,如机翼翼梢与小翼翼根连接处,小翼的翼梢处等,因存在脱体的涡系,因此这些涡系的脱落致使环量损失,环量的阶跃值认为是脱体涡的无量纲化环量。这些环量阶跃值作为涡丝动力学构型的输入条件。

针对如图4所示的三种小翼构型,计算得到不同构型参数对应的脱体涡系环量的变化曲线如图5～图15所示。

构型(a)的环量阶跃值随着小翼倾角 θ_1 的增大而增大,而小翼翼梢处的环量随着倾角的增大而减小,但是环量的降低值低于机翼翼梢的环量增加值。必须重视小翼与机翼翼梢连接处的过渡,降低环量的损失。

对比上述三种翼梢小翼构型可知,构型(c)小翼翼梢处的环量最小,从环量的阶

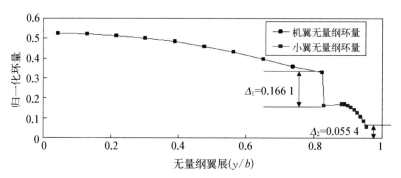

图 5　构型(a)环量沿着翼展方向的分布曲线

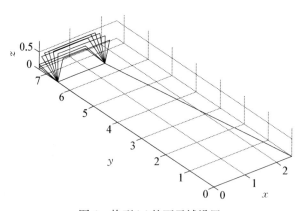

图 6　构型(a)的面元域设置

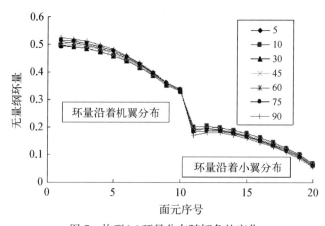

图 7　构型(a)环量分布随倾角的变化

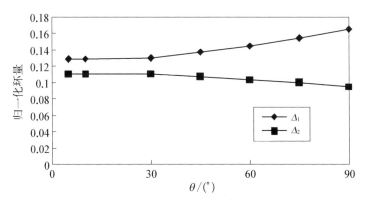

图 8 构型(a)中倾角 θ 与环量阶跃值的关系(小翼的收缩比例为 4/5)

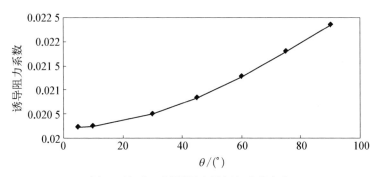

图 9 构型(a)诱导阻力随倾角 θ 的变化

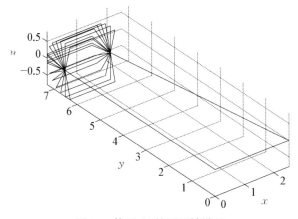

图 10 构型(b)的面元域设置

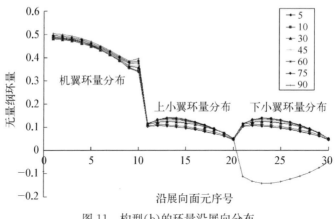

图 11　构型(b)的环量沿展向分布

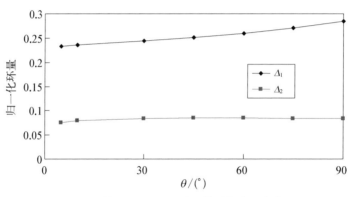

图 12　构型(b)的环量阶跃值随倾角的变化

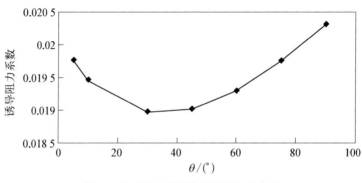

图 13　构型(b)诱导阻力随倾角的变化

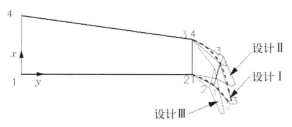

图 14　构型(c)的面元域设置

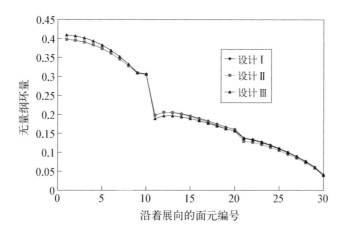

图 15　构型(c)的环量沿着展向的分布

跃分布可看出,延伸出的小翼曲率变化对环量阶跃的控制具有较大的影响。由于小翼的翼梢处的环量值低于型(a)和(b)的小翼翼梢处的环量值,因此造成的环量损失低,小翼的结构强度设计等相对简单,具有一定的优势。设计 I 的诱导阻力系数为 0.012 96,设计 II 的诱导阻力系数为 0.012 99,设计 III 的诱导阻力系数为 0.013 76,可见设计 I 的诱导阻力性能较好。

4　翼梢小翼构型的近场尾涡诱导运动

在得到了环量的阶跃分布参数的基础上,针对三种常用的翼梢小翼,利用涡丝动力学模型计算涡丝。三种小翼构型的主要几何参数各异,变换对应的设计参数,可得到不同构型的翼梢小翼的构型,利用动力学模型可给出诱导阻力性能变化的曲线,利用涡丝动力学模型计算诱导阻力。如图 16 给出了小翼表面三角面元的网格划分;图 17 给出了诱导阻力增量随着倾角的变化关系;涡丝在近场的诱导运动如图 18 所示;翼梢小翼尾涡构型如图 19 所示。

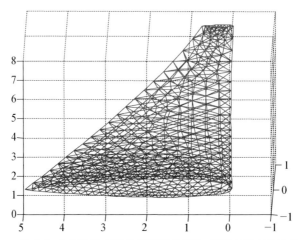

图 16　带有上反式翼梢小翼的机翼的外形与表面三角面元网格划分

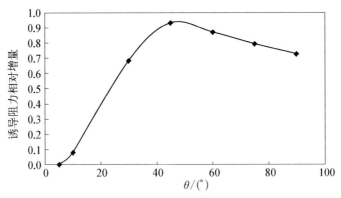

图 17　构型(a)涡丝诱导阻力增量随 θ 的变化

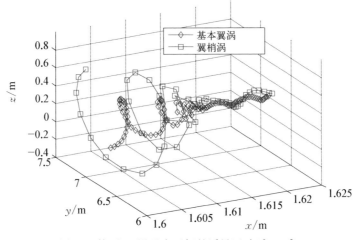

图 18　构型(a)涡丝在近场的诱导运动(θ＝75°)

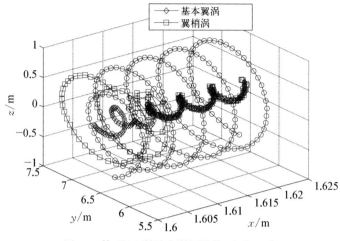

图 19 构型(a)翼梢小翼尾涡构型($\theta=90°$)

5 结论

对应于前述构型参数,本研究给出了三种小翼构型的环量和诱导阻力随着构型参数的变化关系,建立了涡发放和诱导运动计算模型,给出了小翼的涡控作用的定量计算方法。

参 考 文 献

[1] 王志博,孙刚.带襟翼的机翼尾涡合并数值计算[J].哈尔滨工业大学学报,2017,49(4):73-79.

[2] 陈俪芳,王志博,孙刚.飞行器尾涡对的不稳定性建模[J].应用数学和力学,2016,37(8):863-872.

[3] 张雨,孙刚,张森.民用飞机翼梢小翼多约束优化设计[J].空气动力学学报,2006,24(3):367-370.

[4] 梁益明,姚朝晖,何枫.翼梢小翼若干几何参数对翼尖涡流场的影响研究[J].应用力学学报,2012,29(5):548-552.

[5] Wang S,Sun G,Chen W,et al. Database self-expansion based on artificial neural network:An approach in aircraft design[J]. Aerospace Science & Technology,2018,72:77-83.

[6] Tao J,Sun G,Si J,et al. A robust design for a winglet based on NURBS-FFD method and PSO algorithm[J]. Aerospace Science & Technology,2017,70.

[7] Tao J,Sun G. An artificial neural network approach for aerodynamic performance retention in airframe noise reduction design of a 3D swept wing model[J]. Chinese Journal of Aeronautics,2016,29(5):1213-1225.

[8] Sun G,Sun Y,Wang S. Artificial neural network based inverse design:Airfoils and wings

　　　　　［J］. Aerospace Science & Technology, 2015，42：415－428.

［9］　陶俊,孙刚,徐康乐. 基于人工神经网络的缝翼凹槽填充降噪设计［J］. 空气动力学学报,
　　　　2015,33(4)：515－522.

［10］　Takenaka K，Hatanaka K，Yamazaki W，et al. Multidisciplinary design exploration for a
　　　　winglet［J］. Journal of Aircraft, 2008，45(5)：1601－1611.

2.5 大型飞机后体涡结构演化与涡致力产生机理研究

秦苏洋 王 笑 田 伟 王煜凯 刘 洪

（上海交通大学 航空航天学院,上海 200240）

摘 要: 在大型飞机后体部分所产生的涡致力主要来源于其产生的涡系结构。本文通过 PIV 实验观察流场结构,研究大型飞机后体部分的涡结构生长及演化过程,并分析其涡致阻力的产生机理。大型飞机后体的涡系结构主要由后体底部脱体涡以及与其同向旋转的平尾翼尖涡所组成,平尾翼尖涡的存在可以抑制后体底部脱体涡的生长并且加快其耗散,从而减小涡致阻力。基于自诱导以及互诱导作用,大型飞机巡航过程中所产生的三维封闭的多涡管系统可导致纵向以及横向方向的涡洗。基于涡管模型以及涡量矩定理,瞬时涡致力可以由涡管环量以及涡洗速度准确表征,这可以为大型飞机减阻提供一套新思路。

关键词: 大型飞机;后体;涡演化;涡致阻力;PIV

Abstract: The vortex-induced drag generated in the rear part of a large aircraft is mainly derived from its vortex structure. PIV experiments are carried out to show the flow field. Formation and evolution of afterbody vortices are studied, and vortex-induced drag mechanisms are analyzed. The afterbody vortex system of a large aircraft is mainly composed of detached vortices from bottom surface of afterbody and the co-rotating vortices generated from horizontal tail tips. The horizontal tail tip vortices can inhibit the growth of the afterbody bottom vortices and accelerate their dissipation, reducing the vortex-induced drag. Based on self-induction and mutual induction, the three-dimensional closed multi-vortex tube system generated during the cruise of large aircraft can lead to longitudinal and lateral vortex washing. Instantaneous vortex drag can be accurately represented by the vortex tube circulation and vortex washing speed, according to the vortex tube model and the theorem of vorticity moment, which can provide a new idea for drag reduction of large aircrafts.

Key words: large aircraft; afterbody; vortex evolution; vortex-induced drag; Particle Image Velocimetry (PIV)

1 引言

为了避免起飞或降落时尾端触地,大型飞机采用上翘型的后体结构。在飞机巡航过程中,这样的上翘后体会导致其底部产生一个比较明显的流动分离,从而产生一对沿纵向发展的反向旋转的涡对[1-2],这个脱体涡对会导致诱导阻力的明显提升并减小整机的净升力[3-4]。

大型飞机后体部分近壁面以及近尾迹区域涡动力学已经被广泛研究。在后体倾斜角较大时,其底部会产生较明显的沿纵向发展的涡结构,其阻力系数随倾斜角增大而增大[3,5]。最近几年,学者对简化的 C - 130 构型的后体流动进行了深入研究[6-8],由于机身边界层的卷起,因此在后体两侧会产生对称的后体主涡,其在机身两侧分别诱导出次级涡结构,主涡与次级涡在向下游移动的过程中融合并缓慢消散,同时沿纵向上移。对于带有上翘后体的客机以及运输机而言,其后体部分的涡生长演化是基本一致的,因此可以采用简化后体模型进行研究。

对于后体减阻,许多措施通过影响后体部分涡系的演化(减小涡旋强度等)来减小后体阻力,通常采用涡流发生器[9]、导流片[10]等方式。Jackson 等人[11-12]采用吹气的方式对后体涡结构进行主动控制,使后体涡对在演化过程中远离后体表面,并且减小了涡核尺寸和涡旋强度。然而,基于平尾翼尖涡以及后体主涡相互作用来减小后体部分涡系强度以及相关的阻力在之前的研究中并未提及。

在飞行器上,产生升力的涡系与由于黏性导致的边界层中的涡在本质上是不同的,此类产生升力的涡系所产生的阻力通常与黏性无关联,此类阻力通常被称为诱导阻力、升致阻力或涡致阻力。涡致阻力的定义以及描述首先由 Betz[13] 提出,并沿用至今。现在,对于升致尾迹涡所产生的阻力的研究主要集中于 Maskell 尾迹积分模型[14]及应用[15]。尽管 Maskell 尾迹积分模型[14]中考虑了能量损失以及尾迹涡导致的流向速度脉动,但在其中很难找到涡致阻力来源的物理定义,并且它与涡结构在近场、远场或者全场的模式无关。在定常流动中的基本假设会限制涡致阻力在非定常流动中的定义以及应用,边界层中无涡量的假设会限制积分区域的选择[14]。

因此,本文通过 PIV 实验观察流场结构,研究大型飞机后体部分的涡结构生长及演化过程,并分析其涡致阻力的产生机理。

2 实验方法

2.1 实验模型

本文研究对象为简化无机翼飞机机身,其前段为钝头旋成体,后段为简单斜劈的飞机后体模型,如图 1(a)所示。模型直径 d 为 100 mm,总长为 870 mm,其中前段机身长 530 mm,后体长 340 mm,以 15°角向上斜切。

本文分别对无平尾的单独后体(命名为 HT000)和加装不同展长平尾的后体进行了实验研究,加装的平尾展长(从平尾翼根处开始测量)分别为 50 mm(命名为 HT050)与 100 mm(HT100);平尾为 NACA0012 平直机翼,弦长为 60 mm;平尾安装在距离前后机身分界线 50 mm 的位置处(从平尾前缘量起),前缘位于机身中心水平面上,安装角为 $-10°$。该模型后体的长细比为 3.4,收缩比为 0.128,扁平度为 2.21,上翘角为 10.85°。

因后体脱体涡系产生自斜劈后体的下表面,因此为避免支撑件对后体流场可能带来的影响,实验中将机身模型上下倒置固定在支撑件上,即采用反向的"背撑"支撑方式。

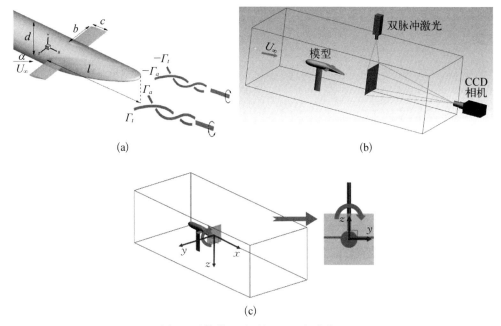

图 1　后体模型及风洞 PIV 实验装置

2.2　PIV 测试

实验在上海交通大学的回流式低速风洞中进行,风洞实验段截面为 1.2 m(宽)×0.9 m(高),其湍流度约为 0.5%,模型在风洞中的阻塞比为 1.8%。来流速度为 25 m/s,雷诺数为 $5.83×10^5$(基于后体长度 l)。

实验采用二维 PIV 方法采集流场信息。如图 1(b)所示,一台双脉冲 Nd:YAG 激光器连续发射两束 200 mJ,波长为 532 nm 的平面激光。激光从风洞上部向下发射,片光源厚 3 mm。激光面分别设置在机身后体区域($x<0$ mm)与尾迹区域($x>0$ mm)。在下游远场处,放置一台 PCO 2 000 高分辨率 CCD 相机,相机拍摄垂直于来流方向的激光截面,实验中拍摄最远 $x/l=3.5$ 截面的流场结构。拍摄范围为

350 mm×350 mm,空间分辨率为 0.171×0.171 mm/像素。示踪粒子为乙二醇加热雾化后的颗粒,粒径为 1～5 μm。

对于每个截面,均连续拍摄不少于 200 对粒子图像,进行 PIV 后处理,然后再将对应的所有流场数据进行平均处理,得出平均流场数据。

本文的坐标系如图 1(c)所示,以机身尾缘所在的垂直来流的截面为 $x=0$ 截面,该截面与机身中心轴线的交点为坐标原点。本文将拍摄得到的图像沿 x 轴上下翻转 180°后再做处理,将倒置的飞机模型翻转回正常的飞行姿态,z 轴正方向指向机身的上表面而非风洞的上壁面。

3 后体涡系结构生长和演化特征

3.1 后体涡系近壁面生长特征

图 2(a)显示了无平尾的单独后体涡系结构的近壁面生长过程。在 $x/l=-0.85$ 的截面,后体两侧流体就已经开始向下卷积,此时并未形成完整的涡结构;在 $x/l=-0.18$ 的截面,可观察到清晰且对称的后体主涡结构,此时涡对尚未脱离后体下表面;在 $x/l=0$ 的截面,后体主涡脱离后体下表面,继续向上移动。

如图 2(b)和图 2(c)所示,在加装平尾后,与单独后体类似,后体两侧流体向下卷积形成后体主涡,随后脱离后体表面并继续向上移动。来流流过平尾,在平尾翼尖处形成一对平尾翼尖涡,与同侧后体主涡旋转方向相同。后体主涡与平尾翼尖涡形成了文献[16]中提到的典型的四涡结构。

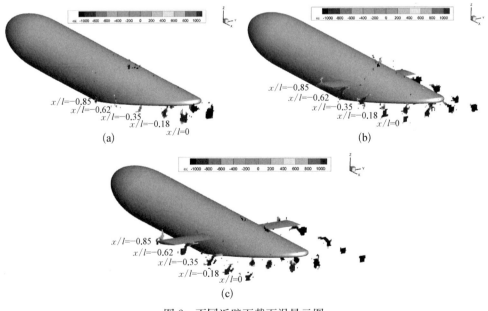

图 2 不同近壁面截面涡量云图
(a) HT000 (b) HT050 (c) HT100

3.2　后体涡系尾迹演化特征

图 3 所示为尾迹阶段不同截面的涡量云图。对于所有后体，后体脱体主涡沿着流向发展均有明显的向上移动的趋势。

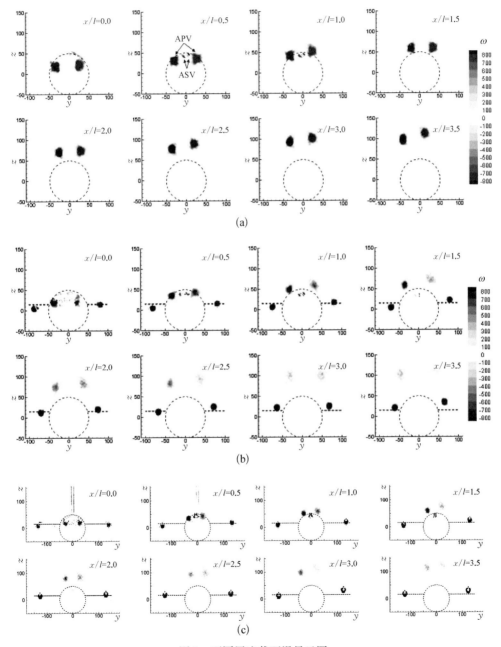

图 3　不同尾迹截面涡量云图

（a）无平尾后体 HT000　（b）有平尾后体 HT050　（c）有平尾后体 HT100

　　尽管后体主涡在理论上是一对左右对称的涡[16]，但实际的后体涡对由于其非定常特性，在实际空气中受到湍流、侧风以及模型安装误差等影响，因此不为完全对称的涡结构。本文的实验结果中，后体主涡对以及平尾翼尖涡对基本左右对称，但两个涡的具体位置仍会有所差异。

　　图3(a)展示了不加装平尾时的后体脱体涡，后体脱体涡是后体涡系中最为重要的涡结构，又被称作后体主涡(afterbody primary vortex，APV)，从后体下表面脱出。在后体主涡的诱导下，还产生了一对后体次级涡(afterbody secondary vortex，ASV)。同侧的APV与ASV旋转方向相反。

　　加装平尾后，如图3(b)和图3(c)所示，除后体主涡外，还有一对重要的涡结构产生，即平尾翼尖涡(horizontal tail tip vortex，HTV)。平尾翼尖涡与同侧的后体主涡旋转方向相同。APV与HTV形成了典型的四涡结构，两对对称的涡对中，同侧的涡同向旋转。翼尖涡涡旋强烈，加装平尾后，后体主涡显著削弱，快速衰减消散。与单独后体不同的是，后体主涡对在向上移动的同时，还向外侧移动，即两侧后体主涡对之间的展向距离增大。

4　后体涡系的物理特征

4.1　后体涡系的运动特征

　　由涡核中心位置的运动轨迹表征涡的运动趋势，涡心位置坐标由涡量重心法求得。对涡结构范围内的所有点的一阶涡量求权重，计算涡量矩中心作为涡心。

$$y_{core} = \frac{\sum_{i=0}^{m} \sum_{j=0}^{n} y(i,j)\omega(i,j)}{\sum_{i=0}^{m} \sum_{j=0}^{n} \omega(i,j)}, \ z_{core} = \frac{\sum_{i=0}^{m} \sum_{j=0}^{n} z(i,j)\omega(i,j)}{\sum_{i=0}^{m} \sum_{j=0}^{n} \omega(i,j)} \tag{1}$$

　　两侧的APV与HTV分别接近对称，取对称涡的 z 坐标平均值 z_{ave} 作为涡心的竖直位置，取对称涡的 y 坐标绝对值的平均值 $|y|_{ave}$ （同时也是两个涡之间展向距离的一半）作为涡心展向位置的度量。本文将涡心位置坐标无量纲化，x 方向除以后体部分的轴向长度 l（340 mm），y、z 方向则除以机身半径 r（50 mm），

$$x^* = \frac{x}{l}$$

$$y^* = |y|_{ave}^* = \frac{|y_{core,\ left}| + |y_{core,\ right}|}{2r} \tag{2}$$

$$z^* = z_{ave}^* = \frac{z_{core,left} + z_{core,right}}{2r}$$

　　涡心位置轨迹投影见图4，无量纲的涡心位置坐标沿流向的变化曲线见图5。

三种后体模型的 APV 涡心均沿 z 方向竖直向上移动，z^* 随 x^* 的增长线性上升；并且平尾展长较长时，APV 的位置相对靠上；加装平尾使 APV 上移趋势增大的同时，也明显沿展向外扩；单独后体的 APV 的 y^* 几乎不发生变化，加装平尾后，y^* 随 x^* 的增大而增大；HT050 比展长更大的 HT100 的 APV 涡心更靠近外侧。

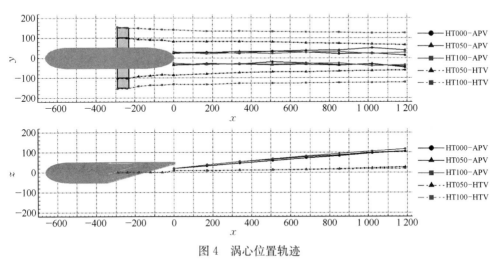

图 4　涡心位置轨迹

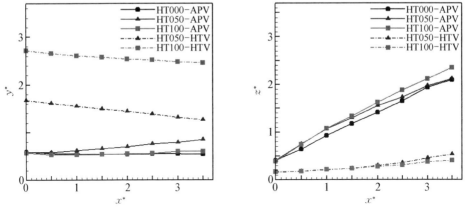

图 5　后体主涡与平尾翼尖涡涡心位置沿流向的变化

　　由于后体上翘角的存在，因此在后体下表面产生了上洗速度，使后体主涡向上移动，这样的移动趋势一直持续到尾迹中离后体较远的位置。加装平尾后，根据 Boit - Savart 定律，平尾翼尖涡诱导后体主涡向展向外侧和机身上表面移动。加装平尾增强了后体主涡的涡心运动趋势，即后体主涡更靠近垂直上方与展向外侧。

4.2　后体涡系的动力学特征

用环量表征涡的强度，环量计算公式如下所示。

$$\Gamma = \iint_S \omega_x \, \mathrm{d}y \mathrm{d}z \tag{3}$$

考虑到后体涡系结构的对称性,取对称涡环量的绝对值,并对其进行无量纲化,即

$$\Gamma^* = |\Gamma|^*_{\mathrm{ave}} = \frac{|\Gamma_{\mathrm{left}}| + |\Gamma_{\mathrm{right}}|}{2vl} \tag{4}$$

式中:v 为来流速度;l 为后体部分轴向长度。

图 6(a)为 APV 与 HTV 无量纲环量沿 x 方向的变化曲线。对于单独后体,APV 环量沿流向逐渐下降。加装平尾后,APV 的环量大幅减小,仍然随 x^* 逐渐下降;HTV 的环量始终大于 APV,且先小幅上升,这是由于此时翼尖涡仍在生长,随后缓慢衰减,从 $x^* = 0$ 至 $x^* = 3.5$ 截面,其环量仅有小幅度下降。HT100 比 HT050 的 APV 与 HTV 环量都大。

用尾迹积分法计算诱导阻力,积分面积选取整个拍摄截面,诱导阻力系数 C_{D_i} 计算公式如下所示。

$$D_\mathrm{i} = \frac{1}{2} \iint_S \left[\rho(v^2 + w^2) + \rho u^2 - \rho_\infty u_\infty^2 \right] \mathrm{d}S, \ C_{D_\mathrm{i}} = \frac{D_\mathrm{i}}{\frac{1}{2}\rho_\infty U_\infty^2 S_\mathrm{r}} \tag{5}$$

式中:参考面积 S_r 取后体部分的水平投影面积。

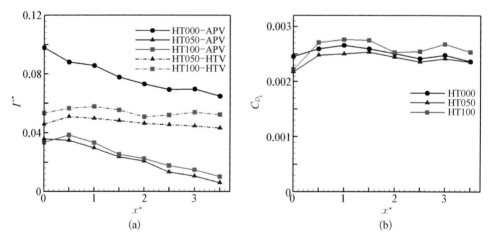

图 6　后体涡系环量与诱导阻力的变化曲线

(a) APV 与 HTV 无量纲环量沿 x 方向变化曲线　(b) 各尾迹截面的诱导阻力计算值

图 6(b)为各尾迹截面的诱导阻力计算值。相比于无平尾的后体,加装 50 mm 的展长平尾减小了诱导阻力;加装 100 mm 的展长平尾增大了诱导阻力。对比环量和涡心位置结果,由于 HT050 涡心之间距离更近,因此涡之间相互作用更强,对涡

旋强度和涡心移动的影响更大。涡的相互作用使诱导阻力得以减小。

5　后体涡系动力学特征及涡致阻力产生机理

上一节利用尾迹积分法计算诱导阻力,并不能捕捉诱导/涡致阻力的较精确的值,仅能定性比较涡致阻力大小。本节基于涡管模型进一步研究涡致阻力的计算方法。

5.1　涡管模型

由以上的实验结果可以看出,在大型飞机后体部分存在多个涡系结构,因此为了分析涡致阻力机理,首先建立了两个如图7所示的非定常后体涡管模型。在非定常流动中,涡管(包括附着涡、尾迹反向旋转涡对和起始涡量)是一个更加准确的概念。在上文所述的后体主涡对以及平尾翼尖涡对均为涡管中的尾迹反向旋转涡对。

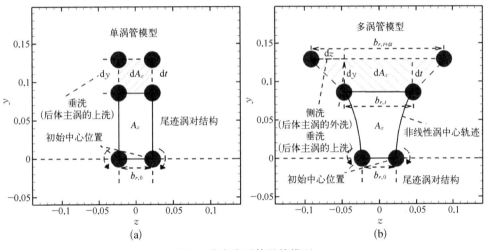

图 7　非定常后体涡管模型

对于单涡管模型,涡致阻力主要取决于垂直方向的涡洗,比如升力导致的上、下洗。由于涡管的自诱导作用指向垂直方向,因此在单涡管模型中,侧向的涡洗只存在于机翼尾缘或者后体底部的剪切层卷起过程中。而对于多涡管模型,涡致阻力取决于垂直以及侧向两个方向的涡洗,垂直涡洗来源于自诱导作用,侧向涡洗则来源于互诱导作用。

5.2　涡致阻力产生机理

基于涡量矩定理,一个刚体以一个固定的速度向前运动,其气动力为

$$F = -\frac{\rho}{2}\frac{\mathrm{d}}{\mathrm{d}t}\iiint_{R_v} r \times \omega \mathrm{d}R \tag{6}$$

式中:R_v 为一个包含刚体以及其周围流体的大封闭控制体。基于 Strokes 方程,

环量为流过涡管截面的涡量流

$$\iint_{S_v} \omega \cdot n_{S_v} \mathrm{d}S = \varGamma_v \tag{7}$$

式中：S_v 为此涡管截面；$\boldsymbol{n}_{S_v}$ 为此截面的法向量。因此式(6)中的体积分可以转换为涡量的面积分以及位置向量沿圆周的线积分

$$F = -\frac{\rho}{2}\frac{\mathrm{d}}{\mathrm{d}t}\oint_l r \times \left(\iint_{S_{v_c}} \omega \mathrm{d}S\right)\mathrm{d}l = -\frac{\rho}{2}\frac{\mathrm{d}}{\mathrm{d}t}\left(\oint_l r \times \mathrm{d}l\right)\varGamma_v \tag{8}$$

基于 Green 公式以及涡管模型需要满足 Helmholtz 定理,因此式(8)中,气动力 F 在 n 方向上的投影可写为

$$F = F \cdot \boldsymbol{n} = -\rho\frac{\mathrm{d}}{\mathrm{d}t}(A_n \varGamma_v) = -\rho\left(\frac{\mathrm{d}A_n}{\mathrm{d}t}\varGamma_v\right) \tag{9}$$

式(9)为基于涡量矩定理推导出的三维非定常不可压流动的涡致阻力方程,其表征在一个封闭区域内涡管作用于飞行器上的气动力。

对于单涡管模型,在三维封闭区域内涡管中心仅会在垂直方向上运动,其封闭的面积如图 7(a)所示

$$\mathrm{d}A_x = b_{r,0}\mathrm{d}y \tag{10}$$

因此,单涡管模型所产生的时均涡致力为

$$\begin{aligned}\overline{D_v} &= -\rho u_{vw}\varGamma_v b_{r,0}\\ \overline{L_v} &= -\rho U\varGamma_v b_{r,0}\end{aligned} \tag{11}$$

式中：$b_{r,0}$ 为涡管中两侧相反旋向的尾迹涡中心间距；u_{vw} 为涡管自诱导作用所产生的垂直方向上的涡洗速度。

在复杂的飞行器尾迹涡系结构中,涡致力通常与涡管间的相互作用相关,因此仅考虑单涡管模型不足以分析真实情况下的多涡系系统。对于多涡管模型,在三维封闭区域内涡管中心不仅由于自诱导作用会在垂直方向上运动,而且会由于互诱导作用在侧向运动,因此如图 7(b)所示,其封闭的面积为

$$\mathrm{d}A_x = \mathrm{d}A_{vw} + \mathrm{d}A_{Lw} = b_{r,0}\mathrm{d}y + \mathrm{d}z\mathrm{d}y \tag{12}$$

因此,多涡管模型所产生的时均涡致力为

$$\begin{aligned}\overline{D_v} &= -\rho(u_{vw}b_{r,0} + u_{lw}\Delta\bar{y})\varGamma_v\\ \overline{L_v} &= -\rho(Ub_{r,0} + u_{lw}\Delta\bar{y})\varGamma_v\end{aligned} \tag{13}$$

作用于一个涡管的侧向涡洗速度 u_{lw} 由涡管的互诱导作用产生。

6 结论

本文通过 PIV 实验观察流场结构,研究大型飞机后体部分的涡结构生长及演化过程,并分析其涡致力的产生机理。大型飞机后体的涡系结构主要由后体底部脱体涡对以及与其同向旋转的平尾翼尖涡对组成,平尾翼尖涡的存在可以抑制后体底部脱体涡的生长并且加快其耗散。基于对后体部分的涡结构生长及演化特征研究,本文建立了两种涡管模型,分别是单涡管模型和多涡管模型。基于自诱导以及互诱导作用,大型飞机巡航过程中所产生的三维封闭的多涡管系统可导致纵向以及横向方向的涡洗。基于涡管模型以及涡量矩定理,瞬时涡致力可以由涡管环量以及涡洗速度准确表征,这可以为大型飞机减阻提供一套新思路。

参 考 文 献

[1] Peake D J, Rainbird W J, Atraghji E G. Three-dimensional flow separations on aircraft and missiles[J]. Aiaa Journal, 1971, 10(5): 567 - 580.

[2] Misaka T, Holzäpfel F, Gerz T, et al. Large-eddy simulation of wake vortex evolution from roll-up to vortex decay[J]. DLR Deutsches Zentrum fur Luft- und Raumfahrt e. V. — Forschungsberichte, 2012(2012 - 02): 1 - 11.

[3] Britcher C P, Alcorn C W. Interference-free measurements of the subsonic aerodynamics of slanted-base ogive cylinders[J]. Aiaa Journal, 2012, 29(4): 520 - 525.

[4] Epstein R J, Carbonaro M C, Caudron F. Experimental investigation of the flowfield about an unswept afterbody[J]. Journal of Aircraft, 1994, 31(6): 1281 - 1290.

[5] Coustols E, Sé A, raudie, et al. Rear fuselage transonic flow characteristics for a complete wing-body configuration[J]. Journal of Aircraft, 1997, 34(34): 337 - 345.

[6] Wooten J, Yechout T. Wind tunnel evaluation of C - 130 drag reduction strakes and in-flight loading prediction[C]// Aiaa Aerospace Sciences Meeting and Exhibit. 2006.

[7] Bergeron K, Cassez J F, Bury Y. Computational investigation of the upsweep flow field for a simplified C - 130 shape[C]// Aiaa Aerospace Sciences Meeting Including the New Horizons Forum and Aerospace Exposition. 2013.

[8] Bury, Yannick, Thierry, et al. Experimental investigation of the vortical activity in the close wake of;a simplified military transport aircraft[J]. Experiments in Fluids, 2013, 54 (5): 1 - 15.

[9] Calarese W, Crisler W, Gustafson G. Afterbody drag reduction by vortex generators[C]// Aerospace Sciences Meeting. 1985.

[10] Wortman A. Reduction of fuselage form drag by vortex flows[J]. Journal of Aircraft, 1999, 36(3): 501 - 506.

[11] Jackson R W, Wang Z, Gursul I. Control of afterbody vortices by blowing[C]// Aiaa Fluid Dynamics Conference. 2015.

[12] Jackson R, Wang Z, Gursul I. Afterbody drag reduction using active flow control[C]// Aiaa Aerospace Sciences Meeting. 2017.

［13］　Betz A. Ein verfaheen zur direkten ermittlung des profilwiderstandes［J］. Zeitschrift fur Flugtechnik und Motorluftschiffahrt，1925.

［14］　Maskell E C. Progress towards a method for the measurement of the components of the drag of a wing of finite span［J］. 1972.

［15］　Lee T，Su Y Y. Wingtip vortex control via the use of a reverse half-delta wing［J］. Experiments in Fluids，2012，52(6)：1593 - 1609.

［16］　Wang Y，Qin S，Xiang Y，et al. Interaction mechanism of vortex system generated by large civil aircraft afterbody［J］. Journal of Aeronautics Astronautics & Aviation，2017，49(1)：67 - 76.

2.6 远场阻力分解法在民用客机阻力精确预测中的应用研究

郝海兵[1] 程攀[2] 李典[1] 颜洪[1] 梁益华[1]

(1. 航空工业西安航空计算技术研究所,西安 710065)

(2. 上海飞机设计研究院,上海 201210)

摘 要:基于动量定理推导了远场阻力分解方法,发展了一套高精度流场阻力辨识和分解后置处理工具。对计算流场区域进行有效辨识,采用域积分的方式获取阻力各组分的精确估计,包括激波阻力、黏性阻力、诱导阻力和数值耗散阻力,从而克服传统近场阻力积分方法无法消除 CFD 数值耗散的影响以及无法反映阻力产生的物理机制等缺点。翼身组合体标模和某民用客机数值算例计算结果表明:远场阻力分解方法能够清楚地给出由黏性和激波产生的熵增分布,并能识别出各自的贡献区域;同近场阻力积分方法相比,远场阻力积分方法不仅可以消除数值耗散阻力从而提高阻力的计算精度,而且还能获取阻力构成分量,以便于分析阻力产生的机理,并能进一步用于获取减阻的详细物理机制。

关键词:民机;近场阻力;远场阻力;诱导阻力;黏性阻力;激波阻力

Abstract: Based on the far-field drag decomposition method derived from momentum theorem, a set of post-processing tool for high-precision drag identification is developed. All components of drag including wave drag, wake drag, induced drag and numerical dissipative drag are predicted through the effective identification and integration of corresponding regions. The numerical results of wing-body model and a civil airliner show that the far-field drag decomposition method obtains clearly the entropy increase distribution caused by viscous dissipation and shock waves and identifies reasonably all influence regions. Compared with the near-field drag integral method, the far field drag decomposition method is capable of eliminating the influence of numerical dissipation and exporting the physical mechanism of drag, which can be further used to get the detailed physical mechanism of drag reduction.

Key words: civil aviation aircraft; near-field drag; far-field drag; induced drag; viscous drag; wave drag

1　引言

在现代民用飞机设计中,降低飞行阻力是评判飞机的主要性能指标之一,精确地预测阻力成了 CFD 数值模拟的关键技术之一,对提高运输类飞行器的经济效益和市场竞争力具有十分重要的意义。Meredith[1] 认为 1 个阻力单位(0.000 1)等价于运输机在巡航状态下 91 kg 的负载,这一重量意味着增加或减少 1 名乘客。因此,飞机设计者们期望 CFD 预测的阻力误差能够限制在 1 个阻力单位以内。

显然 1 个阻力单位的目标足够美好,但根据实际情况想要实现这个目标却很困难。由美国 AIAA 组织牵头的 5 届阻力预测会议(DPW1～DPW5)[2] 得出的结论表明:随着 CFD 数值模拟技术的不断发展,数据散入范围以及落在误差带之外的结果均明显减少,而且阻力的标准偏差也由 DPW1 的 21 个阻力单位下降到了现在的 10 个阻力单位左右,数据的不确定度得到了明显提高;CFD 数值模拟中的网格效应、湍流模拟效应、转捩模型和空间格式等因素的影响依然缺乏一个系统的、定性的认识,并且在短期内也是难以解决的关键问题;通过细化网格的方式并不能减小结果的散布范围,也不能明显改善阻力预测精度。可见,精确地预测阻力依然是当前 CFD 界面临的一项严峻挑战。

除能够精确预测阻力之外,CFD 要想成为飞机气动设计中可信赖的手段,还需要具备阻力构成定量计算的能力,才能为设计人员深入理解阻力产生机理以及进一步进行减阻优化设计[3] 提供更可靠的工具。目前,多数 CFD In-house 软件(CFL3D/Fun3D/OverFlow)或商业软件(Fluent/CFX)均采用压力和剪切应力张量在飞机表面进行面积分的方式获取近场阻力,称为"近场法"。虽然该方法取得了较大的成功,但它并没有有效地反映数值模拟中引入的数值耗散而带来的积分误差,从而降低了阻力计算的精准度,而且网格近似真实曲面的程度以及物面近似速度梯度的计算也会产生一定的影响。更重要的是该方法难以获得减阻的详细物理机制,无法进行减阻优化设计。Vooren 和 Slooff[4] 基于动量定理提出的阻力预测方法能够有效地改善"近场法"的不足,该方法利用热力学可逆与不可逆过程分析,不仅能够消除因数值耗散引起的伪阻力而提高计算精度,而且还能根据阻力产生的物理机制将总阻力有效地分解成熵增阻力(来源于黏性和激波)和诱导阻力(来源于动能损失),为减阻研究提供有用的依据。他们对阻力的构成进行了详细分类,并给出了各分量之间的联系,如图 1 所示。目前,远场阻力分解经过进一步的发展,主要包含了两种方法:一种是利用下游尾迹面上的面积分得到阻力各分量,称为尾迹法[5-6];另一种是采用高斯散度定理推导而来的体积分法,称为中场法[7-8]。其中前者不能对熵增阻力直接细分成黏性阻力和激波阻力,且计算精度受尾迹面站位的影响,因此,采用中场法进行阻力分解具有更好的应用前景。

本文以远场阻力分解法中演变的中场法为研究目标,对其理论进行严格推导,

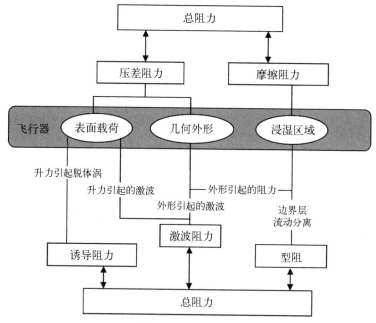

图 1　阻力构成分类

并针对无动力效应的大型民用客机开展相关阻力分解研究。基于 CGNS 通用数据结构,开发了一套适用于结构/非结构混合网格的阻力分解精确预测后处理工具(Mdf3)。通过对翼身组合体标模和某民用客机的流场细节进行后处理,研究了远场阻力分解法的特点以及民机阻力构成机理及特点。

2　远场阻力分解理论

远场阻力分解理论首先由 Vooren 和 Slooff 提出。他们基于动量定理推导,结合热力学关于可逆与不可逆过程分析,根据阻力产生的物理机理合理地对阻力进行分解,并给出了相应的各分量计算方法。在此基础上,Destarac[9] 和 Tognaccini[10] 对其理论做了进一步发展完善。随后,Esquieu[11] 在其博士论文中对该理论以及实际应用中的影响因素等问题进行了更详细的讨论,对该方法的推广应用起到了至关重要的作用。此外,Dam[12] 对近年来发展的各类阻力精确预测方法进行了综述。

2.1　近/远场阻力平衡理论

针对无动力飞行器,考虑定常连续方程和动量方程(设 x 为自由来流方向,$\boldsymbol{V}_\infty$ 为自由来流速度)。

$$\int_S [\rho \boldsymbol{V}\boldsymbol{V} + p\boldsymbol{U} - \boldsymbol{\tau}] \cdot \boldsymbol{n}\,\mathrm{d}S = \int_S [\rho \boldsymbol{V}\boldsymbol{V} + (p - p_\infty)\boldsymbol{U} - \boldsymbol{\tau}] \cdot \boldsymbol{n}\,\mathrm{d}S = 0 \quad (1)$$

式中：V 为速度矢量；τ 为剪切应力张量；U 为单位矢量；n 为控制体单位外法线矢量；S 为围绕控制体 Ω 的表面，可以分解成远场面 S_{far} 和物面 S_{body}，如图 2 所示。

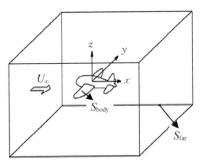

由于在物面 S_{body} 上满足 $V \cdot n = 0$，因此对式(1)进行简化

$$F = \int_{S_{\text{body}}} \left[(p - p_\infty)n - \tau \cdot n \right] \mathrm{d}S$$
$$= -\int_{S_{\text{far}}} \left[\rho VV + (p - p_\infty)U - \tau \right] \cdot n \, \mathrm{d}S$$

图 2　流场计算区域示意 　　　　　　　　　　　　　(2)

式中：F 为物体上的作用力之和。显而易见，该总力可以按两种方式进行计算。

（1）近场面积分：在物面处对压力和剪切应力进行积分。

（2）远场面积分：在远场处对动量通量进行积分。

假设坐标系 x 轴与自由来流方向一致，则总的气动阻力为总力 F 在 x 方向的分量，则远场阻力面积分如下。

$$D_{\text{far}} = -\int_{S_{\text{far}}} \left[(p - p_\infty)n_x + \rho u(V \cdot n) - \tau_{xx}n_x - \tau_{xy}n_y - \tau_{xz}n_z \right] \mathrm{d}S \quad (3)$$

定义矢量 f

$$f = -\rho(u - u_\infty)V - (p - p_\infty)n + \tau_x \quad (4)$$

则式(3)简化成

$$D_{\text{far}} = \int_{S_{\text{far}}} (f \cdot n) \mathrm{d}S \quad (5)$$

从式(2)可见，远场阻力 D_{far} 和近场阻力 D_{nf} 之间满足平衡，即

$$D = D_{\text{far}} = D_{\text{nf}} = D_{\text{p}} + D_{\text{f}} \quad (6)$$

式中：D_{p} 为压差阻力；D_{f} 为黏性阻力（摩擦阻力）。

基于热力学可逆过程和不可逆过程分析，可以对远场阻力按其产生的物理机理进行分解，主要包括黏性阻力、激波阻力、诱导阻力和伪阻力。黏性阻力和激波阻力表明了能量形式的改变，具有不可逆特性；诱导阻力由能量交换产生，具有可逆特性；伪阻力是由于数值误差、截断误差和人工黏性等因素导致伪熵增加而产生的，具有不可逆特性，但其本身并不属于真实的物理阻力。

2.2　热力学变量

为了研究远场阻力不同的阻力构成，需要引入一些热力学变量，如下所示。

定义熵 s

$$s = \frac{R}{(\gamma - 1)} \lg\left(\frac{p}{\rho^\gamma}\right) + 常数 \tag{7}$$

相对于自由来流的变化量 Δs

$$\frac{\Delta s}{R} = \frac{1}{(\gamma - 1)} \lg\left[\frac{p}{p_\infty}\left(\frac{\rho_\infty}{\rho}\right)^\gamma\right] \tag{8}$$

定义总焓 H

$$H = \frac{\gamma}{\gamma - 1}RT + \frac{V^2}{2} = \frac{\gamma}{\gamma - 1} \cdot \frac{p}{\rho} + \frac{u^2 + v^2 + w^2}{2} \tag{9}$$

相对于自由来流的变化量 ΔH

$$\Delta H = H - H_\infty = \frac{\gamma}{\gamma - 1}\left(\frac{p}{\rho} - \frac{p_\infty}{\rho_\infty}\right) + \frac{u^2 + v^2 + w^2 - u_\infty^2}{2} \tag{10}$$

结合式(8)、式(10)和理想气体状态方程,将压强表示成熵增、焓增以及速度的函数

$$\frac{p}{p_\infty} = e^{-\frac{\Delta s}{R}}\left[1 + \frac{(\gamma - 1)M_\infty^2}{2}\left(1 - \frac{u^2 + v^2 + w^2}{u_\infty^2} + \frac{2\Delta H}{u_\infty^2}\right)\right]^{\left(\frac{\gamma}{\gamma - 1}\right)} \tag{11}$$

当 S_{far} 足够远时,假设此时流动平行于自由来流($v = w = 0$),则式(11)可以转化成 x 方向速度的表达式

$$\frac{u}{u_\infty} = \sqrt{1 + 2\frac{\Delta H}{u_\infty^2} - \frac{2}{(\gamma - 1)M_\infty^2}\left[\left(\frac{\Delta p}{p_\infty} + 1\right)^{\frac{\gamma - 1}{\gamma}} e^{\frac{\Delta s}{R}\frac{\gamma - 1}{\gamma}} - 1\right]} = f\left(\frac{\Delta p}{p_\infty}, \frac{\Delta s}{R}, \frac{\Delta H}{u_\infty^2}\right) \tag{12}$$

对式(12)进行泰勒展开

$$\frac{u}{u_\infty} = 1 + f_{p1}\frac{\Delta p}{p_\infty} + f_{s1}\frac{\Delta s}{R} + f_{H1}\frac{\Delta H}{u_\infty^2} + f_{p2}\left(\frac{\Delta p}{p_\infty}\right)^2 + f_{s2}\left(\frac{\Delta s}{R}\right)^2 +$$

$$f_{H2}\left(\frac{\Delta H}{u_\infty^2}\right)^2 + f_{ps2}\frac{\Delta p}{p_\infty}\frac{\Delta s}{R} + f_{sH2}\frac{\Delta s}{R}\frac{\Delta H}{u_\infty^2} +$$

$$f_{pH2}\frac{\Delta p}{p_\infty}\frac{\Delta H}{u_\infty^2} + O\left[\left(\frac{\Delta p}{p_\infty}\right)^3, \left(\frac{\Delta s}{R}\right)^3, \left(\frac{\Delta H}{u_\infty^2}\right)^3\right] \tag{13}$$

式中:

$$f_{p1} = -\frac{1}{\gamma M_\infty^2}, \; f_{s1} = -\frac{1}{\gamma M_\infty^2}, \; f_{H1} = 1$$

$$f_{p2} = -\frac{1+\gamma M_\infty^2}{2\gamma^2 M_\infty^4}, \; f_{s2} = -\frac{1+(\gamma-1)M_\infty^2}{2\gamma^2 M_\infty^4}, \; f_{H2} = -\frac{1}{2} \tag{14}$$

$$f_{ps2} = -\frac{1+(\gamma-1)M_\infty^2}{2\gamma^2 M_\infty^4}, \; f_{sH2} = \frac{1}{\gamma M_\infty^2}, \; f_{pH2} = \frac{1}{\gamma M_\infty^2}$$

从式(13)中可以看出对阻力的贡献主要包括压强、总焓和熵增三个部分。当远场取得足够大时，$\Delta p / p_\infty$ 就会消失；当系统中没有产生热交换或者无动力提供时，也可以忽略 ΔH。因此，在实际计算中只需要考虑熵增对阻力的影响，但不同于 Oswatitsch[13] 的处理方式，为了提高精度，本文综合考虑了一阶、二阶导数项。

2.3　黏性阻力和激波阻力

由式(13)经过简化后可知，不可逆过程导致的阻力主要是流场中熵增引起的。当控制体 Ω 推广到无穷远处时，假设流动为无黏（$\tau_x = 0$）和无扰动（$p = p_\infty$）状态，则熵增阻力如下。

$$D_{irrev} = -\int_{S_{far}} \rho(u - u_\infty)(\boldsymbol{V} \cdot \boldsymbol{n}) \mathrm{d}S = -\int_{S_{far}} \rho \Delta u (\boldsymbol{V} \cdot \boldsymbol{n}) \mathrm{d}S$$

$$= \int_{S_{far}} \boldsymbol{f}_{vw} \cdot \boldsymbol{n} \mathrm{d}S \tag{15}$$

式中：$\boldsymbol{f}_{vw}$ 为熵增阻力被积函数；Δu 为轴向背离速度。式(15)为计算域上的面积分。假设 S_{far} 中上游边界和侧边界上流动满足无扰动 $u = u_\infty$，则远场阻力只需要考虑下游 Trefftz 平面上的面积分，且 Trefftz 平面要离物面足够远，这种计算方式称为远场法。但采用面积分法并不能有效地反映黏性阻力和激波阻力的单独贡献，因此需要转换成体积分形式，即中场法。根据 Ostrogradsky 定理，将式(15)转化成体积分形式。

$$D_{irrev} = D_v + D_w = \int_{S_{far}} \boldsymbol{f}_{vw} \cdot \boldsymbol{n} \mathrm{d}S = \int_V \mathrm{div}\boldsymbol{f}_{vw} \mathrm{d}V \tag{16}$$

式中：D_v、D_w 分别为黏性阻力和激波阻力。通常不可逆过程作用域仅仅发生在黏阻区域（边界层区和尾迹区）和激波阻力区域，则黏性阻力和激波阻力可以通过限制积分域进行计算

$$D_v = \int_{V_v} \mathrm{div}\boldsymbol{f}_{vw} \mathrm{d}V \tag{17}$$

$$D_w = \int_{V_w} \mathrm{div}\boldsymbol{f}_{vw} \mathrm{d}V \tag{18}$$

2.4 诱导阻力

考虑三维流动时,由于翼梢处上、下表面存在压强差,因此此处三维效应明显,易形成翼尖涡,从而气流方向向下倾斜形成下洗角,这样便导致升力在来流方向上产生分量,即诱导阻力。传统的诱导阻力计算采用远离物体的尾迹面上的面积分方式获取,本文采用 Vooren[4] 提出的诱导阻力广义定义方法。首先定义矢量 f_i,记为

$$f = f_{vw} + f_i \tag{19}$$

结合式(14)和式(15),获取 f_i

$$f_i = -\rho(u - u_\infty - \Delta u)V + (p - p_\infty)n - \tau_x \tag{20}$$

诱导阻力为

$$D_i = \int_{S_{far}} f_i \cdot n \mathrm{d}S \tag{21}$$

从数值经验出发,发现直接使用上式计算诱导阻力会面临两个问题:① 需要构建尾迹面,该位置是否选择合理对计算结果的精度会产生一定的影响;② 由于数值格式存在耗散以及尾迹区的网格尺度等问题,因此数值耗散要比物理耗散占优,从而会将部分诱导阻力转换为数值耗散阻力,降低计算精度。因此,选择尾迹面时需要尽可能靠近物体。

为了更好地解决上述问题,根据 Ostrogradsky 定理,将式(21)转化成体积分形式

$$D_i = \int_{V_{induced}} \mathrm{div} f_i \mathrm{d}V - \int_{S_{body}} f_i \cdot n \mathrm{d}S \tag{22}$$

式右端第一项可以简化成激波区域和黏阻区域的体积分。采用这种形式具有以下两个优点。

(1) 在物面 S_{body} 上满足 $f_{vw} \cdot n = 0$,则(22)式右端第二项可以简化成

$$-\int_{S_{body}} f_i \cdot n \mathrm{d}S = -\int_{S_{body}} f \cdot n \mathrm{d}S = D_p + D_f \tag{23}$$

(2) 由于存在 $\mathrm{div} f = \mathrm{div}(f_{vw} + f_i) = 0$,则

$$\mathrm{div}(f_{vw}) = -\mathrm{div}(f_i) \tag{24}$$

结合式(22)、式(23)、式(24),可以直接获得近场/远场阻力平衡关系式

$$D_p + D_f = D_i + D_v + D_w \tag{25}$$

理论上,式(25)是精确表达式,但由于数值模拟过程中存在数值耗散、舍入误差以及网格尺度等因素导致流场中产生虚假的数值耗散阻力,即伪阻力 D_{sp}。 因此,为

了保证阻力平衡，式(25)可以修改为

$$D_p + D_f = D_i + D_v + D_w + D_{sp} \tag{26}$$

式中：D_{sp} 的产生具有不可逆性，其计算区域可以限定在非黏阻区域和激波阻力区域的计算区域

$$D_{sp} = \int_{V_{sp}} \mathrm{div} \boldsymbol{f}_{vw} \mathrm{d}V \tag{27}$$

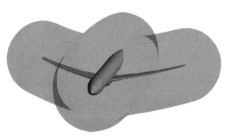

图 3　诱导阻力积分区域

为了降低因数值耗散导致的诱导阻力损失，诱导阻力积分区域不能选取整体计算区域，本文采用 Laurendeau 和 Boudreau[14] 的方法，诱导阻力积分区域只限定在距物面距离 d 的范围内，如图 3 所示。

2.5　激波阻力区域和黏阻区域探测器

对于激波阻力区域的选取，采用 Lovely 和 Haimes 介绍的激波感受器[15]

$$F_{shock} = \frac{\boldsymbol{V} \cdot \boldsymbol{\nabla} p}{a \mid \boldsymbol{\nabla} p \mid} \tag{28}$$

式中：a 为当地音速。

对于黏性区域和边界层区域选取，采用文献[16]中的感受器

$$F_{viscous} = \frac{\mu_1 + \mu_t}{\mu_1} \tag{29}$$

式中：μ_1 为层流黏性系数；μ_t 为涡黏性系数。

对于满足 $F_{shock} \geqslant 1$ 的区域判断为激波阻力区域，而对于满足 $F_{profile} \geqslant C_{profile} \cdot (F_{profile})_\infty$ 的区域判断为黏性区域和边界层区域。文中所有算例的 $C_{profile}$ 取 1.1。

3　数值验证与分析

为了考察本文开发的远场阻力辨识工具的准确性，分别对 DLR‑F6 翼身组合体、CRM 翼身组合体以及某大型民用客机开展远场阻力分解，通过和实验值或参考文献的对比研究，考察该方法及开发工具的性能，并结合阻力产生机理对大型客气的阻力构成进行分析，为工业部门气动设计师进行减阻优化设计提供可靠的依据。

3.1　DLR‑F6 标模辨识

实验采用第二届 AIAA 阻力预测会议标模 DLR‑F6 翼身组合体构型。该构

型由德国宇航院(DLR)设计的现代运输机典型巡航构型构成,设计马赫数 $Ma = 0.85$,升力系数 $C_L = 0.5$,雷诺数 $Re = 3 \times 10^6$。计算网格采用商业软件生成,网格量为 29 390 848,网格单元类型为六面体网格。

图 4~图 6 分别展示了表面压力云图以及对称面网格、机翼展向不同站位处熵增等值线云图以及激波阻力区域和黏性阻力区域。从这些图中可见,在该计算状态下,机翼上表面前缘附近产生了一道弱激波,从而导致激波附近的熵增产生了轻微的抖动;而黏性区域主要包括边界层以及尾迹区域,其中,尾迹区域还包括了翼尖涡拖出的尾迹区域,从而可见黏阻区域捕捉比较准确。

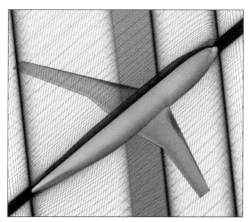 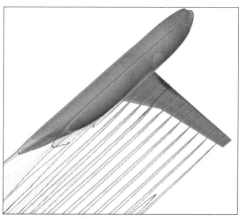

图 4 DLR‐F6 翼身组合体表面压力云图　　图 5 沿机翼展向不同站位处熵增等值线云图

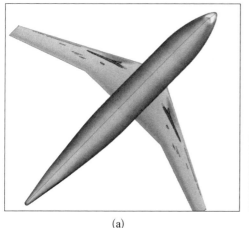 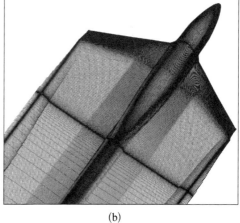

(a)　　　　　　　　　　　　　　(b)

图 6 DLR‐F6 翼身组合体阻力区域分解示意

(a) 激波阻力区域　(b) 黏性阻力区域

表 1 为近场阻力和远场阻力及其分量和德宇航软件 TAU 以及法宇航软件 elsA 的对比。其中计算激波阻力时 elsA 取 0.9 counts、TAU 取 1.3 counts、Mdf3

取 1.5 counts；计算黏性阻力时 elsA 取 191 counts、TAU 取 188.6 counts、Mdf3 取 196.8 counts；计算诱导阻力时 elsA 取 91.2 counts、TAU 取 89.6 counts、Mdf3 取 88.8 counts；计算近场阻力和远场阻力之差时 elsA 取 1.4 counts、TAU 取 6.8 counts、Mdf3 取 2.7 counts。结果之间的差别主要是由于采用的网格策略不同以及流场解算器对数值耗散误差源处理不一致导致的。此外，所有软件计算的近场阻力和远场阻力均低于实验值。因此，远场阻力即使消除了数值耗散阻力，也无法保证和实验值更接近。

表 1　DLR‐F6 翼身组合体构型定升力条件下阻力构成分解对比（10^{-4}）

软件	C_{D_w}	C_{D_v}	C_{D_i}	$C_{D_{sp}}$	$C_{D_{ff}}$	$C_{D_{nf}}$	实验值
Mdf3	1.5	196.8	88.8	4.2	287.1	289.8	
TAU	1.3	188.6	89.6	—	279.5	286.3	295
elsA	0.9	191	91.2	—	283.1	284.5	

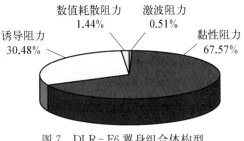

图 7　DLR‐F6 翼身组合体构型
阻力构成

图 7 显示了远场阻力各分量饼状图，从图中可见，黏性阻力占总阻力的 67.57%，诱导阻力占总阻力的 30.48%，激波阻力占总阻力的 0.51%，数值耗散阻力占总阻力的 1.44%。

3.2　CRM 标模辨识

为了进一步研究网格收敛性影响，采用第五届 AIAA 阻力预测会议标模 CRM 翼身组合体构型。计算网格采用 DPW 组委会官网发布的 6 套 CGNS 格式文件，各级网格详细参数说明如表 2 所示。其中基准网格的机身表面由 5 个网格块组成，空间网格采用 GEM 方法生成，具备 O 型拓扑结构，较好地确保了网格的质量。其他 5 套网格均在基准网格的基础上采用粗化的方式获得，保证了各级网格之间的相似性，因此非常适合用于网格收敛性分析研究。计算状态为马赫数 $Ma=0.85$，升力系数 $C_L=0.5$，雷诺数 $Re=5\times10^6$。

表 2　CRM 翼身组合体构型计算网格

级　数	名　称	六面体网格量	Y^+
L1	极粗网格	638 976	2.00
L2	粗网格	2 156 544	1.33
L3	中等粗细网格	5 111 808	1.00

（续表）

级 数	名 称	六面体网格量	Y^+
L4	细网格	17 252 252	0.67
L5	极细网格	40 894 464	0.50
L6	超细网格	138 018 816	0.33

图 8 显示了 L1 级网格的表面网格,可见表面网格具有良好的正交特性,且在机翼后缘区域进行网格加密处理,有利于计算的高效收敛以及流场细节的捕捉。图 9 给出了 L3 级网格表面压力云图,图 10 展示了 CRM 翼身组合体构型在各级网格下沿机翼展向 50%站位处表面压力系数分布比较。图中可以清晰地看出 L1 级网格捕捉的激波位置相对前移,激波强度和压力系数的强度偏差最大,而且后缘处的压力恢复过程有较强的抖动;从 L1 级到 L6 级网格,随着网格量的增加,压力系数分布曲线趋于接近。

图 8 L1 级网格表面网格示意

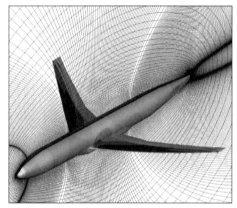

图 9 L3 级网格表面压力云图

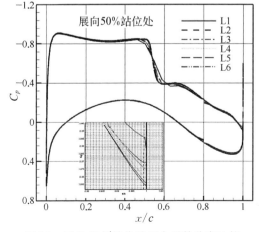

图 10 展向 50%站位处压力系数分布比较

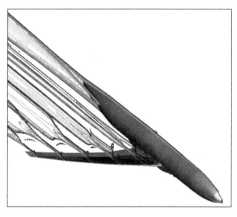

图 11 沿机翼展向不同站位处熵增等值线云图

图 11 给出了沿机翼展向不同站位处熵增等值线云图。图 12 给出了 CRM 构型在 L3 级计算网格下的激波阻力区域和黏性阻力区域,可见,图中捕捉到的激波区域与压力云图中显示的激波区域完全吻合;黏阻区域主要包含了边界层区域和尾迹区域;从熵增等值线云图中可见,熵增主要集中在激波和黏阻区域,其中,黏阻区域熵增更大,而数值耗散区域几乎为零,和表 3 中给出的各分量大小吻合。

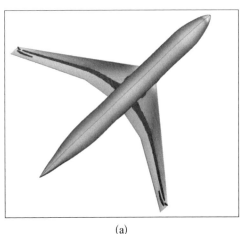
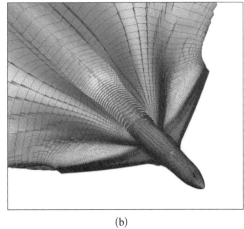

(a)   (b)

图 12　CRM 翼身组合体在 L3 级网格下的阻力区域分解示意

(a) 激波阻力区域　(b) 黏性阻力区域

表 3 给出了 L1 级到 L6 级网格在该计算状态下近场阻力和远场阻力及其分量对比。从这些数据可以得出以下结论。

表 3　CRM 翼身组合体构型在不同网格量下阻力分解构成对比(10^{-4})

网格级数	C_{D_p}	C_{D_f}	$C_{D_{nf}}$	C_{D_w}	C_{D_v}	C_{D_i}	$C_{D_{sp}}$	$C_{D_{ff}}$	实验值
L1	156.8	114.2	271.0	14.5	156.3	93.3	6.2	264.1	
L2	144.5	114.3	258.8	9.7	154.4	92.8	4.0	256.9	
L3	139.4	114.5	253.9	7.3	153.9	91.5	2.8	252.7	248.9
L4	136.5	114.6	251.1	6.0	154.3	89.6	0.6	249.9	
L5	134.8	114.8	249.6	5.6	153.9	89.2	0.6	248.7	
L6	134.7	114.6	249.3	5.6	153.8	89.2	0.4	248.6	

(1) 近场法预测阻力对于不同网格量的计算网格,从 L1 到 L6,阻力的减小量为 21.7 counts,其中摩擦阻力 C_{D_f} 的增加量只有 0.4 counts,而压差阻力 C_{D_p} 的减小量为 22 counts,可见对于不同网格量的网格,压差阻力计算精度支配着近场阻力计算的精度。

(2) 远场法预测阻力对于不同网格量的计算网格,从 L1 到 L6,阻力的减小量为 15.5 counts,其中激波阻力 C_{D_w} 减小量为 8.9 counts,黏性阻力 C_{D_v} 减小量为 2.5 counts,诱导阻力 C_{D_i} 减小量为 4.1 counts,数值耗散阻力 $C_{D_{sp}}$ 减小量为 5.8 counts,可见随着网格量的提高,解算器的计算精度也会逐步得到提高,从而各阻力分量的精度也明显得到提高,其中 L5 和 L6 级网格计算结果基本一致。

(3) 对比发现,远场阻力相比近场阻力计算的变化量减小了 6.2 counts,且在各级网格上,远场阻力计算结果更接近于实验值,可见远场阻力计算精度更高。

图 13 显示了 L6 级网格上远场阻力各分量饼状图。从图中可见,黏性阻力占总阻力的 61.73%,诱导阻力占总阻力的 35.78%,激波阻力占总阻力的 2.25%,数值耗散阻力占总阻力的 0.24%,可见在大型客机的阻力构成中黏性阻力位于第一,第二是诱导阻力,第三是激波阻力。

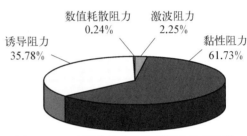

图 13 CRM 翼身组合体构型阻力构成示意

3.3 某大型民用客机流场阻力辨识

为了进一步分析大型民用客机阻力变化的特点,选用某大型民用客机为例,分别针对飞行线性段以及阻力发散马赫数开展相关研究。该客机构型复杂,包括机翼、机身、平/垂尾、外挂和发动机。网格量为 29 390 848,网格单元类型为六面体网格。由于本文只考虑了无动力构型,因此对发动机数值模拟采用通流短舱处理方式。

图 14 给出了定升力状态下的表面压力云图,图 15 展示了沿机翼展向不同站位处熵增等值线云图,可见在机翼上表面和发动机唇口处分别存在一道强激波和一道弱激波。

图 14 表面压力系数云图

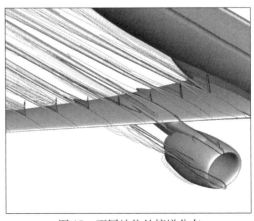

图 15 不同站位处熵增分布

图 16 给出了不同攻角情况下的激波区域变化,从图中看出在 0°攻角下,机翼上并未发现激波存在,但当攻角增大时,机翼上表面开始出现激波,并且变得越来越强,此外在发动机唇口处也新增了一道弱激波。图 17 给出了阻力分解构成对比曲线,从图中可以看出,采用近场阻力分解时,压强阻力由于激波变强而变化比较剧烈,而摩擦阻力变化不明显;采用远场阻力分解时,攻角从 0°增加到 2.29°时,各阻力分量均出现缓慢增长,但当攻角继续增大时,各阻力分量均出现了大幅增长。图 18 给出了定升力条件下,阻力发散马赫数附近阻力分解构成对比曲线。从图中可见,当马赫数未达到阻力发散马赫数之前,摩擦阻力、诱导阻力和黏性阻力基本

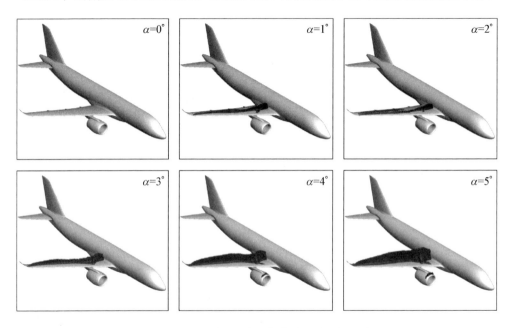

图 16   不同攻角下(0°～5°)激波区域捕捉示意

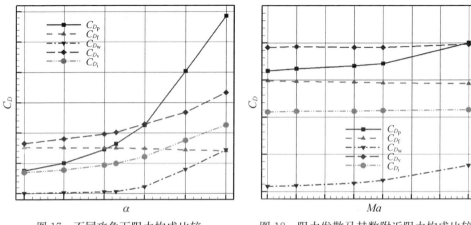

图 17   不同攻角下阻力构成比较   图 18   阻力发散马赫数附近阻力构成比较

维持不变,压差阻力和激波阻力也只轻微增加;但当马赫数超过阻力发散马赫数时,压差阻力和激波阻力发生陡增,且两者趋势保持一致,而其余各分量变化并不明显。可见,激波阻力是诱导总阻力陡增的主要原因,但占总阻力的比重依然很小。

4　结论

本文基于动量定理推导了远场阻力分解方法,发展了一套高精度流场阻力辨识和分解后置处理工具 Mdf3。通过对翼身组合体标模 DLR‑F6/CRM 和某民用客机数值算例的验证,得出主要以下几点结论。

(1) 远场阻力分解方法同近场阻力分解方法相比,更能反映阻力产生的机理,并获取更加细致的阻力构成,非常有利于飞机设计师开展针对性减阻优化设计。

(2) 远场阻力分解方法能够消除数值计算中额外引入的数值耗散影响,计算精度更高。

(3) 民用客机的阻力构成中黏性阻力最大,诱导阻力次之,而激波阻力最小,但激波阻力受流场中激波强度的影响较大。

(4) 网格收敛性研究表明,摩擦阻力、诱导阻力和黏性阻力受网格量的影响较小,而压差阻力、激波阻力以及数值耗散阻力受网格量的影响相对较大。

(5) 对民用客机飞行线性段的研究表明,摩擦阻力随攻角的变化很小,而其他各阻力分量在大攻角情况下变化比较明显;对民用客机阻力发散马赫数研究表明,激波阻力是诱导总阻力陡增的主要原因,但占总阻力比重依然较低。

参 考 文 献

［1］　Meredith P T. Viscous phenomena a ecting high-lift systems and suggestions for future CFD development［J］. 1993.

［2］　阎超,席柯,袁武,等. DPW 系列会议述评与思考［J］. 力学进展,2011,41(6)：776‑784.

［3］　Bisson F, Nadarajah S. Adjoint-based aerodynamic design optimization using the drag decomposition method［C］// Aiaa Applied Aerodynamics Conference. 2013.

［4］　Vooren J van der, Slooff J W. CFD based drag prediction［G］. State of the Art, Theory, Prospects, NLR TP‑90247 U, AIAA Professional Studies Series, Course on Drag-Prediction and Measurement, 1990.

［5］　Méheut M, Bailly D. Drag-breakdown methods from wake measurements［J］. Aiaa Journal, 2015, 46(4)：847‑862.

［6］　陈真利,张彬乾. 基于尾迹积分的阻力计算方法研究［J］. 空气动力学学报,2009,27(3)：329‑334.

［7］　Gariepy M, Malouin B, Trepanier J Y, et al. Far-field drag decomposition method applied to the DPW‑5 test case results［C］// Aiaa Applied Aerodynamics Conference. 2006.

［8］　AIAA. DPW4 results using different grids including near-field/far-field drag analysis［J］.

Journal of Aircraft, 2000, 50(50): 1615 - 1627.

[9] Destarac D. Far-field/near field drag balance and applications of drag extraction in CFD [C]// Cfd-Based Aircraft Drag Prediction & Reduction Von Karman Institute for Fluid Dynamics. 2012.

[10] Tognaccini T. Methods for drag decomposition[G]. Thrust-Drag Bookkeeping from CFD Calculations, VKI Lecture Series CFD-Based Aircraft Drag Prediction and Reduction, VKI LS 2003 - 02, 2003.

[11] Esquieu S. Evaluation de la trainee d'un avion de transport a partir de calculs numeriques de mecanique des fluides[D]. University of Bordeaux, 2003.

[12] Dam C P V. Recent experience with different methods of drag prediction[J]. Progress in Aerospace Sciences, 1999, 35(8): 751 - 798.

[13] Oswatitsch K. Gas Dynamics[M]. New York: Academic Press, 1956.

[14] Laurendeau E, Boudreau J. Drag prediction methods using Bombardier full-aircraft Navier-Stokes code FANSC [C]//2005 Aerospace Technology and Innovation Conference, CASI, 2005.

[15] Lovely D, Haimes R. Shock detection from computational fluid dynamics results[J]. AIAA Paper, 1999, 99(3285): 1 - 65.

[16] Sermeus K, Deconinck H. Drag prediction validation of a multi-dimensional upwind solver, CFD-based aircrapt drag prediction and reduction[R]. Von Karman Institute for Fluid Dynamics. 2003.

2.7　超临界翼型阻力发散特性研究

刘瑞环　张宇飞　陈海昕

(清华大学　航天航空学院,北京　100084)

摘　要：超临界翼型被广泛用于现代民机设计,其主要优势是可以提高设计马赫数、推迟跨声速区的阻力增长,并增加阻力发散马赫数。Korn 方程提供了翼型的相对厚度(t/c)、升力系数和阻力发散马赫数之间的一个简单而直接的联系,并被广泛用于民机的概念设计和初步设计。翼型的性能表现可以用一个叫作 Korn 因子的数字来简单地衡量。本文主要聚焦于 Korn 方程和它的应用,应用内部开发的 RANS 求解器 NASWET 求解超临界翼型,验证 Korn 方程的实用性。在 Korn 因子的辅助下,研究了不同种类翼型的阻力发散特性。同时也在数值上研究了翼型曲率对阻力发散的影响,开发了一种用于提高阻力发散马赫数的翼型设计方法。

关键词：超临界翼型;阻力发散马赫数;Korn 方程;CST;曲率

Abstract：Supercritical airfoil is widely used in the modern civil plane design. The primary advantage is that it could increase the design Mach number and delay the drag rising in the transonic region, and increase the drag divergence Mach number. The Korn equation provides a simple and direct link between the relative thickness (t/c), lift coefficient and drag divergence Mach number of an airfoil. It is widely used in conceptual design and preliminary primary design of the civil aircraft. The performance of an airfoil could be simply counted with a number called Korn factor. The present paper mainly focuses on the Korn equation and its application. The Korn equation is validated by supercritical airfoil with the in-house developed RANS solver NASWET. The drag divergence characteristics of different types of airfoils are studied with the aid of Korn factor. The effect of airfoil curvature on drag divergence is also numerically investigated. A design method of airfoil is developed to improve the drag divergence Mach number.

Key words：supercritical airfoil; drag divergence Mach number; Korn equation; CST; curvature

1　引言

　　1967 年,超临界翼型由 Whitcomb 提出,到今天已被广泛用于现代民机设计。它主要的优势是能增加设计马赫数、推迟跨声速区的阻力增长,并增加阻力发散马赫数(M_{dd})。对于翼型设计者来说,了解超临界翼型的阻力发散特征非常重要。Korn 方程提供了翼型的相对厚度(t/c)、升力系数和阻力发散马赫数之间的一个简单而直接的联系[1]。在概念设计中,可以简单地用它确定阻力发散马赫数[2]和相对厚度[3]。翼型或者机翼的表现由一个叫作 Korn 因子的数字衡量[4]。Korn 因子是一个简单可行的评估翼型性能的方法,且可以用于研究阻力发散特征。

2　数值方法和网格收敛性测试

　　使用内部开发的 RANS 求解器 NSAWET[5-6]作为气动分析工具。本计算使用 Roe's FDS 格式和 SST 湍流模型。通过计算不同自由来流条件下的 RAE2822 超临界翼型,验证了代码的精确性。图 1 显示了 RAE2822 翼型的计算网格,网格通过求解椭圆方程生成,以此保证壁面法线方向的正交性。表 1 说明在测试算例中,实验和计算得到的阻力系数只有很小的差别。图 2 展示了计算得到的表面压力分布与实验数据的比较,结果与实验符合得很好。使用四套网格研究了网格收敛性,结果展示在图 3 和表 2 中。表 2 说明 257×97 网格的升力系数(C_L)和阻力系数(C_D)符合得比其他网格好。图 3 显示计算得到的表面压力分布与实验数据几乎没有区别,因此选择的计算网格和数值方法是合适的。

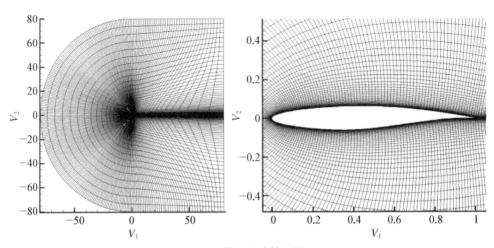

图 1　RAE2822 翼型的计算网格(257×97)

表 1   RAE2822 的计算和实验结果

算例编号	6		9	
	实 验	计 算	实 验	计 算
M_∞	0.725	0.725	0.734	0.734
Re	6.5×10^6	6.5×10^6	6.5×10^6	6.5×10^6
C_L	0.743	0.743	0.803	0.803
C_D	0.012 7	0.012 1	0.168	0.169

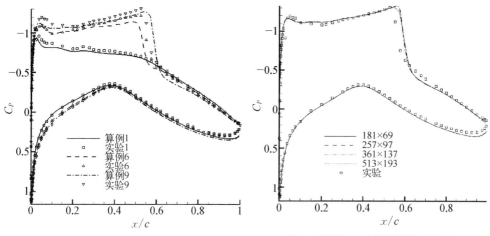

图 2   实验和计算的压力系数分布
（RAE2822 翼型）

图 3   实验和四套不同网格的压力
系数分布（RAE2822 翼型）

表 2   RAE2822 翼型在不同网格下的计算和实验结果（定攻角）

参 数	M_∞	α	Re	C_L	C_D
实 验	0.734	2.54	6.5×10^6	0.803	0.016 8
181×69	0.734	2.54	6.5×10^6	0.843	0.020 2
257×97	0.734	2.54	6.5×10^6	0.845	0.019 6
361×137	0.734	2.54	6.5×10^6	0.834	0.021 9
513×193	0.734	2.54	6.5×10^6	0.838	0.018 8

3   Korn 方程的验证

Korn 方程写为如下的形式。

$$M_{dd} + \frac{C_L}{10} + \left(\frac{t}{c}\right) = K$$

式中：M_{dd} 为阻力发散马赫数；C_L 为升力系数；$\dfrac{t}{c}$ 为翼型的相对厚度；K 为 Korn

因子,对于某一类翼型来说,K 近似为常数。

Korn 方程被 RAE2822 超临界翼型所验证,阻力发散马赫数的定义是当 $\partial C_D/\partial M_\infty=0.1$ 时的马赫数。图 4 显示了 Korn 因子随升力系数变化的曲线,当升力系数从 0.3 变化到 0.8 时,Korn 因子几乎没有变化。图 5 显示了 Korn 因子随 RAE2822 翼型、内部优化的翼型 TUNLF(自然层流翼型)、TUSC(超临界翼型)的相对厚度变化的曲线,当相对厚度从减小 2% 到增大 2% 时,Korn 因子几乎没有变化。因此,用 Korn 因子来评估超临界翼型的阻力发散特性是可行的。

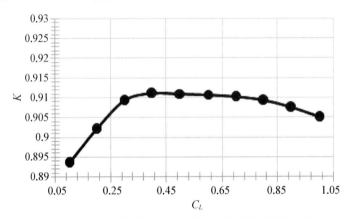

图 4　RAE2822 翼型的 Korn 因子 K 随升力系数的变化

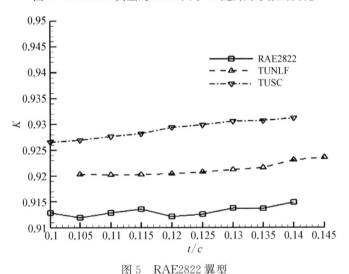

图 5　RAE2822 翼型
TUNLF(自然层流翼型),TUSC(超临界翼型)随 t/c 的变化

4　翼型形状对阻力发散特性的影响

通过修改当地几何曲率、弯度、当地形状,研究了翼型的阻力发散特性。三个翼型,RAE2822、内部优化的翼型 TUSC、TUNLF,被用作研究阻力发散表现的基准翼

型,翼型形状的修改基于改变类别/形状函数变换(CST)[7]控制参数。

4.1 当地几何曲率对阻力发散特性的影响

几何曲率的定义来自 Li 和 Krist[8]。在接下来的例子里,翼型数据的曲率曲线是通过如下的三点近似得到的:找到通过三点 $(x_{i-1},\ y_{i-1})$、(x_i, y_i)、(x_{i+1}, y_{i+1}) 的外接圆,然后把半径的倒数作为 (x_i, y_i) 点处的曲率。

通过在原始曲率上叠加一个人造的样条曲线,修改了 RAE2822 基准翼型的曲率。新的翼型通过沿弦长方向积分曲率获得,并利用刚体旋转和比例缩放保证尾缘点位于点 $(x=1, y=0)$,确保相对厚度。表 3 显示,减少上表面或下表面翼型中部的曲率能得到比增加曲率更好的阻力发散特性。图 6 和表 4 显示,在合理的翼型形状的参数范围内,更低的曲率意味着更好的阻力发散性能表现,而且翼型的上表面曲率的影响比下表面的更大。相似的计算也针对 TUSC 和 TUNLF 进行。本文开发了一种用于提高阻力发散马赫数的设计方法,在该方法中,我们首先建立一个具有潜在的良好阻力发散性能表现的曲率分布,其次通过积分曲率线得到翼型形状,最后验证翼型的气动特征。

表 3 基准 RAE2822 翼型和减少了上、下表面曲率的新翼型的 M_{dd},K 和 C_D

构　　型	M_{dd}	t/c	K	C_D
基准 RAE 2822	0.722	0.121	0.913	0.010 2
上表面曲率减小 0.1	0.727	0.121	0.918	0.010 7
下表面曲率减小 0.1	0.723	0.121	0.914	0.010 2

表 4 基准 RAE2822 翼型和修改了上表面曲率的新翼型的 M_{dd},K 和 C_D

构　　型	M_{dd}	t/c	K	C_D
基准 RAE2822	0.722	0.121	0.913	0.010 2
曲率减小 -0.10,t/c 减小	0.739	0.112	0.920	0.012 4
曲率减小 -0.10,t/c 固定	0.727	0.121	0.918	0.010 7
曲率减小 -0.15,t/c 固定	0.731	0.121	0.923	0.011 5
曲率减小 -0.20,t/c 固定	0.734	0.121	0.926	0.013 0
曲率减小 -0.25,t/c 固定	0.741	0.121	0.932	0.015 4

4.2 弯度对阻力发散特性的影响

当翼型的弯度变化时,在弯度增减 5% 的范围内,Korn 因子和弯度线性相关。图 7 显示随着弯度增加,Korn 因子减小。图 8 显示当独立地修改 RAE2822 翼型的上表面或下表面时,C_{M_z} 会随着科恩因子的增加而增加,也许这是一个在约束力矩系数 C_{M_z} 的条件下设计翼型弯度的可行的方法。

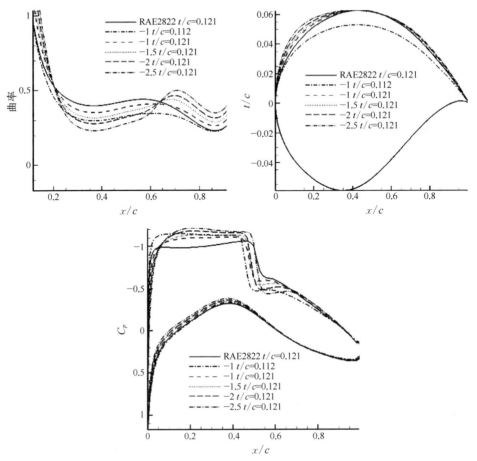

图 6 RAE2822 基准翼型和修改了上表面曲率的新翼型的曲率分布、翼型形状和压力分布

注：曲率的最大差别在峰值点 $x/c = 0.4$。调整曲率曲线的其他部分以确保合理的翼型形状。"-1 $t/c = 0.112$"意为基准 RAE2822 翼型在 $x/c = 0.4$ 处的曲率减小了 0.1，因此由于曲率积分，厚度也改变了。"$-1\, t/c = 0.121$"翼型是通过"$-1\, t/c = 0.112$"缩放上表面得到的，并且曲率也在整体上被修改了

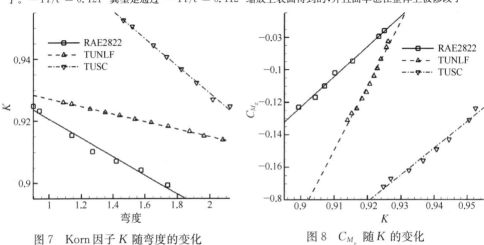

图 7 Korn 因子 K 随弯度的变化   图 8 C_{M_z} 随 K 的变化

4.3 当地的修改对几何外形的影响

当分别修改 RAE822 翼型的上表面或下表面时,图 9 显示上表面对阻力发散特征有更大的影响。在翼型设计中,为获得更好的阻力发散性能表现,改变上表面是一个有效的方法。从 TUSC 和 TUNLF 也能得出相似的结论。当气动设计者想提高阻力发散特性时,这个现象提供一种设计思路。

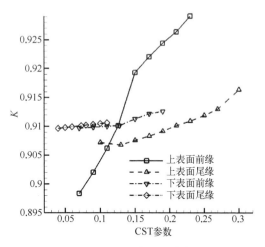

图 9 Korn 因子 K 随 CST 参数的变化
（RAE2822 翼型）

5 结论

从本研究中得到了一些结论。

（1）当升力系数从 0.3 变化到 0.8 时,Korn 因子几乎没有变化,而不同的超临界翼型的 Korn 因子是不同的。

（2）当翼型的其他参数不变时,Korn 因子随弯度的增加而减小。

（3）在翼型设计中,为获得更好的阻力发散性能表现,改变上表面是一个有效的方法。

（4）减少上表面或下表面翼型中部的曲率能得到比增加曲率更好的阻力发散特性,在合理的翼型形状的参数范围内,更低的曲率意味着更好的阻力发散表现,而且翼型的上表面曲率的影响也比下表面的更大。

因此,我们可以开发一个用于提高阻力发散马赫数的设计工具,在该方法中首先建立一个具有潜在的良好阻力发散表现的曲率分布,然后通过积分曲率线得到翼型形状,最后验证翼型的气动特征。

参 考 文 献

［1］ Mason W H. Analytic models for technology integration in aircraft design[C]//AIAA, Aircraft Design, Systems and Operations Conference，1990.

［2］ Takahashi T T. High altitude hot rod — an energy efficient N+1 transport[C]// Aviation Technology, Integration, and Operations Conference. 2013.

［3］ Gedeon C，Huffer S，Takahashi T T. Multi-disciplinary design of an advanced narrow-body transport aircraft ［C］// Aviation Technology, Integration, and Operations Conference. 2013.

［4］ Kady C T，Takahashi T T. Allocating two dimensional airfoil wing thickness and camber for transonic wing design[C]// 52nd Aerospace Sciences Meeting. 2014.

［5］ Chen H，Fu S，Li F W. Navier-Stokes simulations for transport aircraft wing/body high-lift configurations[J]. Journal of Aircraft，2015，40(5)：883 - 890.

[6] Chen H. Performance prediction of conical nozzle using Navier-Stokes computation[C]// Aiaa/asme/sae/asee Joint Propulsion Conference. 2013.

[7] Guan X，Zhanke L I. A study on CST aerodynamic shape parameterization method[J]. Acta Aeronautica et Astronautica Sinica，2012，33(4)：625 - 633.

[8] Li W，Krist S. Spline-based airfoil curvature smoothing and its applications[J]. Journal of Aircraft，2015，42(4)：1065 - 1074.

2.8 基于 NURBS-FFD 方法和改进粒子群算法的翼梢小翼稳健性设计

陶　俊[1]　孙　刚[1]　司景喆[1]　张　淼[2]　刘铁军[2]

(1. 复旦大学　航空航天系,上海　200433)
(2. 上海飞机设计研究院,上海　201210)

摘　要：对于大型客机或运输机而言,诱导阻力在巡航阶段可占到总阻力的 40% 左右。鉴于此,对于某机翼开展了翼梢小翼稳健性设计。在优化设计过程中,为减少设计变量,采用 NURBS-FFD 方法作为参数方法,实现优化设计过程中网格的自动变形。为提高优化效率,采用 CVT 方法修正粒子群算法,修正随机生成的初始位置,使得粒子在初始化时就能够尽量分散,以减小陷入局部极值的可能性。优化结果表明,在等升力的条件下,设计构型在马赫数为 0.75~0.80 范围内能显著降低诱导阻力和总阻力。

关键词：大型客机;诱导阻力;NURBS-FFD;翼梢小翼;粒子群算法

Abstract：For a large air freighter or airliner, the induced drag accounts for about 40% of the total drag in the cruise phase. In this case, a robust design for a winglet is implemented to an initial wing of an aircraft. For the purpose of reducing the number of design variables, NURBS-FFD method is introduced as the parametric method in the winglet design process. CVT method is adopted to PSO algorithm to distribute initial positions of particles more dispersedly and avoid the possibility of local extremum. The optimization results indicate that not only the induced drag coefficient is reduced obviously but also the total drag coefficient is decreased dramatically within Mach number range from 0.75 to 0.80 under the situation of equivalent lift coefficient.

Key words：large airliner; induced drag; NURBS-FFD; winglet; PSO

1　引言

目前,不断上涨的燃料价格和日渐严重的环境问题使得努力减少燃油消耗和降低碳排放量成为航空工业所面临的最重要问题。减阻可以有效减少飞行时的燃料消耗,减阻也可以减小飞机的起飞场长度。在起飞距离相同的情况下,减阻可以使飞机增加有效载荷,每减少 1% 的阻力,飞机即可以相应增加载荷重量;减少 5%~6% 的阻力,飞机可以增加约 600~800 kg 的额外载荷[1]。

已有的研究结果表明,在大型客机的巡航过程中,诱导阻力约占整个阻力的 40%[2]。抑制翼尖涡强度有利于减小诱导阻力,从而降低飞机的整体阻力,提高飞行中的升阻比。翼梢小翼的设计正是通过阻碍上、下表面压力差带来的空气绕流,降低因翼尖涡造成的诱导阻力,减少绕流对升力的破坏,进而提高升阻比,降低耗油率。以波音 B737 - 800 客机为例,安装翼梢小翼后每小时可节约 100 kg 的燃油,飞机起飞爬升可增加 90 ft(27 m)[3]。

翼梢小翼的概念最早由 NASA 的 Whitcomb 提出[4],他发现在机翼根部弯矩一定的情况下,加装翼梢小翼比延伸机翼提供了更大的升阻比,同时,加装翼梢小翼可以更明显地降低诱导阻力。Takenake 等人[5]通过 CFD 和结构力学的计算,实现了多变量的高精度优化。他们设计了一个有 32 个小翼的样本,并通过引入 Kriging 代理模型对不同的弦长、后掠角、展长、小翼安装角等参数的机翼进行了计算。结果表明,通过优化,小翼整体降低了 22 个阻力单位,但同时使得机翼根部弯曲力矩提升了 5.3%。Verstraeten 和 Slingerlang[6]通过对比平面机翼、翼梢小翼和 C 形机翼,发现当展长和力矩固定的时候,一个小翼高度是 32% 机翼展长的小翼可以降低 5.4% 的整体阻力。他们的实验也证明,在展弦比一定的情况下,翼梢小翼可以用来减小诱导阻力。张雨等人[7]采用 Lagrange 乘数优化方法,约束升力系数和机翼翼根弯矩,通过修改机翼和翼梢小翼组合体的结构外形,减小机翼的诱导阻力和形状阻力,提高机翼的展向效率和升阻比的大小。姜琬等人[8]基于多级响应面法的翼梢小翼优化设计方法,考虑了翼梢小翼外形参数的交互作用,适用于多参数的气动外形优化设计。

翼梢小翼在现代大型客机中起的作用越来越重要,其设计工作,特别是优化设计获得了越来越多的重视。鉴于此,本文从减小机翼诱导阻力的角度出发,开展了翼梢小翼稳健性优化设计工作。在参数化方法方面,基于 NURBS - FFD 方法,在优化设计过程中参数化地描述翼梢小翼,可有效减少设计变量。在稳健性设计方法方面,通过 CVT 方法改进粒子群算法,使得初始粒子种群更加分散,从而提高收敛速度和优化结果。

2 控制方程与数值方法

在翼梢小翼优化设计过程中,数值求解 Navier - Stokes 方程以获得气动性能结果。空间离散采用 Roe - FDS 方法[9],时间推进采用隐式 LU - SGS 方法[9],湍流模型采用两方程 k - ω SST 湍流模型[10]。

为评估翼梢小翼设计对诱导阻力的影响,采用离散涡方法计算获得诱导阻力。图 1 显示了使用离散涡方法的坐标系[11]。离散涡方法基于 Kutta - Joukowski 定

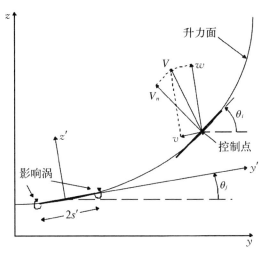

图 1 离散涡坐标系

理和 Biot - Savart 定律,通过这些可以用来捕捉几何构型的流场基本信息。计算在 Trefftz 平面,即飞机后部的一个垂直的平面处进行。

各气动面由一组离散的马蹄涡来表示。诱导阻力通过在尾部由马蹄涡诱导速度进行计算。Trefftz 平面位于无穷远处,垂直于飞机下游尾迹。利用 Trefftz 平面,诱导阻力的计算独立于 x 方向的坐标,从而有效地把三维问题降维为一组二维方程。根据 Biot - Savart 定律,在控制点 $P(x_j,\ y_j,\ z_j)$ 处,通过一个马蹄涡诱导的速度可以表示为 $P(\infty,\ y_i,\ z_i)$

$$\frac{u_i}{V_\infty}=0 \tag{1}$$

$$\frac{u_i}{V_\infty}=-\frac{1}{2\pi}\frac{\Gamma_j}{V_\infty}\left(\frac{z'}{R_1}-\frac{z'}{R_2}\right) \tag{2}$$

$$\frac{w_i}{V_\infty}=\frac{1}{2\pi}\frac{\Gamma_j}{V_\infty}\left[\frac{(y'-s')}{R_1}-\frac{(y'+s')}{R_2}\right] \tag{3}$$

式中:

$$
\begin{aligned}
R_1 &=(z')^2+(y'-s')^2\\
R_2 &=(z')^2+(y'+s')^2\\
y' &=(y_i-y_j)\cos\theta_j+(z_i-z_j)\sin\theta_j\\
z' &=-(y_i-y_j)\sin\theta_j+(z_i-z_j)\cos\theta_j
\end{aligned}
\tag{4}
$$

据 Kutta - Joukouski 定理,环量可以表示为

$$\frac{\Gamma_j}{V_\infty} = \frac{(c_n c)_j}{2} \tag{5}$$

可以求得诱导阻力系数

$$C_{D_i} = \sum_{i=1}^{m} \frac{V_{ni}}{V_\infty} \frac{(c_n c)_i}{c_{avg}} s_i \tag{6}$$

其中：

$$\frac{V_{ni}}{V_\infty} = \sum_{j=1}^{m} \frac{(c_n c)_j}{c_{avg}} \left\{ \frac{c_{avg}}{4\pi} \left[\frac{(y'-s')}{R_1} - \frac{(y'+s')}{R_2} \right] \cos(\theta_i - \theta_j) + \right.$$

$$\left. \frac{c_{avg}}{4\pi} \left[\frac{z'}{R_1} - \frac{z'}{R_2} \right] \sin(\theta_i - \theta_j) \right\} \tag{7}$$

矩阵 $\boldsymbol{A}_{ij}$ 称为影响系数矩阵，它仅是飞机外形的函数。因此，如果把上式代入式(6)，那么诱导阻力可以被写为

$$C_{D_i} = \sum_{i=1}^{m} \sum_{j=1}^{m} \frac{(c_n c)_j}{c_{avg}} \frac{(c_n c)_i}{c_{avg}} s_i \boldsymbol{A}_{ij} \tag{8}$$

3　计算程序验证

　　图 2 所示为 DLR-F6 翼身组合体，对其开展数值模拟，并与实验结果对比，以验证计算程序的可靠性。DLR-F6 翼身组合体是 AIAA 第二届和第三届阻力预测大会的研究模型[12]，机身长度为 1.02 m，平均气动弦长为 0.141 2 m。图 3 给出了计算网格的示意，网格单元总数约为 2 200 万，计算雷诺数为 300 万。表 1 给出了计算结果与实验结果[13]的对比，从对比结果可看出，计算结果与实验结果吻合度很高，升力系数的最大误差仅为 0.28%，阻力系数的最大误差为 1.02%。因此，计算程序对于空气动力学性能的评估具有很高的可靠性。

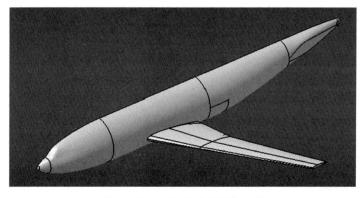

图 2　DLR-F6 翼身组合体半模

图 3　DLR-F6 翼身组合体计算网格示意

表 1　计算结果与实验结果对比

算　例		C_L	C_D
算例 1	计算值	0.498 8	0.029 2
$\alpha = 0.52°$	实验值	0.500 0	0.029 5
$Ma = 0.75$	误　差	0.24%	1.02%
算例 2	计算值	0.499 2	0.029 6
$\alpha = 0.47°$	实验值	0.500 0	0.029 8
$Ma = 0.76$	误　差	0.16%	0.67%
算例 3	计算值	0.498 6	0.029 7
$\alpha = 0.41°$	实验值	0.500 0	0.030 0
$Ma = 0.77$	误　差	0.28%	1.00%

4　NURBS-FFD 方法

　　FFD 方法[14]的基本思想是把"变形"定义为从原始物体空间到目标物体空间的三维映射。具体方法是将网格模型嵌入变形晶格中,通过控制变形晶格的顶点变化,达到对嵌入其中的网格模型进行变形的操作。该方法中存在着两个映射过程,即:将全局坐标系中网格模型上的顶点坐标映射到变形晶格所定义的局部坐标系的对应点(局部坐标),再将变形后的局部坐标系中的点反算回全局坐标系中的点。后者映射采用了张量积 Bemstein 多项式,因此能够保证嵌入其中的网格模型变形趋势与变形晶格的形状是一致的。针对变形物体上任一点,都可以通过以下变形公式建立全局坐标与局部坐标之间的映射关系。

$$\boldsymbol{X} = \sum_{i=0}^{l} \sum_{j=0}^{m} \sum_{k=0}^{n} \boldsymbol{P}_{i,j,k} B_{il}(s) B_{jm}(t) B_{kn}(u) \tag{9}$$

式中：X 为变形物体表面任意一点的全局坐标向量；(s,t,u) 为该点的局部坐标向量；$\boldsymbol{P}_{i,j,k}$ 为控制点的全局坐标向量；$B_{il}(s)$、$B_{jm}(t)$、$B_{kn}(u)$ 分别为 l，m 和 n 次 Bernstein 多项式基函数。当控制点的位置变化时，产生的位移为 $\Delta\boldsymbol{P}_{i,j,k}$，全局位移坐标向量为

$$\Delta\boldsymbol{X} = \sum_{i=0}^{l}\sum_{j=0}^{m}\sum_{k=0}^{n}\Delta\boldsymbol{P}_{i,j,k}B_{il}(s)B_{jm}(t)B_{kn}(u) \tag{10}$$

则新的全局坐标向量可表示为

$$\boldsymbol{X}' = \boldsymbol{X} + \Delta\boldsymbol{X} \tag{11}$$

对于局部参数为 (v,w) 的参数曲面，可以表示为

$$\boldsymbol{X}(s,t,u) = \boldsymbol{X}[s(v,w),t(v,w),u(v,w)] \tag{12}$$

对于任意 FFD 空间组合，$\boldsymbol{X}_1(s,t,u)$ 和 $\boldsymbol{X}_2(s,t,u)$ 共享边界 $s_1 = s_2 = 0$，曲面变形后沿 (v,w) 方向的一阶导矢为

$$\begin{cases} \dfrac{\partial\boldsymbol{X}_1(v,w)}{\partial v} = \dfrac{\partial\boldsymbol{X}_1}{\partial s}\dfrac{\partial s}{\partial v} + \dfrac{\partial\boldsymbol{X}_1}{\partial t}\dfrac{\partial t}{\partial v} + \dfrac{\partial\boldsymbol{X}_1}{\partial u}\dfrac{\partial u}{\partial v} \\[3mm] \dfrac{\partial\boldsymbol{X}_2(v,w)}{\partial w} = \dfrac{\partial\boldsymbol{X}_2}{\partial s}\dfrac{\partial s}{\partial w} + \dfrac{\partial\boldsymbol{X}_2}{\partial t}\dfrac{\partial t}{\partial w} + \dfrac{\partial\boldsymbol{X}_2}{\partial u}\dfrac{\partial u}{\partial w} \end{cases} \tag{13}$$

式中：$\dfrac{\partial s}{\partial v}$、$\dfrac{\partial t}{\partial v}$、$\dfrac{\partial u}{\partial v}$、$\dfrac{\partial s}{\partial w}$、$\dfrac{\partial t}{\partial w}$、$\dfrac{\partial u}{\partial w}$ 与曲面变形无关。满足多个 FFD 空间跨界矢导连续的条件为

$$\begin{cases} \dfrac{\partial\boldsymbol{X}_1(0,t_1,u_1)}{\partial s_1} = \dfrac{\partial\boldsymbol{X}_2(0,t_2,u_2)}{\partial s_2} \\[3mm] \dfrac{\partial\boldsymbol{X}_1(0,t_1,u_1)}{\partial t_1} = \dfrac{\partial\boldsymbol{X}_2(0,t_2,u_2)}{\partial t_2} \\[3mm] \dfrac{\partial\boldsymbol{X}_1(0,t_1,u_1)}{\partial u_1} = \dfrac{\partial\boldsymbol{X}_2(0,t_2,u_2)}{\partial u_2} \end{cases} \tag{14}$$

传统 FFD 变化的控制体一定是均匀分布的立方体，然而，实际问题中，几何体可能并不适合放入一个均匀的立方体中。基于 NURBS 方法对传统 FFD 方法进行改进[15]，图 4 给出了传统 FFD 控制体和 NURBS-FFD 控制体的比较，由图可见，传统 FFD 控制体是一个平行六面体，而 NURBS-FFD 控制体是一个以 NURBS 曲线作为边的六面体。

NURBS-FFD 控制体 $\boldsymbol{Q}$ 可表示为

$$Q(a, b, c) = \sum_{i, j, k=0}^{l, m, n} \boldsymbol{P}_{i, j, k} \boldsymbol{R}_{i, j, k}(a, b, c) \tag{15}$$

$$\boldsymbol{R}_{i, j, k}(a, b, c) = \frac{W_{i, j, k} B_{i, p}(a) B_{j, q}(b) B_{k, r}(c)}{\sum\limits_{i, j, k=0}^{l, m, n} W_{i, j, k} B_{i, p}(a) B_{j, q}(b) B_{k, r}(c)}, \quad 0 \leqslant a, b, c \leqslant 1 \tag{16}$$

式中：$W_{i, j, k}$ 为 $\boldsymbol{P}_{i, j, k}$ 的权重；$B_{i, p}(u)$、$B_{j, q}(v)$、$B_{k, r}(w)$ 分别为 p, q, r 阶 B 样条曲线。改变 NURBS‑FFD 控制体中控制点、权重和节点向量可以改变 $Q(a, b, c)$，并将变形传递到原始几何形状上。

通过引入 NURBS‑FFD 方法，可以显著减少控制点，从而明显减少设计变量，提高设计效率。

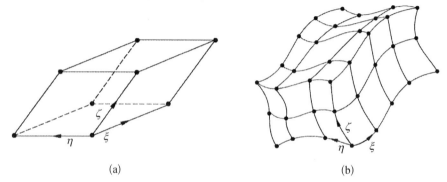

图 4 传统 FFD 控制体与 NURBS‑FFD 控制体比较

(a) 传统 FFD 控制体　(b) NURBS‑FFD 控制体

5 改进粒子群算法

在粒子群算法[16]中，每个优化问题的解都可以假定为搜索空间中的一个粒子(particle)。每一个粒子都有其位置和速度，位置对应解空间里的一个值，速度决定粒子下一步搜索的矢量方向。此外，每一个粒子都有一个由被优化的函数计算得到的适应度(fitness)，以决定它们目前搜索的位置是否比其他位置更优。制订了规则之后，所有的粒子就追随当前的最优粒子在解空间(solution space)中搜索，直到所有粒子收敛到最优解区域。

设搜索空间为 D 维，总粒子数为 n。第 i 个粒子的位置表示为 $\boldsymbol{X}_i = (x_{i1}, x_{i2}, \cdots, x_{iD})$，第 i 个粒子所经过的最优位置为 $\boldsymbol{P}_i = (p_{i1}, p_{i2}, \cdots, p_{iD})$，其中第 g 个粒子的过去最优位置 $\boldsymbol{P}_g$ 为所有 $\boldsymbol{P}_g = (p_{g1}, p_{g2}, \cdots, p_{gD})$ 中的最优；第 i 个粒子的飞行速度 $\boldsymbol{V}_i = (v_{i1}, v_{i2}, \cdots, v_{iD})$，$t+1$ 时刻每个粒子的位置按如下公式进行变化。

$$\begin{cases} v_{id}(t+1) = w \times v_{id}(t) + c_1 \times r_1 \times [p_{id}(t) - x_{id}(t)] + \\ \qquad\qquad c_2 \times r_2 \times [p_{gd}(t) - x_{id}(t)], 1 \leqslant i \leqslant n, 1 \leqslant d \leqslant D \quad (17) \\ x_{id}(t+1) = x_{id}(t) + v_{id}(t+1) \end{cases}$$

式中：c_1 和 c_2 为正常数，称为加速因子；r_1 和 r_2 为（0，1）之间的随机数；w 称为惯性因子。

为防止粒子飞出搜索区域，需要限制粒子的位置，即 $x_{id} \in [x_{d\min}, x_{d\max}]$；为了防止粒子的搜索速度过快或者过慢，需要限制粒子的速度，即 $v_{id} \in [v_{d\min}, v_{d\max}]$，越界的粒子值将被修正。

对于传统粒子群算法，种群的初始位置随机产生，然而，粒子的初始位置会对结果产生很大的影响，如果粒子的初始点集中在局部极值位置，则会影响结果的收敛速度和变动方向。鉴于此，采用 CVT 方法[17]修正随机生成的初始位置，使得粒子在初始化时就能够尽量分散，以减小陷入局部极值的可能性。

图 5 给出了改进粒子群算法的流程，CVT 算法的基本步骤如下所示。

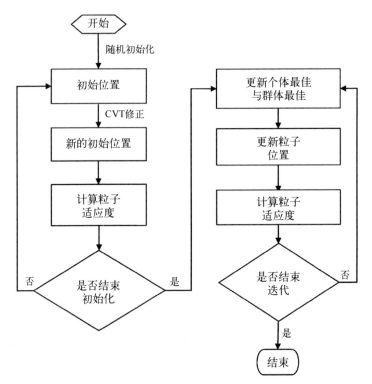

图 5　改进粒子群算法的流程

（1）假设有一个点集 $\boldsymbol{G}$：$\{\boldsymbol{g}_i\}_{i=1}^{k}$，其中的点对应初始的粒子位置。

（2）初始化一个数组 js，该数组有 k 个元素，每一个元素都赋初值 1。

（3）随机生成点 $\boldsymbol{q}$，在点集 $\boldsymbol{G}$ 中选择距离点 $\boldsymbol{q}$ 最近的一个点 $\boldsymbol{g}_j$。

（4）调整 $g_j = \dfrac{g_j js(j) + q}{js(j) + 1}$，$js(j) = js(j) + 1$，如果达到退出条件则退出，否则返回（3）。

图 6 展示了使用 CVT 方法前后初始化的粒子的分布情况，很明显，使用 CVT 方法后，粒子的分布更加分散合理，不会出现个别粒子聚集的情况，减小了陷入局部极值的可能性。

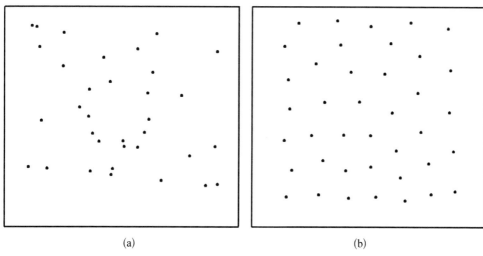

图 6 使用 CVT 方法前后初始化的粒子分布
（a）使用 CVT 方法前 （b）使用 CTV 方法后

6 优化设计结果与分析

在优化过程中机翼形状保持固定，为保证光滑过渡，机翼的一部分也被放入控制体中，如图 7 所示。机翼相关参数为：半展长为 17.6 m，参考面积为 62.9 m²，平均气动弦长为 4.12 m。

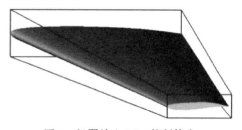

图 7 机翼放入 FFD 控制体中

如图 8 所示，在优化过程中，限定控制点只能沿着机翼的上表面控制高度变化，点在弦向的变化可以控制小翼的后掠角，点在展向的变化可以控制小翼的外倾角。这里点 A 和点 F 的反向变化可以提供弦长的变化。为保证小翼的光顺，这里点 A、点 F 为主要控制点，即其变化范围较大，主要控制几何变化，其他控制点为从动点；展向 2～5 的位置由算法自动选择，作为小翼与机翼的过渡面。通过以上说明可以看到，通过 FFD 控制体中控制点的变化，可以将平面机翼自动在翼尖处设计成小翼形状。同时，翼梢小翼的弦长、外撇角、后掠角、高度等参数都可以进行自动改变。

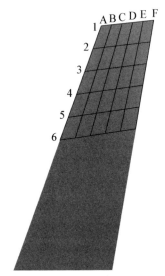

图 8　翼梢小翼部分控制点示意

针对马赫数在 0.75～0.80 的区间进行稳健性设计，优化目标如下。

$$\begin{cases} \min[\mu_{(cd)}^2 + \sigma_{(cd)}^2] \\ \text{s. t.} \begin{cases} C_L = 0.57 \\ \alpha \leqslant 3^\circ \\ b' \leqslant 17.9 \text{ m} \\ h \leqslant 0.12b' \end{cases} \end{cases} \tag{18}$$

$$\mu_{(cd)} = \bar{C}_D = \frac{\sum\limits_{i=1}^{n} C_{Di}}{n} \tag{19}$$

$$\sigma_{(cd)} = \sqrt{\frac{\sum\limits_{i=1}^{n} (C_{Di} - \bar{C}_D)^2}{n-1}}$$

优化过程中采用改变惯性因子 w 的方法，设最大迭代次数为 N，惯性因子 w 随迭代次数的变化关系采用经验公式，如下所示。

$$w = 0.5\left(\frac{N-i}{N+0.4}\right) \tag{20}$$

从图 9 中可以看出，当迭代到 20 步的时候，粒子已经聚集，可以认为优化达到收敛。

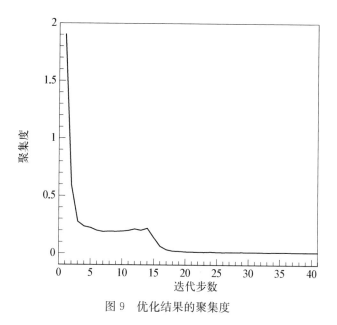

图 9 优化结果的聚集度

图 10 给出了稳健性设计与初始构型的阻力系数对比结果。由图可见,设计构型的阻力系数在马赫数在 0.75~0.80 的区间内明显降低,并且阻力增加的梯度也有所减小。

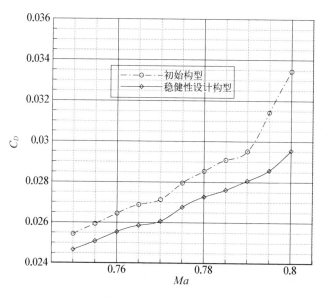

图 10 阻力系数对比

图 11 给出了稳健性设计与初始构型的诱导阻力系数对比结果。由图可见,设计构型的诱导阻力系数在马赫数在 0.75~0.80 的区间内明显降低。

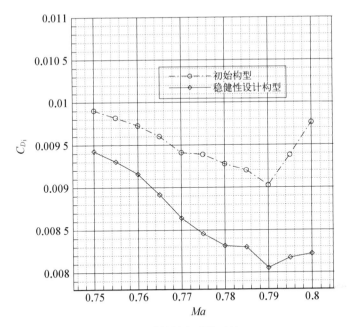

图 11　诱导阻力系数对比

表 2 给出了设计构型和初始构型在巡航状态下的气动性能对比,结果表明,阻力系数减小了 5.15%,诱导阻力系数减小了 9.78%,升阻比增加了 5.41%。

表 2　设计构型与初始构型的气动性能对比

	C_D	C_{D_i}	C_L/C_D
初始结果	0.029 1	0.009 2	19.59
设计结果	0.027 6	0.008 3	20.65
效　　果	−5.15%	−9.78%	+5.41%

7　结论

(1) 以某机翼为研究对象,为减小其阻力,对其开展了翼梢小翼稳健性优化设计。采用 NURBS-FFD 方法对机翼进行参数化,减少设计变量,并使得在优化设计过程中能自动生成小翼的网格。采用 CVT 方法对粒子群算法进行改进,使得初始粒子种群更加分散,从而提高优化收敛速度和优化结果。最后,利用 NURBS-FFD 方法和改进粒子群算法对翼梢小翼展开稳健性优化设计,并通过离散涡方法评估诱导阻力。

(2) 优化设计结果表明:在等升力条件下,设计构型在马赫数在 0.75~0.80 范围内总阻力和诱导阻力显著减小。

参 考 文 献

［1］ Tao J，Sun G，Si J Z，et al. A robust design for a winglet based on NURBS - FFD method and PSO algorithm[J]. Aerospace Science and Technology，2017，70：568 - 577.

［2］ Kroo I. Drag due to lift：Concepts for prediction and reduction[J]. Annual Review of Fluid Mechanics，2001，33(1)：587 - 617.

［3］ 何德富. 飞机翼尖尾涡对后面飞机飞行安全影响及安全措施[J]. 中国民航飞行学院学报，2005，16(1)：12 - 14，19.

［4］ Whitcomb R T. A design approach and selected wind tunnel results at high subsonic speeds for wing-tip mounted winglets[R]. NASA，TN - D - 8260，1976.

［5］ Takenaka K，Hatanaka K，Yamazaki W，et al. Multidisciplinary design exploration for a winglet[J]. Journal of Aircraft，2008，45(5)：1601 - 1611.

［6］ Verstraeten J G，Slingerland R. Drag characteristics for optimally span-loaded planar，wingletted，and C wings[J]. Journal of Aircraft，2009，46(3)：962 - 971.

［7］ 张雨，孙刚，张淼. 民用飞机翼梢小翼多约束优化设计[J]. 空气动力学学报，2006，24(3)：367 - 370.

［8］ 姜琬，金海波，孙卫平. 基于多级响应面法的翼梢小翼气动优化设计[J]. 航空学报，2010，33(9)：1746 - 1751.

［9］ Tao J，Sun G. A novel optimization method for maintaining aerodynamic performances in noise reduction design[J]. Aerospace Science & Technology，2015，43：415 - 422.

［10］ 王志博，孙刚. 带襟翼的机翼尾涡合并数值计算[J]. 哈尔滨工业大学学报，2017，49(4)：73 - 79.

［11］ 司景喆. 翼梢小翼优化设计方法研究[D]. 上海：复旦大学，2015.

［12］ Malouin B，Gariépy M，Trépanier J Y，et al. Engine pre-entry thrust and standard net thrust evaluation based on the far-field method[J]. Aerospace Science & Technology，2015，45：50 - 59.

［13］ Levy D W，Zickuhr T，Vassberg J，et al. Data summary from the first AIAA computational fluid dynamics drag prediction workshop[J]. Journal of Aircraft，2003，40(5)：875 - 882.

［14］ Zhang Z J，Khosravi S，Zingg D W. High-fidelity aerostructural optimization with integrated geometry parameterization and mesh movement [J]. Structural & Multidisciplinary Optimization，2017，55(4)：1217 - 1235.

［15］ 王元元，张彬乾，郭兆电，等. 基于 FFD 技术的大型运输机上翘后体气动优化设计[J]. 航空学报，2013，34(8)：1806 - 1814.

［16］ 司景喆，孙刚，孟德虹. 基于粒子群算法的海上风机叶片优化算法研究[J]. 空气动力学学报，2013，31(4)：498 - 502.

［17］ 金鑫，孙刚. 基于改进粒子群算法的参数化机翼气动优化[J]. 力学季刊，2012，33(3)：461 - 468.

第 3 部分
大型客机减阻方法研究

3.1 面向三维机翼性能的超临界翼型优化设计方法

赵　童[1]　陈迎春[2]　张　森[1]　陈海昕[3]　张宇飞[3]

(1. 上海飞机设计研究院,上海　201210)

(2. 中国商用飞机有限责任公司,上海　200240)

(3. 清华大学 航天航空学院,北京　100084)

摘　要:本文考虑超临界机翼的当地后掠角和当地曲率影响,对带梢根比后掠超临界机翼的二维翼型/三维机翼压力分布的修正转换关系进行了验证,基于此开展了面向三维机翼性能的翼型优化设计,并由此获得性能良好的超临界机翼外翼段设计。将此方法的优化结果与传统二维转三维设计方法和三维机翼直接优化结果进行对比表明,本文的方法由于针对当地曲率和当地后掠角进行修正,可以反映梢根比效应,因此可以很好地从二维设计获得三维性能最优的机翼,而与三维优化设计相比则大大提高了优化效率。

关键词:超临界翼型;当地后掠角;当地曲率;二维/三维转换;优化设计

Abstract:This paper presents an aerodynamic optimization method of supercritical airfoil geared to the performance of a swept and tapered wing based on a revised pressure coefficient transformation equation, which considers the tapered/swept effects and the influence of local swept angle, as well as the local curvature effects of supercritical wing. The airfoil optimized by the present method is assembled to the outboard part of a supercritical wing of a wide body civil airplane. A supercritical wing with good performance is achieved through this optimization method. The pressure distribution of the airfoil optimized by the present method, which is critical for supercritical wing performance, could reflect the three dimensional tapered effect, as Figure 1 shows. Comparisons of results between the present method (2.75D), traditional airfoil optimization method (2.5D) and full three-dimensional wing optimization method (3D) show that the airfoil optimized by the present method is more suitable for swept and tapered wing than the traditional method. At the same time, 2.75D method largely improves the optimization efficiency when comparing with 3D method.

Key words:supercritical wing; local sweep angle; local curvature; 2D/3D transformation; optimization design

1 引言

超临界机翼气动设计是民用飞机设计的重要环节,直接关系着飞机的安全性和经济性[1-2]。机翼设计为了同时满足减小阻力、延缓失速以及提高抖振裕度等设计要求,往往需要进行各项指标间的综合权衡。现代优化方法为气动设计带来了极大便利[2-3],其中遗传算法[4]是气动设计中常用的优化方法,它具有全局搜索功能,容易施加约束条件,且无需与气动分析耦合求解。但是其寻优速度较慢,对于全三维优化获得全局最优解尚有困难。此外,由于超临界机翼展向位置厚度差别大,且型面具有弯曲、扭转等特点,因此机翼表面光滑性不易保证。尤其是在全三维大规模搜索过程中,不同展向站位的翼型型面压力分布光滑过渡难以保持,导致需要人工修型使其满足制造工艺和流场光滑性的要求。此外,在三维遗传优化中,大量计算资源消耗在 CFD 分析上。倘若能将优化过程简化为二维进行分析,则将大大提高优化效率,并易于保证型面光滑性。

压力分布形态是评判机翼气动性能的重要依据,但往往难以体现在机翼设计中。对于超临界机翼,其压力分布形态较为微妙,吸力峰值和负压平台的高度、长度以及压力恢复速率等因素均牵一发而动全身,与几何变化非线性关联较强,规律不易掌握,大大增加了设计难度。近年来学者们对超临界机翼设计进行了大量研究,Li 等人[5]和 Vavalle 等人[6]通过控制翼型优化目标,得出了合适的超临界压力分布形态。Vassberg 等人[7]给出了一个三维超临界机翼的展向压力分布形态,对于三维机翼设计具有较大的参考价值。张宇飞[3]总结了超临界机翼压力分布形态的典型特点,提出了将设计者对于超临界压力分布形态的经验作为约束条件引入优化回路中的思想,并在大型客机 C919 的机翼设计中成功应用。

如果要将三维设计简化为二维设计,则需保证压力分布在转换前后的一致性。对于无限展长后掠机翼,传统使用的余弦后掠公式[2]能够较好地描述二维翼型与平直无限展长后掠机翼的气动参数转换关系,其原理是将来流速度投影为与机翼前缘平行和垂直的分量,其中平行分量没有受到曲率影响,不会产生压力变化。在此假设下,二维翼型/三维机翼的参数转换关系为

$$C_{P,\,\text{airfoil}} = C_{P,\,\text{sweep}}/\cos^2\Lambda, \quad C_{L,\,\text{airfoil}} = C_{L,\,\text{sweep}}/\cos^2\Lambda, \atop C_{D,\,P,\,\text{airfoil}} = C_{D,\,P,\,\text{sweep}}/\cos^2\Lambda \tag{1}$$

基于此理论的机翼设计方法我们称之为 2.5D 方法。

然而,真实机翼为了获得更好的综合性能,一般都具有梢根比,这导致余弦关系效果不佳。Lock[8]采用当地后掠角概念,认为如果垂直于当地后掠角的速度分量相同,那么压力系数相等。Lock 基于此对经典余弦关系进行了修正,获得了带梢

根比后掠翼的二维/三维机翼的压力系数转换关系。Kroo 和 Velden[9] 对 Lock 的修正方法进行了应用和改进,保证了三维机翼具有良好的压力分布形态。然而,Lock 的修正方法虽然能够反映梢根比影响的压力分布变化趋势,但由于气动阻力对压力分布极为敏感,导致通过修正压力分布积分得到的气动阻力误差较大,有时甚至会出现负阻力的现象,因此学者们对升阻力特性采用与压力分布不同的转换公式。Petruzzelli 和 Keane[10] 给出了一种激波阻力的二维/三维转换关系,即 $C_{D_w}^{3D} = C_{D_w}^{2D} \cdot \cos^3 \Lambda^* / c$。Atkin 和 Gowree[11] 进一步对阻力转换方法进行了深入研究,发展了一种 Callisto - 黏性 Garabedian - Korn 方法,获得了区分压差阻力和摩擦阻力的二维/三维转换方法:$C_D^{3D} = C_{D_f}^{2D} \cdot \cos^{0.2} \Lambda^* + C_{D_p}^{2D} \cdot \cos^3 \Lambda^*$,其中 Λ^* 为等效后掠角。从该式可见后掠角对压差阻力和摩擦阻力影响的权重是不一样的。对于带梢根比的后掠机翼而言,后掠角可有不同的定义。虽然工程设计中常用 1/4 弦线后掠角作为等效后掠角,但 DLR 的 Streit[12] 认为采用激波位置附近的后掠角作为等效后掠角更能反映跨声速机翼的性能特点。

本文旨在发展一种面向三维机翼性能的、考虑当地后掠角和梢根比影响的翼型优化设计方法。验证比较了压力系数和气动阻力修正转换关系的准确性,同时给出了等效后掠角的选取方法。通过结合这两方面的二维/三维转换关系,一方面将对三维机翼压力分布形态的要求转化为二维翼型优化设计的约束,从而使优化获得的二维翼型在装配到三维机翼上后能获得期望的压力分布形态;另一方面,可在二维优化时合理分配摩擦阻力和压差阻力的减阻目标,使得翼型装配到三维机翼后获得最优的阻力表现,由于考虑了梢根比的影响,因此阻力转化也更为准确,我们将这种设计方法称之为 2.75D 方法。为了更好地说明这种方法带来的改进,本文对 2.5D、2.75D 以及全三维优化的 3D 方法进行了对比。

2 数值方法及其验证

本文主要基于数值模拟进行气动优化设计,应用课题组开发的 CFD 程序 NSAWET 进行分析计算[13]。采用 RAE2822 翼型的实验状态 9[14]($Ma = 0.734$,$Re = 6.5 \times 10^6$)对数值方法的精度进行检验。空间离散采用 Roe 格式,时间推进采用 LU_SGS 格式,湍流模式采用 SST 模式。为了选择合理的网格规模,采用三套不同密度的 C 型网格进行了同升力系数(0.8)的对比,其周向和法向网格点数分别为 257×97、363×137、513×193,壁面法向第一层网格距离均为 2.0×10^{-6},以保证 Y^+ 小于 1。图 1(b)显示了三套网格获得的压力系数分布与实验结果的对比,结果较为一致,且与实验结果吻合良好。从表 1 所示的网格密度-阻力的关系中可看出,网格加密对于阻力的影响趋势比较稳定,且阻力变化已在一个阻力单位内。因此我们选定粗网格进行后续的翼型计算。

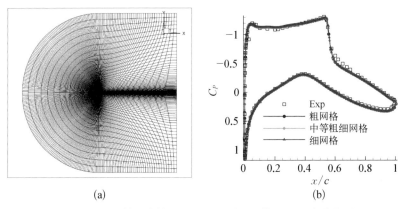

(a)　　　　　　　　　　　　　　(b)

图 1　RAE2822 翼型计算网格以及不同网格数下的压力分布对比

表 1　不同计算网格的阻力系数对比（$Ma=0.734$，$C_L=0.8$，$Re=6.5\times10^6$）

	粗网格	中等粗细网格	细网格
网格点数	257×97	363×137	513×193
阻力系数	0.015 89	0.015 71	0.015 63

3　后掠机翼二维/三维压力系数转换

3.1　无限展长后掠机翼的 2.5D 转换方法

对于无限展长后掠机翼,式(1)被广泛用作二维/三维的转换方法,这种方法常用于工程设计中确定翼型的设计升力系数。但由于真实机翼的翼根和翼梢效应,因此常常需要将式(1)右端适当放大,如 $C_{L, \text{airfoil}}=(1.1\sim1.2)C_{L, \text{sweep}}/\cos^2\Lambda^{*\,[15\text{-}16]}$,这种方法虽然简单易用,但易给设计指标带来不确定性,尤其是对于优化设计而言,上述不确定性导致难以找到适合机翼的最优二维翼型。

采用 RAE2822 翼型验证无限展长后掠翼的参数转换方法。表 2 给出了经式(1)确定的不同后掠角计算采用的来流马赫数、升力系数和相对厚度。进行后掠机翼 CFD 分析时,机翼两侧采用周期性边界条件来模拟无限展长情况。

表 2　RAE2822 不同后掠角机翼的计算状态

后掠角	马赫数	升力系数	厚　度
$0°$	0.734 0	0.800 0	0.120 0
$20°$	0.782 1	0.706 4	0.114 2
$30°$	0.849 2	0.600 0	0.104 9
$40°$	0.958 7	0.469 5	0.092 8

图 2 显示了不同后掠角压力系数分布计算结果经式 (1) 转化到 0° 后掠角后的对比。由图可见,不同后掠角的压力分布均十分一致,表明式 (1) 对无限展长后掠机翼的压力系数转换效果良好。

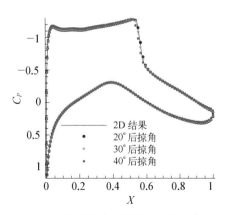

图 2 不同后掠角机翼的压力分布与二维翼型对比

3.2 带梢根比机翼二维/三维 2.75D 转换方法

3.2.1 压力系数转换方法和验证

对于后掠机翼的展向截面,Lock[8] 指出,来流马赫数垂直于机翼表面某处当地后掠角的分量 M_n 和当地压力系数 C_P 之间的对应关系如下式所示[8],其中 Λ 为当地后掠角。

$$1+\frac{1}{2}(\gamma-1)M_n^2 = \frac{1+\frac{1}{2}(\gamma-1)M_\infty^2 \cdot \cos^2\Lambda}{\left(1+\frac{1}{2}\gamma M_\infty^2 C_P\right)^{(\gamma-1)/\gamma}} \tag{2}$$

因此,带有梢根比的三维后掠机翼可通过求解 M_n 的方法获得压力系数。若等效后掠角 Λ^* 表示二维翼型在三维机翼上的布置方式,则 Lock[8] 给出的仅考虑当地后掠角的二维/三维压力分布转换关系如下式所示。

$$C_P = \frac{f-1}{\frac{1}{2}\gamma M_\infty^2} + fC_P' \cdot \cos^2\Lambda^* \tag{3}$$

$$f(M, \Lambda, \Lambda^*) = \left[\frac{1+\frac{1}{2}(\gamma-1)M_\infty^2 \cdot \cos^2\Lambda^*}{1+\frac{1}{2}(\gamma-1)M_\infty^2 \cdot \cos^2\Lambda}J\right]^{\gamma/(\gamma-1)} \tag{4}$$

式中:C_P' 为二维翼型的压力系数。

进一步考虑当地曲率变化对式 (3) 进行修正,假设机翼前缘和后缘的延长线交于一点 S,坐标为 $(x_0, y_0, 0)$,如图 3 所示。r 为由 S 点到机翼表面任意一点的距离,θ 为 r 和机翼前缘线的夹角。u_1 为垂直于当地后掠角方向的速度,u_2 为平行于当地后掠角的速度。x 为弦向坐标,y 为展向坐标,z 为法向坐标。引入坐标变换系数 h_1 和 h_2,使得机翼表面任意两点的距离 $ds^2 = h_1^2 dr^2 + h_2^2 d\theta^2$。则当地机翼表面的法向涡量可写为

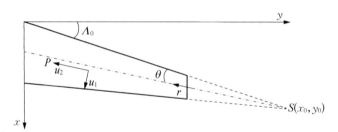

图 3　后掠翼平面形状示意

$$\Omega_n = \frac{1}{h_1 h_2} \left[\frac{\partial}{\partial \theta}(h_2 u_2) - \frac{\partial}{\partial r}(h_1 u_1) \right] \tag{5}$$

考虑理想流动　　　　　　$\dfrac{\partial}{\partial \theta}(h_2 u_2) = \dfrac{\partial}{\partial r}(h_1 u_1)$ 　　　　　(6)

由变换系数 $h_1 = r$、$h_2 = 1$ 得　　$\dfrac{\partial u_2}{\partial \theta} = u_1 + r \dfrac{\partial u_1}{\partial r}$ 　　　(7)

设 $g(x, y)$ 为归一化翼型函数

$$z = g(x, y) \ (0 \leqslant x \leqslant 1) \tag{8}$$

则对于机翼表面任意一点,有

$$\begin{cases} r = \sqrt{(x - x_0)^2 + (y - y_0)^2 + z^2} \\ \theta = y_0 \displaystyle\int_0^\xi \frac{\sqrt{1 + [g'(\xi)]^2}}{(x_0 - \xi)^2 + y_0^2 + g^2(\xi)} \mathrm{d}\xi \end{cases} \tag{9}$$

式中:$\xi = (xy_0 - x_0 y)/(y_0 - y)$,为当地弦向坐标。

　　如果设计的机翼能够保证压力等值线平行于当地后掠角,即压力分布在展向具有良好的相似性,则 u_1 与 r 无关,式(7)可以写为如下形式。

$$\frac{\partial u_2}{\partial \theta} = u_1 = \sqrt{q^2 - u_2^2} \tag{10}$$

式中:q 为合速度。在机翼的前缘点上有边界条件 $u_1 = 0$,$\theta = 0$,且

$$u_2 = -q = -U_\infty \cdot \sin \Lambda_0 \tag{11}$$

式中:Λ_0 为前缘后掠角。

　　对于微分方程(10)和边界条件(11),采用数值积分即可求得 u_2、u_1 和 q。同时,当地声速可以通过下式求出。

$$\frac{c_{\text{local}}^2}{U_\infty^2} = \frac{1}{M_\infty^2} + \frac{1}{2}(\gamma - 1)\left(1 - \frac{q^2}{U_\infty^2}\right) \tag{12}$$

M_n 可表示为

$$M_n = \frac{u_1}{c_{\text{local}}} \tag{13}$$

由式(2)、式(13)和式(10),可根据二维压力分布 C_P' 迭代求出相应的带梢根比机翼的截面压力分布。

采用上述转换方法,构造后掠机翼验证其计算效果,构型如图4(a)所示。梢根比为 0.33,展长与根弦长之比为 3.124,前缘、1/4 弦线和 1/2 弦线后掠角分别为 30°、27.6°和 25.2°,展向站位均采用 RAE2822 翼型。机翼两侧构造外插边界条件以尽量排除翼根和翼梢效应的影响。三维机翼的计算状态为升力系数为 0.655,马赫数为 0.812,雷诺数为 733 万。图4(b)显示了计算的压力分布云图,图上可以看出,翼根和翼梢效应对压力分布影响较小,展向不同站位压力系数分布较为一致。下面将截取机翼中段压力分布进行转换效果对比分析。

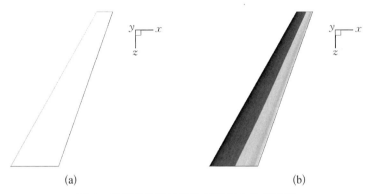

图 4 带梢根比后掠翼构型及压力分布云图

由式(3)可知,采用当地后掠角的修正关系式转换时需要确定一个等效后掠角。工程设计上常用 1/4 弦线后掠角作为等效后掠角。本文分别采用前缘、1/4 弦线,1/2 弦线后掠角作为等效后掠角进行对比分析,结果如图5所示。可以看出,前缘和 1/4 弦线的算例中,二维翼型和三维机翼计算结果的吸力平台具有明显的误差,而将 1/2 弦线作为等效后掠角的压力系数吻合良好。由此可见,带梢根比后掠机翼设计的等效后掠角选取对于气动特性有较大的影响。Streit[12] 指出采用激波所在位置附近的当地后掠角更能

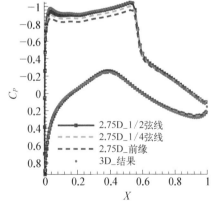

图 5 选择不同等效后掠角的压力分布对比结果

够反映跨声速机翼的特点,而 RAE2822 算例激波位置位于 $50\% \sim 60\%$ 左右,本文结论与其相近,但具有更好的操作性。

图 6 显示了考虑梢根比效应的转换方法获得的压力分布对比,其中等效后掠角均选取 1/2 弦线后掠角。图中"2.5D"采用无限展长后掠公式计算得到,"2.75D_LocalMach"为考虑当地后掠角修正的结果,"2.75D_Curvature"为考虑当地曲率修正的结果。可以看出,不管是在上表面吸力峰还是下表面前加载区域,以及后加载和压力恢复区,考虑当地曲率影响后的转换压力分布均能够与三维机翼结果更好地吻合。对于超临界机翼而言,前缘吸力峰值对气动特性的影响尤为重要,一方面会影响平台高度,改变升力系数,另一方面也会影响波前马赫数,从而改变激波强度。前、后加载区域的压力分布均会改变机翼升力系数。对于优化设计来说,更准确地预测和调整压力分布与升力系数,可使翼型更容易满足三维机翼的设计要求。

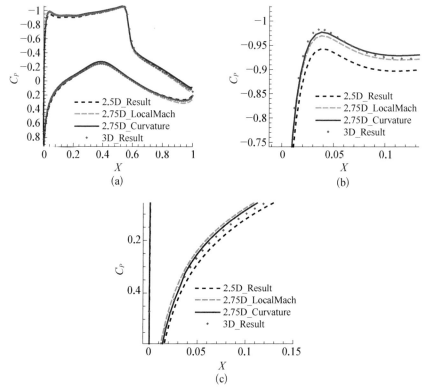

图 6   考虑梢根比影响的翼型压力分布与三维机翼计算结果对比

(a) 压力分布   (b) 吸力峰值   (c) 前缘下表面压力

3.2.2   气动阻力转换方法和验证

机翼优化设计的目标通常设定为使升阻比最大化,因此需要准确确定设计方案的升力和阻力随设计的变化。使用 3.2.1 节中的方法对压力系数进行积分可得到压差阻力的二维/三维转换关系,然而气动阻力同时包含了压差阻力和摩擦阻力,导致 Lock 的方法难以获得精确的阻力转换结果。2012 年,Atkin 和 Gowree[11]

发展了一种 CVGK 方法,获得了压差阻力和摩擦阻力的二维/三维转换方法(即 2.75D 气动阻力转换方法),如下所示。

$$C_D^{3D} = C_{D_f}^{2D} \cdot \cos^{0.2} \Lambda^* + C_{D_p}^{2D} \cdot \cos^3 \Lambda^* \tag{14}$$

采用 Atkin 和 Gowree[11]的方法对 2.2.1 节中模型的气动阻力进行二维/三维转换验证,翼型为 RAE2822。由于式(14)中的转换方法是基于二维翼型的阻力分解结果进行转换计算的,因此本文中考虑对二维翼型的气动阻力、采用 2.75D 方法转换后的气动阻力以及 3.2.1 节中三维模型计算得到的气动阻力进行对比,以验证 2.75D 阻力转换方法的准确性。图 7 显示了这三种阻力分别随马赫数以及升力变化的对比情况。图中纵坐标设为相对于最左侧计算点的阻力差值,以便对比二维翼型阻力、2.75D 阻力和三维阻力变化的趋势,易看出,采用式(14)按不同权重对压差阻力和摩擦阻力进行二维/三维转换之后,总阻力变化的趋势相对于二维计算更加接近于三维机翼。

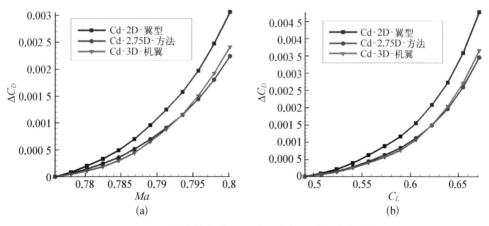

图 7 Atkin 方法转换前后二维阻力与三维阻力的对比

(a) 随马赫数变化 (b) 随升力变化

4 宽体客机翼身组合体三维机翼外翼段优化设计

运用上文中验证的二维/三维压力系数转换的优化设计方法对宽体客机机翼外翼段进行改进设计,对比不同优化方法的效果。由于机翼的内翼段受到机身和扭转的强烈影响,其翼型的二维特性难以保持,因此本文选择外翼段作为改进优化设计的对象。

对于宽体客机机翼而言,由于飞行马赫数较高,容易出现较强的激波/边界层干扰,因而抖振裕度是重要的设计约束条件。限制激波强度是保证抖振升力系数的主要手段。为了尽量提高机翼的抖振性能,机翼外翼段不同站位的翼型设计升力系数应基本保持一致,以具有相近的抖振裕度,避免出现"短板"。在这种条件下,外翼段尽量保持二维特性显得尤其重要。图 8 为 CRM(Common Research Model)在巡航状态下升力系数沿展向分布的曲线[7],可看出在机翼展向 35%～80% 的区间内升力系数基本一致。这使得我们在这一段可以很好地基于二维翼型开展设计。

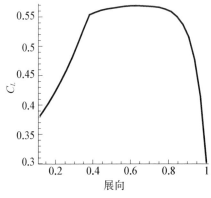
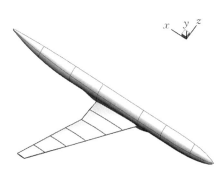

图 8   CRM 标模升力系数沿展向分布   图 9   宽体客机翼身组合体构型和剖面站位

宽体客机翼身组合体构型和剖面站位如图 9 所示。巡航马赫数 $Ma=0.85$,升力系数 $C_L=0.5$,雷诺数 $Re=4\,000$ 万。机翼的 1/4 弦线后掠角为 32.52°,1/2 弦线后掠角为 29.4°。

采用 CST 方法[17-18]对翼型进行几何参数化,翼型上、下表面各需 7 个控制参数。三维机翼展向布置 7 个翼型,本文只针对外翼段四个翼型剖面开展优化。采用展向样条插值的方法生成机翼曲面,如图 9 所示。

在选择翼型的设计升力系数时,首先求得初始机翼的展向升力系数分布,确定外翼段翼型的当地升力系数,并采用式(1)转化到二维状态的设计工况。采用遗传算法 NSGA - II 方法[19-20]进行全局寻优,并进行多点优化以保证翼型具有较好的综合性能。

为对比分析,采用三种不同策略进行优化设计。

(1) 2.5D 方法:令外翼段四个翼型保持一致,以无限展长后掠翼公式进行设计工况和几何约束转换。在此基础上进行二维翼型多设计点优化。针对二维要求对翼型压力分布形态进行约束,以翼型多设计点阻力最小化为目标。设计参数为 $7\times2=14$ 个,CFD 计算采用 257×97 的网格,单样本单次分析耗时约 2 分钟。

(2) 2.75D 策略:在 2.5D 方法的基础上,在对二维翼型优化过程中,运用考虑当地后掠角和当地曲率影响的转换关系将压力系数转化为三维状态,并依据三维机翼的要求施加约束。采用 $C_D^{3D}=C_{D_f}^{2D}\cdot\cos^{0.2}\Lambda+C_{D_p}^{2D}\cdot\cos^3\Lambda$ 将二维翼型的阻力转化为三维阻力[11],以使此阻力的多设计点最小为目标。设计参数数目和 CFD 计算量与 2.5D 方法相同。

（3）3D 方法：按照文献[2]直接进行外翼段三维优化设计，进行翼身组合体 CFD 分析，计算网格为 650 万。设计参数为 $7 \times 2 \times 4 = 56$ 个，CFD 计算单样本单次耗时 2.5 小时。

三种优化策略获得的方案最终都安装到翼身组合体上，采用细网格进行校核分析，如图 10 所示，网格总数为 2 200 万。

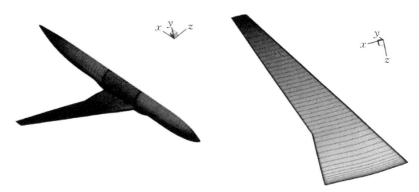

图 10　翼身组合体计算网格示意

根据 3.2.1 节的结论，在 2.5D 和 2.75D 方法中，均以 1/2 弦线后掠角作为等效后掠角，翼型设计升力系数根据初始机翼的外翼段当地升力系数得到，多点优化的设计状态包括：

（1）巡航状态：$Ma = 0.74$，$C_L = 0.85$。

（2）速度扰动状态：$Ma = 0.725$，$C_L = 0.85$。

（3）阻力发散状态：$Ma = 0.752$，$C_L = 0.85$。

（4）升力扰动状态：$Ma = 0.752$，$C_L = 0.77$。

为保证在巡航马赫数下的攻角稳健性，第（4）设计点仅对压力分布形态进行了考核和约束，以防止双激波现象的发生，未在优化过程中作为目标函数考察其升阻特性。

优化过程中施加约束保证翼型的超临界特性和结构特性，包括几何约束、压力分布约束等，如图 11 所示。具体包括：

1）压力分布约束[20]

（1）前缘吸力峰值 $C_P > -1.3$，避免前缘加速过快。

（2）上表面 10%～45%之前保持较小的逆压梯度（$0.0 < \mathrm{d}C_P/\mathrm{d}x < 0.5$），以保证上表面吸力平台区长度。

（3）压力恢复区限制 $\mathrm{d}C_P/\mathrm{d}x < 3$，避免流动分离。

（4）下表面负压峰值 $C_P > -0.35$，避免出现超声速区。

（5）速度扰动设计点不出现双激波。

2）几何约束

（1）翼型前缘半径≥0.13 以保证一定的低速性能。

（2）翼型最大相对厚度等于11%。

多点设计的多个目标函数为

$$\min_{\text{CST parameters}} \quad C_D[\text{在设计点}(1)\sim(3)\text{中}]\text{受限于条件}(1)\sim(7) \tag{15}$$

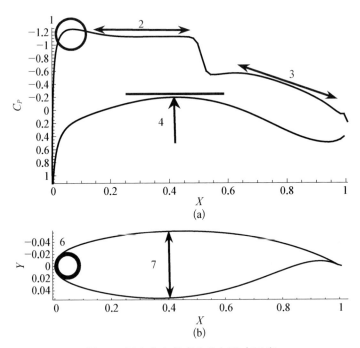

图 11　压力分布约束和几何约束示意

图 12 显示了采用 2.75D 方法优化过程中的 4 个设计点的阻力收敛过程。其中横坐标为优化代数，纵坐标为阻力系数。优化进行了 100 代，每一代包含 32 个个体，优化过程在 32 核工作站上需计算 12 个小时。可以看出，优化后不同设计点均获得了良好的减阻效果，并且基本达到收敛。在超临界机翼气动设计中，相比速度扰动设计点，巡航设计点和阻力发散设计点的气动特性更加重要，因此本文从阻力发散状态和巡航状态的阻力系数构成的 Pareto 前沿选择最优个体，并检查此个体在速度扰动状态和升力扰动状态下的性能，如图 13 所示。

表 3 显示了采用 2.5D 和 2.75D 方法优化获得的最优翼型在各设计点阻力系数的对比。表中"C_L_2D"为翼型二维计算升力系数，优化过程中采用限定升力系数计算，即在 CFD 迭代过程中改变攻角以获得指定的升力系数。2.75D 优化时升力系数为采用修正方法转换后的 C_P 积分值。"$C_{D_p}\_2D$""$C_{D_f}\_2D$""C_D_2D"分别为

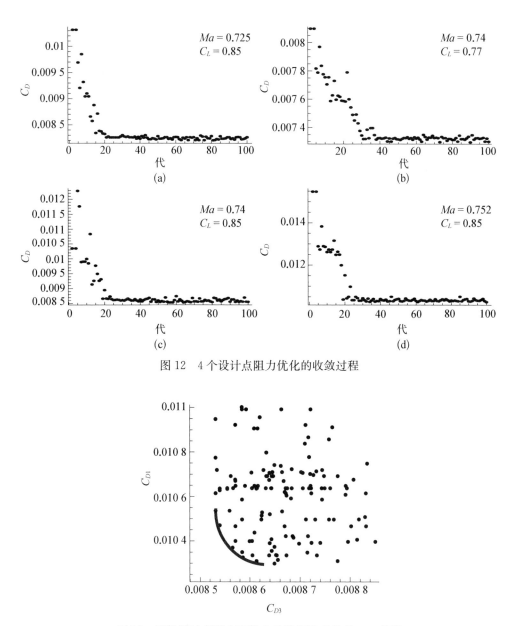

图 12　4 个设计点阻力优化的收敛过程

图 13　巡航设计点阻力和阻力发散设计点的 Pareto 前沿

直接积分二维翼型获得的压差阻力、摩擦阻力和总阻力。"C_D_2.75D"为采用 Atkin 和 Gowree[11] 的阻力转换方法获得的阻力系数。从表格中可以看出,2.75D 方法由于改变了压差阻力和摩擦阻力的权重,因此压差阻力的权重变小,从而导致阻力发散状态($Ma = 0.752$,$C_L = 0.85$)的权重变低,使其在基本保持阻力发散特性的前提下,巡航性能能够进一步优化提高。

表 3　2.5D 和 2.75D 方法优化的最优翼型阻力系数对比

	Ma	C_L_2D	$C_{D_p}\_2D$	$C_{D_f}\_2D$	C_D_2D	C_L/C_D	$C_D\_2.75D$
2.5D 方法	0.725	0.850	0.006 15	0.004 67	0.010 82	78.6	0.008 61
	0.740	0.850	0.006 43	0.004 67	0.011 10	75.2	0.008 79
	0.752	0.850	0.008 77	0.004 63	0.013 40	63.4	0.010 30
2.75D 方法	0.725	0.850	0.005 52	0.004 71	0.010 23	83.1	0.008 23
	0.740	0.850	0.006 04	0.004 69	0.010 73	79.2	0.008 56
	0.752	0.850	0.008 83	0.004 63	0.013 46	63.2	0.010 35

　　图 14 显示了两种方法优化的翼型压力分布,其中黑点表示 2.5D 结果,黑色实线表示 2.75D 结果,压力系数均已从二维翼型转换成三维机翼。可以看出,两个翼型的吸力峰值、下表面压力分布均有一定差别。2.75D 优化结果下表面负压较高,升力减小,因此需将上表面吸力峰值提高以获得足够的升力,并且增加翼型的后加载以减小阻力。

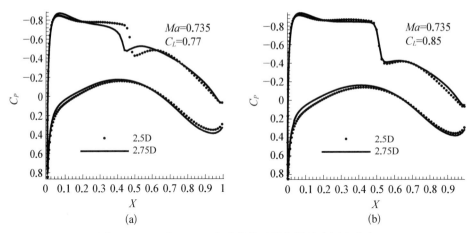

图 14　2.5D 和 2.75D 方法优化后的各设计点压力分布

　　图 15 显示了三种方法优化的结果安装在翼身组合体的展向截面压力分布表现。2.5D 和 2.75D 方法按照厚度余弦关系将二维翼型安装在三维机翼的外翼段上。从图中可以看出,2.5D 方法结果在外翼段出现较明显的双激波,且在翼尖附近激波位置过于靠近后缘,容易发生流动分离。

　　图 16 显示的是 2.5D 和 2.75D 方法的翼型与安装在机翼后的压力分布对比。如图所示,2.5D 方法的翼型与安装后的压力分布形态差别较大;而采用 2.75D 方法则获得了二维/三维较为一致的结果。由于内翼段边界层累积以及展向厚度变化等因素,因此 2.75D 方法的二维和三维压力分布在激波后还有一定的差别,但整体趋势符合性良好。

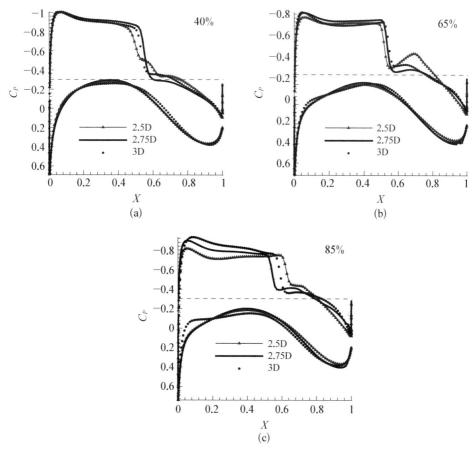

图 15　三种方法优化得到的机翼巡航点压力分布

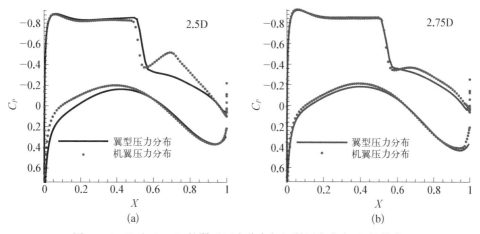

图 16　2.5D 和 2.75D 的翼型压力分布与机翼压力分布(巡航状态)

　　图 17 显示了三种方法获得的翼身组合体的压力分布云图,2. 75D 方法和 3D 方法设计机翼的巡航状态均有较好的形态,2. 75D 方法的结果显示不同展向位置压力分布形态比较一致。3D 方法优化的结果显示由于展向翼型不同,且展向压力分布相似性难以控制,因此激波位置差别稍大,展向一致性较差。

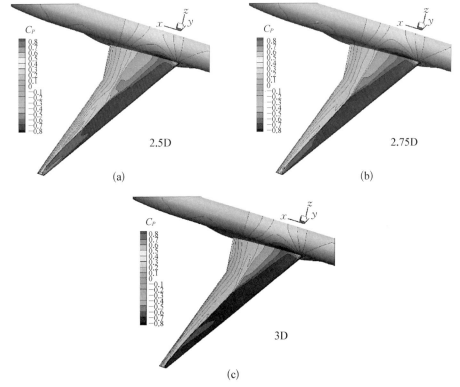

(a)　　　　　　　　　　　　　　　　　　　(b)

图 17　　三个优化结果的巡航点压力云图

　　表 4 显示了三个优化方案不同状态下的阻力系数对比。可以看出,2. 5D 方法结果阻力明显偏大,2. 75D 和 3D 两种方法阻力相差不大。从计算时间上看,采用同样的 32 核计算,针对翼型的 2. 5D 和 2. 75D 多点优化方法 100 代共耗时 12 小时,翼身组合体采用单点优化 100 代便耗时 720 小时。由此可见,2. 75D 方法能够获得与 3D 方法同样优秀的气动性能,但优化效率的提高显而易见。

表 4　三个优化方案的阻力系数对比

	$Ma=0.83$ $C_L=0.5$	$Ma=0.85$ $C_L=0.45$	$Ma=0.85$ $C_L=0.5$	$Ma=0.87$ $C_L=0.5$
2. 5D 方法	0. 021 19	0. 019 73	0. 021 43	0. 023 52
2. 75D 方法	0. 020 66	0. 019 17	0. 020 83	0. 022 84
3D 方法	0. 020 59	0. 019 22	0. 020 77	0. 022 94

5 结论

本文整理了一种基于二维翼型与三维机翼间压力系数与升阻特性的相互转换关系。根据当地后掠角和曲率,采用1/2弦长后掠角作为等效后掠角,可较好地计算后掠角及根梢比的影响,并反映摩擦阻力与压差阻力随后掠角的不同变化趋势,获得更好的升阻转换。基于此,发展了面向机翼三维性能的超临界翼型气动优化设计方法,使得三维机翼的优化设计可在翼型优化上得以实现,并可很好地体现三维机翼的要求和约束,从而大大缩减设计时间,提高设计效率,并改善展向几何和压力分布的光滑性。

参 考 文 献

[1] Obert E. Aerodynamic Design of Transport Aircraft [M]. IOS Press,2009.

[2] 陈迎春,宋文滨,刘洪. 民用飞机总体设计[M].上海交通大学出版社,2010.

[3] Zhang Y F,Chen H X,Zhang M. Supercritical wing design and optimization for transonic civil airplane[C]//Aiaa Aerospace Sciences Meeting Including the New Horizons Forum and Aerospace Exposition. 2011.

[4] 张宇飞.基于先进CFD方法的民用客机气动优化设计[D].北京:清华大学,2010.

[5] Li W,Krist S,Campbell R. Transonic airfoil shape optimization in preliminary design environment [J]. Journal of Aircraft,2006,43(3):639-651.

[6] Vavalle A,Qin N. Iterative response surface based optimization scheme for transonic airfoil design [J]. Journal of Aircraft,2012,44(2):365-376.

[7] Vassberg J,Dehaan M,Rivers M,et al. Development of a common research model for applied CFD validation studies[C]//Aiaa Applied Aerodynamics Conference. 2015.

[8] Lock R C. An equivalence law relating three- and two-dimensional pressure distributions [R]. NPL AeroReport no. 1028,1962.

[9] Kroo I,Velden A J M V D. A numerical method for relating two- and three-dimensional pressure distributions on transonic wings[C]// 1990.

[10] Petruzzelli N,Keane A J. Wave drag estimation for use with panel codes [J]. Journal of Aircraft,2012,38(4):778-782.

[11] Atkin C J,Gowree E R. Recent development to the viscous Garabedian and Korn method [C]//International Congress of the Aeronautical Sciences. 2012.

[12] Streit T,Wichmann G,Campbell R. Implications of conical flow for laminar wing design and analysis[C]//Aiaa Applied Aerodynamics Conference. DLR,2011.

[13] Chen H,Fu S,Li F W. Navier-Stokes simulations for transport aircraft wing/body high-lift configurations [J]. Journal of Aircraft,2015,40(5):883-890.

[14] 李凤蔚.空气与气体动力学引论[M].西安:西北工业大学出版社,2007.

[15] 张锡金.飞机设计手册.第6册,气动设计[M]//第1章:机翼与尾翼设计.北京:航空工业出版社,2002.

[16] Cook P H,Mcdonald M A,Pirmin M C P. Aerofoil RAE 2822 - pressure distributions,

and boundary layer and wake measurements [R]. Experimental Data Base for Computer Program Assessment. AGARD Advisory Report No. 138. 1979.

[17] Kulfan B. A universal parametric geometry representation method — "CST" [C]//2015.

[18] Tong Z, Zhang Y, Chen H. Multi-objective aerodynamic optimization of supercritical wing with substantial pressure constraints [C]//AIAA Aerospace Sciences Meeting. 2015: 37 - 55.

[19] Deb K, Pratap A, Agarwal S, et al. A fast and elitist multiobjective genetic algorithm: NSGA-II [J]. IEEE Transactions on Evolutionary Computation, 2002, 6(2): 182 - 197.

[20] 倪昂修,张宇飞,陈海昕. NSGA - Ⅱ算法的改进及其在多段翼型缝道参数优化中的应用 [J]. 空气动力学学报,2014,32(2): 252 - 257.

3.2 考虑气动特性不确定性的稳健优化设计方法与应用研究

邵　纯　张　淼　刘铁军　虞佳磊　黄一帆

(上海飞机设计研究院,上海　201210)

摘　要: 大型客机气动设计中存在飞行状态、环境参数以及几何外形参数等多方面的不确定性因素。本文采用多项式混沌展开法(PCE)对超临界机翼外形进行了气动特性的不确定性分析,研究了来流马赫数不确定性对超临界机翼气动特性的影响程度。构建了自由变形(FFD)参数化建模方法和无限插值(TFI)动网格生成方法,采用了改进的量子粒子群优化算法及二阶响应面代理模型,发展了气动外形稳健优化方法。针对超临界翼型的优化结果表明,相比于初始外形和确定性优化后的外形,考虑气动特性不确定性的稳健优化后的翼型阻力显著降低,且具有更优的阻力发散特性。

关键词: 优化设计;不确定性分析;量子粒子群算法;超临界翼型

Abstract: Uncertainty quantifications include flight conditions and geometry existing in the aircraft aerodynamic design. Global sensitivity analysis and robust shape optimization are performed in this paper. The effect of uncertainty on the aerodynamic performance is quantified by the polynomial chaos expansion method. A robust optimization method is developed by combining the response surface surrogate model and the uncertainty analysis method. Robust optimization of a supercritical airfoil is performed. The results show that the drag of the airfoil is significantly reduced by using both the deterministic optimization and the robust optimization. Meanwhile, the shape obtained by robust optimization has the best characteristic of drag divergence.

Key words: optimization design; uncertainty analysis; quantum particle swarm optimization; supercritical airfoil

1　引言

大型客机气动外形的精细化设计对气动特性预测精度和设计手段提出了更高的要求,采用高精度的优化设计方法进行气动外形优化设计是提高大型客机空气动力学性能的有效手段,现阶段的气动优化方法主要包括基于梯度类的局部优化方法和基于代理模型的全局优化方法[1-2]。相比于传统的梯度类局部优化方法,以粒子群优化算法(particle swarm optimization,PSO)[3]为代表的智能全局优化算法具有更强的通用性和稳健性,对目标函数和约束函数要求更低,全局寻优能力更强,在航空领域得到了广泛应用[4-6]。该算法源于对生物种群捕食行为的研究,通过对一定数量的粒子进行追踪来获得最优的结果。PSO算法在实际应用中也存在优化后期种群多样性下降、全局搜索能力不足的缺点,因此 Sun 等人[7]发展了基于量子行为的粒子群优化算法(quantum particle swarm optimization,QPSO),以提高原始 PSO 算法的全局寻优精度和速度。在 QPSO 算法中,粒子不存在速度模型,仅存在位置模型,粒子以一定的概率分布出现在设计空间的任何位置,全局寻优能力更强[8]。此外,传统的气动优化设计中设计变量均是确定的,没有考虑实际情况中客观存在的诸多不确定性因素,如几何参数和工作环境条件的误差。确定性优化的结果对不确定性因素较为敏感,难以在实际工程应用中获得预期的气动性能,而考虑不确定性因素进行的稳健优化可以通过控制产品性能波动的程度来获得更具有稳健性的结果。相比于确定性优化,稳健优化的显著特点是在优化过程中需要进行不确定性分析,以减小不确定性因素对目标函数的影响。

本文通过在传统 QPSO 算法中引入周期性变异措施,结合响应面代理模型发展了具有更高全局收敛精度的改进 QPSO 优化算法,进而采用多项式混沌展开法进行了不确定性因素对气动特性的影响研究,并针对超临界翼型进行了马赫数不确定性的稳健优化,取得了良好的效果。

2 不确定性分析方法

2.1 多项式混沌法

不确定性分析的目的是根据给定的系统输入,量化系统的输出,为设计过程提供参考,保证产品的可靠和稳定,主要有蒙特卡罗方法(Monte Carlo simulation,MCS)、矩方法和多项式混沌法(polynomial chaos expansion,PCE)等。本文采用的 PCE 方法基于正交多项式建立随机变量和响应函数之间的关系,通过多项式系数直接计算响应函数的均值和方差,现已应用于流体力学和传热传质等诸多问题中[9]。PCE 方法是一种精度较高的不确定性分析方法,也可以满足优化设计对计算效率的要求。

对于任意的二阶随机过程,其关于随机变量 θ 的随机响应函数可以表示为

$$X(\theta) = c_0 I_0 + \sum_{i_1=1}^{\infty} c_{i_1} I_1(\theta_{i_1}) + \sum_{i_1=1}^{\infty} \sum_{i_2=1}^{i_1} c_{i_1 i_2} I_2(\theta_{i_1}, \theta_{i_2}) +$$
$$\sum_{i_1=1}^{\infty} \sum_{i_2=1}^{i_1} \sum_{i_3=1}^{i_2} c_{i_1 i_2 i_3} I_3(\theta_{i_1}, \theta_{i_2}, \theta_{i_3}) + \cdots \tag{1}$$

式中：$I_n(\theta_{i_1}, \theta_{i_2}, \cdots, \theta_{i_n})$ 为关于随机变量 $\theta = (\theta_{i_1}, \theta_{i_2}, \cdots, \theta_{i_n})$ 的 n 阶多项式。将式(1)写成紧凑形式

$$X(\theta) = \sum_{j=0}^{\infty} c_j \psi_j(\theta) \tag{2}$$

对于变量 θ 有

$$\langle f(\theta), g(\theta) \rangle = \int f(\theta) g(\theta) W(\theta) \mathrm{d}\theta \tag{3}$$

式中：$\langle \cdot, \cdot \rangle$ 为希尔伯特空间内积；$W(\theta)$ 为多项式基 $\{\psi_i\}$ 对应的权函数。

对式(2)取有限阶次，即

$$X(\theta) = \sum_{j=0}^{P} c_j \psi_j(\theta) \tag{4}$$

对上式进行张量积展开，则总的展开项数为

$$N_t = P + 1 = \prod_{i=1}^{n}(p_i + 1) \tag{5}$$

式中：p_i 为第 i 个随机变量的多项式混沌阶数。

对于待求的多项式系数 $c_j (j = 0, 1, \cdots, P)$，采用谱投影法[10]，将式(4)投影到第 i 个基函数 $\{\psi_i(\theta)\}$ 上

$$\langle X(\theta), \psi_i(\theta) \rangle = \left\langle \sum_{j=0}^{P} c_j \psi_j(\theta), \psi_i(\theta) \right\rangle \tag{6}$$

基于 ψ 的正交性，可转化为

$$\langle X(\theta), \psi_i(\theta) \rangle = c_i \langle \psi_i(\theta), \psi_i(\theta) \rangle = c_i \langle \psi_i^2(\theta) \rangle \tag{7}$$

于是多项式系数可表示为

$$c_i = \frac{\langle X(\theta), \psi_i(\theta) \rangle}{\langle \psi_i^2(\theta) \rangle} = \frac{1}{\langle \psi_i^2(\theta) \rangle} \int X(\theta), \psi_i(\theta) W(\theta) \mathrm{d}\theta \tag{8}$$

上式中分母可通过对多元正交多项式进行解析计算得到，分子可通过在高斯积分点进行数值积分得到[11]。

多项式混沌展开中的各项系数求得之后即可用于计算响应函数的统计特性，如累计分布函数、均值和方差。基于 Hermite 多项式的正交性，均值可由下式积分得到

$$
\begin{aligned}
\bar{X}(\theta) &= \int_R X(\theta)W(\theta)\mathrm{d}\theta \\
&= \int_R \Big(\sum_{j=0}^P c_j\psi_j(\theta)\Big)W(\theta)\mathrm{d}\theta \\
&= c_0\int_R \psi_0(\theta)W(\theta)\mathrm{d}\theta + \sum_{j=1}^P c_j\int_R \psi_j(\theta)W(\theta)\mathrm{d}\theta \\
&= c_0 + \sum_{j=1}^P c_j\int_R \psi_0(\theta)\psi_j(\theta)W(\theta)\mathrm{d}\theta \\
&= c_0
\end{aligned} \tag{9}
$$

式中：R 为 θ 的积分域。从中可以看出，响应函数的均值是多项式混沌展开的零阶项。类似地，响应函数的方差为

$$
\begin{aligned}
\sigma^2 &= E\{[X(\theta)-E(X(\theta))]^2\} \\
&= \int_R [X(\theta)-\bar{X}(\theta)]^2 W(\theta)\mathrm{d}\theta \\
&= \int_R [X(\theta)-c_0]^2 W(\theta)\mathrm{d}\theta \\
&= \int_R \Big[\sum_{i=1}^P c_i\psi_i(\theta)\Big]^2 W(\theta)\mathrm{d}\theta \\
&= \sum_{i=1}^P \sum_{j=1}^P \int_R c_i\psi_i(\theta)c_j\psi_j(\theta)W(\theta)\mathrm{d}\theta \\
&= \sum_{k=1}^P [c_k^2\langle\psi_k^2\rangle]
\end{aligned} \tag{10}
$$

2.2 测试函数

采用三个测试函数对 PCE 方法进行验证，函数表达式为

$$
函数\ 1^{[12]}: Y = f(X) = X_1 X_2
$$
$$
函数\ 2^{[13]}: Y = f(X) = 9 - X_1^2 - X_2^2
$$
$$
函数\ 3^{[14]}: Y = f(X) = 20\left(\frac{\mathrm{e}^{-\frac{(X+2.7)^2}{2}}}{\sqrt{2\pi}} + \frac{\mathrm{e}^{-\frac{(X-2.7)^2}{2(2^2)}}}{2\sqrt{2\pi}}\right)
$$

式中：函数 1 中参数 X_1 和 X_2 均服从正态分布，且有 $\mu_1=1$，$\sigma_1=3$ 和 $\mu_2=2$，$\sigma_2=2$。函数 1 的真实均值（mean）和标准差（standard deviation，SD）分别为 2.0 和 8.717 797 887 1。函数 2 中的 X_1 和 X_2 均服从正态分布 $N(0,1)$，其真实的均值为 7.0，标准差为 2.0。函数 3 中参数 X 也服从正态分布 $N(2,0.8^2)$，函数 3 的真

实均值和方差分别为 3.520 984 937 8 和 0.507 313 175 2。

分别对不同阶次的 PCE 方法进行不确定性分析,PCE 方法的样本数采用张量积展开法选取。从表 1～表 3 中可以看出,3 阶以上的 PCE 展开可获得准确的不确定性信息。

表 1 函数 1 的 PCE 方法计算结果

阶　次	均　值	标准差	耗时/s
4	2.0	8.717 797 887 1	0.039
9	2.0	8.717 797 887 1	0.061
16	2.0	8.717 797 887 1	0.091
25	2.0	8.717 797 887 1	0.123
36	2.0	8.717 797 887 1	0.170
49	2.0	8.717 797 887 1	0.232

表 2 函数 2 的 PCE 方法计算结果

阶　次	均　值	标准差	耗时/s
4	7.0	0.0	0.240
9	7.0	2.0	0.515
16	7.0	2.0	0.898
25	7.0	2.0	1.411
36	7.0	2.0	2.027
49	7.0	2.0	2.750

表 3 函数 3 的 PCE 方法计算结果

阶　次	均　值	标准差	耗时/s
2	3.499 894 362 9	0.484 546 932 0	0.022
4	3.520 934 663 5	0.506 034 121 3	0.030
6	3.520 974 509 7	0.507 460 652 6	0.047
8	3.520 986 314 9	0.507 275 971 1	0.058
10	3.520 984 885 5	0.507 319 488 6	0.065
12	3.520 984 934 7	0.507 312 483 8	0.068

3 优化算法与流程

3.1 粒子群优化算法

在标准的粒子群优化算法中,假设 v_i 和 x_i 分别为种群中第 i 个粒子的速度和位置,则第 j 维中粒子在第 k 迭代步的速度和位置可按下式进行更新。

$$v_{ij}(k+1) = w(k)v_{ij}(k) + c_1 r_1 [p_{ij}(k) - x_{ij}(k)] + $$
$$c_2 r_2 [p_{gj}(k) - x_{ij}(k)] \tag{11}$$

$$x_{id}(k+1) = x_{id}(k) + v_{id}(k+1) \tag{12}$$

式(11)的第一项表征粒子当前速度的影响,即粒子飞行时的惯性作用。w 为惯性权重,该值较大则算法具有较强的全局搜索能力,较小则算法具有较强的局部搜索能力,实际使用中 w 通常从 0.9 线性递减至 0.4。式(11)第二项表征粒子对自身经验的认知能力,第三项表征粒子的社会学习能力,c_1 和 c_2 称为学习因子,通常取为 2。p_i 为粒子历史最优位置;p_g 为所有粒子最优位置;r_1 和 r_2 为 0~1 之间的随机数。

3.2 量子粒子群优化算法及其改进

Sun 等人[7]认为种群中的粒子具有量子行为,粒子在某种吸引势能场的作用下会以一定的概率密度出现在设计空间的任意一点。在引入 δ 势阱模型后,QPSO 通过求解薛定谔方程得到相关波函数,进而计算出粒子在设计空间内某一处的概率密度函数和出现的概率,最后由蒙特卡罗方法确定粒子的新位置。此时,第 i 个粒子在 j 维的位置更新如下。

$$x_{ij}^{k+1} = p_{ij}^k \pm \beta \mid m_{\mathrm{best}_j^k} - x_{ij}^k \mid \ln(1/u_{ij}^k) \tag{13}$$

式中:p_{ij}^k 为吸引子位置;m_{best^k} 为平均最优位置。分别表示为

$$p_{ij}^k = \varphi_{ij}^k P_{\mathrm{best}_{ij}^k} + (1 - \varphi_{ij}^k) G_{\mathrm{best}_{ij}^k} \tag{14}$$

$$m_{\mathrm{best}^k} = (m_{\mathrm{best}_1^k}, \cdots, m_{\mathrm{best}_N^k}) = (\sum_{i=1}^M P_{i1}^k/M, \cdots, \sum_{i=1}^M P_{iN}^k/M) \tag{15}$$

式中:P_{best} 为粒子历史最优位置;G_{best} 为全局最优位置;φ_{ij}^k 和 u_{ij}^k 均为 0~1 之间的随机数。β 为收缩扩张因子,影响着算法的收敛速度和精度。该值可以按经验取某一固定值,也可从一个较大值递减至一个较小值,其典型的线性递减取法为

$$\beta = \beta_{\max} - (\beta_{\max} - \beta_{\min}) \cdot k/I \tag{16}$$

式中:I 为最大迭代次数;$\beta_{\max}$ 和 $\beta_{\min}$ 取 1.0 和 0.5 时效果较好。

QPSO 算法的量子系统是一个不确定的复杂非线性系统,种群中由概率密度函数描述的粒子能以一定的概率出现在搜索空间的任何位置,因此其全局收敛性要优于 PSO 算法。然而 QPSO 算法存在"早熟"现象,即可能会过早地陷入局部最优点。本文在 QPSO 算法中引入周期性变异措施[15],将种群中所有粒子的位置在迭代过程中都进行一定程度的周期性变异,以提高种群的多样性,避免粒子群陷入局部最优,从而提高算法的全局收敛精度,具体按如下形式进行变异。

$$x_{ij}^{k+1} = x_{ij}^{k+1} \{1 + [0.5 - \mathrm{rand}_{ij}(0, 1)]\delta\} \tag{17}$$

$$\delta = \begin{cases} 1 & (t+1) = 20n \quad n = 1, 2, \cdots \\ 0 & (t+1) \neq 20n \end{cases} \tag{18}$$

式中：rand_{ij} 为 0～1 之间的随机数。改进后的 QPSO 优化算法流程如下。

（1）初始化所有粒子的位置、粒子历史最优值和全局最优值。

（2）判断是否达到最大迭代数，若达到则转到（9），若未达到则转到（3）。

（3）计算所有粒子的当前适应度，通过与上一次迭代的比较获得更新后的粒子历史最优值，从中确定出全局最优值。

（4）根据式（6）计算收缩-扩张系数。

（5）根据式（5）计算粒子的平均最优位置。

（6）根据式（3）更新粒子位置。

（7）根据式（7）对粒子位置进行变异。

（8）将迭代计数器加 1，转到（2）。

（9）输出优化结果。

3.3　测试函数

采用 6 个典型的函数对 PSO 算法、原始 QPSO 算法和进行周期性变异改进的 QPSO 算法（periodic mutation based QPSO，PMQPSO）进行测试，以评估各个算法对复杂问题的优化能力。测试函数具体形式如下。

1）Sphere 函数

$$f_1(x) = \sum_{i=1}^{n} x_i^2$$

式中：$x \in [-100, 100]$，函数在该区间有最小值 0。

2）Salomon 函数

$$f_2(x) = 1 - \cos\left(2\pi\sqrt{\sum_{i=1}^{n} x_i^2}\right) + 0.1\sqrt{\sum_{i=1}^{n} x_i^2}$$

式中：$x \in [-100, 100]$，函数在该区间有最小值 0。

3）Quadric 函数

$$f_3(x) = \sum_{i=1}^{n} \left(\sum_{j=1}^{i} x_j\right)^2$$

式中：$x \in [-100, 100]$，函数在该区间有最小值 0。

4）Griewank 函数

$$f_4(x) = 1 + \frac{1}{4\,000} \sum_{i=1}^{n} x_i^2 - \prod_{i=1}^{n} \cos\left(\frac{x_i}{\sqrt{i}}\right)$$

式中：$x \in [-600, 600]$，函数在该区间有最小值 0。

5）Rastrigrin 函数

$$f_5(x) = \sum_{i=1}^{n} \left[x_i^2 - 10\cos(2\pi x_i) + 10 \right]$$

式中：$x \in [-5.12, 5.12]$，函数在该区间有最小值 0。

6）Ackley 函数

$$f_6(x) = -20\exp\left(-0.2\sqrt{\frac{1}{n}\sum_{i=1}^{n} x_i^2}\right) - \exp\left(\frac{1}{n}\sum_{i=1}^{n}\cos 2\pi x_i\right) + 20 + e$$

式中：$x \in [-30, 30]$，函数在该区间有最小值 0。

所有测试函数取 30 维，优化算法种群规模为 30。采用各个优化算法对以上函数独立测试 30 次，每次运行 2 000 代，测试得到的函数平均适应度值列于表 4。

表 4　各种优化算法的测试函数平均适应度值

函　　数	PSO	QPSO	PMQPSO
Sphere	$2.439\ 9\times10^{-9}$	$4.976\ 3\times10^{-17}$	$8.516\ 1\times10^{-42}$
Salomon	0.549 9	0.309 9	0.273 2
Quadric	1 037.885 1	182.321 6	8.899 1
Griewank	$1.189\ 4\times10^{-2}$	$1.158\ 7\times10^{-2}$	$7.792\ 4\times10^{-3}$
Rastrigrin	40.674 6	20.898 7	16.212 2
Ackley	$8.509\ 3\times10^{-5}$	$5.693\ 0\times10^{-10}$	$1.139\ 8\times10^{-14}$

从表 4 可以看出，包含周期性种群变异的 PMQPSO 算法优于原始 QPSO 算法和 PSO 算法。图 1 为优化得到的各个测试函数的平均适应度值收敛曲线，相比于 PSO 算法，QPSO 和 PMQPSO 算法均能比 PSO 算法更快地收敛到最优解附近。各个测试函数的结果表明 PMQPSO 算法具有较强的全局收敛能力和较快的收敛速度。

3.4　稳健优化流程

参数化建模与网格生成是气动优化的基础，本文采用自由变形法（free-form deformation，FFD）[16]进行翼型的参数化。优化过程中的网格生成采用无限插值法（transfinite interpolation，TFI）[17]。TFI 是一种高效便捷的代数方法，具有较强的稳健性。在采用 FFD 方法进行几何物面的变形之后，将变形量传给 TFI，通过网格线、面和体的插值实现整体结构对接网格的变形，网格变形过程中拓扑保持不变。

由于直接进行基于 CFD 技术的气动优化十分耗时，因此本文采用二次响应面方法构建目标函数的代理模型，以提高优化效率。进一步引入 PCE 不确定性分析手段，在确定性气动优化流程的基础上构建了稳健优化方法，优化流程如图 2 所示。

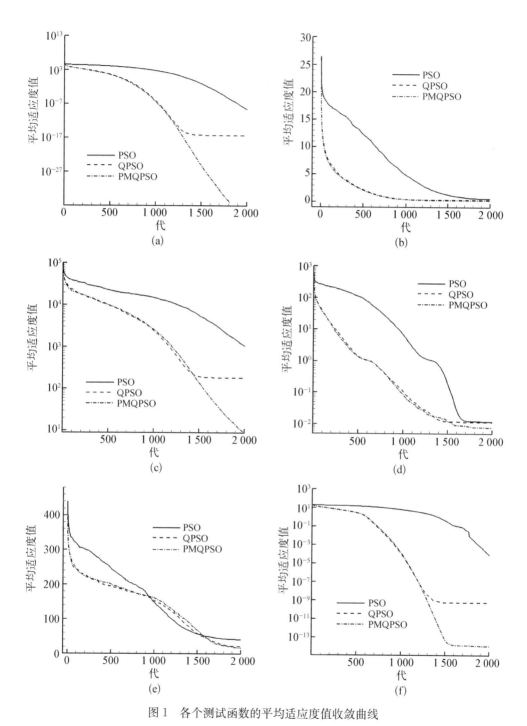

图 1   各个测试函数的平均适应度值收敛曲线

(a) Sphere 函数   (b) Salomon 函数   (c) Quadric 函数   (d) Griewank 函数

(e) Rastrigrin 函数   (f) Ackley 函数

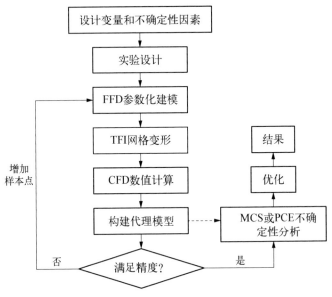

图 2 基于代理模型的稳健优化流程

4 算例分析

本节结合 CFD 和 PCE 方法,研究来流马赫数不确定性因素对 RAE2822 翼型气动特性的影响,进而采用 PMQPSO 算法开展考虑马赫数不确定性的稳健优化。其中流场计算采用有限体积法求解 RANS 方程,空间离散采用二阶 AUSMPW＋格式[18],时间推进采用 LU‐SGS 隐式方法[19],湍流模型采用 SST 两方程模型[20]。

4.1 超临界翼型气动特性不确定性分析

针对 RAE2822 翼型进行跨声速流场不确定性分析,研究来流马赫数不确定性对其气动特性的影响。攻角为 2.8°,雷诺数为 6.5×10^{6},马赫数分别服从正态分布 $N[0.73, (0.02)^{2}]$ 和均匀分布 $U(0.70, 0.76)$。表 5 和表 6 分别为不同阶次 PCE 的升力系数和阻力系数结果,总体上均值和标准差随阶次的变化振荡变化,且 3 阶以上的结果差别不是很大,下文的不确定性分析均基于 4 阶的 PCE 方法。表 7 为不同概率分布下翼型升阻力系数的不确定性计算结果,图 3～图 6 分别为马赫数服从正态分布时流场马赫数均值、压强均值、马赫数标准差和压强标准差的云图。若以标准差和均值的比值,即变异系数(coefficient of variation, CV)来衡量变量的离散变异程度,则从表中可以看出,对于给定的两种马赫数概率分布形式,得到的结果相差不是很大,马赫数不确定性对翼型升力系数的影响均很小(2.38％ 和2.74％),对阻力系数的影响均很大(27.82％ 和 23.83％)。可以看出,流场中物理量均方差最大的区域主要集中在翼型上表面的激波位置附近,这主要源于激波的强非线性特征,与理论分析和相关文献[14]的计算结果一致。

表 5 不同阶次 PCE 的升力系数结果

	$p=2$	$p=3$	$p=4$	$p=5$	$p=6$
mean	0.674	0.711	0.681	0.708	0.685
SD	0.003 48	0.022 5	0.016 2	0.056 5	0.020 1
CV	0.52%	3.16%	2.38%	7.98%	2.93%

表 6 不同阶次 PCE 的阻力系数结果

	$p=2$	$p=3$	$p=4$	$p=5$	$p=6$
mean	0.017 7	0.018 5	0.017 9	0.018 4	0.018 0
SD	0.005 03	0.004 68	0.004 98	0.004 61	0.004 92
CV	28.42%	25.30%	27.82%	25.05%	27.33%

表 7 不同概率分布下翼型升阻力系数的不确定性结果

	正态分布（$p=4$）			均匀分布（$p=4$）		
	Ma	C_L	C_D	Ma	C_L	C_D
mean	0.73	0.681	0.017 9	0.73	0.698	0.018 0
SD	0.02	0.016 2	0.004 98	0.017 3	0.019 1	0.004 29
CV	2.74%	2.38%	27.82%	2.37%	2.74%	23.83%

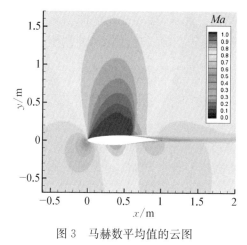

图 3 马赫数平均值的云图   图 4 压强平均值的云图

4.2 超临界翼型稳健优化

以 RAE2822 超临界翼型为例，进行考虑马赫数不确定性的稳健优化，设计状态马赫数为 0.73，雷诺数为 $6.5×10^6$，攻角为 3.0°，马赫数在 0.70～0.76 之间服从均匀分布。翼型外形和计算网格与 4.2.2 节相同，设计变量加上不确定性因素

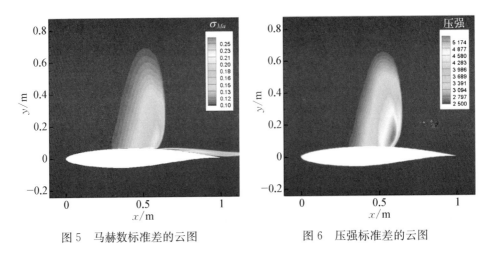

图 5　马赫数标准差的云图　　　　　　图 6　压强标准差的云图

共组成 7 个变量,基于 LHS 方法形成 70 个样本点,采用基于 SST 湍流模型的 RANS 方法进行数值计算,利用二次响应面方法构建代理模型。交叉验证结果显示代理模型关于升力系数和阻力系数的决定系数 R_2 分别为 96.0% 和 99.5%,表明代理模型有较高的精度,满足优化需求。

采用 PMQPSO 算法进行以 $(\mu+k\sigma)$ 最小为目标的优化,其中 μ 和 σ 分别为采用 MCS 方法计算得到的阻力系数均值和标准差,优化过程中翼型升力系数不小于初始翼型在设计状态下的升力系数,算法中取 40 个粒子进行 5 000 次迭代。表 8 为初始翼型和优化后翼型的气动特性对比,可以看出,优化之后翼型的阻力系数有了显著的下降,确定性优化的阻力系数下降了 11.53%,稳健优化的阻力系数下降了 14.50%。在设计状态,稳健优化后的翼型相比于确定性优化后的翼型具有更大的升力系数和更小的阻力系数。在马赫数不确定性范围内,稳健优化后的翼型相比于确定性优化后的翼型虽然阻力系数的均值有所增大,但阻力系数的标准差有所减小,即翼型气动性能稳健性有所提高。图 7 和图 8 的结果表明稳健优化后翼型上表面激波减弱。图 9 为三个翼型在马赫数 0.70～0.76 之间的阻力系数变化情况,优化后的翼型相比初始翼型具有更优的阻力发散特性,稳健优化得到的翼型相比于确定性优化得到的翼型具有更低的阻力,且阻力变化更为平缓。

表 8　优化结果设计状态性能对比

	初 始 翼 型	确定性优化	稳 健 优 化
C_L	0.758 9	0.746 1	0.756 8
C_D	0.018 48	0.016 35	0.015 80
$mean\_C_D$	0.020 09	0.016 16	0.016 44
SD_C_D	0.005 122	0.003 597	0.003 432

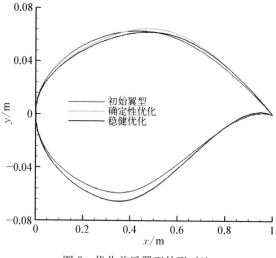

图 7 优化前后翼型外形对比

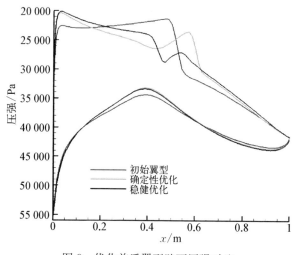

图 8 优化前后翼型壁面压强对比

5 结论

本文结合不确定性分析方法、改进的量子粒子群优化算法和基于 RANS 方程的 CFD 技术构建了采用代理模型的高效稳健优化设计方法,并对超临界翼型进行了考虑来流马赫数不确定性的、以减阻为目标的外形优化,得到了如下结论。

(1) 本文构建的不确定性分析和优化方法能满足气动外形优化对模拟精度与计算效率的要求,可以应用于更为复杂的大型客机气动优化设计工作。

(2) 量子粒子群优化算法全局寻优精度和收敛速度显著优于粒子群优化算法,进行周期性变异改进的量子粒子群优化算法能进一步提高原始量子粒子群优化算

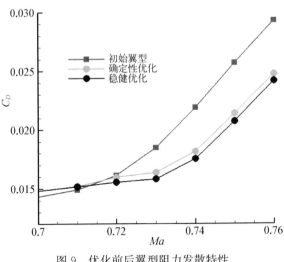

图 9   优化前后翼型阻力发散特性

法的性能。

（3）考虑来流马赫数不确定性的稳健气动优化获得的翼型比确定性优化结果的阻力更低，且阻力发散特性更为优良。

参 考 文 献

[1]   Jameson A. Aerodynamic design via control theory[J]. Journal of Scientific Computing, 1988, 3(3): 233-260.

[2]   Nemec M, Zingg D W, Pulliam T H. Multipoint and multi-objective aerodynamic shape optimization [J]. AIAA Journal, 2002, 42(6): 1057-1065.

[3]   Kennedy J, Eberhart R C. Particle swarm optimization[C]//Proceedings of the IEEE international symposium on neural networks, 1995.

[4]   高正红，王超. 飞行器气动外形设计方法研究与进展[J]. 空气动力学学报, 2017, 35(4): 516-528.

[5]   白俊强，刘南，邱亚松，等. 基于 RBF 动网格方法和改进粒子群优化算法的多段翼型优化[J]. 航空学报, 2013, 34(12): 2701-2715.

[6]   李丁，夏露. 改进的粒子群优化算法在气动设计中的应用[J]. 航空学报, 2012, 33(10): 1809-1816.

[7]   Sun J, Feng B, Xu W. Particle swarm optimization with particles having quantum behavior[C]//Proceedings of the congress on evolutionary computation, 2004.

[8]   Wei Z, Meijian S. Design optimization of aerodynamic shapes of a wing and its winglet using modified quantum-behaved particle swarm optimization algorithm [J]. Proceedings of the Institution of Mechanical Engineers, Part G: Journal of Aerospace Engineering, 2014, 228(9): 1638-1647.

[9]   B B, S H. Quantification of uncertainty in aerodynamic heating of a reentry vehicle due to

uncertain wall and freestream conditions [C]//10th AIAA/ASME Joint Thermophysics and Heat Transfer Conference. 2010.

[10] Najm H N. Uncertainty quantification and polynomial chaos techniques in computational fluid dynamics [J]. Annual Review of Fluid Mechanics, 2009, 41(41): 35 – 52.

[11] Wan X, Karniadakis G E. Multi-element generalized polynomial chaos for arbitrary probability measures [J]. SIAM Journal on Scientific Computing, 2006, 28 (3): 901 – 928.

[12] 邬晓敬,张伟伟,宋述芳,等. 翼型跨声速气动特性的不确定性及全局灵敏度分析[J]. 力学学报,2015,47(4): 587 – 595.

[13] 崔维成,徐向东. 一种快速计算随机变量函数均值与标准差的新方法[J]. 船舶力学,1998 (6): 50 – 60.

[14] 赵轲,高正红,黄江涛,等. 基于 PCE 方法的翼型不确定性分析及稳健设计[J]. 力学学报, 2014,46(1): 10 – 19.

[15] Pehlivanoglu Y V. A new particle swarm optimization method enhanced with a periodic mutation strategy and neural networks [J]. IEEE Transactions on Evolutionary Computation, 2013, 17(3): 436 – 452.

[16] Sederberg T W, Parry S R. Free-form deformation of solid geometric models [C]// Proceedings of the Conference on Computer Graphics & Interactive Techniques. 1986.

[17] Rvachev V L, Sheikoa T I, Shapiro V, et al. Transfinite interpolation over implicitly defined sets [J]. Computer Aided Geometric Design, 2001, 18(3): 195 – 220.

[18] Kim K H, Kim C, Rho O H. Methods for the accurate computations of hypersonic flows: I. AUSMPW+scheme [J]. Journal of Computational Physics, 2001, 174(1): 38 – 80.

[19] Yoon S, Jameson A. Lower-upper symmetric-Gauss-seidel method for the Euler and Navier-Stokes equations [J]. AIAA Journal, 1988, 26(9): 1025.

[20] Kok J C. Resolving the dependence on freestream values for the k- turbulence model [J]. AIAA Journal, 2012, 38(7): 1292 – 1295.

3.3 飞机概念设计优化平台及其在自然层流飞机设计中的应用

赵远东 陈海昕 张宇飞

（清华大学 航天航空学院，北京 100084）

摘 要：本文介绍了清华大学 AEROLab 实验室研发的一种飞机概念设计优化平台 ACADO。它的开发针对飞机的概念设计，旨在以较低的计算成本得到满足工程精度要求的计算结果。通过一系列设计输入和设计目标，ACADO 能够用多学科的方法给出飞机的最佳设计参数，并估算飞机的性能。采用分学科进行计算求解的方法，自然层流等新型减阻技术的效果可以通过 ACADO 很好地融入飞机的概念设计中。本文介绍了一个以 ACADO 平台进行自然层流飞机设计的实例，以非自然层流飞机的设计作为参照，对不同层流范围的自然层流飞机进行了优化设计和比较，并讨论了自然层流技术的节油潜能。

关键词：概念设计；优化平台；自然层流；多学科优化；节油潜能

Abstract：This paper presents the Aircraft Conceptual Analysis Design and Optimization (ACADO) platform that has been developed in AEROLab at Tsinghua University. It is developed for conceptual design, which is aimed at engineering acceptable accuracy with low computational cost. With a set of design input and design objectives, ACADO platform can provide the optimal design parameters and estimate the performance of the aircraft in a multidisciplinary approach. With the computation methods used in the analysis process, effects of new technologies can be well incorporate into the overall aircraft design. A natural laminar flow aircraft design case is conducted by using the platform. A non-NLF aircraft is designed as the reference design. Based on the reference design, NLF aircrafts with various laminar flow ranges are designed and compared. The potential fuel saving on the state of the art technology is discussed as well.

Key words：conceptual design；optimization platform；natural laminar flow；multidisciplinary optimization；fuel saving potential

1 引言

概念设计是飞机设计开发过程中的第一个也是最重要的阶段。它是早期和顶层的设计,用于确定飞机的基本参数。飞机概念设计涉及不同的方面,包括气动、重量、结构等,这些不同的专业紧密耦合在一起,合理的概念设计手段必须充分考虑他们之间的相互作用。飞机概念优化设计分析平台(aircraft conceptual analysis design and optimization,ACADO)是一款通过对不同设计变量进行选择和优化来实现飞机总体布局设计优化的软件。ACADO 将一些新的分析计算方法融入整个飞机的设计中,同时为了在较短的计算时间内得到较好的设计结果,ACADO 平台采用了快速计算的方法,并把这些方法纳入实际设计中,以完成自动优化设计。ACADO 平台具有模块化的结构,每个模块分别负责飞机设计的特定部分,不同模块之间通过一个包含飞机设计所有数据的数据块进行通信。ACADO 允许用户自由设置设计变量和设计目标,然后由平台进行优化设计。程序的模块化结构使得飞机的内部参数或计算模型可以灵活改变。

人们普遍认为,应该通过整合更多创新技术来提高航空业的飞行效率和环保水平。在本文中,将基于 ACADO 平台对 150 座的中型客机使用自然层流(NLF)技术展开研究和讨论。通过设置层流范围来改变飞机的摩擦阻力,并通过优化得到最佳的机翼平面形状。在研究中充分考虑了实现自然层流的条件,实现了一种先进自然层流飞机的概念设计。

2 ACADO 平台介绍

2.1 软件框架和方法

ACADO 软件框架原理如图 1 所示。该框架由用于不同分析任务的独立模块组成,每个模块根据给定的设计参数计算飞机特定方面的参数和性能。表 1 中列出了每个模块的简要介绍,整个程序集成在一个基于遗传算法的优化平台上,该优化平台可以通过其不同学科的分析工具来完成飞机的优化设计。

表 1 模 块 介 绍

模 块	主 要 任 务
几何	每个部位的详细尺寸(尺寸、浸润面积、油箱容积等)
推进	不同高度和马赫数下的有效推力和耗油率
气动	不同任务阶段的升力、阻力、气动导数、气动中心等
重量	每个部位的重量、不同飞行段消耗的燃油质量、重心等
结构	作用于机翼的载荷(弯矩、扭矩和剪力)结构的挠度等
稳定和控制	纵向和偏航稳定性等
飞行性能	起降长度、爬升率等

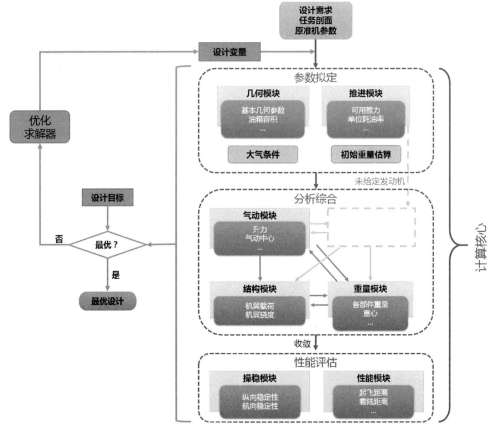

图 1　设计模块框架

　　在开始进行飞机概念设计前,首先需要设定一些设计参数和要求。设计参数信息包括整体飞机配置和每个飞机部件的基本几何特征。如果发动机参数,如重量、推力和尺寸等已经确定并且不需要优化设计,那么这些参数也需要输入,否则可以由 ACADO 自行设计。输入的设计要求包括飞机的航程、有效载荷以及任务参数,包括巡航马赫数、飞行高度、几个飞行阶段的燃油系数等,ACADO 根据标准大气模型获得不同飞行阶段的空气参数。

　　在定义了基本的参数和要求之后,程序就进入了由三个部分组成的核心计算部分。参数拟定部分包含几何模块和推进模块,该部分可以估计飞机的初始重量,同时可以为后面各模块的计算提供初始参数和数据支持。在综合分析部分,气动、结构、重量等模块紧密耦合进行计算,这些模块通过一个包含飞机所有数据的结构体在每个迭代循环中交换数据,这使得每个学科之间的耦合成为可能。迭代循环不断继续直到最大起飞重量(maximum take-off weight,MTOW)值达到收敛。如果发动机参数未确定,则推进模块也将参与迭代。之后的性能评估部分估计飞机的稳定性和飞行性能,并验证该设计是否满足约束条件。ACADO 设计平台可以选择某些输出参数作为整个循环中的优化对象或约束条件。

这里简要介绍在 ACADO 平台中使用的一些计算方法。在气动模块中,阻力被分为型面阻力、诱导阻力、激波阻力、干扰阻力,ACADO 使用不同的分析方法或实验数据[1-4]来预测每个阻力分量,用半经验方法或文献中的实验数据[5-6]估算气动导数。实际气动载荷分布由离散涡方法得到的椭圆分布[7]和梯形分布相结合产生。对于结构模块,由机翼气动载荷、燃料重量、发动机重量和机翼重量的共同作用来估算作用在机翼上的总载荷。机翼载荷由准静态下的分析计算得到,用以估算机翼的重量。在重量模块中,为了提高适用性和准确性,外侧机翼弯曲材料重量计算使用简化的双板层模型法[8-9],而不是基于现有实际重量的经验方法。中心翼盒的重量通过文献[10]的方法估算,其中所需的材料以满足弯曲、剪切和扭转的要求分别计算并求和得到。飞机其他部分的重量用文献[11]~文献[14]中的半经验方法估算,巡航燃料重量是用 Breguet 方程估算的。如果飞机设计过程中没有指定发动机参数,则采用"橡胶发动机"(rubber engine)参数拟定的方法,通过缩放基准发动机的重量和尺寸以匹配所需推力[15]。飞机单位耗油率随马赫数和海拔高度的变化曲线取自文献[1]和文献[16]。飞行控制、稳定性和飞行性能模块使用来自文献[1]和文献[17]的分析方法。

2.2　ACADO 性能验证

由于现役飞机的 MTOW 和使用空机重量(operating empty weight,OEW)值可以直接获取,且这两个参数可以间接反映飞机的燃油重量和空气动力学性能,因此我们选择这两个数值用来验证 ACADO 计算结果的准确性。表 2 显示了 ACADO 对于三种飞机的验证结果。可以看出 ACADO 估算的结果与实际数据显示出了非常好的一致性,误差均在 5% 以内。

表 2　ACADO 计算值与准确值对比

飞机型号		A320 - 200	B737 - 800	B777 - 200
MTOW/kg	准确值	73 500	78 245	242 630
	计算值	73 367	77 284	250 972
	误差/%	<1	−1.23	3.44
OEW/kg	准确值	41 310	41 413	135 850
	计算值	40 099	40 575	142 026
	误差/%	−2.93	−2.02	4.55
燃油重量/kg	准确值	17 940	21 632	72 780
	计算值	18 538	21 509	74 946
	误差/%	3.33	<1	2.98

3　自然层流飞机设计研究

下面的研究主要讨论自然层流技术应用于中型客机的节油潜能。我们将最小油耗作为 ACADO 设计优化的目标,把非自然层流飞机作为设计的参考,对不同层流范围内的自然层流飞机进行研究和比较。

3.1　非自然层流参考飞机

选取如图 2 所示的典型任务剖面,航程为 5 000 km,巡航马赫数为 0.78,最大载客量为 150 人,为了满足适航标准,增加了 45 min 的盘旋时间。目前的研究主要侧重于机翼的平面布局设计。以 A320 - 200 为基准飞机,首先通过 ACADO 优化得到非自然层流飞机的几何布局,优化变量和约束条件如表 3 和表 4 所示,由 ACADO 优化得到的关键参数和计算的性能特征列于表 5 中。

图 2　飞行任务剖面

表 3　设计优化变量

序　号	设　计　变　量	序　号	设　计　变　量
1	翼面积	5	机翼 x 方向位置
2	1/4 弦长后掠角	6	平尾面积
3	展弦比	7	垂尾面积
4	梢根比		

表 4　设计约束条件

序　号	约　束　条　件	
1	起飞距离	$<2\ 200$ m
2	平衡场长	$<1\ 900$ m
3	着陆距离	$<1\ 600$ m
4	第二爬阶段升梯度	>0.024
5	定杆静稳定裕度	>0.08
6	$C_{n\beta}$	>0.10
7	平尾尾容量	>1.0
8	垂尾尾容量	>0.08
9	阻力发散马赫数	>0.81
10	翼展	<36 m

表 5　非 NLF 飞机的关键设计和性能参数

参　　数	参　考　飞　机	单　　位
MTOW	72 839	kg
OEW	40 469	kg
商载	14 250	kg
燃油重量	18 120	kg
翼面积	121.7	m²
展长	36.0	m²
展弦比	10.6	——
1/4 弦长后掠角	23.2	°
升阻比	18.3	——
起飞距离	1 947	m
着陆距离	1 600	m
平衡场长	1 820	m
第二阶段爬升梯度	0.059	

3.2　自然层流飞机设计研究

在气动模块中,全机阻力的分类如图 3 所示。层流摩擦阻力系数计算采用 Eckert 参考温度方法,湍流摩擦阻力系数计算采用 van Driest II 方程。层流和湍流总的摩擦阻力系数由 Schlichting 方程求出[15],这些方法已被集成到一个开源程序FRCTION[4]中。当给定转捩位置时,可以获得摩擦阻力以及每个组件的型面阻力。在设计分析中,激波阻力由 Mason 的 Korn 方程计算。这个模型根据飞机机翼的相对厚度、后掠角、升力系数和超临界技术因子(κ_a)计算出阻力发散马赫数来描述机翼的跨声速特性。考虑到自然层流翼型的设计会损失一定的超临界特性[2],因此将 κ_a 由 0.94 降低到 0.93。

图 3　全机阻力分类

总阻力 { 废阻力 { 摩擦阻力, 型阻力 }, 诱导阻力, 激波阻力, 干扰阻力 }

此外,为了获得更大的层流范围,需要降低机翼的后掠角,因此设计中将巡航马赫数降低到 0.76。同时,考虑到先进层流设计的要求,设计中增加了巡航升力系数不大于 0.5 的限制,以减小由于升力系数过大带来的过大激波阻力。为研究自然层流技术对燃油效率的影响,机翼的层流流动范围由平均气动弦长的 10% 变化到 70%。此外,为了估计整机阻力,设定垂尾和短舱各有 10% 和 20% 的层流流动。设计迭代参考非自然层流飞机相同的设计变量得到优化。

经过优化的飞机的燃油重量如图 4 所示。结果表明,随着机翼上层流范围的扩大,飞机的燃油重量明显减小。与作为参考的非自然层流飞机相比,只有层流范围大于 16% 时,才能节省燃油,这是因为由升力系数降低导致机翼面积增大,使得燃油重量增加。层流范围每增大 10%，飞机的燃油重量约可以减少 $336\,kg$。

图 4 标出了优化后的实际自然层流飞机，它显示了目前先进的层流设计水平可以达到的最高的燃油效率。为了更合理地获得优化过程中特定后掠角下层流的范围，我们使用了图 5 所示的 F-14 试飞数据曲线[18]。

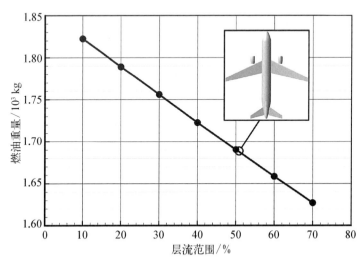

图 4　优化后的飞机的燃油重量及可实现的层流飞机

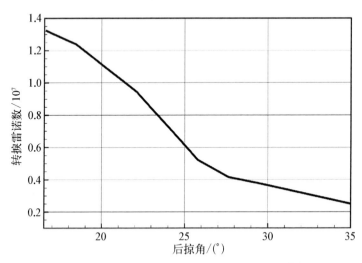

图 5　转捩雷诺数随后掠角的变化(F-14 试飞数据)

表 6 列出了最优设计的关键设计参数以及计算得到的性能特征。图 6～图 8 显示了非自然层流飞机与最优自然层流飞机在几何布局、重量组成和阻力组成方面的比较。自然层流技术的应用允许在机翼上实现约 50.6% 的层流，这对减少摩擦阻力有直接贡献。由于升力系数较低(0.548～0.500)，因此自然层流飞机诱导

阻力也有所降低。升阻比 L/D 从 18.3 增加到 20.0,虽然自然层流飞机的巡航速度较低,但是巡航效率因子 $Ma \cdot (L/D)$ 由 14.27 上升至 15.20,即上升了 6.49%。升阻比的改善可提高燃油效率并进一步改进飞机性能。与参考飞机相比,自然层流飞机的 MTOW 有所下降,这主要是由于减少了燃料重量。另外,自然层流飞机 OEW 减少了约 400 公斤,这主要是由于机翼结构具有更小的后掠角和更少的燃料重量的负载,使得机翼结构重量减轻。相对于非自然层流飞机的燃油重量可以减少 1 177 千克,即 4.50%。结果表明,在上述的层流范围和巡航升力系数等条件可以满足的情况下,将自然层流技术应用于中程客机具有较大的潜力。

表 6　自然层流飞机的关键设计和性能参数

参　数	自然层流飞机	单　位
MTOW	71 269	kg
OEW	40 076	kg
商载	14 250	kg
燃油重量	16 943	kg
翼面积	138.0	m²
展长	36.0	m²
展弦比	9.39	m²
1/4 弦长后掠角	18.9	°
升阻比	20.0	—
起飞距离	1 638	m
着陆距离	1 453	m
平衡场长	1 493	m
第二爬升梯度	0.064	

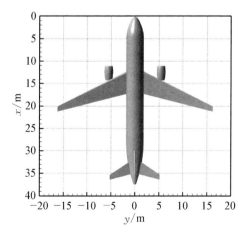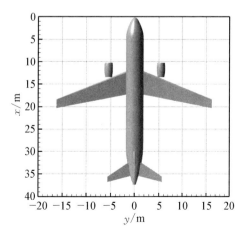

图 6　非自然层流飞机(左)和自然层流飞机(右)的几何外形对比

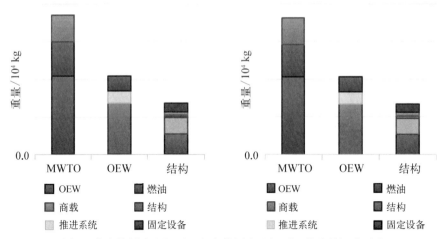

图 7　非自然层流飞机(左)和自然层流飞机(右)的重量组成对比

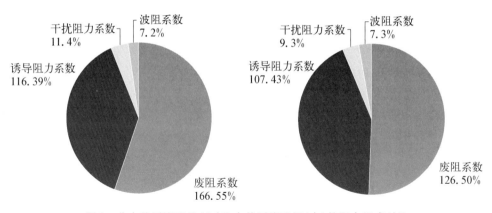

图 8　非自然层流飞机(左)和自然层流飞机(右)的阻力组成对比

　　为进一步讨论,图 9 显示了两架飞机的升阻比与升力系数的变化。自然层流飞机在巡航设计点的升阻比接近飞机的最大升阻比,因为自然层流的应用使其型面阻力更接近诱导阻力。表 7 显示了限制飞机升阻比提高的约束条件,通过比较最佳的设计参数和表 4 中的约束条件,我们可以发现瓶颈参数非常接近预设约束条件。虚线框框出的项目显示了两架飞机的共同限制条件。阻力发散马赫数主要受限于巡航马赫数的上限,飞机宽度受到飞机库或跑道空间的限制。实线框框出的项目显示了两架飞机的不同限制条件,对于非自然层流飞机,着陆长度是其最大限制,它限制了机翼载荷的增加,这导致续航升阻比和最佳升阻比之间相差较大。与非自然层流飞机相比,自然层流飞机随着机翼载荷的减小,着陆长度不再是最大的限制。事实上,升力系数的限制使得飞机的升阻比和最大升阻比相差较大。这表明如果有可能的话,自然层流飞机的巡航效率会进一步提高。

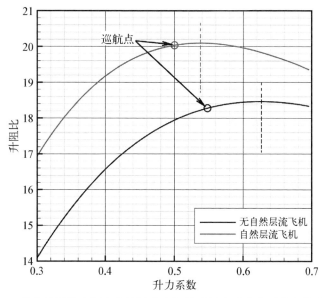

图 9　非自然层流飞机和自然层流飞机的升阻比随升力系数变化对比

表 7　非自然层流飞机和自然层流飞机的设计约束参数对比

约 束 条 件	非自然层流飞机	自然层流飞机
起飞距离	1 947.455 61 m	1 637.930 00 m
平衡场长	1 819.542 74 m	1 493.060 00 m
着陆距离	1 599.926 37 m	1 453.230 00 m
第二阶段爬升梯度	0.059 10	0.063 72
定杆静稳定裕度	0.134 95	0.116 05
$C_{n\beta}$	0.100 01	0.103 49
阻力发散马赫数	0.810 00	0.790 06
平尾尾容量	1.000 00	1.001 72
垂尾尾容量	0.080 30	0.080 06
翼展	36.000 00 m	35.999 66 m
巡航升力系数	—	0.499 60

4　总结

本文构建了飞机概念分析设计与优化的集成平台 ACADO。指定设计要求和目标后,该平台可以实现快速的多学科综合优化设计,以较低的计算成本自动优化飞机的性能。该平台估算结果已经通过了几种典型飞机的验证,与实际值相符合。基于 ACADO 平台,本文进行了对自然层流飞机设计的研究。采用最佳设计的自然层流飞机,其巡航效率因子、燃油效率、MTOW、OEW 等都可以得到提高,这显示了自然层流技术良好的应用前景。本文还分析了限制自然层流飞机效率进一步增加的因素。自然层流的应用使得自然层流飞机的巡航点和最大升力系数点更为接近。通过增加巡航升力系数,其巡航效率可以进一步改进提高。

参 考 文 献

[1] Howe D. Aircraft conceptual design synthesis [M]. 2000.

[2] Mason W. Analytic models for technology integration in aircraft design [J]. English in Africa, 2013, 12(1): 29 - 39.

[3] Hoerner S F. Fluid-dynamic drag [M]. 1965.

[4] Mason W H. Friction code documentation[G]. Virginia Tech Aerodynamics and Design Software Collection. 2002.

[5] Caughey D A. Introduction to aircraft stability and control course notes for M&AE 5070 [G]. 2011.

[6] Fink R D, Hoak D E. USAF Stability and Control Datcom [M]. Air Force Flight Dynamics Laboratory, Wright-Patterson AFB, Ohio, 1975.

[7] Grasmeyer J, Mason W H. A discrete vortex method for calculating the minimum induced drag and optimum load distribution for aircraft configurations with noncoplanar surfaces [J]. VPIAOE, 1997.

[8] Ajaj R M, Friswell M, Smith D, et al. A conceptual wing-box weight estimation model for transport aircraft [J]. Aeronautical Journal, 2013, 117(1191): 533 - 551.

[9] Gur O, Schetz J A, Mason W H. Aerodynamic considerations in the design of truss-braced-wing aircraft [J]. Journal of Aircraft, 2015, 48(3): 919 - 939.

[10] Ardema M D, Chambers M C, Patron A P, et al. Analytical fuselage and wing weight estimation of transport aircraft [J]. 1996.

[11] 陈俊章. 飞机设计手册. 第 8 册,重量平衡与控制[M].北京:航空工业出版社,1998.

[12] Raymer D P. Aircraft design: a conceptual approach [J]. AIAA Education, 1989, 9(1): 78.

[13] Naghshineh-Pour A H. Structural optimization and design of a strut-braced wing aircraft [J]. AIAA Journal, 1998.

[14] Egbert Torenbeek. Synthesis of Subsonic Airplane Design [M]. Springer Netherlands, 1982.

[15] Grasmeyer J M. Multidisciplinary design optimization of a strut-braced wing aircraft [J]. AIAA Journal, 1998.

[16] 陈迎春,宋文滨,刘洪. 民用飞机总体设计[M].上海:上海交通大学出版社,2010.

[17] Torenbeek E. Advanced Aircraft Design Conceptual Design, Analysis and Optimization of Subsonic Civil Airplanes [M]. WILEY, 2013.

[18] Anderson B T, Robert R R J. Effects of wing sweep on in-flight boundary-layer transition for a laminar flow wing at mach numbers from 0. 60 to 0. 79 [J]. NASA Technical Memorandum, 1990.

3.4 民用飞机减阻设计的关键数值支撑技术及其发展

李 立 梁益华 成水燕 周 磊

(航空工业西安航空计算技术研究所,西安 710065)

摘 要:现代民用飞机设计取得成功的一个关键是在设计中有效地引入了数值计算(CFD)的相关方法和工具。本文在阐述民用飞机减阻的重要意义,并对当前及未来可用的主要减阻技术进行回顾和总结的基础上,重点对可用于民用飞机减阻设计的关键数值支撑技术的技术状态和未来发展进行了论述,报道了航空工业计算所团队在湍流精细模拟、转捩预测、流动控制器件建模与仿真、高性能计算等相关数值支撑技术方面的研究和进展,指出了下一阶段应重点关注和发展的数值技术。

关键词:减阻;阻力预测;数值支撑技术;非定常湍流;高性能计算

Abstract:Effective numerical methods and enabling tools (CFD) are one of the most important factors to the success of aerodynamic design of modern civil aircraft. In this paper, the state-of-art and perspectives for the key numerical enabling technologies that can be used for drag reduction design are discussed after the significance of drag reduction of civil aircraft is briefly illustrated and main possible drag reduction technologies for present and near future are summarized and reviewed. Some recent researches and results related to these key numerical enabling technologies such as unsteady turbulence modeling, transition prediction, simulation of flow control devices and high performance computing are reported and further studies are emphasized.

Key words:drag reduction; drag prediction; numerical enabling technologies; unsteady turbulence flow; high performance computing

1 引言

现代民用飞机设计取得成功的关键是在设计过程中引入数值计算(CFD)的相关方法和工具。美国波音公司、欧洲空中客车公司和中国商飞公司等大型民用飞机设计专业厂所的设计经验均表明[1-2]:现代飞机设计离不开先进计算流体力学技术的支持。CFD技术从20世纪六七十年代起步,经过40多年的发展,所能求解的流动模型保真度层次逐步提高,计算方法不断改进完善,应用范围和领域不断扩展,取得了可观的效益。比如在美国,波音公司在 20 世纪 80 年代设计 B767 飞机时,物理风洞实验的机翼数量为 77 副;而到设计 B787 飞机时,由于大量使用 CFD 技术(625 000 小时 Cray 超级计算机机时),因此进行物理风洞实验机翼数量仅为 11 副。在欧洲,空客公司设计 A350 飞机时,高速气动力数据已全部采用 CFD 的数据。在中国,中国商飞公司在 C919 飞机气动设计过程大量采用 CFD 技术,通过将先进 CFD、优化设计和实验验证等技术无缝结合,有力保障了"设计具有较强竞争力的先进民用飞机"这一目标的实现。

从民用飞机的发展需求看,面对竞争更激烈的民机市场和更严酷的经营环境(如油价上涨、噪声和排放标准限制增强),研制更安全、更经济、更环保、更舒适的飞机是民用飞机研制永远追求的发展主题和目标。与之相配套的航空专业技术,包括气动、结构、材料、制造等都需要围绕上述目标发展。在这一趋势下,与现代民机减阻设计相适应的数值支撑技术和工具也需配套发展,其发展重点是提供可用于阻力精确预测和减阻技术机理研究的先进工具。本文重点论述与民机减阻相关的关键数值支撑技术现状、发展趋势和难点,报道航空工业计算所团队在湍流非定常精细模拟、转捩预测、流动控制器件仿真、高性能计算等方面开展的相关研究工作及取得的重要进展。工作过程中发展的方法、工具和软件均可为民用飞机先进气动力设计服务,也可为同行提供借鉴和参考。

2 民用飞机减阻技术概述

2.1 价值和意义

减阻是民用飞机发展的基础科学问题之一。从人们学会利用空气动力开始,阻力就是飞行器设计中的主要问题。从力学观点看,在巡航过程中,飞机的重力通过升力平衡,阻力由发动机提供的推力平衡,因此发动机的能量消耗主要用于克服阻力。通过飞机航程估算的 Breguet 公式[3],阻力小和升阻比大,则飞机航程远,并且根据该公式可估算在航程不变的前提下,每增加 1 个阻力单位($\Delta C_D = 0.000\ 1$)的阻力,则相当于要减少乘客 8 人(每位乘客按 250 lb① 体重计算)。通常大型飞机的阻力系数在 0.03 左右,可见即使减小 1 个阻力单位的阻力,其效益也非常可观。

减阻也是提高民用飞机经济性和使其保持全球竞争力的必要手段。通过对民用飞机实际飞行数据的统计分析表明,阻力与燃油经济性密切相关。图 1 给出了对波音公司系列飞机,在某典型使用率条件下,1‰阻力对应的年消耗航空燃油数。可以看到,这些数字相当惊人,并且对更先进的飞机,载重量增大,减小1‰阻力的经济效益也随之显著。这也充分说明了未来发展更先进减阻技术具有重要意义。

---

① lb,磅,质量单位,1 lb=0.453 6 kg。

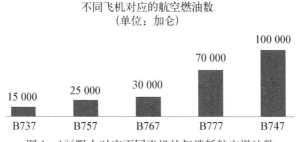

图1 1%阻力对应不同飞机的年消耗航空燃油数

2.2 民用飞机阻力构成与主要减阻技术

从阻力的具体构成而言,按照流体力学观点,阻力仅有两种,一种是由压强差造成的阻力,另一种是由流体的黏性造成的阻力。但是,为了方便减阻设计,人们通常采用另外一种观点,即按照阻力产生的原因或部件进行分类,主要包括[4-5]:摩擦阻力(skin friction)、诱导阻力(induced drag)、干扰阻力(interference drag)、激波阻力(wave drag)、粗糙度附加阻力(roughness)等。图2给出了公务机和长时运输机的典型阻力占比。

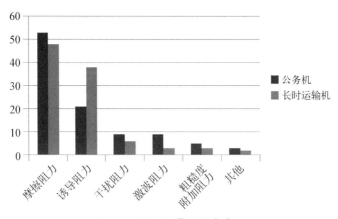

图2 民用飞机典型阻力占比

不难分析,对民用飞机而言,摩擦阻力、诱导阻力、干扰阻力和激波阻力是主要的阻力来源。减小这些不同类型的阻力需要采用不同的、有针对性的措施[3-4,6]。

减小摩擦阻力主要从流动控制的角度入手。摩擦阻力的产生主要源于空气的黏性,主要的贡献是机翼,其次是机身,此外还有各类小部件(如突起物)。图3以平板为例,给出了摩擦阻力的变化过程。为了减小摩擦阻力,主要有两种思路。一种思路是尽可能延迟转捩,保持更多的层流流动,对应的主要措施是采用层流化技术,包括层流流动控制(LFC,属于主动控制)、自然层流流动控制(NLF,属于被动控制)以及两者结合的混合层流流动控制(HLFC)。其他可能的方法还包括分布式粗糙元(DRE)技术。另一种思路是在发生湍流的区域,采取措施使湍流流动阻力

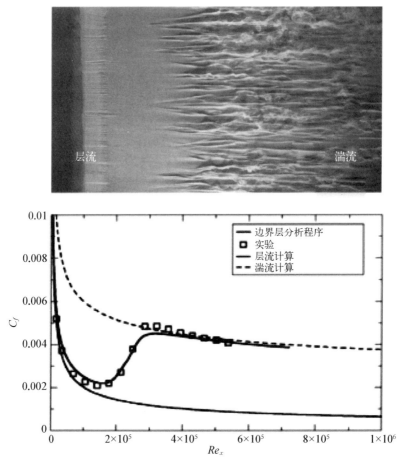

图 3　平板表面摩阻系数的典型变化过程

尽可能最低,对应的主要措施包括安装大涡破碎装置(LEBU)、凹槽(肋条)、涡流发生器(VG)等被动控制装置,或者采用射流(jet)、移动壁面(moving-surface)、等离子体(plasma)、主动涡流发生器等主动控制措施。最近,还发展了一种采用展向振动(span-wise oscillation)控制的新方法,湍流减阻率达到了 40%[4]。

减小诱导阻力主要从气动布局或气动外形优化设计的角度入手。诱导阻力伴随升力的产生而产生,不可避免。按照诱导阻力的定义,要减小诱导阻力,就需要在保证升力不减的情况下,通过减小有效浸润面积和增大有效展长等方法增大展弦比。主要思路包括直接采用大展弦比机翼,或者采取措施消除翼尖涡,使机翼有均匀的下洗分布,避免在飞行方向上形成投影分量产生诱导阻力。值得期待的一种利用先进气动布局提高展弦比,减小诱导阻力的最新技术是连接翼(joined wing)。理论研究表明,采用连接翼,诱导阻力可降低 40% 以上,但会带来结构、稳定性和控制等方面的新问题。消除翼尖涡的可行方法包括采用具有均匀下洗分布的椭圆形机翼以及研制各种翼梢装置,如翼梢小翼、翼梢栅格等。其中,翼梢小翼相关技术已在波音 B747、空客 A320、国产 ARJ21、C919 等机型上得到广泛研究和应用。实践表明,采用翼梢小翼改进后的机翼,阻力普遍可降低 7%,燃料节省 3%~5%,载重量可增加 2 700 kg 以上。

减小干扰阻力主要从气动布局的角度入手。顾名思义,飞机各部件集成后,近距离耦合会产生强的相互干扰,增加附加阻力,如机翼与机身的干扰、机翼与发动机的干扰等。近年来在气动布局减阻方面最重要的进展是围绕飞翼及翼身融合(BWB)布局开展了大量研究[7]。采用机翼-机身-发动机融合这种先进气动布局形式不仅可避免部件间的相互干扰,而且通过与气动外形优化技术的结合,还可在定容条件下有效减少浸润面积,使摩擦阻力和诱导阻力减小。研究表明,BWB 外形与常规外形相比,升阻比可提高 21%,每座每英里耗油率降低 27%。

减小激波阻力主要从气动外形优化设计及流动控制的角度入手。激波阻力的产生主要是因为跨声速飞行时激波与边界层相互干扰会产生附加阻力。在飞机设计初期,人们对阻力的构成还不是很清楚的时候,设计出来的飞机阻力往往很大,甚至造成阻力发散现象。通过逐步研究和经验积累,目前,跨声速翼型和机翼设计已形成了较成熟的方法。主要措施包括采用超临界机翼设计,实现无激波设计,并采用主、被动流动控制手段(如吹吸气)减小激波与边界层的干扰等。最近在激波控制方面较活跃的工作是采用鼓包进行激波减阻控制[8-9]。初步研究表明,采用激波控制鼓包,可实现二维翼型减阻 8%,三维机翼减阻 14%,具有较好的应用前景。自适应后缘技术也是目前工程中有望推广的,可显著降低激波阻力,提高巡航马赫数的新技术,已逐步在波音、空客的相关机型上试用。原理是通过安装后缘弯度系统,使机翼后缘弯度根据需要变大,减少机翼上表面的压力恢复,弱化激波强度,降低激波阻力。

除了上述减阻技术外,利用表面构型技术(surface shaping technologies),各类主、被动流动控制技术(包括前文提及的大涡破碎装置、涡流发生器、吹吸气技术等)进行流动分离控制也是减阻技术研究的重要内容。进行流动分离控制的主要目的是通过抑制或延迟分离,减小摩擦阻力及压差阻力。分离流表面构型技术的典型代表包括底部隔板、驻涡减阻等,并已在地面车辆、飞机机翼上得到广泛应用[3]。

3 民用飞机减阻的关键数值支撑技术

从前文对民用飞机主要减阻技术的分析中可以看到,减阻技术研究涉及的面非常广,所涉具体工程技术非常多,原理复杂且各不相同。但是,从数值计算角度,其核心问题具有共性。其一,需要建立精确预测阻力的数值方法。其二,需要建立可有效支撑各类型减阻控制装置机理分析的数值方法。本文作者认为,在民用飞机减阻原理得到广泛研究、新技术层出不穷的情况下,除了目前已在工程中得到广泛应用的常规 CFD 技术外,在现阶段及今后很长一段时间内,在民用飞机减阻方面应重点关注以下几个关键数值支撑技术的研究。

1）湍流非定常精细模拟技术

在减阻研究中，与湍流非定常精细模拟相关的问题主要有两类：一类是在分离控制场合，流动本身就是非定常的，如钝体的底部流动、高升力装置缝道间的流动、失速及后失速飞行状态下的流动、翼尖诱导的下洗流场等；另一类是流动控制中采用了非定常控制器件，如零质量射流、振荡壁面等。按照传统观点，CFD 方法分为面元法、Euler 方程方法、雷诺平均 Navier - Stokes 方程（RANS）方法、大涡模拟（LES）方法、直接数值模拟（DNS）方法等层次。其中，RANS 方法已成为目前实际航空工程应用的主流方法。但是，这种方法在具体应用到上述与非定常问题相关的许多场合时，精度无法满足要求。应当说，当前湍流的精确模拟问题已提高到空前的高度，并将成为今后相当长时间内的研究热点。原因是，在定常技术已获得广泛研究的情况下，人们更多地转向从非定常技术获得效益。这从近年来人们越来越多地开展各类非定常振荡控制器件（如零质量射流、脉冲射流、非定常扰流片、主动涡流发生器等）的研究就可窥豹一斑。此外，在减阻研究技术方面，人们也越来越多地转向湍流减阻的研究。为了有效地支撑湍流减阻技术的研究，必须发展更高效、更精细的湍流非定常模拟方法。

与湍流非定常精细模拟相关的具体研究包括研究建立非定常湍流模拟新方法及与之相适应的数值格式。在新方法研究方面，应重点研究改进的 RANS 方程方法、各类型 LES 与 RANS 混合的方法、面向工业应用的 LES 方法等。在数值算法方面，应重点研究各类型时间高阶精度方法、空间高阶精度方法、数值色散和耗散的抑制方法，以及与非定常流动模拟相匹配的高质量网格生成策略及方法等。此外，非定常模拟结果的数据后处理和不确定度评估等问题也是值得关注的重要方向。

2）转捩模拟与预测技术

转捩模拟与预测与精确预测阻力密切相关，也与自然层流（NLF）、混合层流（HLF）等减阻技术密切相关。转捩问题伴随着湍流问题的产生而产生，因此，转捩模拟与预测一直就是学术界和工业界关注的重要问题之一。随着人们对湍流减阻兴趣的日益浓厚，转捩及其机理的地位日益提升，成为近年来湍流研究的热点之一。在过去数十年，人们已发展出了各种类型的转捩预测方法，如基于经验数据库的 e^N 方法、基于线化稳定性方程的 PSE 方法、低雷诺数湍流模型方法、当地关联的转捩模型方法、直接数值模拟 DNS 方法等。但是由于转捩机制非常复杂，比如有自然转捩、旁路转捩、分离诱导转捩以及湍流在顺压梯度区的再层流化等，因此使得转捩的模拟非常困难，迄今没有普适的转捩预测方法。在工程应用中，转捩主要还是靠经验或半经验的方法确定，导致设计结果与飞行实验结果差别较大。当地关联的转捩模型方法是近年来得到重点关注的一类新方法，并已在平板、翼型、机翼、全机等多种场合得到成功应用[10-11]。

与转捩预测相关的具体研究包括先进转捩模型的研究、实现、验证，以及转捩与非定常湍流模拟耦合相关问题的解决。

3）流动控制器件精细建模与仿真技术

如前文提及，各类型主、被动流动控制器件在民机减阻中得到广泛研究，并且，有部分器件已成功投入工程应用，取得了良好的效益。可以预见，在今后还会有更多先进的主、被动流动控制器件被发明出来。但是这些器件每一类都有其特殊性，不可能通过统一的方法进行模拟。因此，只能根据实际情况和物理原理，建立相应的模拟方法。

与流动控制器件建模与仿真相关的具体研究包括流动控制器件仿真模型的建立和与流场计算耦合的方法等。根据当前流动控制技术发展趋势的分析，在未来几年值得关注的重点研究包括振荡壁面控制、等离子体控制、展向振动控制等的建模与仿真。特别是等离子体控制技术，在分离和减阻控制中被证明有非常好的应用潜力，2009 年更被 AIAA 列为 10 项航空航天前沿技术研究的第 5 项[12]。

4）小部件精细模拟技术

由于制造工艺或人为因素，因此真实飞机的表面总是存在各种突出物或粗糙的小部件，例如安装在飞机上的各种天线和口盖；安装在机翼、发动机短舱的微型涡流发生器等用于减阻、抑制分离的被动控制器件。这些小部件是飞机附加阻力的主要来源。要对这些小部件进行精确模拟的主要难点在于这些微型部件的尺度与飞机本身的特征长度相比非常微小，采用常规的网格生成方法很难生成高质量的网格，且多数小部件位于边界层内，由其诱导产生的尾流区存在复杂的流动物理，包括极强的剪切流动，并伴随产生流动不稳定性和转捩等相关现象。对边界层感受性问题的研究迄今仍缺乏有效的研究手段[10]。

与小部件模拟相关的具体研究包括发展适于小部件模拟的高效网格生成策略和方法（如引入嵌入式网格生成策略、建立自动网格生成流程及方法等）、发展等效数学模型方法、非定常湍流模拟及转捩预测技术在小部件数值模拟的应用及分析等。

5）高性能计算技术

CFD 在工程中要发挥效益，离不开高性能计算的支持。特别在减阻研究中，在非定常湍流问题日益突出的情况下，如何更大效能地发掘高性能计算技术的优势，显得越发重要。CFD 与高性能计算技术结合要解决的主要问题是 CFD 算法如何在高性能计算机上实现及如何提高并行效率。

长期以来，高性能计算都以 CPU 为核心，但近年来，这一趋势有重大改变。图 4 给出了近年来 Top500 报告中异构架构高性能计算机数量的变化。很重要的趋势是异构架构高性能计算机正逐步成为未来超级计算机硬件设计。异构架构高性能计算机与传统高性能计算机（标量或矢量高性能计算机）的主要区别是其不再单纯以 CPU 为核心，而是将 CPU 与新的计算硬件（如 GPU、MIC）相结合，充分发掘先进高性能计算硬件性能，解决传统高性能计算机存在的存储峰值、内存限制、高能耗等瓶颈问题。可以预见，CFD 研究者在今后较长一个时间段的主要工作应是

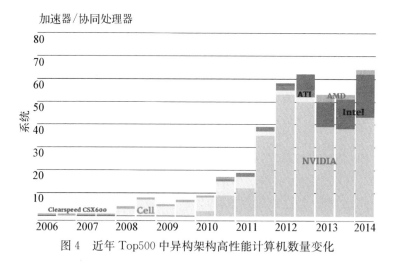

图 4 近年 Top500 中异构架构高性能计算机数量变化

将传统 CFD 算法进行改进,以适应各类型异构架构的高性能计算机。此外,计算网格自动分区与负载平衡问题、计算节点间通信优化问题也是工作的重点方向。相关工作还包括网格生成的并行化、计算结果后处理和可视化的并行化等。

4 若干关键数值支撑技术研究与发展

4.1 湍流精细模拟技术

在湍流精细模拟方面,重点研究发展了以脱体涡模拟(DES)技术为核心的 LES/RANS 混合方法,以及壁面模化 LES 方法(简称 WMLES),并成功应用于所承担的中欧流动控制技术合作项目中[13]。

DES 方法是一种经典的 LES 和 RANS 混合的方法。基本思想是,在靠近壁面的区域采用 RANS 方法,而在远离壁面的区域采用与 LES 相比拟的方法,两者之间通过模型自动切换。具体实现中,以工程中广泛使用的 SA 一方程模型、SST 两方程模型为基底湍流模式,先后成功建立了基于两类模式的 DES、DDES 及 IDDES 方法。同时,为了解决数值格式耗散有可能严重影响,甚至淹没亚格子耗散,导致混合方法计算失败的问题,还专门发展了一类低耗散 AUSM+格式[14]。该类型格式以 SLAU(simple low dissipation AUSM)格式为基础,通过与 MUSCL、WENO 及限制器等技术结合形成高阶精度方法。所建立方法的优势是可根据流场低马赫数区域而自动降低数值耗散,避免污染流场。研究表明,该类型格式可应用到从低速、亚声速、跨声速到高超声速计算,在低速计算中优于 Roe 格式,而在跨声速计算中与 Roe 格式相当,是一种优良的全速域格式[14]。作为示例,图 5 给出了本文计算亚声速圆柱绕流的典型 DES 计算结果。计算条件为:马赫数为 0.1,雷诺数为 1.4×10^6。计算得到该算例斯托哈尔数为 0.263,与文献结果接近,表明所研制程序给出的结果具有较高的可信度。

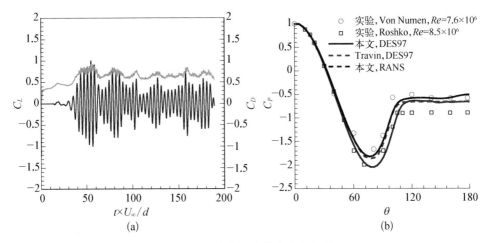

图 5 DES 计算圆柱绕流典型结果

(a) 力系数时间历程 (b) 表面压力分布

WMLES 方法本质上是一种 LES 方法,被认为是面向下一代工业应用的 CFD 方法。基本思路是在湍流边界层的黏性子层内采用普朗特混合长度模型简化计算,而在其他区域利用 LES 进行计算。事实上,湍流边界层中,近壁面湍流长度尺度按壁面距离线性增长,导致近壁面区域出现越来越小的涡;由于分子黏性限制,该现象在黏性子层会受到抑制,因而当 Re 增加时,黏性子层变薄,涡结构会越来越小。WMLES 方法正是利用边界层的这一特点简化计算。本文中 WMLES 方法的具体模型公式为

$$v_t = f_D \min\{(ky)^2, (C_{\mathrm{SMAG}}\Delta)^2\}S \tag{1}$$

图 6 给出了利用 WMLES 方法得到的逆压梯度平板算例的典型结果。可以看到,本文中 WMLES 结果与直接数值模拟(DNS)结果相当吻合[15]。

4.2 转捩预测技术

在转捩预测技术方面,采用一种模块化和开放框架的软件设计方法成功地将当地关联 γ - Re_{θ_t} 转捩模型(LCTM)方法引入自研结构网格和非结构网格计算程序[11]。与 Menter 等人提出的原始方法不同,由于采用开放软件框架设计,因此引入的转捩模型可灵活实现与 SA 一方程模型、k - ω 和 k - ε 系列两方程模型自由组合,从而衍生出一大类转捩预测方法。目前,相关模型的评估及模型参数标定工作基本完成。图 7 给出了利用 T3A 平板标定结构网格计算软件的典型结果。图 8 给出了二维 A 翼型的确认计算结果。可以看到,本文全湍流和转捩计算的结果均与 CFX 软件结果吻合,且摩擦阻力系数分布恢复略优于该商业软件。

4.3 流动控制器件建模与仿真技术

在流动控制器件建模与仿真方面,建立了对吹吸气[16]、零质量射流[16]、移动壁

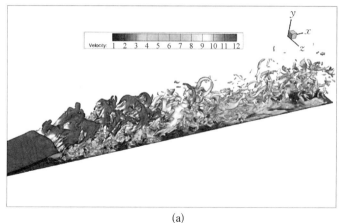

(a)

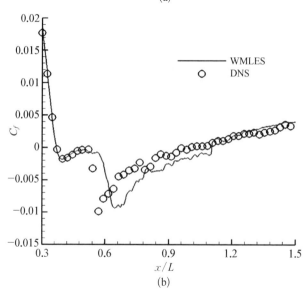

(b)

图 6　平板算例 WMLES 计算典型结果

（a）涡量等值面　（b）表面摩擦阻力系数分布

面[17]、涡流发生器等不同类型的流动控制器件开展了数学建模与数值仿真的相关研究。特别在中欧专项技术合作项目[13]的支持下，结合动网格技术，先后开展了振荡壁面、脉冲射流等前沿主动控制的数值研究工作，在自研结构网格软件上建立了上述各类流动控制器件的模拟和仿真能力，并从雷诺应力层次出发，研究揭示了零质量射流、移动壁面用于分离和减阻控制的流动机理。

图 9 给出了本文利用 WMLES 方法研究零质量射流用于平板边界层湍流减阻的典型数值模拟结果。零质量射流是目前工程中一种具有发展潜力的流动控制措施，属于典型的非定常控制。本文研究中，利用零质量射流进行湍流边界层的外层控制（即对数层以上的流动区域，大尺度涡的运动起主导作用）。计算中，来流速度

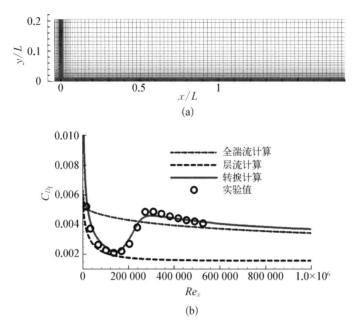

图 7 T3A 平板对程序的标定结果

（a）计算网格 （b）表面摩擦阻力系数

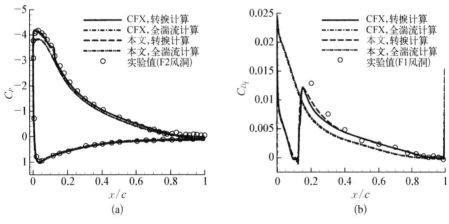

图 8 A 翼型转捩计算

（a）压力系数分布 （b）摩擦阻力系数分布

为 1.047 m/s，基于动量厚度的雷诺数为 2 000，平板的长度为 $1.5L \times 0.4L \times 0.1L$，计算网格规模在 2 000 万网格量级。上述计算表明，WMLES 方法是一种可有效模拟湍流边界层的方法，通过采用恰当的射流控制策略，可取得一定的湍流减阻收益。

4.4 高性能计算技术

在高性能计算方面，重点集中开展了两个方面的工作。一方面是传统 CFD 算

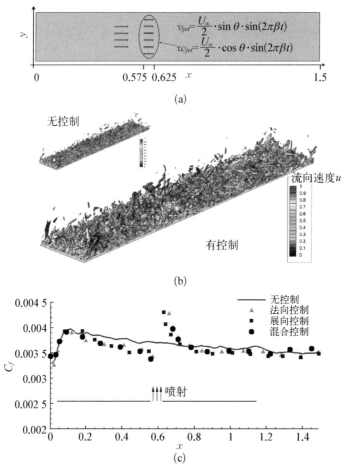

图 9　零质量射流用于湍流边界层减阻控制的模拟

(a) 控制器件模型参数　(b) 典型瞬态流场　(c) 控制前后的摩阻系数变化

法在 GPU 和 CPU 异构并行计算机研究方面的实现。已研究建立了多 GPU/CPU 融合的并行计算模型,如图 10 所示。这种模型的特点是核心计算通过 GPU 进行,其他工作通过 CPU 完成,以充分发掘 GPU 的计算能力。该模型具体通过采用 MPI(适于 CPU)结合 CUDA(适于 GPU)实现。通过对比计算研究表明,基于这种方案编制的程序得到的加速比明显优于单纯 CPU 计算。

在高性能计算上开展的另一方面工作重点围绕并行计算中的负载平衡开展。针对多 GPU/CPU 融合并行计算的特点,发展了一种融合细粒度和粗粒度并行的新机制。思路是,CPU 节点之间采用粗粒度并行,各节点 GPU 之间采用细粒度并行。另外,针对大规模并行计算中,计算节点充分,而计算网格块数过少、数据块大小不一、计算节点负载严重不平衡等实际问题,对循环对分的网格剖分方法进行了改进,发展了一种基于计算网格虚拟剖分策略的网格自动分区方法。该方法具体

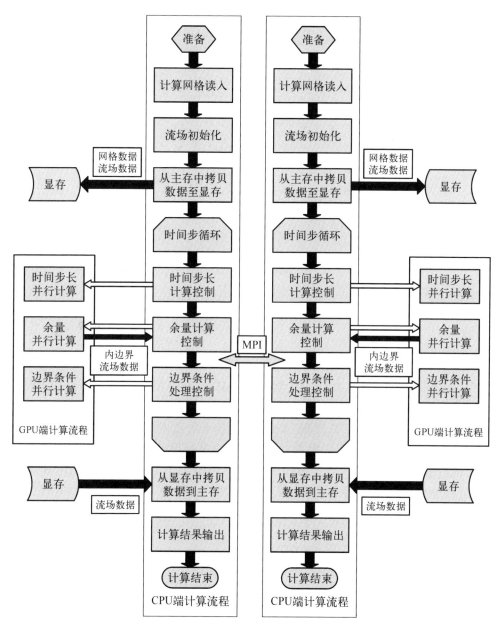

图 10 多 GPU/CPU 融合架构下的 CFD 并行计算模型

通过定义一种特殊的数据结构,分层存储虚拟剖分网格[对这种网格,仅需存储在原始网格的计算坐标(IBLOCK,I,J,K)]实现。图 11 给出了一组在 ONEA－M6 跨声速机翼上的测试结果,表明这种策略是有效的。其中,原始网格由 4 块对接结构网格构成,经过虚拟剖分后,分别形成 32 块和 128 块的多块对接网格,可用于多 CPU 并行。

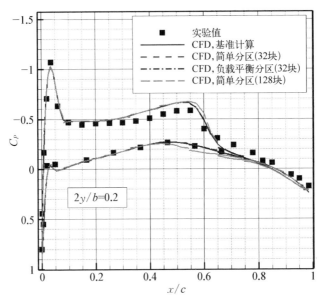

图 11　不同网格分区数得到的 ONERA‒M6 机翼表面压力分布比较

5　结论和展望

本文在综述了民用飞机减阻主要技术的基础上,对民用飞机减阻的关键数值支撑技术进行了探讨。重点对非定常湍流模拟、转捩预测、流动控制器件建模与仿真、小部件模拟、高性能计算等相关数值支撑技术的技术状态、发展重点进行了论述,报道了航空工业计算所的相关工作进展及典型结果。总体来说,民用飞机减阻设计的数值支撑技术涉及的课题非常多,许多关键技术课题(包括湍流非定常模拟、转捩预测、异构架构并行计算等)均处于研究前沿,技术成熟度不高,建议设立各类专项系统开展研究,推进技术进步。

参 考 文 献

[1] 阎超,甘文彪. 大型飞机气动设计中的 CFD 技术[J]. 航空制造技术,2010(14):70‒73.

[2] 陈迎春. C919 飞机空气动力设计[J]. 航空科学技术,2012(5):10‒13.

[3] 马汉东,崔尔杰. 大型飞机阻力预示与减阻研究[J]. 力学与实践,2007,29(2):1‒8.

[4] Valero E, Abbas A, Ferrer E. Drag reduction technology review [R]. 2nd GRAIN2 Open Workshop on "Greening Aviation — A Global Challenge", 2015.

[5] Obert E. Aerodynamic Design of Transport Aircraft [M]. Delft University Press, 2009.

[6] Reneaux J. Overview on drag reduction technologies for civil transport aircraft [J]. 2004.

[7] 朱自强,王晓璐,吴宗成,等. 民机的一种新型布局形式——翼身融合体飞机[J]. 航空学报,2008,29(1):49‒59.

[8] Qin N, Zhu Y, Shaw S T. Numerical study of active shock control for transonic

aerodynamics [J]. International Journal of Numerical Methods for Heat & Fluid Flow, 2004, 14(4): 444 - 466.

[9] 杨洋,陈迎春,黄炜.跨声速机翼采用鼓包主动减阻技术研究[J].民用飞机设计与研究, 2012(2): 13 - 17.

[10] 吴云,李应红.等离子体流动控制研究进展与展望[J].航空学报,2015,36(2): 381 - 405.

[11] Wu X. On local boundary-layer receptivity to vortical disturbances in the free stream [J]. Journal of Fluid Mechanics, 2001, 449(449): 373 - 393.

[12] Langtry R B, Menter F R. Correlation-based transition modeling for unstructured parallelized computational fluid dynamics codes [J]. Aiaa Journal, 2009, 47(12): 2894 - 2906.

[13] Manipulation of reynolds stress for separation control and drag reduction (MARS) [EB/OL]. http://www.cimne.com/mars/.

[14] 李立,麻蓉,梁益华.一类全速域低耗散 AUSM+格式的构造及性能分析[C]//全国计算流体力学会议.2014.

[15] Wissink J G, Rodi W. Direct numerical simulations of transitional flow in turbomachinery [J]. Journal of Turbomachinery, 2006, 128(4): 668 - 678.

[16] 李立,麻蓉,颜洪,等.零质量射流控制凸包低速分离流的初步数值模拟[C]//第 13 届全国计算流体力学论文集,2007.

[17] 李立,麻蓉,梁益华.移动壁面对低速 NACA0015 翼型临界状态气动性能的影响研究 [C]//MARS 结题会议中方代表论文集,2014.

3.5 基于 TRIP 软件的 $\gamma - Re_\theta$ 转捩模型的标定及应用研究

王运涛 张玉伦 孟德虹 王光学 李 松

(中国空气动力研究与发展中心 计算空气动力学研究所，绵阳 621000)

摘 要：本文介绍了基于当地关联的 $\gamma - Re_\theta$ 转捩模型，补充了相应的关联函数。基于平板的实验数据，在中国空气动力研究与发展中心(CARDC)的 TRIP 软件平台上对该关联函数进行了标定，并研究了关联函数的变化对转捩结果的影响规律。通过修正与 SST 湍流模型的结合，改进了转捩位置后壁面摩擦阻力系数偏低的状况。对 Trapezoidal Wing(Trap Wing)高升力构型进行了计算，将不同攻角下的计算结果与实验结果进行比较分析。计算结果表明，转捩模型能够模拟中等压力梯度下分离转捩和自然转捩的转捩位置，转捩模型有效提高了边界层和气动特性的数值模拟精度。

关键词：边界层；湍流度；湍流模拟；间歇因子；标定；关联函数

Abstract：In this paper, a local correlation based on $\gamma - Re_\theta$ transition model is introduced and an empirical correlation is supplemented. Based on the experiment data of flat plate from literatures, the empirical correlation is calibrated numerically on the CFD software Transonic Platform (TRIP) developed in China Aerodynamic Research and Develop Center (CARDC). The modification to $\gamma_{D_k\min}$ improves the underpredicted skin friction after transition. Numerical simulations for Trap Wing is performed and compared with experimental result. It is indicated that the $\gamma - Re_\theta$ transition model can accurately predict the location of separation-induced transition and natural transition in the flow region with moderate pressure gradient. The transition model effectively improves the simulation accuracy of the boundary layer and aerodynamic characteristics.

Key words：boundary layer; turbulence intensity; flow simulation; intermittency; calibration; correlation

1 引言

随着飞行器性能的提升，工程上对气动力数据的精度要求也越来越高。由于边界层转捩对摩擦阻力、流动的分离位置等有很大的影响，因此对边界层转捩位置的准确模拟就成了一个非常重要的工程问题。特别在中等雷诺数范围内,层流区域和湍流区域具有相同的量级时,使用全层流或全湍流计算方法都会导致很大的计算误差,对转捩位置的模拟就更显得必要。

转捩的机制非常复杂,比如有自然转捩(由 T-S 波或横向流失稳造成)、旁路转捩(自由流中的高水平湍流度/扰动施加在层流边界层上造成)、分离诱导转捩以及湍流在顺压梯度区的再层流化等,使得模拟转捩非常困难。虽然 Navier-Stokes 方程具有模拟转捩过程的能力,而且随着计算机的发展,近年来湍流的高级数值模拟方法,如直接数值模拟(DNS)和大涡模拟(LES)得到了很大发展,也取得了许多令人满意的结果,但是距离工程应用还有很长的距离。在工程应用中,转捩主要靠经验或半经验的方法来确定,比如经验关联方法、e^N 方法和低雷诺数湍流模型方法等。

经验关联方法就是把自由流的湍流度和当地的压力梯度等通过实验数据关联到转捩动量厚度雷诺数。典型的关联如 Abu-Ghannam 和 Shaw 的关联。然后,通过比较实际的和关联的动量厚度雷诺数来确定转捩的起始位置。由于要计算非局部变量—动量厚度,因此该方法难以与现代 CFD 方法相匹配,特别对于非结构网格和并行计算,问题更突出。

e^N 方法亦称为线性稳定性分析方法,是基于线性稳定性理论和实验数据的半经验方法。该方法假设:转捩过程由层流边界层内最初的小扰动向下游传播,放大达到 e^N 时完成。此法归结为确定放大因子 N,所以 N 值就成了判断转捩的准则。由于 e^N 方法本身没有解决如何选取 N 值的问题,也没有考虑环境条件对转捩的影响,因而在实际应用中是靠低湍流度实验来确定 N 值的。但是 e^N 方法难以处理旁路转捩,也难以推广到三维情况。

低雷诺数湍流模型适用于三维流动,也能够与现代 CFD 方法相匹配,但是该方法不能模拟旁路转捩,模拟自然转捩的能力也受到质疑,这是因为低雷诺数湍流模型中阻尼函数的标定依据是再现黏性底层的行为,而不是从层流到湍流的转捩。

还有一类基于间歇因子 γ 的转捩预测方法。间歇因子被定义为空间某点的流态是湍流的概率,是 Dhawan 和 Narasimha[1]首先引入的。之后出现了大量的间歇因子的转捩预测方法,例如 Cho 和 Chung[2]针对自由剪切流发展了与 k-ε 湍流模型联合使用的间歇因子输运方程方法;Steelant 和 Dick[3]发展了与条件平均 Navier-Stokes 方程联合使用的间歇因子输运方程方法;Suzen 和 Huang[4]将 Steelant 和 Dick 的模型与 Cho 和 Chung 的模型相结合发展了间歇因子的对流-扩散方程。但是所有这些转捩模型都需要积分动量厚度,难以与现代 CFD 方法相匹配。

为了适应现代 CFD 计算,Menter 等人[5]提出了基于当地关联的 γ-Re_θ 转捩模型(local correlation-based transition modeling,LCTM)。该模型把经验关联方法和间歇因子方法有机地结合了起来,通过经验关联函数—转捩动量厚度雷诺数来控制边界层内间歇因子的生成,再通过间歇因子来控制湍流模型中湍流的生成。

该模型通过把动量厚度雷诺数与当地最大应变率(或涡量)相关联,回避了动量厚度的计算,又通过 Re_θ 输运方程回避了经验关联函数的非当地计算,从而实现了模型计算的当地化。该模型并不试图模拟边界层内转捩的物理过程,只是为把经验关联方法融入现代 CFD 中提供一个有效途径。该模型的特点是:① 可以使用不同的经验关联函数进行标定;② 能够涵盖不同的转捩机制;③ 不依赖初场,即无论初始边界层是层流还是湍流,都有相同的解;④ 不影响基础湍流模型在完全湍流区的行为;⑤ 不依赖坐标系的选取;⑥ 适用于三维边界层流动。因此,该模型取得了很大的成功。但是,该方法要用到几个经验关联函数,由于模型的标定对所使用的 CFD 软件平台的差异较敏感,所以这些关联函数在不同的 CFD 软件平台之间缺乏互换性。

本文的主要工作就是补充了相应的关联函数,基于平板的实验数据在 CARDC 的 TRIP 软件平台上进行了标定,并研究了关联函数的变化对转捩结果的影响规律。对 S809 翼型、NLR7301 两段翼型、30P30N 三段翼型和 Trap Wing 高升力构型四个算例进行了计算,研究该模型在各种外形下的模拟能力,验证了 TRIP 软件平台上 γ-Re_θ 转捩模型的正确性。

2 γ-Re_θ 转捩模型简介

γ-Re_θ 两方程转捩模型的最终目的是求解间歇函数 γ(即空间某点的流态是湍流的概率,$0 \leqslant \gamma \leqslant 1$),并通过它与湍流模型的联合来控制转捩的发生。无量纲的 γ 输运方程[5]的守恒形式如下。

$$\frac{\partial(\rho\gamma)}{\partial t} + \frac{\partial(\rho\gamma u_j)}{\partial x_j} = \frac{1}{Re}\frac{\partial}{\partial x_j}\left[(\mu + \sigma_\gamma\mu_t)\frac{\partial\gamma}{\partial x_j}\right] + P_\gamma - E_\gamma \tag{1}$$

$$P_\gamma = c_{a1}F_{\text{length}}\rho S(\gamma F_{\text{onset}})^{c_\alpha}(1 - c_{e1}\gamma) \tag{2}$$

$$E_\gamma = c_{a2}F_{\text{turb}}\rho\Omega\gamma(c_{e2}\gamma - 1) \tag{3}$$

$$F_{\text{turb}} = \exp[-(R_T/4)^4], \ R_T = \rho k/\mu\omega \tag{4}$$

$$F_{\text{onset}} = \max(0, F_{\text{onset2}} - F_{\text{onset3}}) \tag{5}$$

$$F_{\text{onset1}} = Re_v/2.193Re_{\theta c}, \ Re_v = Re\rho y^2 S/\mu \tag{6}$$

$$F_{\text{onset2}} = \min[2.0, \max(F_{\text{onset1}}, F_{\text{onset1}}^4)] \tag{7}$$

$$F_{\text{onset3}} = \max[0, 1.0 - (R_T/2.5)^3] \tag{8}$$

式中:$c_{e1} = 1.0$;$c_{a1} = 2.0$;$c_\alpha = 0.5$;$\sigma_\gamma = 1.0$;$c_{e2} = 50$;$c_{a2} = 0.06$;S 为应变率的模;Ω 为涡量的模;y 为距离壁面的最小距离;F_{length} 为转捩区的长度;$Re_{\theta c}$ 为边界层内间歇函数开始增加位置的临界动量厚度雷诺数。

F_{length} 和 $Re_{\theta t}$ 是经验关联函数,它们都是转捩动量厚度雷诺数 $Re_{\theta t}$ 的函数。$Re_{\theta t}$ 是边界层外自由流湍流度 Tu、流向压力梯度参数 λ_θ 等的函数。

对于关联函数 $Re_{\theta t}$,不同文献中的形式略有不同,本文采用文献 [6] 中建议的形式。

$$Re_{\theta t} = \begin{cases} \left(1\,173.51 - 589.428Tu + \dfrac{0.219\,6}{Tu^2}\right)F(\lambda_\theta), & Tu \leqslant 1.3 \\ 331.50(Tu - 0.565\,8)^{-0.671}F(\lambda_\theta), & Tu > 1.3 \end{cases} \tag{9}$$

$$F(\lambda_\theta) = \begin{cases} 1 + (12.986\lambda_\theta + 123.66\lambda_\theta^2 + \\ 405.689)\lambda_\theta^3\exp[-(Tu/1.5)^{1.5}], & \lambda_\theta \leqslant 0 \\ 1 + 0.275(1 - e^{-35.0\lambda_\theta})e^{-Tu/0.5}, & \lambda_\theta > 0 \end{cases} \tag{10}$$

$$\lambda_\theta = Re\,\frac{\rho\theta^2}{\mu}\,\frac{\mathrm{d}U}{\mathrm{d}s} \tag{11}$$

式中:U 为当地速度;θ 为动量厚度;s 为流线的弧长。在式(9)中,$F(\lambda_\theta)$ 代表了压力梯度的影响,$Re_{\theta t}$ 用当地湍流度 Tu 和压力梯度参数 λ_θ 计算得到,直接用到边界层内显然不符合实际。为了解决这个问题,Menter 等人专门使用了一个输运方程,即 $\widetilde{Re}_{\theta t}$ 方程,使得边界层以外的 $\widetilde{Re}_{\theta t}$ 通过经验关联 $Re_{\theta t}$ 获得,边界层之内的 $\widetilde{Re}_{\theta t}$ 通过输运方程从边界层以外的 $\widetilde{Re}_{\theta t}$ 扩散而来。$\widetilde{Re}_{\theta t}$ 输运方程[5] 如下所示。

$$\frac{\partial(\rho\widetilde{Re}_{\theta t})}{\partial t} + \frac{\partial(\rho\widetilde{Re}_{\theta t}u_j)}{\partial x_j} = \frac{1}{Re}\,\frac{\partial}{\partial x_j}\left[\sigma_{\theta t}(\mu + \mu_t)\,\frac{\partial\widetilde{Re}_{\theta t}}{\partial x_j}\right] + P_{\theta t} \tag{12}$$

$$P_{\theta t} = c_{\theta t}\rho(Re_{\theta t} - \widetilde{Re}_{\theta t})(1.0 - F_{\theta t})/t, \quad t = \frac{1}{Re}\,\frac{500\mu}{\rho U^2} \tag{13}$$

$$F_{\theta t} = \min\left\{1.0,\ \max\left[F_{\text{wake}}\cdot e^{-\left(\frac{y}{\delta}\right)^4},\ 1.0 - \left(\frac{\gamma - 1/c_{e2}}{1 - 1/c_{e2}}\right)^2\right]\right\} \tag{14}$$

$$\delta = \frac{50\Omega y}{U}\cdot\delta_{\text{BL}},\quad \delta_{\text{BL}} = \frac{15}{2}\theta_{\text{BL}},\quad \theta_{\text{BL}} = \frac{1}{Re}\,\frac{\mu\widetilde{Re}_{\theta t}}{\rho U} \tag{15}$$

$$F_{\text{wake}} = e^{-\left(\frac{Re_\omega}{1.0e+5}\right)^2},\quad Re_\omega = Re^2\,\frac{\rho\omega y^2}{\mu} \tag{16}$$

式中取常数为:$c_{\theta t} = 0.03$,$\sigma_{\theta t} = 2.0$。

源项 $P_{\theta t}$ 的设计目标就是使边界层以外的 $\widetilde{Re}_{\theta t}$ 等于 $Re_{\theta t}$,所以式中有 ($Re_{\theta t} - \widetilde{Re}_{\theta t}$) 项。混合函数 $F_{\theta t}$ 用于关掉边界层内的生成项 $P_{\theta t}$,从而使得 $\widetilde{Re}_{\theta t}$ 从边界层以外扩散得到,所以设计 $F_{\theta t}$ 的原则是在边界层以外(即自由流)$F_{\theta t} = 0$ 而在边界层内 $F_{\theta t} = 1.0$;F_{wake} 的作用是保证混合函数 $F_{\theta t}$ 在尾迹区不被激活。

$\widetilde{Re}_{\theta t}$ 为 γ 输运方程中实际使用的转捩雷诺数,所以,经验关联函数 F_{length} 和 $Re_{\theta c}$ 都应该直接表示为 $\widetilde{Re}_{\theta t}$ 的函数。

为了模拟分离诱导转捩,对间歇函数 γ 进行如下修正[5]。

$$\gamma_{\text{eff}} = \max(\gamma,\ \gamma_{\text{sep}}) \tag{17}$$

$$\gamma_{\text{sep}} = 2F_{\theta t} \cdot \min\left[1.0,\ F_{\text{reattach}} \cdot \max\left(0,\ \frac{Re_v}{3.235Re_{\theta c}} - 1.0\right)\right] \tag{18}$$

$$F_{\text{reattach}} = \exp\left[-(R_T/20)^4\right] \tag{19}$$

该转捩模型只能获得间歇函数 γ,还需要与湍流模型联合才能模拟转捩过程。Menter 采用的湍流模型为 SST 模型。具体的联合方式就是使用间歇函数 γ 来修正 k 方程的生成项、破坏项和混合函数[5]。

$$\frac{\partial(\rho k)}{\partial t} + \frac{\partial(\rho k u_j)}{\partial x_j} = \frac{1}{Re}\frac{\partial}{\partial x_j}\left[(\mu + \sigma_k \mu_t)\frac{\partial k}{\partial x_j}\right] + \widetilde{P}_k + \widetilde{D}_k \tag{20}$$

$$\widetilde{P}_k = \gamma_{\text{eff}} P_k,\ \widetilde{D}_k = \min[1,\ \max(\gamma_{\text{eff}},\ \gamma_{D_k\min})]D_k \tag{21}$$

$$F_1 = \max(F_{1\text{orig}},\ F_3),\ F_3 = \exp\left[-\left(\frac{R_y}{120}\right)^8\right],\ R_y = Re\frac{\rho y\sqrt{k}}{\mu} \tag{22}$$

式中:P_k、D_k 和 $F_{1\text{orig}}$ 是 SST 模型中原来的生成项、破坏项和混合函数;Menter 推荐的 $\gamma_{D_k\min} = 0.1$;对 ω 方程不做修正。

其中,上述方程使用的无量纲化参数见表1。

表 1　无量纲化参数表

参　数	k	ε	ω	x	Ω	Re
维　度	a_∞^2	$\rho_\infty a_\infty^4/\mu_\infty$	$\rho_\infty a_\infty^2/\mu_\infty$	L	a_∞/L	$\rho_\infty a_\infty L/\mu_\infty$

标定工作在 CARDC 自行开发的 TRIP 软件平台上进行,详见文献[6]。其中对流项的离散采用 MUSCL_roe 格式;耗散项的离散采用二阶中心格式;离散方程采用 LU-SGS 方法求解;为了适应低速情况和加速收敛,采用了预处理技术和多重网格技术。

标定依据文献[6]提供的 T3A、T3B、T3A-和 Schubauer 和 Klebanof 等平板实验数据,采用式(23)~式(25)形式的关联函数进行标定。关联函数 F_{length} 和 $Re_{\theta c}$ 并不是相互独立的,形式也不是固定的。为了便于确定他们,本文先给定其中的一个 $Re_{\theta c}$,然后通过平板的实验数据来确定另一个(F_{length})。同时,为了能够在校验中有灵活而足够的自由度,F_{length} 的形式采用样条拟合曲线。标定点上计算的壁面摩擦阻力系数与实验值一致,达到了标定的目的。

转捩前的壁面摩擦阻力偏离层流太多。为此,本文把上述常量 $\gamma_{D_k \min}$ 修正为可变的,以消除其对转捩后壁面摩擦阻力的影响,同时又能保证转捩前壁面摩擦阻力的性质。

$$Re_{\theta c} = f_{\theta c} \cdot \widetilde{Re}_{\theta t} \tag{23}$$

$$f_{\theta c} = 0.99 - C_{\theta c} \cdot \left\{ 1 - \exp\left[-\max\left(0, \frac{\widetilde{Re}_{\theta t} - 100}{300} \right) \right] \right\}^2 \tag{24}$$

$$\gamma_{D_k \min} = 0.14 \left\{ 1 - \exp\left[-\left(\frac{\rho u y Re}{1.21 \mu Re_{\theta t}} \right)^8 \right] \right\} \tag{25}$$

式中: $C_{\theta c}$ 为一个常数,用来控制 $Re_{\theta c}$ 的大小。为了考察不同 $Re_{\theta c}$ 的影响,本文分别考察了 $C_{\theta c} = 0.15$、0.24、0.33 三种情况下,标定点上计算的壁面摩擦阻力系数与实验值的比较。对在二维低速流动中的 S809 翼型、NLR7301 两段翼型和 30P30N 三段翼型 3 个低速翼型绕流问题进行了计算[7],通过对压力分布、摩擦阻力分布、转捩位置及气动特性与实验结果的对比分析,表明了该模型可以比较准确地模拟各种外形的分离转捩与自然转捩的位置及湍流在顺压梯度区的再层流化现象,有效提高了气动力模拟的精度。

3 算例结果与讨论

本文采用气动中心自行研发的 TRIP2.0 软件开展数值模拟研究,具体计算方法如下:采用有限体积方法求解任意坐标系下的雷诺平均 Navier-Stokes 方程,方程对流项的离散采用三阶精度的 Roe 格式;黏性通量的离散采用中心型格式;离散方程组的求解采用 LU-SGS 格式;为了适应低速情况和加速收敛,采用了预处理技术和多重网格技术。

NASA 梯形翼高升力标模是 AIAA 第一届高升力预测研讨活动(2010)选用的研究模型。该构型是安装在简化机身上的大弦长、中等展弦比、前缘缝翼/主机翼/后缘襟翼的三段构型。前缘缝翼与后缘襟翼的偏角分别为 $30°$ 和 $25°$,前缘缝翼的缝隙与高度均为 $0.015c$,后缘襟翼的缝隙与重叠量分别为 $0.015c$ 和 $0.005c$,前缘缝翼与后缘襟翼均从翼梢一直延伸到翼根,并融于机身。需要特别指出的是,计算模型不包括前缘缝翼和后缘襟翼的支撑装置。

本节计算采用多块对接结构网格,网格生成符合 HiLiftPW-1 组委会的网格生成规范。网格规模为 11 715 968,边界层内网格的伸展率为 1.20。梯形翼构型的表面网格见图 1。

图 1 梯形翼构型的表面网格

计算状态：$Ma=0.2$；$Re=4.5\times10^6$；$\alpha=13°$；全湍流计算（fully turbulent）和转捩模型计算设置来流湍流度为 0.2%；k_{amb} 和 ω_{amb} 的设置与 S809 算例类似。

转捩模型对气动力的影响见表 2，表中的实验数据来自 2002—2003 年在 NASA Langley 14 ft×22 ft(4.3 m×6.7 m) 亚音速风洞（FST）中完成的实验。与采用全湍流的方式相比，转捩模型的应用使得升力系数、阻力系数和低头力矩系数增加，更加接近于实验值。

表 2　转捩对高升力构型气动特性的影响

	C_D	C_L	C_m	C_{D_f}	C_{D_p}
EXP‑FST	0.333 0	2.046 8	−0.503 2	—	—
全湍流方式	0.319 8	1.998 8	−0.475 8	0.012 0	0.307 8
转捩模型	0.332 6	2.064 0	−0.508 4	0.009 0	0.323 6

图 2 给出了采用全湍流方式和转捩模型所得到的典型站位上的压力分布与实验结果的比较。可以看到，转捩模型对 0.17 站位上的压力分布基本没有影响；而在 0.95 翼梢的站位，转捩模型对压力分布的影响比较明显。与全湍流方式相比，采用转捩模型后，模拟翼梢涡的强度增加，使得襟翼上表面的吸力峰值增加，并更加接近实验结果，这也是表中转捩模型计算的升力和阻力更接近实验值的原因。

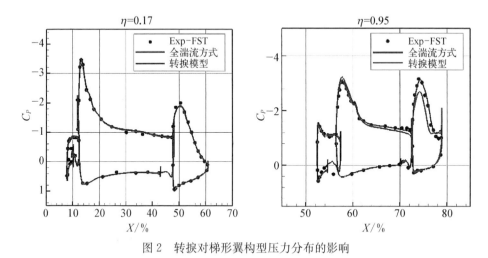

图 2　转捩对梯形翼构型压力分布的影响

4　结论

在 CARDC 的 TRIP 软件平台上对关联函数进行了标定，通过对梯形翼高升力构型的数值模拟和与相应实验结果的比较，得到如下基本结论。

（1）对 $\gamma_{D_k\min}$ 的修正有效地改进了转捩位置后壁面摩擦阻力偏小的状况。

（2）$\gamma-Re_\theta$ 转捩模型可以比较准确地模拟各种外形的分离诱导转捩与自然转

捩的位置及湍流在顺压梯度区的再层流化现象。

（3）$\gamma - Re_\theta$ 转捩模型计算的气动力与全湍流计算的气动力相比,前者计算的升力、阻力与实验值吻合较好,改善了全湍流计算的升力偏小、阻力偏大的问题。在中等雷诺数范围内,层流区域和湍流区域有相同的量级,计算必须采用转捩模型才能准确模拟气动力。

（4）验证了 TRIP 软件平台上 $\gamma - Re_\theta$ 转捩模型模拟的正确性。

参 考 文 献

［1］ Dhawan S, Narasimha R. Some properties of boundary layer flow during transition from Laminar to turbulent motion［J］. Journal of Fluid Mechanics,1958,Vol 3,No 4: 418 - 436.

［2］ Cho J R, Chung M K. A equation turbulence model［J］. Journal of Fluid Mechanics, 1992,Vol 237:301 - 322.

［3］ Steelant J, Dick E, Modelling of bypass transition with conditioned Navier-Stokes equations coupled to an intermittency transport equation［J］. International Journal for Numerical Methods in Fluids,1996,Vol 23:193 - 220.

［4］ Suzen Y, Huang P. Modeling of flow transition using an intermittency transport equation ［J］. Journal of Fluids and Engineering,2000,Vol 122,No 2:273 - 284.

［5］ Menter F R, Langtry R B, Likki S R, et al. A correlation based transition model using local variables:part I-model formulation ［J］. ASME - GT2004 - 53452, Proceedings of ASME Turbo Expo 2004,Vienna,Austria,2004.

［6］ 张玉伦,王光学,孟德虹,王运涛. $\gamma - Re\_\theta$ 转捩模型的标定研究［J］. 空气动力学学报, 2011,29(03):295 - 301.

［7］ 孟德虹,张玉伦,王光学,王运涛. $\gamma - Re\_\theta$ 转捩模型在二维低速问题中的应用［J］. 航空学报,2011,32(05):792 - 801.

3.6 基于高阶精度数值方法的 $\gamma - Re_\theta$ 转捩模型标定与确认

王运涛 李 松 王光学 孟德虹

(中国空气动力研究与发展中心 计算空气动力学研究所,绵阳 621000)

摘 要:基于雷诺平均的 Navier-Stokes 方程(RANS)和结构网格技术,采用五阶精度加权紧致非线性格式(WCNS),开展了 $\gamma-Re_\theta$ 转捩模型的标定和确认工作。主要目的是在高阶精度计算方法研究工作的基础上,结合转捩模型的应用,进一步提高低速流动气动特性的数值模拟精度。首先采用平板的实验数据开展了转捩模型中关联函数的标定工作;其次采用 NLR-7301 两段翼型开展了高阶精度计算方法的网格收敛性研究;最后采用 NLR-7301 两段翼型和梯形翼高升力构型,从转捩位置、边界层速度型、表面压力系数和气动力特性等方面确认了所建立的高阶精度转捩模拟方法。研究表明,采用改进的关联函数提高了平板构型的转捩位置的模拟精度;本文建立的高阶精度转捩模拟方法可以显著提高典型运输机低速构型气动特性的模拟精度。

关键词:RANS;层流湍流转捩;有限差分格式;高阶精度方法;气动特性

Abstract: Based on the Reynolds-averaged Navier – Stokes(RANS) equations and structured grid technology, the calibration and validation of $\gamma-Re_\theta$ transition model are preformed with fifth-order weighted compact difference scheme(WCNS). The purpose of the present work is to improve the numerical accuracy for aerodynamic characters simulation of low-speed flow with transition model on the base of high-order numerical method study. Firstly, the empirical correlation function involved in the $\gamma - Re_\theta$ transition model is calibrated with experimental data of turbulent flat plate. Then, the grid convergence is studied with NLR – 7301 two elements airfoil and high-order numerical method. At last, the high-order numerical method for transition prediction is validated with NLR – 7301 two elements airfoil and high lift trapezoidal wing from transition location, velocity profile in boundary layer, surface pressure coefficient and aerodynamic character. The numerical results illustrate that the numerical accuracy of transition length and skin friction behind transition location are improved with modified empirical correlation function, the high-order numerical method for transition prediction obviously increases the numerical accuracy of aerodynamic characters prediction for typical transport configuration in low speed range.

Key words：RANS；laminar to turbulent transition；finite difference scheme；high-order method；aerodynamic characters

1 引言

高升力构型的流场一般与流动分离、转捩、尾迹区与边界层掺混等复杂流动物理现象密切相关，其中对层流到湍流的转捩机制的研究至关重要，直接影响高升力构型的升力、阻力、力矩等气动特性，对上述复杂物理现象的实验研究和计算研究一直是空气动力学的热点之一[1-3]。

层流到湍流的转捩机制非常复杂，包括自然转捩、旁路转捩、分离转捩以及湍流的再层流化等，这使得转捩过程的数值模拟非常困难。在实际工程应用中，基于雷诺平均的 Navier - Stokes 方程（RANS）的求解方法依然是飞行器设计者手中最重要的工具，而湍流转捩的数值模拟主要依靠经验或半经验的方法，如经验关联方法、e^N 方法和低雷诺数湍流模型方法等。但经验关联方法和 e^N 方法均需要积分动量厚度，由于现代 RANS 方程求解软件中一般采用多块对接结构网格技术、非结构混合网格技术以及大规模并行计算，因此这两种方法难以与 RANS 求解方法相匹配；低雷诺数湍流模型虽然能够与 RANS 求解方法相匹配，但是该方法不能模拟旁路转捩，模拟自然转捩的能力也受到质疑，实际应用的效果很不理想。Menter 和 Langtry 提出了基于当地关联的 $\gamma - Re_\theta$ 转捩模型[4-5]。该模型把经验关联方法和间歇因子方法有机地结合了起来，通过把动量厚度雷诺数与当地的最大应变率（或涡量）相关联，实现了转捩模型计算的当地化，提供了将转捩模拟技术耦合到 RANS 方程求解方法中的有效途径。$\gamma - Re_\theta$ 转捩模型及其改进形式在实际工程应用中取得了很好的效果[6-9]。最近，Sclafani 和 Steed 等人采用 CFX 和 OVERFLOW 软件，应用 $\gamma - Re_\theta$ 转捩模型模拟了梯形翼高升力构型的流场[10-11]。研究发现，采用转捩模拟技术提高了梯形翼构型气动特性的数值模拟精度。但以上研究成果均是基于二阶空间离散精度的有限体积方法取得的，基于 RANS 方程和高阶精度有限差分的转捩模拟技术尚没有见到相关报道。

相对于谱方法、有限体积和间断有限元等高阶精度格式，高阶精度有限差分格式构造简单，对计算机内存和速度要求较低，但受制于几何守恒律、对接边界信息传递技术等因素，高阶精度有限差分格式目前主要应用于简单外形的复杂流动机理研究（如边界层感受性、方腔流动、噪声机理、三角翼大攻角流动等），高阶精度格式在复杂外形上的应用依然处于探索阶段。邓小刚提出了基于有限差分的加权紧致非线性格式（WCNS）[12-13]，通过在面积守恒律、边界信息传递方法等方面的持续研究[14-15]，WCNS 格式在复杂构型上的应用取得了显著进展。在低速、跨声速方面主要开展了翼型及多段翼型、高升力机翼、翼身组合体以及三角翼的高阶精度数值模拟，显示了 WCNS 格式在激波位置预测、最大升力系数模拟等方面的潜在优势，但上述研究成果中均没有包含流动转捩对数值模拟结果的影响。

本文采用五阶空间离散精度的 WCNS 格式,开展了转捩模拟技术标定与确认工作。基于低速平板的实验结果,开展了 $\gamma - Re_\theta$ 转捩模型中关联函数的标定工作;在网格收敛性研究工作的基础上,采用 NLR - 7301 两段翼型和梯形翼高升力构型,通过与相应实验数据的比较,确认了本文建立的高阶精度转捩模拟技术的有效性。

2　高阶精度计算方法及 $\gamma - Re_\theta$ 转捩模型

对于任意坐标系下的 RANS 方程,高阶精度计算方法不仅包括方程中对流项的高阶精度离散,而且还应包括黏性项、边界条件以及湍流模型的高阶精度离散。本文采用的 RANS 方程高阶精度离散算法可以表述为:对流项离散采用原始变量型的五阶空间离散格式——WCNS 格式,黏性项采用六阶中心格式进行离散,边界及近边界离散采用四阶单边格式;采用 Menter SST(shear stress transport)两方程湍流模型,方程中各项的离散方法与 RANS 方程中各项的离散方法相同;离散方程组的求解采用块 LU 方法。以下简单介绍 RANS 方程中对流项离散的 WCNS 格式和边界格式,详细的介绍可参见文献[12-13]。设网格间距为 h,以 ξ 方向为例,显式五阶精度 WCNS 格式表示如下所示。

$$\frac{\partial E_i}{\partial \xi} = \frac{75}{64h}(\widetilde{E}_{i+1/2} - \widetilde{E}_{i-1/2}) - \frac{25}{384h}(\widetilde{E}_{i+3/2} - \widetilde{E}_{i-3/2}) +$$
$$\frac{3}{640h}(\widetilde{E}_{i+5/2} - \widetilde{E}_{i-5/2}) \tag{1}$$

四阶精度的边界及近边界格式表示如下所示。

$$\frac{\partial E_1}{\partial \xi} = \frac{1}{24h}(-22\widetilde{E}_{1/2} + 17\widetilde{E}_{3/2} + 9\widetilde{E}_{5/2} - 5\widetilde{E}_{7/2} + \widetilde{E}_{9/2}) \tag{2}$$

$$\frac{\partial E_2}{\partial \xi} = \frac{1}{24h}(\widetilde{E}_{1/2} - 27\widetilde{E}_{3/2} + 27\widetilde{E}_{5/2} - \widetilde{E}_{7/2}) \tag{3}$$

$$\frac{\partial E_{N-1}}{\partial \xi} = -\frac{1}{24h}(\widetilde{E}_{N-1/2} - 27\widetilde{E}_{N-3/2} + 27\widetilde{E}_{N-5/2} - \widetilde{E}_{N-7/2}) \tag{4}$$

$$\frac{\partial E_N}{\partial \xi} = -\frac{1}{24h}(-22\widetilde{E}_{N-1/2} + 17\widetilde{E}_{N-3/2} + 9\widetilde{E}_{N-5/2} - 5\widetilde{E}_{N-7/2} + \widetilde{E}_{N-9/2}) \tag{5}$$

式中:$\dfrac{\partial E_i}{\partial \xi}$ 为计算节点处的无黏通量导数;$\widetilde{E}_{i+m/2}$ 为半节点处的无黏通量。

$\gamma - Re_\theta$ 转捩模型是求解间歇函数 γ(即空间某点的流态是湍流的概率,$0 \leqslant \gamma \leqslant 1$)的输运方程,通过间歇函数控制 SST 两方程模型中湍动能方程的湍流生成项来控制转捩的发生。该转捩模型包含了两个控制方程,即间歇函数 γ 的输运方程和转捩动量厚度雷诺数 $\widetilde{Re}_{\theta t}$ 的输运方程。其中,无量纲的 γ 输运方程的守恒形式如下所示。

$$\frac{\partial(\rho\gamma)}{\partial t} + \frac{\partial(\rho\gamma u_j)}{\partial x_j} = \frac{1}{Re}\frac{\partial}{\partial x_j}\left[(\mu + \sigma_\gamma\mu_t)\frac{\partial\gamma}{\partial x_j}\right] + P_\gamma - E_\gamma \tag{6}$$

$$\begin{cases} P_\gamma = c_{a1}F_{\text{length}}\rho S(\gamma F_{\text{onset}})^{c_a}(1 - c_{e1}\gamma) \\ E_\gamma = c_{a2}F_{\text{turb}}\rho\Omega\gamma(c_{e2}\gamma - 1) \\ F_{\text{turb}} = \exp[-(R_T/4)^4] \qquad\qquad \Leftarrow R_T = \dfrac{\rho k}{\mu\omega} \\ F_{\text{onset}} = \max(0.0,\ F_{\text{onset2}} - F_{\text{onset3}}) \\ F_{\text{onset1}} = \dfrac{Re_v}{2.193Re_{\theta c}} \qquad\qquad \Leftarrow Re_v = Re \cdot \dfrac{\rho y^2 S}{\mu} \\ F_{\text{onset2}} = \min[2.0,\ \max(F_{\text{onset1}},\ F_{\text{onset1}}^4)] \\ F_{\text{onset3}} = \max[0.0,\ 1.0 - (R_T/2.5)^3] \end{cases} \tag{7}$$

该方程中各个参数的详细介绍参见文献[4]和文献[5]。间歇函数的输运方程中包括了两个关联函数,即转捩区的长度函数 F_{length} 和临界动量厚度雷诺数 $Re_{\theta c}$,他们都是转捩动量厚度雷诺数 $\widetilde{Re}_{\theta t}$ 的函数,这两个函数的具体形式与计算方法密切相关,关联函数的标定就是根据所采用的计算方法确定 F_{length} 和 $Re_{\theta c}$ 两个关联函数与 $\widetilde{Re}_{\theta t}$ 的具体函数关系式。本文的标定工作是在 Langtry 提出的经验关联函数的基础上开展的,具体公式参见文献[6]。

3 基于高阶精度计算方法的转捩模型标定

$\gamma - Re_\theta$ 转捩模型中关联函数的标定采用了文献[4]提供的 T3A、T3B、T3A -和 S&K 等四组湍流平板实验数据,实验条件见表 1。

表 1 平板转捩实验的条件

算例	$U_{\text{inlet}}/(\text{m/s})$	$Tu/\%$	μ_t/μ	$\rho/(\text{kg/m}^3)$	$\mu/(\text{m}^2/\text{s})$
T3B	9.4	6.500	100.00	1.2	1.8×10^{-5}
T3A	5.4	3.500	13.30	1.2	1.8×10^{-5}
T3A -	19.8	0.874	8.72	1.2	1.8×10^{-5}
S&K	50.1	0.180	5.00	1.2	1.8×10^{-5}

湍流平板的计算网格如图 1 所示。平板长度为 2.0,来流远场边界距平板前缘 0.22,法向远场边界距壁面 0.22,网格为 H 型,壁面上第一层网格的法向距离为 1.0×10^{-6},平板前缘第一排网格的 x 向距离为 1.5×10^{-3}。网格规模为 425×129,其中壁面上有 392 个网格点。

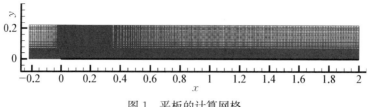

图 1 平板的计算网格

将文献[6]中给出的关联函数 F_{length} 和 $Re_{\theta c}$ 直接应用于上述四个湍流平板算例,计算得到的壁面摩擦阻力系数分布如图 2 所示,其中横坐标为以距平板前缘距离为参考长度的雷诺数(Re_x),纵坐标为摩擦阻力系数(C_{D_f})。可以看到,对于 T3A 和 T3A-两个算例,计算得到的转捩位置均较实验结果提前,对于 S&K 算例,计算得到的转捩区长度小于实验值。

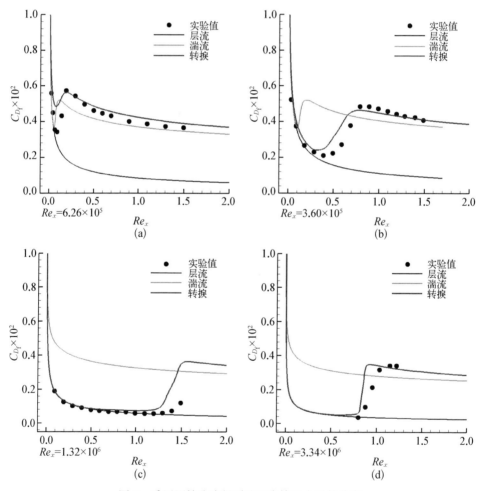

图 2 采用原始公式得到壁面摩擦阻力系数分布

(a) T3B($Tu = 6.5\%$) (b) T3A($Tu = 3.5\%$) (c) T3A-($Tu = 0.87\%$) (d) S&K($Tu = 0.18\%$)

本文固定 F_{length}，对文献[6]给出的临界动量厚度雷诺数 $Re_{\theta c}$ 进行如下修正。

$$\begin{cases} \hat{Re}_{\theta c} = Re_{\theta c}^{\text{Langtry}} + a(\tilde{Re}_{\theta t} + b) \\ Re_{\theta c} = \min(\hat{Re}_{\theta c}, 0.99\tilde{Re}_{\theta t}) \end{cases} \tag{8}$$

式中：a 和 b 为常数；$Re_{\theta c}^{\text{Langtry}}$ 为文献[6]给出的 $Re_{\theta c}$。根据实验的转捩位置，通过人工迭代方法，确定 $a = 0.0445$，$b = 150.0$。采用修正后的 $Re_{\theta c}$ 计算得到的壁面摩擦阻力分布如图3所示。对于 T3A、T3A-和 S&K 三个算例，计算得到的转捩位置均有明显改善。

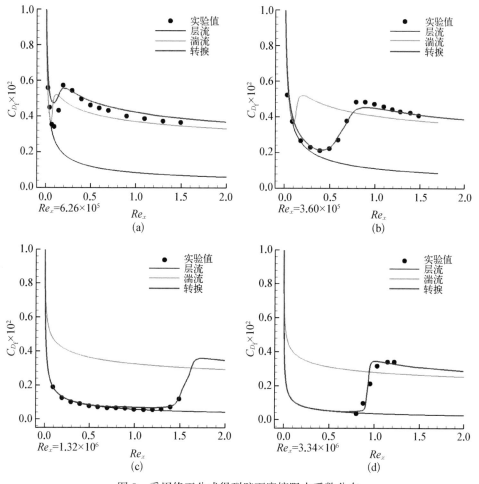

图 3 采用修正公式得到壁面摩擦阻力系数分布

(a) T3B($Tu=6.5\%$) (b) T3A($Tu=3.5\%$) (c) T3A-($Tu=0.87\%$) (d) S&K($Tu=0.18\%$)

4 NLR-7301 两段翼型网格收敛性研究

NLR-7301 两段翼型由主翼和襟翼组成，襟翼偏角为 $20°$，主翼和襟翼之间的间隙宽度(gap)为 $0.026c$（c 为弦长），重叠区域长度为 $0.053c$，局部计算网格见图 4。远场边界为 200 倍弦长，主翼边界层网格法向布置 81 个网格点，襟翼边界层网格法向布置 65 个网格点，总的网格单元数量为 191 376。本节通过改变物面第一层网格间距，保持法向网格伸展率、边界层内网格点数、流向网格点数、总网格点数和远场边界等网格参数不变，研究不同的第一层网格间距(Δy)对气动特性的影响。

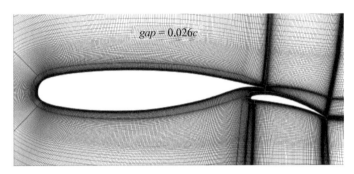

$$gap = 0.026c$$

图 4　NLR‑7301 两段翼型的局部计算网格

计算的来流条件为：$Ma=0.185$，$\alpha=13.1°$，$Re=2.51\times10^{6}$。本节的高阶精度计算结果没有考虑转捩模型的影响，其他计算方法与第 1 节相同。不同 Δy 对升力系数(C_L)、阻力系数(C_D)、摩擦阻力系数(C_{D_f})、压差阻力系数(C_{D_p})的影响见表 2。随着第一层网格间距的减少，NLR‑7301 两段翼型的升力系数单调减少、阻力系数单调减少，Y^+ 从 1.0 变化到 0.6，升力系数减少 0.002，阻力系数减少 0.000 1，阻力系数的减少来自压差阻力和摩擦阻力的综合影响。据此，下一节的研究中选用了 $Y^+=1.0$ 的网格。

表 2　不同 Y^+ 对气动特性影响

Δy	Y^+	C_L	C_D	C_{D_f}	C_{D_p}
6.00×10^{-6}	0.6	3.059	0.060 5	0.008 8	0.0517
1.00×10^{-5}	1.0	3.061	0.060 6	0.008 7	0.051 9
3.00×10^{-5}	3.0	3.087	0.057 8	0.008 5	0.049 3

5　NLR‑7301 两段翼型转捩模拟

NLR‑7301 两段翼型的风洞实验于 20 世纪 70 年代末在荷兰航空航天实验室(NLR)3 m×2 m 的低速风洞中完成，实验结果包括了总体气动特性、压力分布、典型站位的边界层速度型分布等[16]。该多段翼型的主翼后缘经过了仔细的修型，全流场没有明显的分离，实验中观察到主翼的前缘有一个明显的层流分离泡，但其影响是局部的。采用 NLR‑7301 两段翼型，通过与实验结果对比，确认了本文构造的高阶精度转捩模拟方法的有效性。来流状态与上一节相同。

5.1 压力分布

图5给出了基于高阶精度计算方法,采用转捩模型(transition)和不采用转捩模型(fully turbulent)得到的翼型表面压力分布与相应实验结果的对比,其中横坐标为无量纲的流向距离(X),纵坐标为无量纲压力系数(C_P)。总体而言,无论是否采用转捩模型,均很好地模拟了该翼型主翼及襟翼上的压力分布。采用转捩模型分辨出了主翼前缘小的层流分离泡,而不采用转捩模型则没有模拟到这一现象。

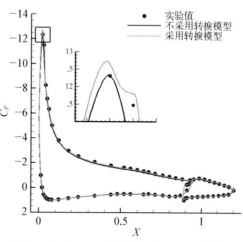

图5 NLR-7301两段翼型表面压力分布

5.2 摩擦阻力系数分布及转捩位置

图6给出了采用转捩模型与否得到的翼型表面摩擦阻力系数分布和转捩位置与相应实验结果的对比,其中纵坐标为无量纲摩擦阻力系数(C_{D_f})。采用转捩模型不仅较好地模拟了该翼型上表面的摩擦阻力系数分布,而且很好地模拟了主翼上表面前缘、下表面后缘以及襟翼上表面后缘的分离转捩位置,其中主翼上表面前缘的局部分离与压力系数分布所揭示的局部分离现象是一致的。

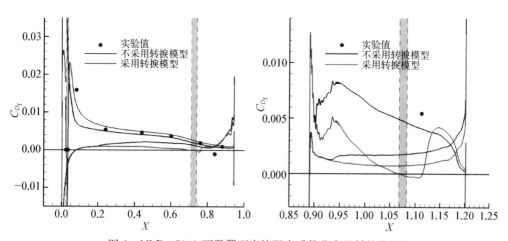

图6 NLR-7301两段翼型摩擦阻力系数分布及转捩位置

5.3 典型站位速度型

图7给出了采用转捩模型与否得到的典型站位速度型与实验值的比较,其中横坐标为无量纲流向速度(u/u_{inf}),纵坐标为无量纲法向距离(y/c)。主机翼上表

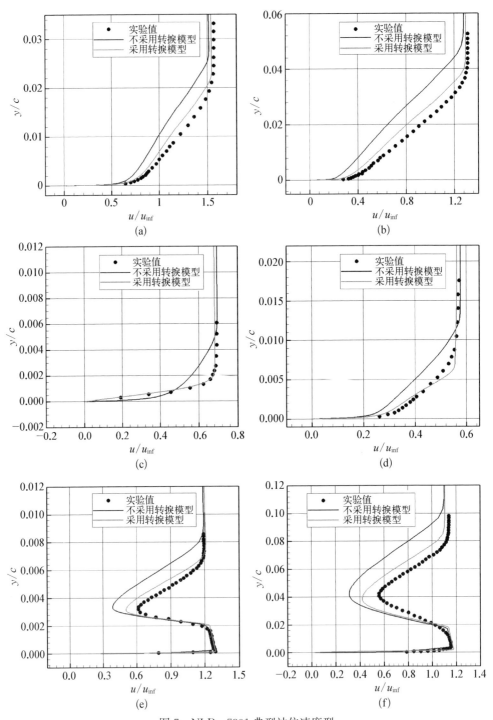

图 7　NLR‑7301 典型站位速度型

(a) $x=0.60$，主机翼上表面　(b) $x=0.88$，主机翼上表面　(c) $x=0.60$，主机翼下表面
(d) $x=0.84$，主机翼下表面　(e) $x_f=0.119$，襟翼上表面　(f) $x_f=0.219$，襟翼上表面

面 $x=0.60$、0.88 的两个站位均处于湍流区域,采用转捩模型后,主翼上表面边界层的厚度及边界层的速度型均有明显的改善。主机翼下表面的 $x=0.60$ 站位位于层流区,$x=0.84$ 站位位于湍流区,在这两个站位采用转捩模型后,边界层厚度及边界层内的速度型均有明显改善。襟翼上表面的 $x_f=0.119$ 站位位于层流区域,$x_f=0.219$ 站位位于湍流区域,采用转捩模型后,在 $x_f=0.119$ 站位,襟翼上表面的边界层厚度及速度分布与实验结果吻合性良好,主翼尾迹区的宽度有明显改善;在 $x_f=0.219$ 站位,采用转捩模型后,边界层内的速度分布与实验结果吻合性良好,尾迹区的模拟精度有明显的改善,但依然与实验值存在差异,说明该转捩模型在多段翼型尾迹区的模拟上尚需进一步改进。

5.4 气动特性

表 3 给出了采用转捩模型与否得到的 NLR - 7301 两段翼型气动力系数与实验值的比较,其中 C_M 为俯仰力矩系数。可以看到,采用转捩模型后,数值模拟得到的升力系数略有增加、压差阻力系数与摩擦阻力系数均下降、低头力矩系数保持不变。采用转捩模型后,升力系数增加和压差阻力下降与主翼前缘的吸力峰值提高有关;摩擦阻力下降与湍流区域的减少有关,阻力系数更加接近实验值。

表 3 NLR - 7301 两段翼型的气动力模拟结果

方　法	C_L	C_D	C_M	C_{D_f}	C_{D_p}
不采用转捩模型	3.060 5	0.060 6	-0.439	0.008 7	0.051 9
采用转捩模型	3.189 5	0.048 4	-0.439	0.006 6	0.041 8
实验值	3.141	0.044 5	-0.440	—	—

6　梯形翼高升力构型转捩模拟

梯形翼高升力构型是 AIAA(American Institute of Aeronautics and Astronautics)第一届高升力预测研讨活动选用的研究模型[17],该构型是安装在简化机身上的大弦长、中等展弦比、前缘缝翼/主机翼/后缘襟翼三段构型。机翼没有扭转、没有上反角,前缘缝翼与后缘襟翼的偏角分别为 30°和 25°。采用本文构造的高阶精度转捩模拟方法,在与 NASA Langley 14 ft×22 ft(4.3 m×6.7 m)亚声速风洞实验结果[18]进行对比的基础上,进一步确认转捩方法的有效性。

计算构型及表面网格见图 8,计算模型中没有包含实验模型中的前缘缝翼和后缘襟翼的支撑装置。网格规模为 1 465 万,物面第一层法向网格距离为 0.004 mm,边界层内法向

图 8　梯形翼构型的表面网格

网格点数为 37,边界层内网格增长率为 1.20。网格收敛性的研究结果见文献[19]。

计算的来流条件为:$Ma=0.20$,$\alpha=28°$,$Re=4.0\times10^6$。图 9 给出了采用转捩模型与否所得到的典型站位压力分布与实验结果的比较。从机翼中部的 $\eta=0.41$ 站位开始,直到靠近翼梢的 $\eta=0.98$ 站位,转捩模型对主机翼后缘上表面和襟翼前缘上表面压力分布影响逐渐加强,使得主翼后缘上表面和襟翼上表面的压力系数进一步降低,并更加接近实验结果,其根本原因是采用转捩模型后,数值模拟的空间翼梢涡强度增强。表 4 给出了采用转捩模型与否对气动特性的影响。与采用全湍流的方式相比,转捩模型的应用使得升力系数、阻力系数和低头力矩系数增加,且略高于实验值。根据文献[11]的研究结果,这主要是由于计算模型中没有包括实验模型中缝翼与襟翼的支撑装置导致的,但采用转捩模型得到的阻力系数略大。

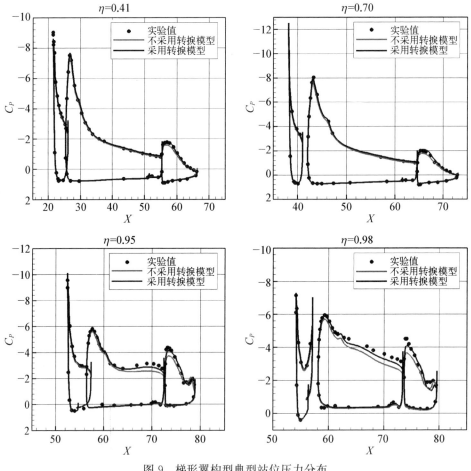

图 9　梯形翼构型典型站位压力分布

表 4 转捩模型对梯形翼构型气动特性的影响

方　法	$\alpha/(°)$	C_L	C_D	C_M
不采用转捩模型	28	2.844 3	0.657 9	$-0.429\ 5$
采用转捩模型	28	2.951 6	0.688 1	$-0.471\ 8$
实验值	28.41	2.909 6	0.686 0	$-0.452\ 6$

7　结论

本文采用五阶空间精度的 WCNS 格式,结合 $\gamma - Re_\theta$ 转捩模型,开展了高阶精度转捩模拟技术的标定工作和确认工作,初步建立了高阶精度转捩模拟方法,基本结论如下所示。

(1) 采用修正的关联函数,湍流平板的转捩位置的数值模拟精度明显提高。

(2) 采用高阶精度转捩模拟方法,提高了 NLR - 7301 两段翼型边界层速度型分布,较好地预测了转捩位置和翼型前缘的分离泡。

(3) 采用高阶精度转捩模拟方法,提高了梯形翼构型翼梢涡的模拟精度,提高了梯形翼高升力构型上表面的压力分布和气动特性的数值模拟精度。

参 考 文 献

[1] Rumsey C L, Ying S X. Prediction of high lift: review of present CFD capability[J]. Progress in Aerospace Sciences 2002,38(2): 145 - 180.

[2] Rudnik R, Von Geyr H Frhr. The European high lift project EUROLIFT II-objectives, approach, and structure[R], AIAA 2007 - 4296, 2007.

[3] Slotnick J P, Hannon J A, Chaffin M. Overview of the first AIAA CFD high lift prediction workshop(invited)[R], AIAA 2011 - 862, 2011.

[4] Menter F R, Langtry R B, Likki S R, et al. A correlation based transition model using local variables: part 1 - model formulation [J]. Journal of Turbomachinery,2004,128(3): 413 - 422.

[5] Menter F R, Langtry R B, Likki S R, et al. A correlation based transition model using local variables: part 2 - test cases and industrial application [J]. Journal of Turbomachinery,2004,128(3): 423 - 434.

[6] Langtry R B, Menter F R. Correlation-based transition modeling for unstructured parallelized computational fluid dynamics codes. AIAA Journal, 2009, 47 (12): 2894 - 2906.

[7] Grabe C, Krumbein A. Correlation-based transition transport modeling for three-dimensional Aerodynamic configuration [J]. Journal of Aircraft, 2013, 50 (5): 1533 - 1539.

[8] 孟德虹,张玉伦,王光学,等. $\gamma - Re_\theta$ 转捩模型在二维低速问题中的应用[J]. 航空学报, 2011,32(5): 792 - 801.

［9］ 王刚,刘毅,王光秋,等. 采用 γ - Re_θ 模型的转捩流动计算分析[J]. 航空学报,2014,35 (1)：70 - 79.

［10］ Steed R. High lift CFD simulation with an SST-based predictive laminar to turbulent transition model［C］//AIAA Aerospace Sciences Meeting Including the New Horizons Forum and Aerospace Exposition. 2013.

［11］ Sclafani A J, Slotnick J P, Vassberg J C, et al. Extended overflow analysis of the NASA trap wing wind tunnel model［C］//AIAA Applied Aerodynamics Conference. 2012.

［12］ Deng X G, Maekawa H. Compact high-order accurate nonlinear schemes［J］. J. Comput. Phys. ,1997,130(1)：77 - 91.

［13］ Deng X G, Zhang H X. Developing High-Order Weighted Compact Nonlinear Schemes ［M］. Academic Press Professional，2000.

［14］ Deng X G, Mao M L, Tu G H, et al. Geometric conservation law and application to high-order finite difference scheme with stationary grid［J］. J. Comput. Phys. ,2011,230： 1100 - 1115.

［15］ Deng X G, Min R B, Mao M L, et al. Further studies on geometric conservation law and application to high-order finite difference scheme with stationary grid ［J］. J. Comput. Phys. ,2013,239(4)：90 - 111.

［16］ Van den Berg B. Boundary Layer measurements on a two-dimensional wing with flap［R］. NLR TR 79009 U, 1979.

［17］ Rumsey C L, Long M, Stuever R A. Summary of the first AIAA CFD high lift prediction workshop(invited) ［R］. AIAA 2011 - 939, 2011.

［18］ Johnson P L, Jones K M, Madson M D. Experimental investigation of a simplified 3D high lift configuration in support of CFD validation ［C］//Applied Aerodynamics Conference. 2013.

［19］ 李松，王光学，张玉伦,等. WCNS 格式在梯形翼高升力构型模拟中的应用研究[J]. 空气动力学学报,2014,32(4)：439 - 445.

3.7 高阶精度转捩方法在低速流动数值模拟中的应用

王运涛 李 松 王光学 孟德虹

（中国空气动力研究与发展中心 计算空气动力学研究所，绵阳 621000）

摘 要：基于雷诺平均的 Navier‐Stokes 方程（RANS）和结构网格技术，采用五阶精度加权紧致非线性格式（WCNS），结合 $\gamma\text{-}Re_{\theta}$ 转捩模型，开展了高阶精度转捩模拟方法在典型低速流动问题中的应用研究。研究的主要目的是在前期高阶精度转捩模拟方法标定工作的基础上，进一步确认高阶精度转捩模拟方法模拟典型运输机增升构型气动特性的能力。首先简单介绍了高阶精度转捩模拟方法及确认工作；其次采用高阶精度转捩模拟方法，开展了 NLR‐7301 两段翼型后缘襟翼缝道宽度变化对气动特性影响的研究；最后开展梯形翼高升力构型不同时后缘襟翼偏角对气动特性的影响研究。数值结果表明，采用高阶精度模拟方法可以合理地模拟典型运输机增升构型局部变化导致的气动特性变化量；采用转捩模型可以显著提高典型运输机高升力构型气动特性的数值模拟精度。

关键词：RANS；层流湍流转捩；有限差分格式；高阶精度方法；气动特性

Abstract：Based on the Reynolds-averaged Navier-Stokes（RANS）equations and structured grid technology，with fifth-order weighted compact difference scheme（WCNS）and $\gamma\text{-}Re_{\theta}$ transition model，the high-order transition method is applied to typical low-speed flows. The purpose of the present work is to further validate the ability of the high-order transition method in simulation of low-speed flow around typical civil transport configuration on the base of previous calibration works. Firstly，the high-order transition method and calibration works are introduced briefly. Then，the influence of different flap gaps on the aerodynamic characters of NLR‐7301 two elements airfoil is studied with the high-order transition method. At last，the influence of different flap angles on the aerodynamic characters of high lift trapezoidal wing is studied. The numerical results illustrate that the increments of aerodynamic characters due to local variation of the typical civil transport configurations can be predicted reasonably with the high-order numerical method. Numerical accuracy of aerodynamic characters for typical high-lift transport configuration is improved obviously with $\gamma\text{-}Re_{\theta}$ transition model included.

Key words: RANS; laminar to turbulent transition; finite difference scheme; high-order method; aerodynamic characters

1 引言

现代飞行器的气动设计和优化设计要求所选用的设计工具不仅可以准确预测飞行器布局气动特性的绝对量,而且可以准确预测设计参数的微小变化引起的气动特性变化相对量。数值模拟技术已经成为飞行器气动设计工作者的主要设计手段。运输机高升力构型数值模拟的难点主要包括两个方面:一方面是外形的高度复杂性,高升力构型除了包括机身、机翼、平尾、立尾、副翼、方向舵、翼梢小翼、发动机挂架及短舱等常规部件,还包括前缘缝翼、单段/多段后缘襟翼、扰流片、扰流板等部件,计算构型的复杂导致了高质量计算网格生成困难;另一方面是流动机理的高度复杂性,高升力构型的扰流流场一般与流动分离、转捩、尾迹区与边界层掺混等复杂流动物理现象密切相关,流动机理的复杂性导致了计算方法及计算模型的发展瓶颈。随着结构/非结构网格生成技术的不断进步和商业网格生成软件的不断成熟,已经可以在数个工作日内生成运输机高升力构型的复杂网格;高升力构型气动特性预测方法仍然在不断地发展和完善,计算方法及计算模型研究仍然是计算空气动力学研究的热点之一[1-3]。

虽然大涡模拟方法(LES)和直接数值模拟方法(DNS)研究取得了重要进展,但受制于计算机速度、内存和计算模型研究的制约,实际工程应用中,基于雷诺平均 Navier - Stokes 方程(RANS)的二阶空间离散精度求解方法依然是飞行器设计者手中最重要的工具。具有低耗散、低色散性质的高阶精度有限差分格式目前主要应用于简单外形的复杂流动机理研究(如边界层感受性、方腔流动、噪声机理等),在复杂构型上的应用依然处于探索阶段。2000 年,邓小刚提出了加权紧致非线性格式(WCNS)[4],通过在面积守恒律、边界信息传递方法等方面的持续研究[5],WCNS 格式在复杂构型上的应用取得了显著进展。在低速、亚声速和跨声速方面,主要开展了翼型及多段翼型、高升力机翼、翼身组合体以及三角翼的高阶精度数值模拟[6-7],显示了 WCNS 格式在激波位置预测、大攻角分离特性模拟等方面的潜在优势,上述研究成果中均没有包含流动转捩对数值模拟结果的影响。2004 年,Menter 和 Langtry 提出了基于当地关联的 γ - Re_θ 转捩模型[8-9],实现了转捩模型计算的当地化,提供了将转捩模拟技术耦合到 RANS 方程求解方法中的有效途径。γ - Re_θ 转捩模型及其改进形式在实际工程应用中取得了很好的效果,转捩模型的应用有效提高了高升力构型气动特性的数值模拟精度[10-14],这些研究成果均是基于二阶空间离散精度的有限体积方法取得的。

本文在前期高阶精度转捩模拟技术研究工作的基础上,采用五阶空间离散精度的 WCNS 格式和 γ - Re_θ 转捩模型,开展了高阶精度转捩模拟技术在低速流动数值模拟中的应用研究。采用 NLR - 7301 两段翼型,开展了后缘襟翼不同缝道宽度对气动特性的影响研究;采用梯形翼高升力构型,研究了后缘襟翼不同偏角对气动特性的影响。通过与全湍流计算结果和风洞实验结果的对比,进一步确认了高阶精度转捩模拟技术的有效性,可以为运输机增升装置气动设计和优化设计提供技术支撑。

2 高阶精度转捩模拟方法

对于任意坐标系下的 RANS 方程,本文采用的高阶精度转捩模拟方法可以总结为:对流项离散采用原始变量型的五阶空间离散格式 WCNS 格式,黏性项采用六阶中心格式进行离散,边界及近边界离散采用四阶单边格式;湍流模型采用 Menter SST 两方程模型,转捩模型采用 γ - Re_θ 两方程模型,湍流模型与转捩模型的离散方法与 RANS 方程中各项的离散方法相同;离散方程组的求解采用块 LU 方法。

设网格间距为 h,以 ξ 方向为例,五阶空间离散精度的 WCNS 有限差分格式和四阶空间离散精度的边界及近边界格式可以表示为如下形式。

$$\frac{\partial E_i}{\partial \xi} = \frac{75}{64h}(\widetilde{E}_{i+1/2} - \widetilde{E}_{i-1/2}) - \frac{25}{384h}(\widetilde{E}_{i+3/2} - \widetilde{E}_{i-3/2}) +$$
$$\frac{3}{640h}(\widetilde{E}_{i+5/2} - \widetilde{E}_{i-5/2}) \tag{1}$$

$$\frac{\partial E_1}{\partial \xi} = \frac{1}{24h}(-22\widetilde{E}_{1/2} + 17\widetilde{E}_{3/2} + 9\widetilde{E}_{5/2} - 5\widetilde{E}_{7/2} + \widetilde{E}_{9/2}) \tag{2}$$

$$\frac{\partial E_2}{\partial \xi} = \frac{1}{24h}(\widetilde{E}_{1/2} - 27\widetilde{E}_{3/2} + 27\widetilde{E}_{5/2} - \widetilde{E}_{7/2}) \tag{3}$$

$$\frac{\partial E_{N-1}}{\partial \xi} = -\frac{1}{24h}(\widetilde{E}_{N-1/2} - 27\widetilde{E}_{N-3/2} + 27\widetilde{E}_{N-5/2} - \widetilde{E}_{N-7/2}) \tag{4}$$

$$\frac{\partial E_N}{\partial \xi} = -\frac{1}{24h}(-22\widetilde{E}_{N-1/2} + 17\widetilde{E}_{N-3/2} + 9\widetilde{E}_{N-5/2} - 5\widetilde{E}_{N-7/2} + \widetilde{E}_{N-9/2}) \tag{5}$$

式中:$\dfrac{\partial E_i}{\partial \xi}$ 为计算节点处的无黏通量导数;$\widetilde{E}_{i+m/2}$ 为半节点处的无黏通量,详细介绍参见文献[4]。

γ - Re_θ 转捩模型包括了间歇函数 γ 的输运方程和转捩动量厚度雷诺数 $\widetilde{Re}_{\theta t}$ 的输运方程,通过间歇函数控制 SST 湍流模型中湍动能方程的生成项,从而实现转捩的数值模拟。两个输运方程的无量纲守恒形式如下所示。

$$\frac{\partial(\rho\gamma)}{\partial t}+\frac{\partial(\rho\gamma u_j)}{\partial x_j}=\frac{1}{Re}\frac{\partial}{\partial x_j}\left[(\mu+\sigma_\gamma\mu_t)\frac{\partial\gamma}{\partial x_j}\right]+P_\gamma-E_\gamma \qquad (6)$$

上述方程中各个参数的详细介绍参见文献[8]和文献[9]。在作者前期的工作中[15],采用 WCNS 格式和 γ - Re_θ 转捩模型完成了关联函数的标定,建立了高阶精度转捩模拟方法;采用典型二维、三维高升力构型,初步开展了高精度转捩模拟方法的确认工作。本文工作是前期工作的延续。

3　研究模型与计算网格

NLR - 7301 两段翼型由主翼和襟翼组成,襟翼偏角为 $20°$,主翼和襟翼之间的缝道宽度(gap)为 $0.013c$ 或 $0.026c$(c 为弦长),重叠区域(overlap)长度均为 $0.053c$,不同缝道宽度的计算构型见图 1。采用 ICEM 软件生成多块对接结构网格,主翼边界层网格法向布置 81 个网格点,襟翼边界层网格法向布置 65 个网格点,总的网格单元数量为 191 376,网格收敛性的研究工作见文献[15]。

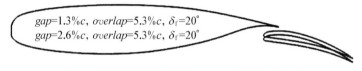

图 1　不同缝道宽度 NLR - 7301 两段翼型构型

梯形翼高升力构型是安装在简化机身上的大弦长、中等展弦比、前缘缝翼/主机翼/后缘襟翼三段构型,前缘缝翼偏角为 $30°$,后缘襟翼偏角为 $25°$ 或 $20°$,不同后缘襟翼偏角的局部计算构型见图 2,计算模型中没有包含实验模型中的前缘缝翼和后缘襟翼的支撑装置。采用 ICEM 软件生成多块对接结构网格,物面第一层法向网格距离为 0.004 mm,边界层内法向网格点数为 37,边界层内网格增长率为 1.20,网格规模为 1 465 万,网格收敛性的研究工作见文献[7]。

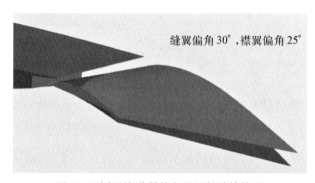

图 2　不同后缘襟翼偏角的局部计算构型

4 NLR‑7301 两段翼型不同缝道宽度对气动特性的影响

采用高精度转捩预测方法,通过与全湍流计算结果和相应实验结果的对比分析,研究 NLR‑7301 两段翼型不同缝道宽度对气动特性的影响。计算的来流条件为:$Ma=0.185$,$\alpha=0°\sim16.1°$,$Re=2.51\times10^{6}$。风洞实验于 20 世纪 70 年代末期在荷兰航空航天实验室(NLR)3 m×2 m 的低速风洞中完成[16],实验数据包括了压力系数、气动特性、边界层速度型、摩擦阻力系数分布等。

4.1 压力系数

图 3、图 4 分别给出了 NLR‑7301 两段翼型 $0.013c$(CFG.1)和 $0.026c$(CFG.2)两种后缘襟翼缝道宽度构型,采用转捩模型和不采用转捩模型得到的翼型表面压力分布与相应实验结果的对比,其中横坐标为无量纲的流向距离 X,纵坐标为无量纲压力系数 C_P,计算攻角分别为 6° 和 13.1°。

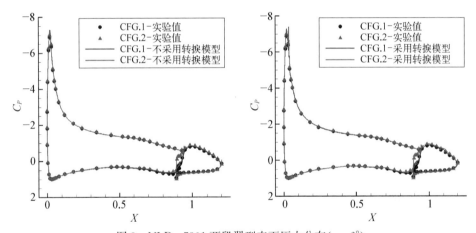

图 3　NLR‑7301 两段翼型表面压力分布($\alpha=6°$)

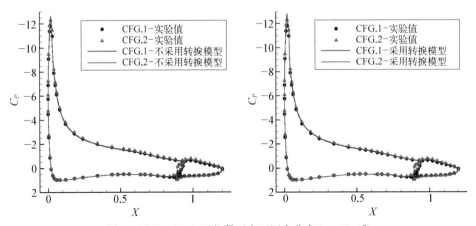

图 4　NLR‑7301 两段翼型表面压力分布($\alpha=13.1°$)

　　总体而言,不论是否采用转捩模型,均很好地模拟了该翼型后缘襟翼缝道宽度变化对襟翼上压力分布的影响,缝道宽度增加后,襟翼前缘气流加速导致襟翼前缘吸力略有增加,这种影响随着来流攻角的增加而愈加明显。另外,采用转捩模型分辨出了主翼前缘小的层流分离泡,这与实验观察的结果是一致的,而不采用转捩模型则没有模拟到这一现象。

4.2 气动特性

　　图 5 给出了采用转捩模型与否得到的升力系数(C_L)、阻力系数(C_D)和俯仰力矩系数(C_m)随攻角的变化曲线。其中阻力系数的实验值只有攻角为 0°、10.1° 和 13.1°三个条件下的结果。表 1 给出了采用转捩模型与否得到的 NLR - 7301 两段翼型不同缝道宽度对气动力系数的影响量。

表 1　缝道宽度对 NLR - 7301 两段翼型气动力影响量

方　　法	$\alpha/(°)$	ΔC_L	ΔC_D	ΔC_m
不采用转捩模型	6	0.006 8	0.000 3	−0.011 7
采用转捩模型	6	0.013 2	0.000 6	−0.014 3
实验值	6	0.050	0.000 4	−0.024
不采用转捩模型	10.1	0.038 0	0.000 3	−0.020 5
采用转捩模型	10.1	0.038 6	0.000 1	−0.021 0
实验值	10.1	0.079	0.000 1	−0.029
不采用转捩模型	13.1	0.087 9	0.000 6	−0.033 1
采用转捩模型	13.1	0.083 3	0.000 3	−0.032 4
实验值	13.1	0.087 9	0.000 6	−0.033 1

　　从计算结果可以看出,在 8°攻角以下,不同缝道宽度对升力系数及变化量基本没有影响。在 8°攻角以上,缝道宽度增加升力系数增大;不同缝道宽度对升力系数影响量逐渐增加,并在失速攻角附近达到最大;缝道宽度对升力系数及影响量随攻角的变化趋势与实验结果一致。采用转捩模型后,计算得到的两个构型的失速攻角略有增加,且对失速形态有一定影响。达到失速攻角以前,缝道宽度变化对阻力系数基本没有影响;采用转捩模型后,计算得到的阻力系数绝对量与实验值更加接近。失速攻角以前,缝道宽度增加,低头力矩系数增加,对低头力矩系数的影响量随攻角的增加而略有增加;缝道宽度对俯仰力矩系数及影响量随攻角的变化趋势与实验结果一致;采用转捩模型使得低头力矩系数增加。

　　需要指出的是,实验得到的升力系数与俯仰力矩系数均是在测压实验的结果上积分得到的,同时进行了模型堵塞、尾迹堵塞及升力约束等多种修正;而阻力系数的结果是通过尾迹测量的方法得到的。因此,我们认为,实验得到的升力与俯仰力矩的实验结果只具有参考价值。根据上述数值模拟结果,高精度计算方法较好

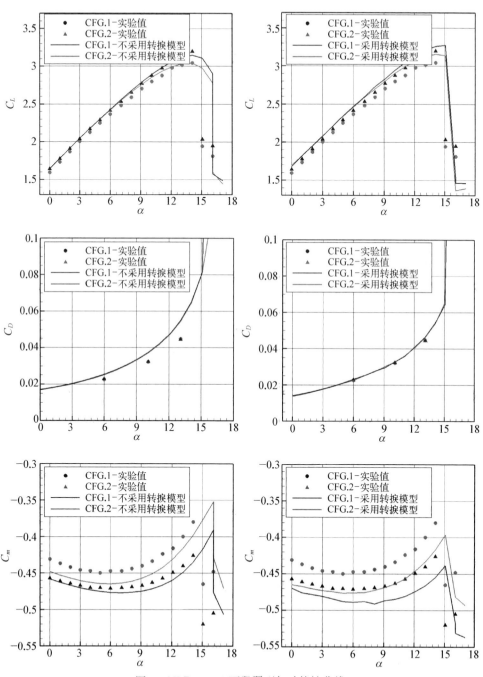

图 5 NLR-7301 两段翼型气动特性曲线

地预测了襟翼缝道变化对气动特性的影响,转捩模型的应用提高了阻力系数的数值模拟精度。

5 梯形翼构型不同后缘襟翼偏角对气动特性的影响

采用高精度转捩预测方法,通过进行全湍流计算结果和相应实验结果的对比分析,研究了梯形翼构型不同襟翼偏角对气动特性的影响。计算的来流条件为:$Ma=0.20$,$\alpha=6°\sim37°$,$Re=4.0\times10^{6}$。风洞实验是在 Langley 14 ft×22 ft(4.3 m×6.7 m)亚声速风洞中完成的[17],实验数据包括了压力系数、气动特性、典型站位边界层速度型等。

5.1 压力系数

梯形翼高升力机翼后缘襟翼偏角为 25°(CFG.1)或 20°(CFG.8),图6给出了采用转捩模型与否得到的翼型表面压力分布与相应实验结果的对比,计算攻角为28°,CFG.1 实验攻角为 28.41°,CFG.8 实验攻角为 28.08°。总体而言,不论是否采用转捩模型,均较好地模拟了两个构型典型站位的压力分布。对于不同的后缘襟翼偏角,从机翼根部的 $\eta=0.17$ 站位到靠近翼梢的 $\eta=0.98$ 站位,转捩模型对主机翼后缘上表面和襟翼前缘上表面压力分布影响逐渐加强,使得主翼后缘上表面和襟翼上表面的压力系数进一步降低,并更加接近实验结果,其根本原因是采用转捩模型后,数值模拟的空间翼梢涡强度增强。在 $\eta=0.50$ 和 $\eta=0.98$ 站位上,襟翼后缘的压力分布与实验结果略有差别,采用两种计算方式均没有分辨出襟翼后缘的局部分离区。

5.2 气动特性

图7给出了两种后缘襟翼偏角构型采用转捩模型与否得到的气动力系数随攻角的变化曲线。表2给出了 28°攻角下,梯形翼不同后缘襟翼偏角构型的气动特性数据。总体而言,采用全湍流方式和转捩方法均可以很好地模拟后缘襟翼偏角变化引起的气动力变化量。失速攻角以下,升力系数和阻力系数的变化量基本是个常量,俯仰力矩的变化量则随攻角的增加而逐渐减少,计算得到的气动特性变化量与实验结果的量值和趋势基本一致;采用转捩模型后,升力系数增加且略大于实验结果,根据文献[11]的研究结果,这主要是由于计算模型中没有考虑实验模型中前缘缝翼和后缘襟翼的支撑装置导致的;阻力系数和低头力矩系数增加且更接近实验结果。CFG.8 构型的实验结果没有 28°攻角以上的气动数据,因此无法比较失速攻角附近计算结果与实验结果。从计算结果来看,对于 CFG.1 构型,计算结果与实验结果的失速攻角均在33°附近,采用转捩模型使得失速攻角略有提前;对于 CFG.8 构型,采用转捩模型与否对失速攻角没有影响。

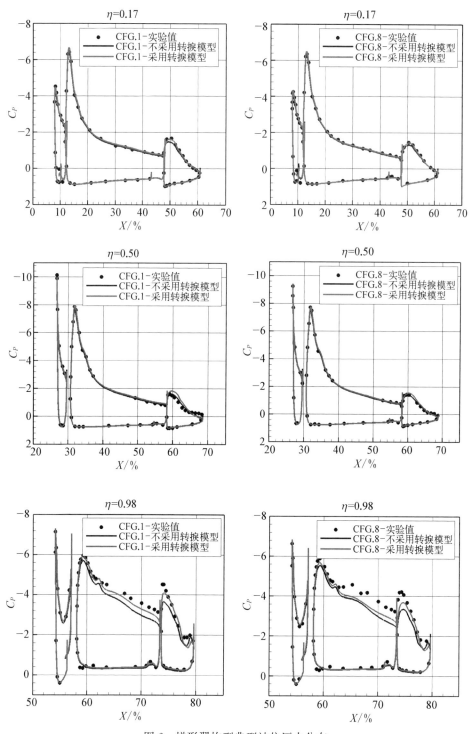

图 6 梯形翼构型典型站位压力分布

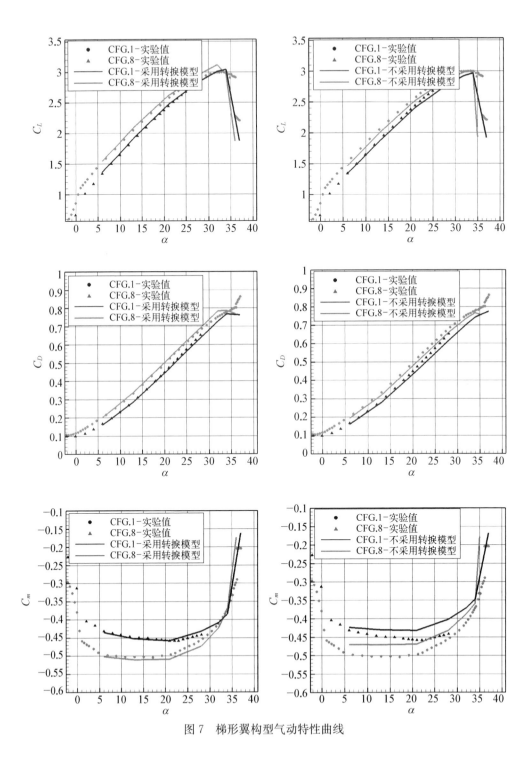

图 7　梯形翼构型气动特性曲线

表 2 不同襟翼偏角对梯形翼构型气动特性的影响

方 法	$\alpha/(°)$	C_L	C_D	C_m
CFG. 1（缝翼偏角 30°，襟翼偏角 25°）				
不采用转捩模型	28	2.844 3	0.657 9	−0.429 5
采用转捩模型	28	2.951 6	0.688 1	−0.471 8
实验值	28.41	2.909 6	0.686 0	−0.452 6
CFG. 8（缝翼偏角 30°，襟翼偏角 20°）				
不采用转捩模型	28	2.768 2	0.615 0	−0.402 1
采用转捩模型	28	2.844 8	0.635 2	−0.432 1
实验值	28.08	2.838 9	0.650 0	−0.442 2

6 结论

本文开展了高阶精度转捩模拟技术在低速流动数值模拟中的应用研究,在与相应实验结果对比的基础上,基于本文的计算结果,得出以下结论。

（1）不论是否采用转捩模型,均可以较好地模拟 NLR‐7301 两段翼型后缘襟翼缝道宽度变化和梯形翼高升力构型后缘襟翼偏角变化对表面压力系数和气动特性的影响量。

（2）采用转捩模型提高了 NLR‐7301 两段翼型和梯形翼高升力构型表面压力系数和气动特性的数值模拟精度。

（3）采用转捩模型是否对高升力构型失速攻角附近的气动特性有影响,需要进一步研究。

参 考 文 献

[1] Rumsey C L, Ying S X. Prediction of high lift: review of present CFD capability [J]. Progress in Aerospace Sciences 2002,38(2): 145‐180.

[2] Rudnik R, Von Geyr H Frhr. The European high lift project EUROLIFT II-objectives, approach, and structure [R]. AIAA 2007‐4296, 2007.

[3] Slotnick J P, Hannon J A, Chaffin M. Overview of the first AIAA CFD high lift prediction workshop(invited)[R]. AIAA 2011‐862, 2011.

[4] Deng X G, Zhang H X. Developing high-order weighted compact nonlinear schemes [M]. Academic Press Professional, 2000.

[5] Deng X G, Min R B, Mao M L, et al. Further studies on geometric conservation law and application to high-order finite difference scheme with stationary grid [J]. J. Comput. Phys. ,2013,239(4): 90‐111.

[6] 王光学,邓小刚,刘化勇,等. 高阶精度格式 WCNS 在三角翼大攻角模拟中的应用研究 [J]. 空气动力学学报,2012,30(1): 28‐33.

［7］ 李松，王光学，张玉伦等. WCNS 格式在梯形翼高升力构型模拟中的应用研究［J］. 空气动力学学报，2014，32（4）：439－445.

［8］ Menter，F R，Langtry R B，Likki S R，et al. A correlation based transition model using local variables：part 1－model formulation［J］. Journal of Turbomachinery，2004，128（3）：413－422.

［9］ Menter，F R，Langtry R B，Likki S R，et al. A correlation based transition model using local variables：part 2－test cases and industrial application［J］. Journal of Turbomachinery，2004，128（3）：423－434.

［10］ Steed R. High lift CFD simulation with an SST-based predictive laminar to turbulent transition model［C］//AIAA Aerospace Sciences Meeting Including the New Horizons Forum and Aerospace Exposition. 2013.

［11］ Sclafani A J，Slotnick J P，Vassberg J C，et al. Extended OVERFLOW analysis of the NASA trap wing wind tunnel model［C］//AIAA Applied Aerodynamics Conference. 2012.

［12］ Grabe C，Krumbein A. Correlation-based transition transport modeling for three-dimensional Aerodynamic configuration［J］. Journal of Aircraft，2013，50（5）：1533－1539.

［13］ 王刚，刘毅，王光秋，等. 采用 $\gamma-Re_\theta$ 模型的转捩流动计算分析［J］. 航空学报，2014，35（1）：70－79.

［14］ 王运涛，李松，孟德虹，等. 梯形翼高升力构型的数值模拟技术研究［J］. 航空学报，2014，35（12）：3213－3221.

［15］ Wang Y T，Zhang Y L，Li S，et al. Calibration of a $\gamma-Re_\theta$ transition model and its validation in low-speed flows with high-order numerical method［J］. Chinese Journal of Aeronautics，2015，28（3）：704－711.

［16］ Van den Berg B. Boundary Layer measurements on a two-dimensional wing with flap［R］. NLR TR 79009 U，1979.

［17］ Rumsey C L，Long M，Stuever R A. Summary of the first AIAA CFD high lift prediction workshop（invited）［R］. AIAA 2011－939，2011.

3.8 C919 机身模型小肋薄膜减阻高速风洞实验

黄 湛[1] 张 淼[2] 李 鹏[3] 王宏伟[1] 魏连风[1] 于靖波[1] 李晓辉[1]

(1. 中国航天空气动力技术研究院,北京 100074)

(2. 上海飞机设计研究院,上海 201210)

(3. 南京航空航天大学,南京 210016)

摘　要:利用小肋沟槽减阻是飞行器湍流减阻的重要手段之一,民用飞机在巡航状态飞行时,机体大部分区域的流动都处于湍流状态,因此研究湍流边界层小肋减阻的意义重大。本文针对 C919 机身结构模型,设计了适用于亚跨声速风洞流场(Ma 为 $0.6\sim0.82$)的小肋薄膜,并与光滑薄膜进行对比,分别进行了天平测力实验、PIV 流场测量实验、油膜摩擦阻力测量实验。其中天平测力实验针对 Ma 为 0.75 和 Ma 为 0.785 来流状态贴附有小肋薄膜和光滑薄膜的机身模型受力进行对比测量,总阻力系数降低 $1\%\sim2\%$ 左右;PIV 流场测量实验针对 Ma 为 0.75、Ma 为 0.785 和 Ma 为 0.82 的来流状态下贴附有小肋薄膜和光滑薄膜的机身上部纵向对称面速度场进行测量,显示小肋薄膜上方流场流向速度略有提升,湍流度和湍动能都获得降低;油膜摩擦阻力测量实验针对 Ma 为 0.785 来流状态贴附有小肋薄膜和光滑薄膜后部的机身流场表面摩擦阻力进行直接测量,结果显示采用小肋薄膜后相对表面摩擦阻力幅值降低。这些实验结果均说明小肋能够有效降低机身模型湍流摩擦阻力。

关键词:湍流减阻;小肋;亚跨声速;PIV;荧光油膜

Abstract:Micro riblets groove is one of the important methods for aircraft turbulence drag reduction. As the frictional drag occupies a large proportion in the resistance of modern civil aircraft, it is significant to study the drag reduction of micro riblets in the turbulent boundary layer. In this paper, according to the C919 fuselage model structure, a micro riblets film suitable for the subsonic wind tunnel flow field (*Mach* $0.6\sim Mach\ 0.82$) is designed and compared with the smooth film by balance force test, PIV flow field measurement test and oil film skin friction measurement test. The balance force test is aimed at the force measurement of the fuselage model with micro riblets film or smooth film at *Mach* 0.75 and *Mach* 0.785. The result shows that the total drag coefficient of micro riblets film is reduced about $1\%\sim2\%$ than smooth film. PIV flow field test measured the symmetry plane velocity on the fuselage with micro riblets film or smooth film under the flow conditions of *Mach* 0. 75, *Mach* 0. 785 and *Mach* 0. 82. The result shows that the velocity of the flow field above the micro riblets film slightly increases as the turbulivity and turbulent kinetic energy are all reduced. The oil film skin friction measurement test directly measures the skin friction of the fuselage flow field behind the micro riblets film or smooth film at *Mach* 0. 785. The results showes that the relative skin friction amplitude of the riblets film decreases. These test results all indicate that the micro riblets can effectively reduce the turbulent frictional resistance of the fuselage model.

Key words：turbulence drag reduction； riblets； subsonic and transonic； PIV； fluorescent oil film

1　引言

对于常规的民航飞机,其表面摩擦阻力约占总阻力的 50%,减阻不仅直接关系到民航飞机的性能,而且会间接影响到飞行的成本和环境。对于典型的长航程飞机,燃油的消耗约占其直接成本的 22%,因此减阻对航空公司节省成本来说极为重要。小肋沟槽减阻技术是飞行器湍流减阻的重要手段之一,民用飞机在巡航状态飞行时,机体大部分区域的流动都处于湍流状态,因此研究湍流边界层小肋减阻意义重大。

20 世纪 70 年代,NASA 兰利研究中心[1]发现顺向小肋能有效地降低壁面摩擦阻力,彻底突破了表面越光滑阻力越小的传统思维方式,小肋减阻成了湍流减阻技术中的研究焦点。大量的研究工作表明了小肋面减阻的可靠性和可应用性,Walsh 及其合作者[2-5]对应用于湍流减阻中的不同断面的小肋沟槽做了大量实验,发现具有最佳减阻特性的是三角形沟纹,当其无量纲高度 $h^+ \leqslant 25$ 和无量纲宽度 $s^+ \leqslant 30$ 时具有减阻特性,减阻效果最佳时小肋的尺寸为 $h^+ = s^+ = 15$,这时可减阻 8%;Caram 和 Ahmedt[6-7]对覆盖聚乙烯树脂 V 形沟槽的 NACA0012 翼型尾迹区的速度曲线和湍流参数进行了测量,发现尾迹区湍流强度降低,预示了小肋的有效性,由尾迹区速度平均曲线积分可得到阻力降低最大达 13.3%;北京航空航天大学的王晋军在光滑平板上顺流向嵌入几种不同尺寸的小肋板,证实了小肋面不仅可使边界层转捩推迟[8],在湍流边界层区域具有减阻特性,而且可使近壁区湍动特性发生变化[9-10],减阻与近壁区无量纲条带间距的减小相关[11]。目前国外的研究已进入工程实用阶段,美国、欧洲、俄罗斯和日本都展开了小肋面减阻应用的研究,空中客车公司在 A320 实验机 70% 的表面上贴上小肋薄膜,达到了节油 1%~2% 的效果;20 世纪 80 年代德国飞机制造商利用带小肋的飞机机身使飞机节省燃料 8%;KSB 公司[12]将多级泵的叶片表面加工成一定形状的小肋后综合效率提高了 1.5%;Nitschke[13]通过测量具有流向小肋面衬里管道的两端压差获得了一定的减阻效果;DLR Berlin 的研究机构及日本的研究人员对内衬小肋面的输油或输水管道进行了减阻实验研究,均发现管输量有不同程度的提高。国内,西北工业大学的李育斌等人[14]在1∶12运七原型金属模型上具有湍流流动的区域顺流向粘贴肋条薄膜后,达到了减小阻力5%～8%的效果。可见小肋减阻技术具有广阔的应用前景和发展空间。

大型客机机身长,如C919机身长度超过38 m,在巡航状态下机身大部分区域处于湍流状态,对客机机身采用表面小肋沟槽流动控制手段进行湍流减阻,效果会更加明显。本文结合现有的亚跨声速风洞设备,发展了一套小肋抑制机翼和机身湍流摩擦阻力的实验验证方法:采用非接触测量技术和高精度天平测量技术,确定小肋对机翼和机身湍流边界层减阻的具体影响,确定小肋抑制机翼和机身湍流摩擦阻力的效果;针对典型机翼模型和简化机身模型,完成小肋抑制机翼和机身湍流摩擦阻力的实验验证,并形成一套有效、实用的小肋抑制机翼湍流摩擦阻力的实验方法。

2　模型与小肋薄膜设计

实验采用C919光机身模型作为实验模型(见图1),在1.2 m量级亚跨超声速风洞中进行,模型总长1 300 mm,天平的测量中心设计在前缘520 mm处。模型在流向上分为四段,分别是机头段、前段、中段和尾段,天平与模型中段通过圆柱配合及销钉定位连接,天平尾部通过支杆伸出尾段与风洞攻角机构连接。为了尽量扩大小肋薄膜减阻效果,计划在机翼模型表面尽可能贴附较大面积的小肋沟槽薄膜,但由于机身头部和尾部为不规则曲面,因此实际贴附小肋薄膜从机头前缘220 mm开始,一直到机头前缘820 mm,总共贴附600 mm,小肋薄膜前部设置强制转捩带。

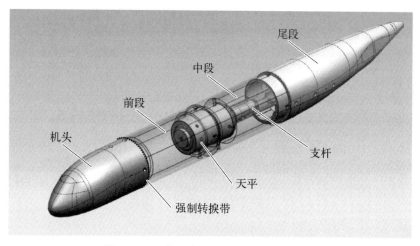

图1　C919的机身小肋薄膜减阻实验模型

低速流场不考虑气流压缩性和热交换,可以直接通过计算模型特定位置的摩擦阻力系数获得摩擦速度,通过设计的无量纲尺度确定小肋沟槽参数。高速边界层与低速边界层的结构是相同的,因此可以借助不可压流的摩擦阻力系数公式形式来计算可压流的摩擦阻力系数,其中压缩性(通过Ma_∞起作用)和热交换(通过

T_w/T_e 起作用)只对边界层中的温度以及与温度有关的量(密度、黏度)产生影响。所以,如果将低速边界层中的温度以及与温度有关的量进行修正,取一个参考温度 T^* 代替原有温度,那么就可以用低速边界层的摩擦阻力系数公式来求高速边界层的摩擦阻力系数,选取 T^* 的原则是使不可压平板某处的 τ_w 和可压流的 τ_w 相等。

基于理论计算和实验结果, T^* 可使用 Eckert 公式近似确定。

$$T^* = T_\infty + 0.5(T_w - T_\infty) + 0.22(T_r - T_\infty)\ 或$$

$$\frac{T^*}{T_\infty} = 0.5 + 0.5\frac{T_w}{T_\infty} + 0.22\left(\frac{T_r}{T_\infty} - 1\right) \tag{1}$$

在相同的雷诺数 Re_x 情况下可得

$$\left(\frac{C_{f可}}{C_{f不}}\right)_层 = \left(\frac{T^*}{T_\infty}\right)^{\frac{\omega-4}{5}} = \left(\frac{T^*}{T_\infty}\right)^{-0.648} \tag{2}$$

式中: $C_{f可}$ 表示可压缩; $C_{f不}$ 表示不可压缩。

根据公式和风洞来流条件,分别选取小肋前缘、中心和末端位置作为参考长度,计算得到的无量纲小肋尺度如表 1 所示,选取特定马赫数的摩擦尺度完成小肋薄膜的设计加工。

表 1　计算得到的无量纲小肋尺度

Ma	$\lambda^*/\mu m(L=200\ mm)$	$\lambda^*/\mu m(L=520\ mm)$	$\lambda^*/\mu m(L=820\ mm)$
0.5	2.392 777 335	2.607 716 365	2.729 237 962
0.6	2.098 345 363	2.286 836 081	2.393 404 408
0.7	1.861 781 33	2.029 021 912	2.123 575 9
0.785	1.741 747 727	1.898 205 899	1.986 663 76
0.8	1.724 226 827	1.879 111 127	1.966 679 157
0.82	1.702 343 891	1.855 262 485	1.941 719 149

3　机身模型小肋薄膜减阻天平测力实验

机身模型小肋薄膜减阻天平测力实验采用六分量常规杆式应变天平进行,天平代号为 N636Fa(见图 2),设计锥配合段与天平整体进行连接,天平最小阻力分辨

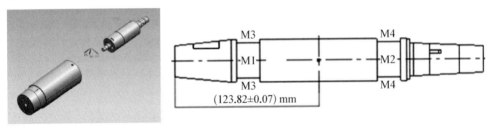

图 2　锥配合段与天平转接 N636Fa 常规天平结构与校准布局

能力为 70 g,满足小肋减阻效果的阻力测量精度需求。

机身模型小肋薄膜减阻天平测力实验进行了两个马赫数(Ma 为 0.75 和 Ma 为 0.785)的对比测量,具体结果见表 2。图 3 展示了 Ma 为 0.75 的小肋薄膜与光滑薄膜升阻力系数对比,图 4 所示为 Ma 为 0.785 条件下小肋薄膜与光滑薄膜升阻力系数对比。

表 2　测力实验结果

Ma	0.75	0.785	Ma	0.75	0.785
光滑薄膜	72 904	72 907	小肋薄膜	72 898	72 901
	72 905	72 908		72 899	72 902
	72 906	72 909		72 900	72 903

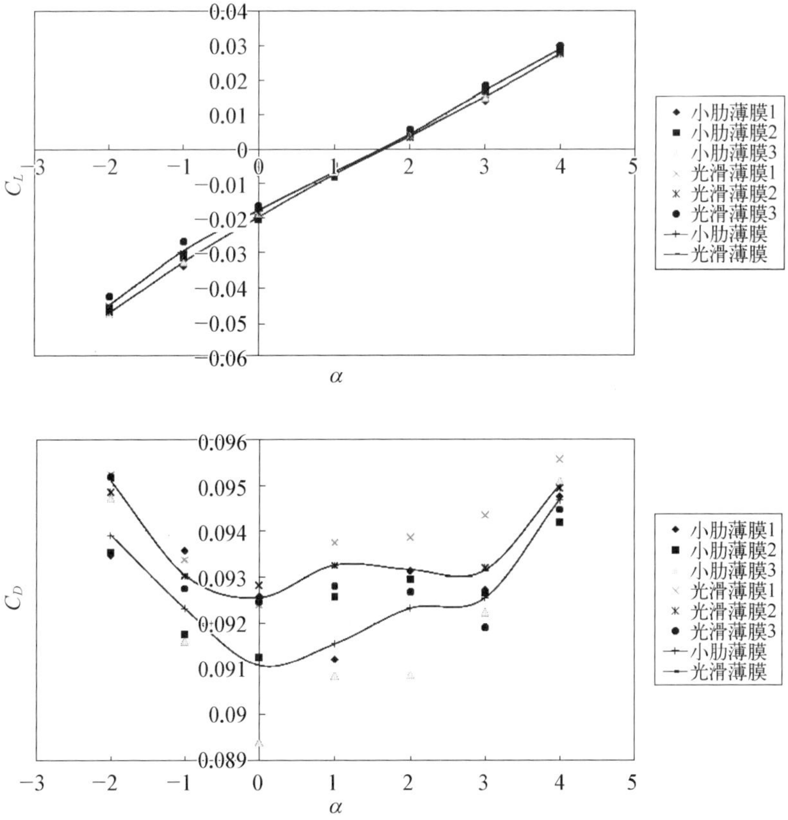

图 3　Ma 为 0.75 的小肋薄膜与光滑薄膜升力系数、阻力系数对比(N636Fa)

通过 N636Fa 天平的测量结果可以看出,Ma 为 0.75 的条件下,采用小肋薄膜后,机身模型所受升力变化不大,阻力系数与光滑薄膜分布类似,在零攻角附近达到极低值,正攻角和负攻角时阻力系数明显增加,阻力分布随攻角变化规律贴近理

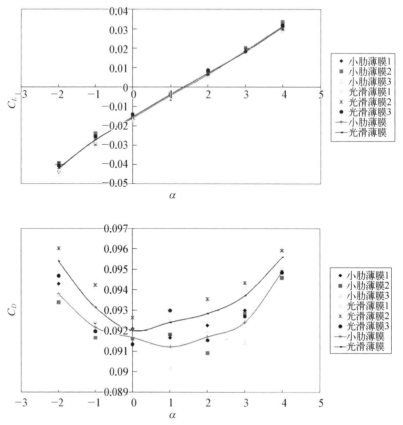

图 4　Ma 为 0.785 的小肋薄膜与光滑薄膜升力系数、阻力系数对比（N636Fa）

论分布,且整体较光滑薄膜的阻力系数分布有所下降;Ma 为 0.82 的条件下,采用小肋薄膜后,机身模型所受升力变化不大,阻力系数同样与光滑薄膜分布类似,在零攻角附近达到极低值,正攻角和负攻角时阻力系数明显增加,阻力分布随攻角变化规律贴近理论分布,且整体较光滑薄膜的阻力系数分布有所下降。进一步分析了阻力系数相对变化量,获得贴附有小肋薄膜的机身模型相对贴附光滑薄膜的机身模型的减阻率(见表 3),有效验证了小肋薄膜的减阻效果。

表 3　N636Fa 天平测量得到的小肋薄膜相对光滑薄膜的减阻率/%

攻　角/(°)	−2	−1	0	1	2	3	4
Ma 为 0.75	1.259 848	0.797 892	1.639 524	1.889 609	0.924 221	0.666 307	0.334 425
Ma 为 0.785	1.701 901	1.052 137	0.359 882	1.304 253	1.220 93	1.402 712	0.748 182

4　PIV 流场测量实验

PIV(粒子图像测速)技术通过向流场中播撒示踪粒子,采用激光片光照明待测流场,使用跨帧 CCD 相机记录连续两张粒子图像,借助图像互相关和快速傅里叶变换等算法计算速度场,可以分析出采用小肋薄膜后流动速度场相关的参量变化。

机身模型小肋减阻二期 PIV 流场测量实验结果如表 4 所示。

表 4 机身模型小肋减阻 PIV 流场测量实验结果

Ma	0.75	0.785	0.82
光滑薄膜	√	√	√
小肋薄膜	√	√	√

机身小肋薄膜减阻验证 PIV 实验布局如图 5 所示,将光学减震平台架设在实验段多孔板上方驻室内,其气囊压力为 0.3MPa,激光器固定在平台上,激光器出光孔处装有长 0.6m 的导光臂,在平台上激光器前端固定一个多维移动系统(三维平移、一维旋转、一维偏转),导光臂上的集成片光源固定在多维移动系统上,激光片光透过多孔板上的光学玻璃窗照亮流场,CCD 相机放置在侧面夹层内,使用多孔板和多自由度调节平台固定,通过侧窗拍摄流场照片(见图 6)。实验示踪粒子发生器、播撒架、机身模型实物照片如图 7 所示。

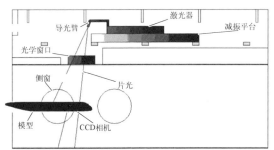
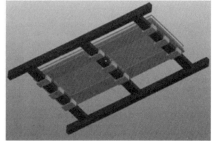

图 5 机身小肋薄膜减阻验证实验的 PIV 布局与光学减震设计

图 6 驻室内的光学减震平台设计与其上的激光器、侧面夹层内的 CCD 相机等设备

图 7 示踪粒子发生器、播撒架、机身模型实物照片

DPIV 实验前首先将标尺置于实验区域,用 CCD 相机拍摄下来,确定实际测量区域大小及 CCD 相机像素与标定板尺寸的比例关系。通过来流总温和实验区域马赫数 Ma,可以确定实验区域大致流速,依据 CCD 相机像素所代表的实际空间大小和拟定的位移像素数,可以确定激光脉冲曝光间距。DPIV 实验时要首先运行风洞,然后开启粒子播发器,进行 CCD 相机拍摄。为了消除杂光的影响,CCD 相机上安装了窄带滤色片(532±5 nm)。CCD 相机使用 200 mm 焦距,激光片光厚度为 1 mm。

实际进行 PIV 图像数据处理时发现,机身模型在进行 PIV 图像采集时,有明显的抖动现象,且抖动的幅度较大,像素位移超过 20,影响到 PIV 数据处理,尤其是平均速度场计算和脉动量分析。对此课题组首先对比统计了采用光滑薄膜和小肋薄膜的机身模型其图像抖动序列,如图 8 所示,经过计算,采用光滑薄膜的机身模型

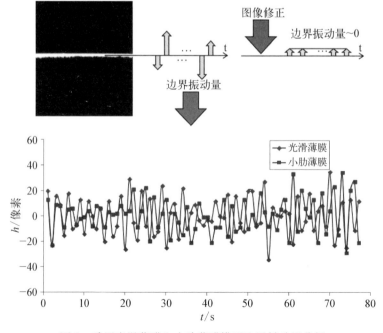

图 8 采用光滑薄膜和小肋薄膜模型边界抖动量分析

抖动量均方根为 15.154 9,采用小肋薄膜的机身模型抖动量均方根为 13.732 6。

为了更好地进行 PIV 计算,必须把粒子图像中模型边界统一到同一位置,为此本文引入图像修正方法,识别图像中的模型边界,并对图像进行批量平移处理,以统一的位置约束每张图像中的模型边界。

对比光滑薄膜和小肋薄膜 PIV 结果,通过考察边界层流动平均速度分布、湍流强度和湍动能来对比分析小肋薄膜的减阻效果。

设统计的沿时间分布的速度场数量为 n,统计区内离散的速度矢量个数为 $h \times l$,h 为法向数量,l 为流向数量。流向流动平均速度 $\bar{u}$ 首先通过二维速度场各点瞬时速度 $u_i(j, k)$,其中 $i = 1 \sim n$,$j = 1 \sim h$,$k = 1 \sim l$,进行时间平均获得 $\overline{u(j, k)}$,再沿流向进行空间平均获得 $\overline{\overline{u(j)}}$。

湍流强度 I 用湍流脉动的均方根与流动平均速度的比值来表示,先计算各个速度矢量场的脉动速度 $u_i'(j, k) = u_i(j, k) - \overline{u(j, k)}$,其次计算湍流强度 $I(j, k) = \sqrt{\sum_{i=1}^{n} [u_i'(j, k)]^2 / n} \Big/ \overline{u(j, k)}$,最后将 $I(j, k)$ 沿流向进行空间平均获得 $I(j)$。

湍动能将加入法向速度脉动的影响,根据前述方法计算出法向速度脉动 $v_i'(j, k)$,然后计算湍动能 $\kappa_i(j, k) = [u_i'(j, k)]^2 + [v_i'(j, k)]^2$,通过时间平均和空间平均,计算获得 $\kappa(j)$。

从图 9 和图 10 中可以看出,Ma 为 0.75 的来流条件下,小肋薄膜和光滑薄膜上方流场主流速度超过 230 m/s;Ma 为 0.785 的来流条件下,小肋薄膜和光滑薄膜上方流场主流速度超过 245 m/s;Ma 为 0.82 的来流条件下,小肋薄膜和光滑薄膜上方流场主流速度超过 250 m/s。三个马赫数状态下,靠近主流位置的小肋薄膜和光滑薄膜上方流场流向平均速度相差不大,而采用小肋薄膜后,边界层内沿壁面的方向,流向平均速度略有提高。

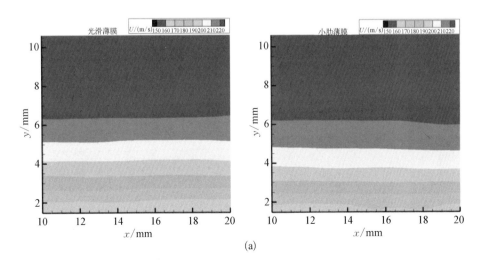

(a)

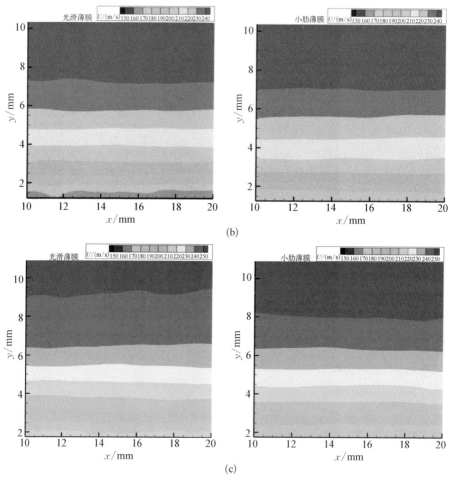

图 9　不同马赫数下小肋薄膜和光滑薄膜流向速度时间平均分布

(a) $Ma=0.75$　(b) $Ma=0.785$　(c) $Ma=0.82$

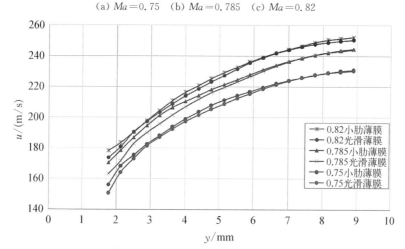

图 10　不同马赫数下小肋薄膜与光滑薄膜流向速度(时空平均)对比

从图 11 和图 12 中可以看出，在 Ma 为 0.75、0.785 和 0.82 三个来流条件下，

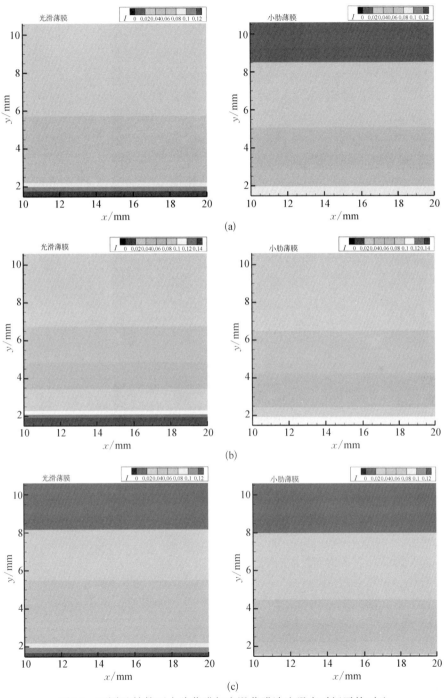

图 11　不同马赫数下小肋薄膜与光滑薄膜湍流强度时间平均对比

（a）$Ma=0.75$　（b）$Ma=0.785$　（c）$Ma=0.82$

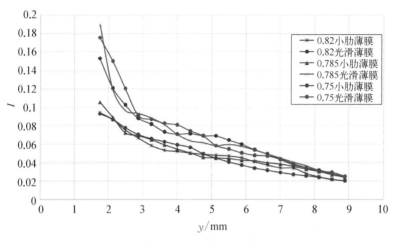

图 12　不同马赫数下小肋薄膜与光滑薄膜湍流强度对比

小肋薄膜和光滑薄膜上方流场流向湍流强度分布趋势基本相似,越靠近底层其湍流强度越大,不过小肋薄膜上方流场流向湍流强度大部分处于 10% 以下,而光滑薄膜上方流场流向湍流强度最大达到了 15%～20%。

从图 13 和图 14 中可以看出,在 Ma 为 0.75、0.785 和 0.82 三个来流条件下,小肋薄膜和光滑薄膜上方流场湍动能分布趋势基本相似,越靠近底层其湍动能越大,不过小肋薄膜上方流场等效湍动能大部分处于 400 以下,而光滑薄膜上方流场湍动能最大达到了 700～1 000。

由此可以说明,采用小肋薄膜后,对于边界层内沿壁面的方向,流向平均速度略有提高,流向湍流强度和湍动能有明显下降,可以证明,小肋薄膜的存在抑制了湍流强度,对降低湍流摩擦阻力起到了有益的效果。

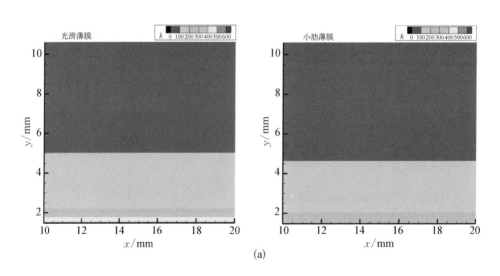

(a)

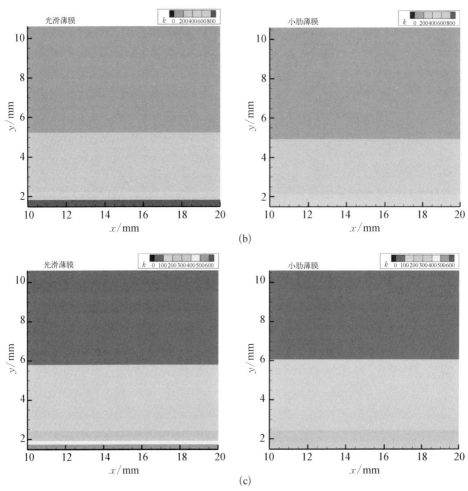

图 13　不同马赫数下小肋薄膜与光滑薄膜湍动能时间平均对比

(a) $Ma=0.75$　(b) $Ma=0.785$　(c) $Ma=0.82$

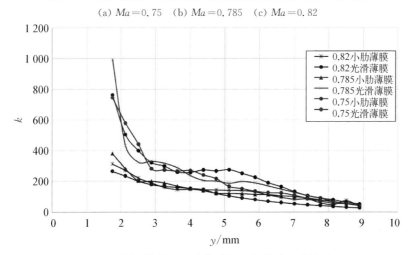

图 14　不同马赫数下小肋薄膜与光滑薄膜湍动能对比

5　油膜摩擦阻力测量实验

光流表面摩擦阻力测量采用荧光油膜作为表面摩擦阻力探针，将调配好的荧光油膜涂附在光滑薄膜或小肋薄膜下游的模型表面进行拍摄测量，把模型表面油膜摩擦阻力方程转化为类似光流计算的灰度守恒方程的形式，通过引入平滑限定方程，采用积分最小化和变分方法即可提取表面摩擦应力场。

在机身实验(见图15)中，为了避免支撑结构对流场干扰，机身模型采用由后向前的悬臂结构支撑，但这会使模型在实验过程中在气动力的作用下产生微小的震动，这对于基于荧光油膜图像计算表面摩擦力是非常不利的，为此在进行具体解算前必须降低这一不利因素带来的影响。为达到该目的需要将前后两帧图像进行配准，消除由于震动造成的两帧图像间的错位。配准的基础在于寻找到待处理的两幅图像间特征点的配对关系，然后将这些对应关系代入仿射变换模型中进行处理从而实现图像间的配准。

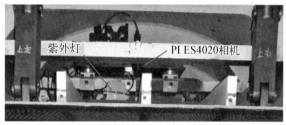

图 15　机身油膜摩阻测量实验布局

为了从以上图像中提取出紫外灯和 PI ES4020 相机的两个特征信息、固定螺钉圆特征以及穿过该特征圆的直线，项目中采用双 Hough 变换迭代的方案。考虑到采集图像中圆特征比较明显且唯一，因此先采用圆 Hough 变换提取出固定螺钉位置，再在此基础上，以该位置为中心在其附近的局部区域内采用直线 Hough 变换标记出接缝直线特征，从而为后期的仿射配准提供必要的参数。计算区域和配准基准点选择如图 16 所示。

实验在 Ma 为 0.785 的条件下，分别对光滑薄膜以及高度为 24～28 μm 的小肋薄膜开展了荧光油膜表面摩擦力测量实验。

图 17 给出了 Ma 为 0.785 的条件下光滑薄膜及小肋薄膜第 500 帧与第 1 000 帧时荧光油膜演化图像。为了便于观察，各演化图像均采用灰度拉伸技术进行了图像增强。在进行摩擦力解算时，为确保油膜区域内的亮度关系，仍采用原拍摄图像数据进行计算。

运用基于时间连续性假设的三层金字塔油膜迭代演化算法，选取 Ma 为 0.785 的光滑薄膜及加小肋薄膜情况下的 60 对油膜演化图片进行解算。解算后，摩擦力矢量图及云图和沿来流方向的摩擦力经水平向平均后的分布如图 18 所示。

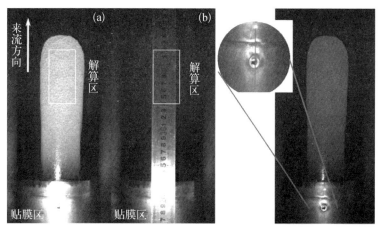

图 16 机身荧光油膜图像计算区域及配准基准点

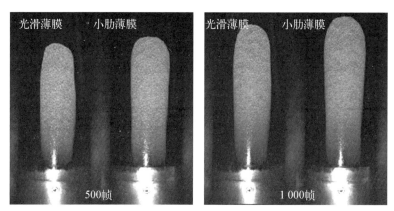

图 17 第 500 帧和第 1 000 帧时光滑薄膜和小肋薄膜后部荧光油膜图像

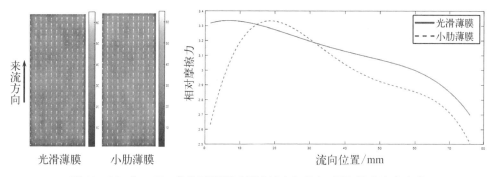

图 18 Ma 为 0.785 条件下贴膜后部摩擦力矢量与云图、沿来流方向的
摩擦力经水平向平均后的分布

其中实线为光滑薄膜状态,虚线为加小肋薄膜状态。从图中摩擦力分布可以
看出,在 Ma 为 0.785 的条件下加小肋薄膜后,除了在测量区域 15～30 mm 位置内

相对表面摩擦力略高于光滑薄膜的状态,其他测量区域相对表面摩擦力均小于光滑薄膜的状态。进一步量化加小肋薄膜状态的减阻量,计算两个状态下相对摩擦力沿测量流向位置积分的变化量,获得的总表面摩擦阻力减阻率为 6.37%。

6　结论

本文针对 C919 机身结构模型,设计了适用于亚跨声速风洞流场(Ma 为 0.6～0.82)的小肋薄膜,并与光滑薄膜进行对比,分别进行了天平测力实验、PIV 流场测量实验、油膜摩擦阻力测量实验,得出以下结论。

(1) 天平测力实验针对 Ma 为 0.75 和 0.785 来流状态贴附有小肋薄膜和光滑薄膜的机身模型受力进行对比测量,总阻力系数降低量级在 1%～2% 左右。

(2) PIV 流场测量实验针对 Ma 为 0.75、0.785 和 0.82 的来流状态下贴附有小肋薄膜和光滑薄膜的机身上部纵向对称面速度场进行测量,显示小肋薄膜上方流场流向速度略有提升,湍流度和湍动能都降低。

(3) 油膜摩擦阻力测量实验针对 Ma 为 0.785 来流状态贴附有小肋薄膜和光滑薄膜后部的机身流场表面摩擦阻力进行直接测量,结果显示采用小肋薄膜后相对表面摩擦阻力幅值降低,总的表面摩擦阻力减阻率为 6.37%。

这些实验结果均说明小肋能够有效降低机身模型湍流摩擦阻力。

参 考 文 献

[1] Walsh M J. Riblets: viscous drag reduction in boundary layers [R]. NASA Technical Report, Virginia, 1990.

[2] Hefner J N, Bushnel D M, Walsh M J. Research on non-planarwall geometries for turbulence control and skin-friction reduction [C]//8th U. S. 2FRG DEA2 Meeting, Viscous and interacting flow field effects, 1983.

[3] Walsh M J. Riblets as a viscous drag reduction technique [J]. AIAA Journal, 1983, 21 (4): 485 – 486.

[4] Walsh M J. Turbulent boundary layer drag reduction using riblets [R]. AIAA, 1982.

[5] Walsh M J, Lindemann A M. Optimization and application of riblets for turbulent drag reduction [R]. AIAA, 1984.

[6] Caram J M, Ahmedt A. Effect of riblets on turbulence in the wake of an airfoil [J]. AIAA Journal, 1991, 29(11): 1769 – 1770.

[7] Caram J M, Ahmedt A. Development of the wake of an airfoil with riblets [J]. AIAA Journal, 1992, 30(12): 2817 – 2818.

[8] Wang J J, Lan S L, Lian Q X. Effect of the riblets surface on the boundary layer development [J]. Chinese Journal of Aeronautics, 1996, 9 (4): 257 – 260.

[9] 兰世隆,王晋军. 沟槽面与光滑面湍流边界层特性比较[J]. 实验力学,1998,13(1): 28 – 33.

[10] 王晋军,兰世隆,陈光. 沟槽面湍流边界层结构实验研究[J]. 力学学报,2000,32(5):

621 - 626.

[11] Choi K S. Effects of longitudinal pressure gradients on turbulent drag reduction with riblets turbulence control by passive means [M]. Springer Netherland, 1990.

[12] Pauly C P. What is a shark doing in this pump? [J]. World Pumps, 2001, 423: 15 - 16.

[13] Nitschke P. Experimental investigation of turbulent flow in smooth and longitudinal grooved tubes [R]. NASA: TM, 1984.

[14] 李育斌,乔志德,王志岐.运七飞机外表面沟纹膜减阻的实验研究[J].气动实验与测量控制,1995,9(3): 21 - 26.

3.9　层流翼型小肋减阻机理研究

黄　湛[1]　王宏伟[1]　程　攀[2]　李晓辉[1]　于净波[1]　魏连风[1]

(1. 中国航天空气动力技术研究院,北京　100074)

(2. 上海飞机设计研究院,上海　201210)

摘　要:摩擦阻力在现代民用飞机阻力中占很大的比例,加深对湍流边界层高摩擦阻力产生机制的认识是减小湍流摩擦阻力的基础。近年来随着实验和湍流模拟技术的发展,人们认识到形状、尺度和布置方式合适的小肋沟槽表面具有明显的抑制湍流摩擦阻力的作用。在本文中,作者采用 PIV 技术、荧光油膜流动显示技术和天平测力技术,对一层流翼型小肋薄膜减阻进行了机理实验研究。实验结果显示:采用顺流向的小肋薄膜后,翼型表面高速区域的范围得到了扩大,提高了翼型升力;顺流向的小肋薄膜可以使近壁区触发和下扫强度减缓,使近壁区湍流强度降低并受到抑制;有利于保持低速流体在近壁区的流动;对翼型表面摩擦阻力起到一定的抑制作用,降低摩擦速度和摩擦阻力,加大近壁区流速,扩大相关尺度。

关键词:小肋减阻;表面摩擦阻力;天平;PIV;荧光油膜

Abstract: Skin friction accounts for a large proportion in the drag of modern civil aircraft. The understanding of the mechanism of high skin friction in turbulent boundary layer is the basis for reducing the skin friction of turbulence. In recent years, with the development of experiment and turbulence simulation technology, it has been recognized that micro riblets grooved surface with appropriate shape, dimension and arrangement plays a significant role in restraining the skin friction of turbulence. In this paper, the mechanism of micro riblets drag reduction of laminar airfoil NLF0415 is studied by using PIV, fluorescence oil film and balance. The results show that micro riblets have certain influence on the near wall region of turbulent boundary layer. Micro riblets groove is helpful to keep the motion of low speed stripe in the near wall region, which can reduce the intensity of ejection and sweep motion in the near wall region of turbulent boundary layer and suppress the turbulence intensity. Micro riblets can reduce friction velocity and skin friction as well as increase the average speed of near wall region. It can also enlarge the correlation scale along longitudinal direction. Due to the reduction of friction velocity and skin friction, high speed scope above the surface of laminar airfoil was enlarged and lift is also increased.

Key words：micro riblets drag reduction；skin friction；balance；PIV；fluorescence oil film

1　引言

随着全球不可再生能源消耗量的不断上升，如何有效地利用和保护能源受到了越来越多的重视。节约能源的主要途径之一就是尽量减少各种运输工具的表面摩擦阻力。对于民用飞机而言，表面摩擦阻力约占总阻力的 50%，减阻不仅直接关系到民用飞机的性能，而且会影响到飞行的成本和大气环境。对于典型的长航程飞机，燃油的消耗约占其直接成本的 22%。减阻会直接减少运行成本，阻力减少 1% 能够使长航程飞机的成本下降约 0.2%，增加 1.6 吨的载重或 10 个乘客。对于常规巡航状态下的民用飞机表面的大部分区域，流动都处于湍流状态，所以研究湍流边界层减阻意义重大，这已被 NASA 列为 21 世纪的航空关键技术之一。最初的减阻研究可追溯到 20 世纪 30 年代，直到 20 世纪 60 年代中期，研究工作仍主要集中在降低表面粗糙度上，隐含的假设是光滑表面的阻力最小。之后的实验研究表明：光滑表面并非经典的 Darcy 实验所描述的那样是减阻最佳表面。20 世纪 70 年代，NASA 兰利研究中心[1]发现顺流向小肋能有效地降低壁面摩擦阻力，彻底突破了表面越光滑阻力越小的传统思维方式，小肋减阻成了湍流减阻技术中的研究焦点。

随着研究的深入，研究者们越来越多地将目光集中在小肋面湍流边界层内部流动结构及其相关规律的研究上面。王晋军在光滑平板上顺流向嵌入几种不同尺寸的小肋板，证实了小肋面不仅可使边界层转捩推迟[2]，在湍流边界层区域具有减阻特性，而且可使近壁区湍动特性发生变化[2-4]，减阻与近壁区无量纲条带间距的减小相关[5]。Choi[5]和 Orchard 在诺丁汉姆大学的低速边界层流道中进行实验，结果显示在转捩的非线性阶段，动量厚度上升速率伴随着肋条面上湍流强度的减弱而减小，表明小肋面对活跃的层流边界层向湍流的转捩有明显的延迟作用。但是到目前为止，对于小肋面湍流边界层的湍流度、猝发频率等是增加、减小还是不变仍然存在不同的看法[6-9]。王晋军对拟序结构开展了实验研究[10]，通过分析流动，发现小肋面的条带转捩比较平坦，低速条带转捩有较好的直线性，说明小肋限制了流体的横向流动，增强了流动的稳定性。Lee 和 Jang[11]对小肋薄膜的 NACA0012 的流动结构进行了烟线流动显示观测，发现烟线流动显示小肋薄膜使烟线丝变得更细，且以小的侧向间距分割开，表明展向运动受到抑制。

在系统地研究小肋形状、尺度和布置方式等方面，NASA 兰利研究中心的 Walsh 及其合作者[12-15]对应用于湍流减阻中的不同断面的小肋（包括三角形、矩形、V 形、半圆形等）做了大量实验，发现具有最佳减阻特性的是三角形沟，当其高度 h 和间距 s 的无量纲尺寸 $h^+ \leqslant 25$ 和 $s^+ \leqslant 30$ 时具有减阻特性，减阻效果最佳时小肋的尺寸为 $h^+ = s^+ = 15$，这时可减阻 8%。Chamorro 和 Arndt[16]对不同尺寸、外形的小肋薄膜进行了实验,实验结果显示小肋能起到减阻效果,大小与高度、几何外形有关,V形沟槽减阻效果最好。Lazos 和 Wilkinson 在 NASA 兰利研究中心首先推出薄肋型减阻沟纹(thin-element-riblets),即"高横比"不同的四边形小肋面,并在低速风洞内做了大量实验[17],发现减阻量大致与小肋的高度成正比而与间距成反比,最大减阻量发生在大"高横比"小肋面上,且与对称 V 形小肋的 8% 相当,这一点与 Walsh 的实验结论相近。Choi 等人[18]中和 Walsh 认为具有减阻效应的小肋必须具有锐利的峰脊,且小肋间距与低速条带间距存在某种关系。因此,较为一致的看法是:当小肋的无量纲间距和无量纲高度小于 30 时,小肋面具有减阻效应。

　　由此可见,形状、尺度和布置方式合适的小肋沟槽表面具有明显的抑制湍流摩擦阻力的作用,本文作者通过研制小肋薄膜成型工艺,采用 PIV 技术和荧光油膜流动显示技术,对一层流翼型小肋薄膜减阻进行了实验验证。PIV 测量结果显示,采用顺流向的小肋薄膜后,高速区域的范围得到了扩大,这对提高翼型升力将有直接作用。边界层速度加大,相关尺度加大,说明小肋薄膜对摩擦阻力起到一定抑制作用;荧光油膜测量结果表明光滑薄膜的翼型模型上表面相对摩擦阻力最大,采用顺流向小肋薄膜后,相对摩擦阻力幅值有较明显的降低,这与 PIV 的实验结果是吻合的。

2　小肋薄膜设计加工

　　小肋沟槽参数一般采用如下公式设计计算。

$$s^+ = \frac{su^*}{\nu} \quad h^+ = \frac{hu^*}{\nu} \quad u^* = \sqrt{\tau_w/\rho} \tag{1}$$

式中:s 为小肋沟槽宽度;s^+ 为小肋沟槽无量纲宽度;h 为小肋尖峰高度;h^+ 为小肋尖峰无量纲高度;u^* 为壁面摩擦速度;τ_w 为壁面摩擦切应力。当地雷诺数越大,同样的无量纲高度和宽度下,小肋的绝对高度和宽度将越小。小肋尺度参数如图 1 所示。表 1 为典型文献参数与本文小肋参数的比较。

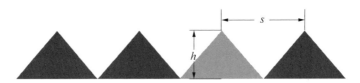

图 1　小肋尺度参数

表 1　典型文献与本文小肋参数比较

工 作 者	s/mm	s^+	h/mm	h^+	Re_x
王晋军	2	16	1	8	约 1 000
Sundaram. S	—	—	0.114	10	约 0.5×10^6
本　文	0.125	8.3	0.1	6.6	约 0.4×10^6

本文中小肋薄膜通过轮毂热压工艺实现规则沟槽表面薄膜的制备。采用 PVC 薄膜作为基础材料,该材料由表层 PVC 薄膜、中间胶层和离型底纸等 3 部分构成。本次实验制备的小肋薄膜高 $100~\mu m$,肋间距 $125~\mu m$,在来流速度为 $20~m/s$ 的条件下,$h^+=6.6$,$s^+=8.3$。图 2 为小肋薄膜成型的侧面显微图像。

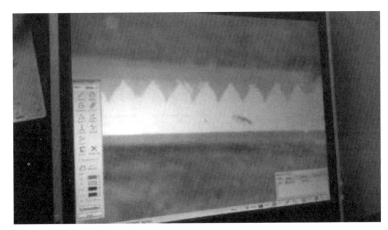

图 2 小肋薄膜成型的侧面显微图像

3 小肋减阻低速风洞实验方案与布局

小肋减阻低速风洞实验在 FD-07 风洞内进行,FD-07 风洞实验段尺寸为 $3~m\times3~m$,采用 NLF0415 翼型制作的模型弦长为 $0.4~m$,展长为 $1.2~m$,使用高 $1.3~m$,宽 $1.2~m$ 的方形框架将翼型模型双侧支撑于框架内 $0.8~m$ 高处,框架一侧开有窗口镶嵌有机玻璃,为 PIV 等非接触光学测量实验提供可视窗口,外侧是为 PIV 用相机放置设计的侧面相机罩,另一侧连接蜗轮蜗杆机构用于调节攻角和固定,顶侧是为荧光油膜摩擦阻力测量设计的顶部保护罩。低速风洞实验布局如图 3、图 4 所示。

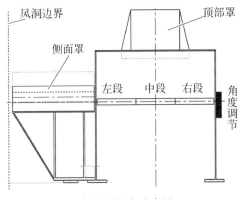

图 3 低速风洞实验布局(一)　　图 4 低速风洞实验布局(二)

　　机翼模型为层流翼型 NLF0415,分为 3 段,左侧段为测压段,开有测压孔(见图 5 和图 6),主要作用为确定翼型表面的三维效应是否会影响中间段。中间段为测力段,内置五分量天平,天平一端与主轴固连,另一端通过螺栓连接中间段翼型模型。右侧段是为保证展弦比和实现连接作用设计的辅助段。由于小肋薄膜对湍流减阻效果明显,因此在翼型模型上表面前缘 10%弦长的位置加装转捩带(见图 7),实现人工转捩。

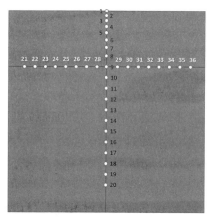

图 5　翼型模型左侧段测压孔分布示意

图 6　左侧段模型测压孔实际位置示意

图 7　模型人工转捩带实际位置

4　测压与天平测量方法

　　进行测压实验时,测压孔静压数据通过 8 400 压力扫描阀获得,并额外采集来流总静压作为参考;进行测力实验时,天平信号通过 HBM 信号放大器采集获得,通过静态校准获得的天平公式对采集获得的数据进行换算处理。由于天平随体测量,天平测量坐标系与风轴系有夹角即攻角 α,因此翼型模型受到的升阻力需由天平测力结果进行坐标变换,如图 8 所示,V 为来流方向,L 为升力方向,D 为阻力方向,因此有下式。

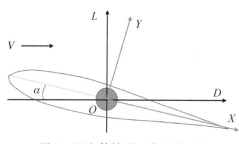

图 8　天平(体轴系)坐标变换示意

$$\begin{cases} L = Y\cos\alpha - X\sin\alpha \\ D = Y\sin\alpha + X\cos\alpha \end{cases} \tag{2}$$

5　PIV 与荧光油膜布置

进行 PIV 实验时,相机和镜头安装在左侧相机罩内,拍摄中段翼型模型展向中心截面,激光片光源在实验段外部通过反射镜和片光源照明流场(见图 9)。采用 50 mm 焦距镜头拍摄较大区域,采用 200 mm 焦距镜头拍摄较小区域。示踪粒子采用新设计的大流量雾化粒子发生器(见图 10)进行播发,播撒

图 9　PIV 用激光光源

管道入口在实验段上部(见图 11),利用风洞回流式特点进行充分掺混。进行荧光油膜表面摩擦阻力测量时,需在方形框架顶部保护罩内放置好相机和紫外光源并进行调节,在模型上待测区域内涂抹荧光油膜,运行风洞并记录油膜运动图像。图 12 为 PIV实验现场照片,图 13 显示荧光油膜实验效果。

图 10　大型雾化示踪粒子发生器

图 11　示踪粒子播撒管道

图 12　PIV 实验现场

图 13　荧光油膜实验效果

6　测压和测力实验结果

测压实验针对 2 排 36 个点位进行了静压力测量(除 20 号点数据),测量攻角分别为 0°、2°、4°、6°、8°,每个攻角下分别测量来流速度为 20 m/s、30 m/s、40 m/s、

50 m/s、60 m/s 时静压力。测压实验表明翼型表面的三维效应没有影响中间段。图 14 为测压段展向压力分布的结果示例。

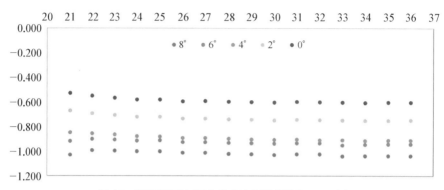

图 14　测压段展向压力分布(来流速度为 30 m/s)

测力实验表明在小攻角条件下(0°、1°、2°),小肋薄膜对提升翼型模型升力系数有较明显效果,并有一定的阻力降低作用,而在大攻角下这一效果被削弱。可能的原因是天平为体轴系测量,升阻力最后由天平两分量力合成而得,其中阻力部分会耦合一部分升力因素,且升力相对阻力是比较大的量,随攻角提升,升力和升力系数将很大提高,所以阻力减小的效果会降低。图 15、图 16 为顺流向小肋薄膜在 1°和 2°攻角下获得的升阻力系数变化。

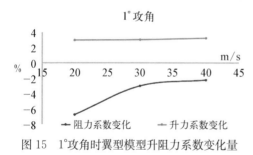

图 15　1°攻角时翼型模型升阻力系数变化量　　图 16　2°攻角时翼型模型升阻力系数变化量

7　PIV 实验结果

采用 PIV 测量翼型上表面采用光滑薄膜、顺流向小肋薄膜和横置小肋薄膜的流场,跨帧时间为 20 μs,图像分辨率 2 k×2 k,图 17 为采集的 PIV 图像。图 18 为计算获得的 1°攻角、来流速度为 20 m/s 的实验条件下,采用光滑薄膜和顺流向小肋薄膜的翼型上方流场速度分布,通过对比图中 1、2、3、4、

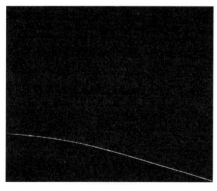

图 17　PIV 实验粒子图像

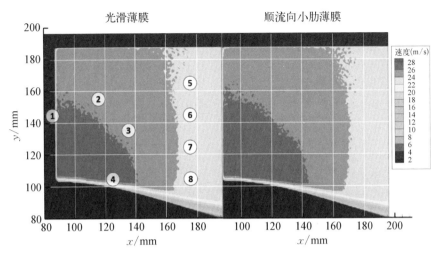

图 18　采用光滑薄膜和顺流向小肋薄膜的翼型上方流场
速度分布对比(1°攻角,来流速度为 20 m/s)

5、6、7、8 区,可以看出,采用顺流向的小肋薄膜后,高速区域的范围得到了扩大,这对提高翼型升力将有直接作用。

进一步对 $x=100$ 和 $x=125$ 两个位置的纵向线进行速度值分析,如图 19、图 20 所示。分别对采用光滑薄膜、顺流向小肋薄膜在该纵向线上的速度值进行线性化,可以看出,采用光滑薄膜的翼型模型上方流场速度趋势线绝对值最小,而采用顺流向小肋薄膜的翼型模型上方流场速度趋势绝对值都有所增加,说明采用小肋薄膜后,降低了翼型模型表面摩擦阻力,从而使翼型模型上方流场高速区增加。

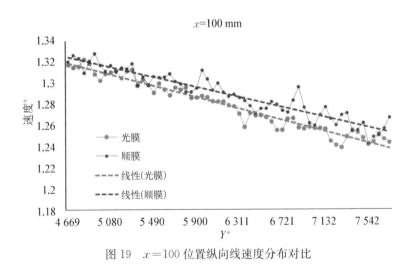

图 19　$x=100$ 位置纵向线速度分布对比

图 21 为靠近壁面的速度分布对比,可以看出,采用顺流向小肋薄膜的翼型模型上方流场速度型向壁面靠近,进一步说明了采用小肋薄膜后,降低了翼型模型表

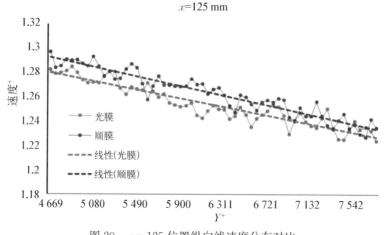

$x=125$ mm

图 20 $x=125$ 位置纵向线速度分布对比

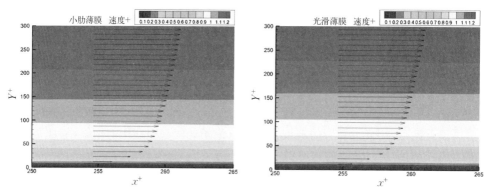

图 21   壁面速度分布对比

面摩擦阻力,从而使翼型壁面的近壁区速度增加。

图 22、图 23 为湍动能和脉动强度对比,可以看出,采用顺流向小肋薄膜的翼型模型近壁区湍动能和脉动强度都有显著下降,这说明小肋薄膜降低了翼型模型表

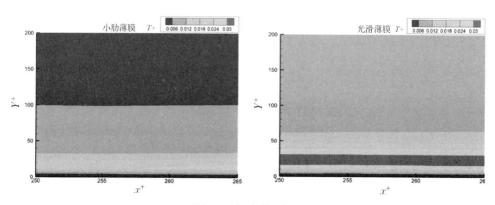

图 22   湍 动 能 对 比

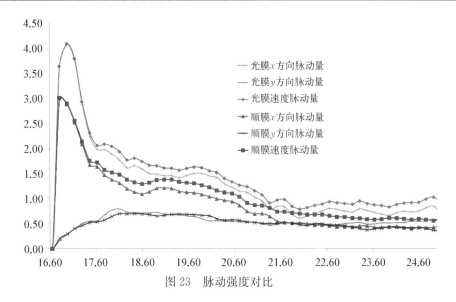

图 23 脉动强度对比

面摩擦阻力,还降低了脉动强度(流向)导致近壁区湍动能的下降,这表明采用小肋薄膜后,近壁区内的大尺度结构得到了加强。

图 24、图 25 分别为光滑薄膜、小肋薄膜的流向相关系数分布。可以看出,采用顺流向小肋薄膜的翼型模型近壁区内流向的相关尺度加大,说明大尺度结构流向

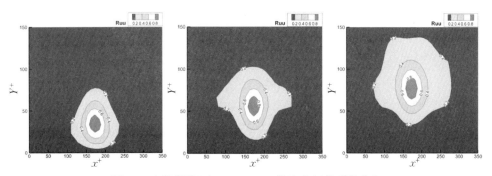

图 24 光滑薄膜 $Y^+=34、56、77$ 的流向相关系数分布

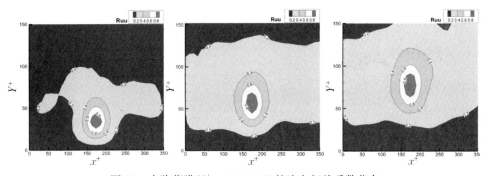

图 25 小肋薄膜 $Y^+=34、56、77$ 的流向相关系数分布

尺度加大,近壁区内湍流强度降低。

为了更好地分析小肋减阻效果,获得小肋减阻的有效评估方法,对翼型小肋减阻实验中 PIV 结果的边界层统计参数进行了对比分析。根据实验测量获得的 PIV 速度场结果,绘制了采用小肋薄膜前后边界层无量纲速度分布,速度采用 $u^+ = u/u^*$ 进行无量纲化,法向位置坐标采用,$Y^+ = yu^*/v$ 进行无量纲化,并分别以常规坐标系和对数坐标系绘制,如图 26 所示。可以看出,在近壁区 $Y^+ < 30$,相同的法向位置处,采用小肋薄膜的无量纲速度要大于光滑壁面平板上的无量纲速度,说明沟槽的存在使得边界层近壁区缓冲层增厚,平均速度剖面的对数律层外移,与文献的实验结果和直接数值模拟所得结论一致,说明本实验中所采取的小肋沟槽薄膜是具有减阻效果的沟槽面。

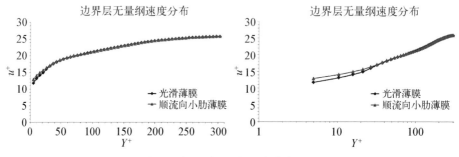

图 26　边界层无量纲速度分布对比

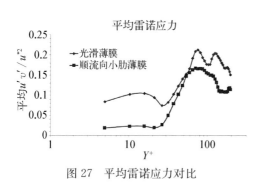

图 27　平均雷诺应力对比

雷诺切应力的表达式为 $-\overline{\rho u'v'}$,其中上横线代表时间平均,ρ 为流体密度。为方便起见,通常简化瞬时雷诺切应力表达式为 $<u'v'>$。图 27 表示采用小肋薄膜前后无量纲平均雷诺应力对比,可以看出,采用小肋薄膜后,整个边界层内平均雷诺应力降低,这与文献的研究结果一致,进一步有力地验证了小肋薄膜的减阻效果。

湍动能是评估湍流强度的统计量之一,与雷诺切应力一样,通常简化统计为 $<u_i'u_i'>$,下标可以表示不同方向速度分量。如图 28 和图 29 所示,采用小肋薄膜后,法向湍动能和流向湍动能都降低,总湍流强度受到明显抑制。

采用象限分析法,以湍流流向脉动速度 u' 为横坐标,法向脉动速度 v' 为纵坐标,建立包含 4 个象限的 $u'v'$ 相平面坐标系,将瞬时雷诺切应力 $<u'v'>$ 根据 u'、v' 的正负符号按 4 个象限与湍流猝发过程建立联系,各个象限表述的流动关系如下:Ⅰ象限($u'>0$,$v'>0$),对应于低速条带与周围流体之间的向上互动;Ⅱ象限($u'<0$,$v'>0$),对应于低速条带的喷射运动;Ⅲ象限($u'<0$,$v'<0$),对应于高速

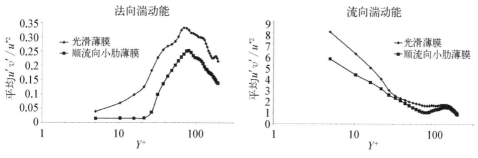

图 28 法向湍动能与流向湍动能比较

条带与周围流体之间的向下互动；Ⅳ象限 ($u'>0$，$v'<0$)，对应于高速流体的下扫运动。通过分析各象限对 $<u'v'>$ 的贡献，可以判断出在湍流边界层中究竟是哪一种运动引起雷诺切应力。对采用小肋薄膜前后各象限雷诺切应力进行了对比分析，如图 30 所示。可以看出，采用小肋薄膜后，低速条带的喷射运动、高速流体

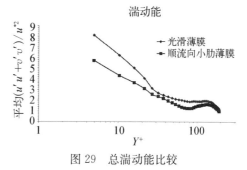

图 29 总湍动能比较

的下扫运动受到明显抑制，低速条带与周围流体之间的向上互动、高速条带与周围流体之间的向下互动也得到一定程度的减弱，由此说明采用顺流向的小肋薄膜后，近壁区触发和下掠强度减缓，湍流强度降低并受到抑制，有利于保持低速流体在近壁区的流动。

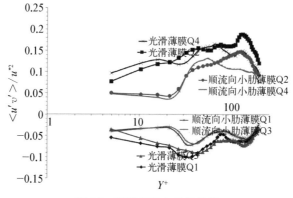

图 30 雷诺切应力象限分析

8 油膜实验结果

光流表面摩擦阻力测量采用荧光油膜作为表面摩擦阻力探针，将调配好的荧

光油膜附涂在光滑薄膜或小肋薄膜下游的翼型模型表面进行拍摄测量。图 31、图 32、图 33 为拍摄获得的 1°攻角、来流速度为 20 m/s 的光滑薄膜油膜图像、摩擦阻力矢量及相对摩擦阻力幅值分布。图 34、图 35、图 36 为拍摄获得的 1°攻角、来流速度为 20 m/s 的顺流向小肋薄膜油膜图像、摩擦阻力矢量及相对摩擦阻力幅值分布图。将相对表面摩擦阻力幅值进行对比,图 37 为 1°攻角、来流速度为 20 m/s 相对表面摩擦阻力对比,可以发现,采用光滑薄膜的翼型模型上表面相对摩擦阻力最大,采用顺流向小肋薄膜后,相对摩擦阻力幅值有较明显的降低,这一结果与该状态下的测力结果和 PIV 测量结果是吻合的。

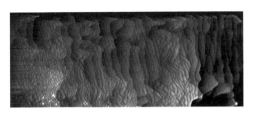

图 31　来流速度为 20 m/s 光滑薄膜油膜图像（1°攻角）

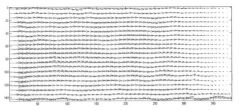

图 32　来流速度为 20 m/s 光滑薄膜摩擦阻力矢量（1°攻角）

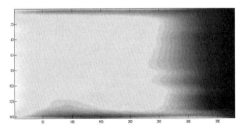

图 33　来流速度为 20 m/s 光滑薄膜摩擦阻力相对幅值分布（1°攻角）

图 34　来流速度为 20 m/s 顺流向小肋薄膜油膜图像（1°攻角）

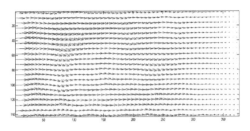

图 35　来流速度为 20 m/s 顺流向小肋薄膜摩擦阻力矢量（1°攻角）

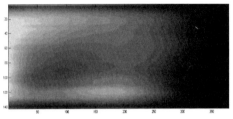

图 36　来流速度为 20 m/s 顺流向小肋薄膜摩擦阻力相对幅值分布（1°攻角）

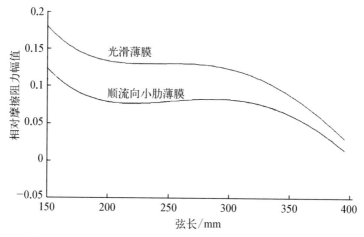

图37 来流速度为20 m/s相对表面摩擦阻力对比图(1°攻角)

9 结论

本文采用天平测力技术、PIV技术、荧光油膜技术,对一层流翼型小肋减阻进行了验证。测量结果显示,采用顺流向的小肋薄膜后,翼面高速区域的范围得到了扩大,翼型升力得到了提高。小肋薄膜对翼型模型表面摩擦阻力起到一定的抑制作用,摩擦阻力降低,近壁区速度加大,相关尺度加大,平均雷诺应力和湍动能降低,近壁区触发和下掠强度减缓。

参 考 文 献

[1] Walsh M J. Riblets: viscous drag reduction in boundary layers [R]. NASA Technical Report, 1990.

[2] Wang J J, Lan S L, Lian Q X. Effect of the riblets surface on the boundary layer development [J]. Chinese Journal of Aeronautics, 1996, 9 (4): 257 - 260.

[3] 兰世隆,王晋军. 沟槽面与光滑面湍流边界层特性比较[J]. 实验力学,1998,13(1): 28 - 33.

[4] 王晋军,兰世隆,陈光. 沟槽面湍流边界层结构实验研究[J]. 力学学报,2000,32(5): 621 - 626.

[5] Choi K S. Effects of longitudinal pressure gradients on turbulent drag reduction with riblets turbulence control by passive means [M]. Springer Netherland, 1990.

[6] Bacher E V, Smith C R. A combined visualization anemometry study of the turbulent drag reducing mechanisms of triangular micro2 groove surface modifications [R]. AIAA, 1985.

[7] Pulles C J A, Prasad K K, Nieuwstadt F T M. Turbulence measurements over longitudinal micro2 grooved surfaces [J]. Applied Scientific Research, 1989, 46 (2): 197 - 208.

[8] Choi K S. Nearwall structure of turbulent boundary layer with riblets [J]. Journal of Fluid

Mechanics，1989，208(4)：417 - 458.

[9] Tang Y P，Clark D G. On near-wall turbulence-generating events in a tubulent boundary layer on a riblet surface [J]. Applied Scientific Research，1993，50(3 - 4)：215 - 232.

[10] 王晋军,陈光.沟槽面湍流边界层近壁区拟序结构实验研究[J].航空学报,2001,22(5)：400 - 405.

[11] Lee S J，Jang Y G. Control of flow around a NACA 0012 airfoil with a micro-riblet film [J]. Journal of Fluids and Structures，2005，20(5)：659 - 672.

[12] Hefner J N，Bushnel D M，Walsh M J. Research on non-planarwall geometries for turbulence control and skin-friction reduction [C]//8th U. S. 2FRG DEA-Meeting，Viscous and interacting flow field effects，1983.

[13] Walsh M J. Riblets as a viscous drag reduction technique [J]. AIAA Journal，1983，21 (4)：485 - 486.

[14] Walsh M J. Turbulent boundary layer drag reduction using riblets [R]. AIAA，1982.

[15] Walsh M J，Lindemann A M. Optimization and application of riblets for turbulent drag reduction [R]. AIAA，1984.

[16] Chamorro L P，Arndt R E A，Sotiropoulos F. Drag reduction of large wind turbine blades through riblets：Evaluation of riblet geometry and application strategies [J]. Renewable Energy，2013,50(3)：1095 - 1105.

[17] Lazos B S，Wilkinson S P. Turbulent viscous drag reduction with thin-elements riblets [J]. AIAA Journal，1988，26 (4)：496 - 498.

[18] Choi H，Moin P，Kim J. Direct numerical simulation of turbulent flow over riblets [J]. Journal of fluid mechanics，1993，255：503 - 539.

3.10 翼型边界层吸气的数值
模拟和优化

卢　磊[1]　白俊强[1]　东乔天[2]　史亚云[1]　杨体浩[1]

(1. 西北工业大学 航空学院，西安　710072)

(2. 上海飞机设计研究院，上海　201210)

摘　要：混合层流控制(HLFC)方法通过采用边界层吸气的方法实现转捩推迟，对层流减阻具有重要意义。本文针对二维翼型开展了混合层流控制研究。首先，针对NACA66012翼型的吸气减阻特性开展数值模拟，并通过与实验结果的对比分析，验证 Menter 和 Langtry 的转捩模型在边界层吸气数值模拟中的有效性；其次，选取一个典型层流翼型，研究单孔吸气状态下吸气系数、吸气孔径和吸气位置对层流控制效果的影响规律，揭示了吸气控制的机理；最后，基于改进的径向基函数(RBF)神经网络和微分进化算法，针对具有三个孔的翼型开展了以阻力系数为优化目标的吸气流动控制优化设计。结果表明，本文所采用的混合层流控制方法可实现转捩位置推迟 17%，阻力系数减小 12.1% 等指标，能够为层流减阻设计提供参考。

关键词：混合层流流动控制(HLFC)；层流减阻；优化设计；径向基函数(RBF)；转捩预测

Abstract：Boundary layer transition can be delayed by hybrid laminar flow control (HLFC) method using active suction control. Numerical approach of HLFC on airfoil is investigated in this paper. At first, the accuracy of Menter and Langtry's transition model applied in simulating flow with boundary layer suction has been validated, with comparisons between computational results and available experiment data. The solutions show that this transition model can predict transition position with suction control accurately. A well designed laminar airfoil has been selected in current research. For suction control with a single hole, the physical mechanism of suction control has been analyzed, with the impact of suction coefficient, suction hole width and position on control results being studied. The single hole simulation results indicate that by increasing suction coefficient, hole width and setting hole position being closer to trailing edge properly are favorable for the transition delay and drag reduction. Finally, the modified Radial Basis Function neural network and the modified differential evolution algorithm have been used to optimize and design for suction control with three holes. The design variables are suction coefficient, hole width, hole position and hole spacing. The optimization target is to set minimize drag coefficient. After optimization, the transition delay can be up to 17% and the aerodynamic drag coefficient decreases by 12.1%.

Key words: hybrid laminar flow control (HLFC); laminar flow drag reduction; optimization design; RBF neural network; transition prediction

1 引言

随着工业社会和现代化的发展,能源危机和环境问题变得越来越严重。世界上每天飞行的航班数以万计,因此飞机的节能减排变得尤为重要。飞机设计主要通过减小其飞行阻力来减小油耗。民用航空飞机表面摩擦阻力可达到总阻力的50%[1],因此如何减小摩擦阻力成了一个重要的研究领域。一些研究结果表明,层流边界层的摩擦阻力比湍流边界层小90%,因此推迟转捩对减小摩擦阻力至关重要[2]。混合层流控制(hybrid laminar flow control, HLFC)是推迟转捩和减阻研究方面的一项前沿技术[3]。混合层流控制耦合了自然层流(natural laminar flow, NLF)[4]和层流流动控制(laminar flow control, LFC),通过机翼和翼型几何形状以及边界层吸气控制来使边界层更加稳定,以达到推迟转捩和减阻的目的。吸气控制对转捩影响的机理主要表现在两个方面:① 改变边界层的平均速度,使得边界层内速度型更加饱满;② 使位移厚度雷诺数更低[5]。

国内外的许多研究成果为 HLFC 技术的应用做出了贡献。在 20 世纪 30 年代至 90 年代,Joslin[1]将 HLFC 技术应用在机翼、垂尾和短舱上;Young 等人[6]详细研究了吸气面、吸气孔径、孔间距和吸气系数的影响,为 HLFC 设计提供了大量参考;Wright 和 Nelson[7]提出通过吸气孔分布的优化设计来降低吸气能耗;Risse 等人[8]提出了具有 HLFC 技术的机翼设计方法,他们研究的准三维方法可以降低数值模拟的难度和成本;刘沛青等人[9]研究了 RAE2822 翼型的吸气参数对转捩位置的影响。HLFC 技术具有良好的应用前景,但控制所需的吸气孔很小,为微米量级。目前,对微孔吸气的研究手段主要是进行实验,数值模拟方法仅用于二维问题。波音 757 飞机[10]上的 HLFC 实验需要数百万个孔(孔径为 0.06 mm),若要进行数值模拟则网格量将会非常大,无法研究;此外,普通 RANS 方法的数值精度也难以保证模拟微孔的真实流动。微孔使数值模拟方法在 HLFC 研究中的应用变得困难。

幸运的是,Pehlivanoglu 等人[11]选用了 35 mm 的吸气孔成功增加了升阻比,由此,促使作者开展 0.5~7 mm 的吸气孔(比微孔尺寸大得多的孔径)对转捩位置的影响的研究。在 Pehivanoglu 的研究中,35 mm 吸气孔的吸气控制结果使升力系数增加,同时阻力系数也稍微增加。本文的主要工作是研究 0.5~7 mm 直径的孔维持层流的能力。研究在一个层流翼型上开展,首先研究了翼型单孔吸气的规律,然后对三孔吸气进行了优化设计。

本文重点研究二维翼型,二维翼型的转捩主要由 T‑S(Tollmien‑Schlichting)波引起,所以 Langtry 和 Menter 的 $\gamma\text{-}\widetilde{Re_{\theta t}}$ 转捩模型是可以适用的[12]。在多孔吸气的优化中,应用改进的 RBF 神经网络模型来估算气动力,从而提高设计效率。第 2 节详细讨论了 $\gamma\text{-}\widetilde{Re_{\theta t}}$ 转捩模型和改进的 RBF 神经网络模型,并以 NACA66012 翼型对模型精度进行了验证。第 3 节展示了单孔吸气控制的结果。第 4 节对多孔优化结果进行了介绍,第 5 节对本文的研究做了总结。

2 数值方法和优化设计工具

2.1 $\gamma\text{-}\widetilde{Re_{\theta t}}$ 转捩模型

基于经验关系式的 $\gamma\text{-}\widetilde{Re_{\theta t}}$ 转捩模型严格基于当地变量,故可以和现代 CFD 并行计算兼容。该模型包含两个方程,一个是间歇因子输运方程,另一个是动量厚度雷诺数输运方程,如下式所示。

$$\frac{\partial(\rho\gamma)}{\partial t}+\frac{\partial(\rho U_j\gamma)}{\partial x_j}=F_{\text{length}}c_{a1}\rho S(\gamma F_{\text{onset}})^{0.5}(1-c_{e1}\gamma)-c_{a2}\rho\Omega\gamma F_{\text{turb}}(c_{e2}\gamma-1)+$$
$$\frac{\partial}{\partial x_j}\left[\left(\mu+\frac{\mu_t}{\sigma_f}\right)\frac{\partial\gamma}{\partial x_j}\right] \tag{1}$$

$$\frac{\partial(\rho\widetilde{Re_{\theta t}})}{\partial t}+\frac{\partial(\rho U_j\widetilde{Re_{\theta t}})}{\partial x_j}=c_{\theta t}\frac{\rho}{t}(Re_{\theta t}-\widetilde{Re_{\theta t}})(1.0-F_{\theta t})+$$
$$\frac{\partial}{\partial x_j}\left[\sigma_{\theta t}(\mu+\mu_t)\frac{\partial\widetilde{Re_{\theta t}}}{\partial x_j}\right] \tag{2}$$

式(1)右侧前两项和式(2)右侧第一项是源项。两式的最后一项都是耗散项。c_{a1}、c_{a2}、c_{e1}、c_{e2}、σ_f、$c_{\theta t}$ 和 $\sigma_{\theta t}$ 是常量,F_{onset} 用来触发间歇因子 γ 产生。间歇因子的大小由 F_{length} 控制,$F_{\theta t}$ 是式(2)中的源项的开关,并可以使输运的 $\widetilde{Re_{\theta t}}$ 在流场中耗散,$Re_{\theta t}$ 是发生转捩时的动量厚度雷诺数。式(1)、式(2)中的符号在参考文献[13]中有详细说明。最大涡量雷诺数与动量厚度雷诺数成一定比例,根据这个关系可以将动量厚度雷诺数进行当地化求解。

为了改善对分离流诱导的转捩模拟,对该模型做了一些改进。

$$\begin{cases}\gamma_{\text{eff}}=\max(\gamma,\gamma_{\text{sep}})\\\gamma_{\text{sep}}=\min\left\{s_1\max\left[0,\left(\frac{Re_v}{3.235Re_{\theta c}}\right)-1\right]F_{\text{reattach}},2\right\}F_{\theta t}\\F_{\text{reattach}}=\mathrm{e}^{-\left(\frac{R_T}{20}\right)^4},s_1=2\end{cases} \tag{3}$$

式中：γ_{sep} 为分离间歇因子，其他参数都在文献[13]中有详细介绍；Re_v 为涡量雷诺数，R_T 为黏性比。最终，改进的间歇因子 γ 耦合了湍流模型之后的公式如下所示。

$$\frac{\partial(\rho k)}{\partial t} + \frac{\partial(\rho U_j k)}{\partial x_j} = \widetilde{P}_k - \widetilde{D}_k + \frac{\partial}{\partial x_j}\left[(\mu + \sigma_k \mu_t)\frac{\partial k}{\partial x_j}\right] \tag{4}$$

$$\widetilde{P}_k = \gamma_{eff} P_k \tag{5}$$

$$\widetilde{D}_k = \min[\max(\gamma_{eff}, 0.1), 1.0]D_k \tag{6}$$

式中：P_k 和 D_k 分别为湍流模型 k 方程中的产生项和破坏项。

2.2　改进的 RBF 神经网络预测模型

为了避免数值模拟耗时大的缺点，引入了改进的 RBF 神经网络模型[14]来预测气动力。该模型的主要公式如下所示。

$$y_i = f_i(\boldsymbol{x}) = \sum_{k-1}^{M} w_{ik}\phi_k(\boldsymbol{x}, c_k) = \sum_{k-1}^{M} w_{ik}\phi_k(\|\boldsymbol{x} - c_k\|) \tag{7}$$

$$\phi_k[\|(\boldsymbol{x} - c_k)\|] = \exp\left[\frac{(\boldsymbol{x} - c_k)^{\mathrm{T}}(\boldsymbol{x} - c_k)}{2\sigma_k^2}\right] \tag{8}$$

式中：x 为输入矢量；w_{ik} 为权重系数；c_k 为第 k 个节点的中心；ϕ 为基函数；σ_k 为第 k 个节点的基宽度参数。模型具体说明见文献[15]，使用高斯函数为基本核函数，并引入一个自适应因子 θ，维数与设计变量个数相同。改进后的模型如下所示。

$$y_i = f_i(\boldsymbol{x}) = \sum_{k-1}^{M} w_{ik}\phi_k(\boldsymbol{x}, c_k) = \sum_{k-1}^{M} w_{ik}\phi_k(\theta\|\boldsymbol{x} - c_k\|) \tag{9}$$

$$\phi_k[\|\theta(\boldsymbol{x} - c_k)\|] = \exp\left[\frac{(\boldsymbol{x} - c_k)^{\mathrm{T}}\theta(\boldsymbol{x} - c_k)}{2\sigma_k^2}\right] \tag{10}$$

新的模型对强非线性和多设计变量问题有着更好的预测精度。本文将使用该模型对翼型的三孔吸气控制进行优化设计。

2.3　转捩模型的验证

NACA66012 翼型实验由 Wright 和 Nelson 完成[16]。翼型弦长 1 m，在翼型最大厚度处插入了一段平板，如图 1 所示。吸气区域在上表面距前缘 0.46 m，总长 0.38 m，吸气孔径 $D = 0.1$ mm，孔间距 $L = 1$ mm。攻角 $\alpha = -1°$，湍流度为

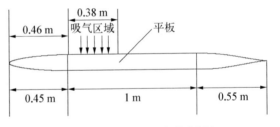

图 1　NACA66012 吸气控制图解

0.1％，来流速度为 20 m/s。吸气系数定义为

$$C_q = \frac{\mid (\rho u)_{\text{normal}} \mid}{(\rho u)_\infty} \tag{11}$$

式中：u_{normal} 为翼型表面的法向速度，吸气时为负；C_q 为无量纲吸气速度，为了方便，C_q 被设置成了正值。

为了验证 γ-$\widetilde{Re_{\theta t}}$ 转捩模型在模拟吸气控制方面的精度，对 NACA66012 翼型进行了不同吸气系数状态下的数值模拟。计算结果如图 2 所示。X_{tr} 是吸气区尾部到转捩位置的长度。图 2 显示，数值计算结果与实验结果较为一致，转捩推迟效果也预测较好。因此，γ-$\widetilde{Re_{\theta t}}$ 模型可以准确地预测二维翼型吸气控制后的转捩位置，可以使用该模型进行简单二维问题的吸气数值模拟计算。

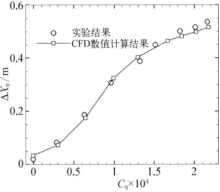

图 2　NACA66012 翼型 CFD 结果和实验转捩推迟长度对比

3　结果展示和机理分析

研究所采用的翼型的实验条件为 $Re = 6.2 \times 10^6$，$Ma_\infty = 0.7$，湍流度为 0.3％，设计升力系数 $C_L = 0.46$，弦长为 1 m，攻角为 0°，网格量为 20 万，如图 3 所示。为了减小网格量，使用了搭接网格。

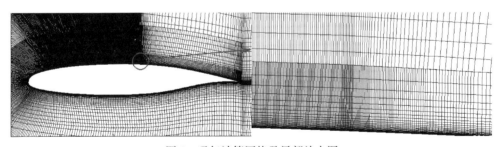

图 3　吸气计算网格及局部放大图

3.1　吸气系数 C_q 的影响

下面的算例中，吸气孔在 30％弦长的位置，吸气孔径为 1 mm。吸气系数的范围从 0.005 到 0.05。在以下的图示中，当吸气系数 $C_q = 0$ 并不带有吸气孔的时候，表示的是自然转捩。转捩位置的判定根据是摩擦阻力系数 C_f 陡增时的位置。在图 4 中，C_f 在 1、2 两个区域发生了陡增，但在 2 区域的时候 C_f 在陡增之后又突然降低，因此转捩发生在 1 区域。

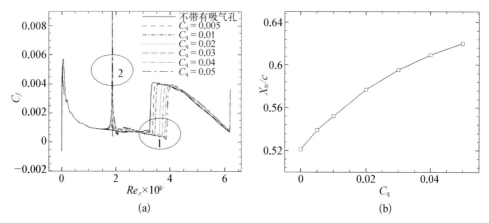

图 4　翼型上表面不同吸气系数的摩擦阻力系数和转捩位置

(a) 摩擦阻力系数分布　(b) 转捩位置随吸气系数变化

有吸气控制时,摩阻系数可表达为如下形式[17]。

$$C_f = \frac{\tau_w}{1/2\rho_\infty u_\infty^2} = 2\,\frac{\mathrm{d}\delta_2}{\mathrm{d}x} + 2\,\frac{\rho_s\,\mathrm{sgn}(u_{\mathrm{normal}})\,|\,u_{\mathrm{normal}}\,|}{\rho_\infty u_\infty} +$$

$$2\delta_2\left[\frac{1}{\rho_\infty}\frac{\mathrm{d}\rho_\infty}{\mathrm{d}x} + \frac{1}{u_\infty}\left(2+\frac{\delta_1}{\delta_2}\right)\frac{\mathrm{d}u_\infty}{\mathrm{d}x} + \frac{1}{R}\frac{\mathrm{d}R}{\mathrm{d}x}\right] \tag{12}$$

式中:δ_1、δ_2 分别为位移厚度雷诺数和动量厚度雷诺数;下标∞为来流条件;R 为表面曲率;u_{normal} 为翼型表面法向速度。$\mathrm{sgn}(u_{\mathrm{normal}})$ 表达式如下所示。

$$\mathrm{sgn}(u_{\mathrm{normal}}) = \begin{cases} 1 & u_{\mathrm{normal}} < 0,\ 吸气 \\ 0 & u_{\mathrm{normal}} = 0 \\ -1 & u_{\mathrm{normal}} > 0,\ 吹气 \end{cases} \tag{13}$$

式(12)说明吸气导致了摩擦阻力的增大,因此大的 u_{normal} 会导致 C_f 的突变,如图 4(a)中的 2 区域所示。从图 4(b)中可以看出无吸气的自然层流转捩位置是 $52\%c$,随着吸气系数的增大,转捩位置越来越靠近翼型后缘,最大推迟到 $62\%c$,层流区延长了 $10\%c$。

孔雷诺数定义如下所示[18]。

$$Re_{\mathrm{hole}} = \frac{u_h D}{v} \tag{14}$$

式中:u_h 为吸气孔当地流速;v 为运动黏性系数。实验[19]表明当Re_{hole} 达到一个特定值 C_{qc} 后吸气效率会降低。

图 5 展示了 C_L、C_D、C_{D_p}、C_{D_v} 随 C_q 变化的曲线图。C_{D_p} 代表压差阻力系数,C_{D_v} 代表摩擦阻力系数。随着 C_q 的增大,升力系数 C_L 增大,阻力系数 C_D 减小。通过吸气,阻力减小量最大达到 7.5%($5\ \mathrm{counts}$)。吸气控制不仅减小了摩擦

阻力,而且还减小了压差阻力。C_{D_p}、C_{D_v} 随着 C_q 的增大都在减小。当 C_q 增大到接近 C_{qc} 时,C_{D_v} 趋于不变。在 $C_q = 0.04$ 和 $C_q = 0.05$ 两个算例中,吸气对转捩位置和摩擦阻力的影响几乎一样。

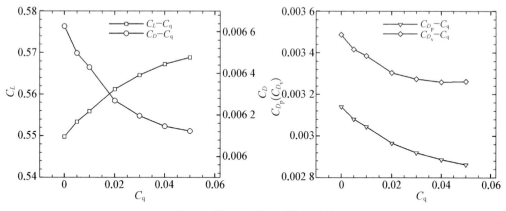

图 5   不同吸气系数下的力系数

图 6 展示了流向不同位置的速度型,横、纵坐标分别是无量纲速度和边界层厚度。δ_1 为边界层厚度,δ 为物面法向距离,u_e 为边界层势流速度。图 6(a)、(b)代表了吸气区前的速度型,图 6(c)是吸气孔中间位置的速度型,图 6(d)、(e)位置在吸气

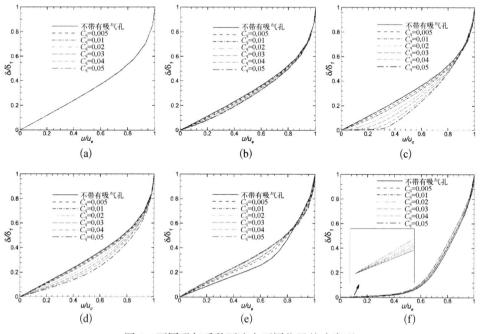

图 6   不同吸气系数下流向不同位置的速度型

(a) $x = 0.2$ m 速度型   (b) $x = 0.29$ m 速度型   (c) $x = 0.3005$ m 速度型
(d) $x = 0.31$ m 速度型   (e) $x = 0.5$ m 速度型   (f) $x = 0.7$ m 速度型

孔后但在转捩位置前。现将摩擦阻力系数变化规律总结如下。

（1）摩擦阻力在吸气控制区域会陡增，从图 6(c)中可以看出速度型也更加饱满。

（2）从图 6(b)和(d)中可以看出，同样在层流区，相对于不吸气的状态，吸气后的速度型更加饱满，摩擦阻力系数有所增加。

（3）在湍流区[见图 6(f)]，不吸气状态下的速度型比吸气的更饱满，然而吸气后的湍流区摩擦阻力更大；C_f 定义为 $\mu(\partial u/\partial y)_{y=0}$，因此不吸气状态下的 μ（黏性系数）要比吸气状态下小。总之，(1)、(2)、(3)的综合影响导致了吸气状态下摩擦阻力的增大，这部分增大的摩擦阻力定义为 $C_{D_{v+}}$。

（4）层流区的摩擦阻力相对于湍流区大大减小，所以，延长层流区会使摩擦阻力减小，这部分由层流区延长而减小的摩擦阻力定义为 $C_{D_{v-}}$。

显然，最终 C_{D_v} 的变化主要看 $C_{D_{v+}}$ 和 $C_{D_{v-}}$ 的大小。随着 C_q 的增大，由于转捩推迟长度的约束，$C_{D_{v-}}$ 受到限制，与此同时 $C_{D_{v+}}$ 却在慢慢增加。因此当 C_q 达到 C_{qc} 时，C_{D_v} 变化率会趋于 0。

除此之外，图 6(a)显示，吸气对吸气孔上游的流动也有轻微影响。图 6(e)显示出当在不吸气状态下发生转捩时，吸气控制状态依然是层流。

从图 7(a)中可以看出，吸气控制使边界层厚度 δ_1 变薄，边界层厚度变化会影响压力分布，并进而影响 C_{D_p}。吸气使 δ_1 变薄，C_{D_p} 减小，并可以适当提高升力[见图 7(b)]。

通过上面的分析得知，吸气系数 C_q 明显影响吸气控制结果，随着 C_q 的增大，C_L 会增大，C_{D_p}、C_{D_v} 会减小，δ_{BL} 变薄。

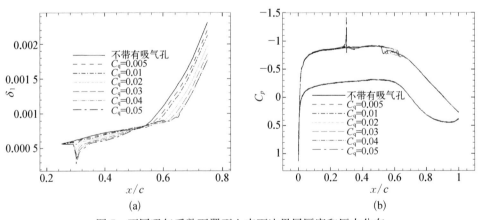

图 7 不同吸气系数下翼型上表面边界层厚度和压力分布
（a）边界层厚度 （b）压力分布

3.2 吸气孔径 D 影响

吸气孔径 D 是吸气流量的体现，在接下来的算例中，将吸气孔位置固定在

$29\%c$ 处,保持吸气系数 $C_q=0.03$ 不变,吸气孔径从 0.5 mm 到 7 mm 变化。

不同吸气孔径的吸气控制结果的转捩位置如图 8(a)所示。图 8(b)展示了翼型上表面 C_f 的分布情况。从图中可以看出,转捩位置随着孔径 D 的增大而向后移动。相对于自然层流状态,转捩位置推迟最大可达到 13%。在孔径较小的时候,转捩推迟的长度基本随孔径线性变化,而孔径较大时,转捩位置变化较小。

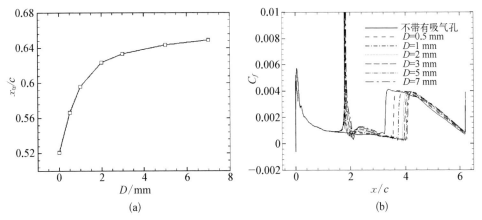

(a)   (b)

图 8 不同吸气孔径下翼型上表面转捩位置和压力系数分布

(a) 转捩位置 (b) 摩擦阻力系数

公式显示,增大 D 也会使 Re_{hole} 达到一个临界值,对应 D 为 D_c,可从图(b)中看出。

从图 9 可以看出,随着孔径 D 的增大,升力系数 C_L 增大,摩擦阻力系数 C_{D_v} 先减小再增大,压差阻力系数 C_{D_p} 一直减小。与自由转捩相比,阻力系数 C_D 最大减小量达到 7.5%。

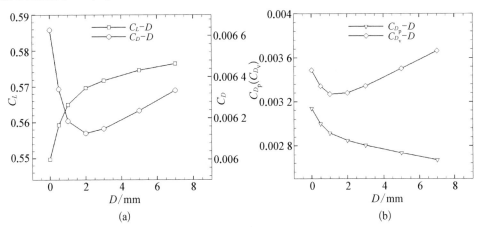

(a)   (b)

图 9 不同吸气孔径的力系数

(a) 升力系数、阻力系数 (b) 压差阻力系数、摩擦阻力系数

图 10 展示了流向不同位置的速度型。图 10(c)速度型位于吸气孔中心,图像显示该位置速度梯度在吸气时变得很大,这使 $C_{D_{v+}}$ 增加很多。与此同时,$C_{D_{v-}}$ 由于转捩推迟较少(孔径 D 较大时不超过 1%),变化很小。因此,吸气效率从 $D=2\ \text{mm}$ 时开始减小,在 $D > 5\ \text{mm}$ 时,吸气控制的 C_{D_v} 甚至比自然层流状态下更大。其他规律与 3.1 节类似,不再赘述。

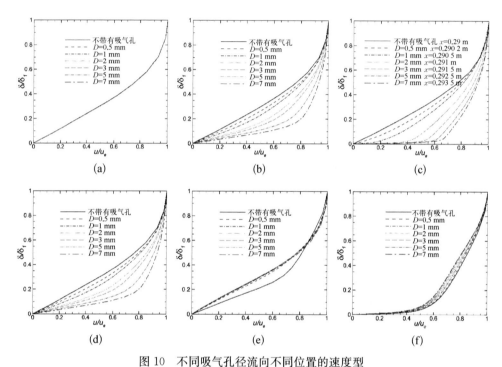

图 10　不同吸气孔径流向不同位置的速度型

(a) $x=0.2\ \text{m}$ 速度型　(b) $x=0.29\ \text{m}$ 速度型　(c) 吸气孔中部速度型
(d) $x=0.3\ \text{m}$ 速度型　(e) $x=0.5\ \text{m}$ 速度型　(f) $x=0.7\ \text{m}$ 速度型

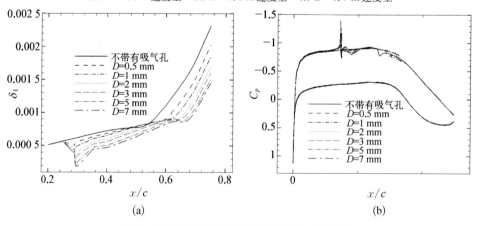

图 11　不同吸气孔径的边界层厚度和压力分布

(a) 边界层厚度　(b) 压力分布

从图 11 中可以看出,边界层厚度 δ_1 随着孔径 D 的增大而逐渐变薄,对压力分布产生了影响,进而影响了 C_{D_p}(见图 9)。因此随孔径 D 的增加,C_L 增大,C_D 减小。

3.3 吸气孔位置 X_1 的影响

吸气孔位置是转捩过程的一个反映,换言之,越靠近后缘则转捩发生的可能性越高。在接下来的算例中,固定吸气系数 $C_q=0.03$,固定孔径 $D=1\,\mathrm{mm}$。吸气孔位置 X_1 从 $0.1\,\mathrm{m}$ 变化到 $0.6\,\mathrm{m}$。

从图 12 中可以看出,随着孔位置的变化,转捩推迟最高可达 8%。在吸气孔位置向下游移动的过程中,在 $X_1=0.1\,\mathrm{m}\sim0.4\,\mathrm{m}$ 范围内,转捩位置持续后移;在 $X_1=0.5\,\mathrm{m}$ 和 $X_1=0.6\,\mathrm{m}$ 两种情况下,吸气控制的转捩位置与自然转捩位置基本相同,但转捩过程却较为缓慢,这是因为摩擦阻力 C_f 较小。可以得出结论,当 T-S 波扰动发展充分的时候,吸气控制几乎无用。

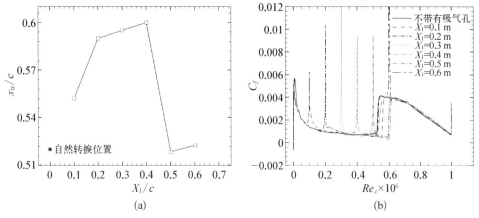

图 12　不同吸气孔位置的转捩位置和摩擦阻力系数
(a) 转捩位置　(b) 摩擦阻力系数

图 13 展示了 C_L 随 X_1 的后移先增大后减小的趋势,减小的位置与自然转捩的位置非常接近。在全部的吸气算例中,C_L 都比自然转捩情况下要高,表明吸气可以增大 C_L。C_D 最大减小量达到 6.6%(4.4counts)。C_{D_v} 和 C_{D_p} 随 X_1 的后移先减小后增大。在 $X_1=0.5\,\mathrm{m}$ 的状态下,转捩的延迟使 C_{D_v} 减小,而吸气的影响使 C_{D_v} 增大,综合影响下减阻效果几乎为 0。当吸气位置在自然转捩位置后的时候,吸气对转捩推迟没有贡献,但其所带来的负面影响使 C_{D_v} 增大,并高于自然转捩下的值。与此相反 C_{D_p} 虽然也增大但仍旧较自然转捩小,这归功于边界层厚度变薄,如图 14 所示。

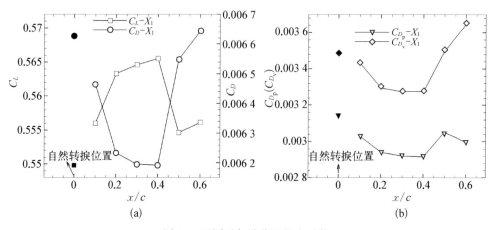

图 13　不同吸气孔位置的力系数

（a）升力系数、阻力系数　　（b）压差阻力系数、摩擦阻力系数

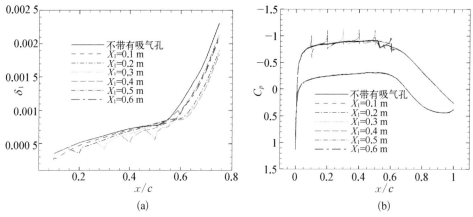

图 14　不同吸气孔位置吸气控制后的边界层厚度和压力分布

（a）边界层厚度　　（b）压力分布

4　多孔吸气控制优化

为了减小数值计算的时间消耗,采用改进的 RBF 神经网络模型来预测气动力[20-21]。设计变量有吸气孔间距 L、第一个吸气孔的孔位置 X_1、吸气系数 C_q 和吸气孔径 D。通过拉丁超立方方法生成 100 个样本点,其中 5 个用来测试代理模型精度。图 15 展示了改进的 RBF 模型对预估气动力的精度良好。

优化选用了和 3.1 节相同的层流翼型,优化算法使用改进的微分进化算法[22],优化目标是使阻力系数最小。根据 3.1 节的研究,给定约束如下:$(X_1 + 3D + 2L) < 0.5c$, $0.5\text{ mm} < D < 7\text{ mm}$, $5D < L < 20D$, $0.005 < C_q < 0.050$。

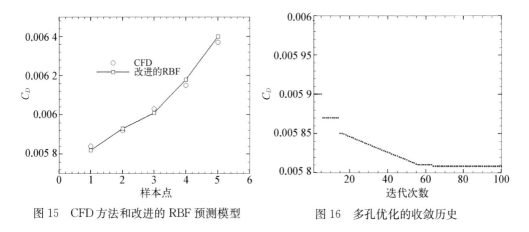

图 15 CFD 方法和改进的 RBF 预测模型　　图 16 多孔优化的收敛历史

　　搜索过程为每代个体 20 个,迭代 100 次,收敛历史如图 16 所示。代理模型在整个搜索过程中被调用了 20×100 次,因此计算可以节省 2 000 个 CFD 求解流场的时间,效率明显。

　　优化后各参数:吸气系数 $C_q = 0.012\,5$,吸气孔径 $D = 3.6$ mm,吸气孔间距 $L = 18D$,第一个孔位置 $X_1 = 0.36$ m。C_q 和 D 决定了吸气区域的吸气速度。最终优化结果中,RBF 模型的阻力计算结果是 58.1 counts,CFD 计算的阻力值是 58.3 counts,显示了代理模型具有良好的精度。

　　表 1 将自然转捩和优化后的结果进行了对比。图 17(a)给出了 CFD 计算的摩擦阻力分布。相对自然转捩情况,转捩推迟达到了 17%。升力系数 C_L 增加 5.6%,阻力系数 C_D 减小 12.1%($41.2\%C_{D_v}$,$58.8\%C_{D_p}$)。从图 17(b)中可以看出,边界层厚度在第一个孔之后会变厚,但由于第二个孔的原因,因此厚度增长有限。最后一个孔的作用与第二个孔相同。可以得出结论:多孔耦合吸气控制可以更有效地推迟转捩,而且吸气系数更低,意味着吸气能耗更低,吸气效率更高。

表 1　初始构型和优化结果对比

	转捩位置	C_L	C_D	C_{D_p}	C_{D_v}
初始构型	$52\%c$	0.550	0.006 63	0.003 14	0.003 49
优化构型	$69\%c$	0.584	0.005 83	0.002 67	0.003 16

　　图 18 展示了优化后翼型空间的间歇因子 γ 云图,$\gamma = 0$ 代表层流,$\gamma = 1$ 代表湍流。在图中圆孔中,间歇因子突然从 0 增加到 1,即转捩在此发生。

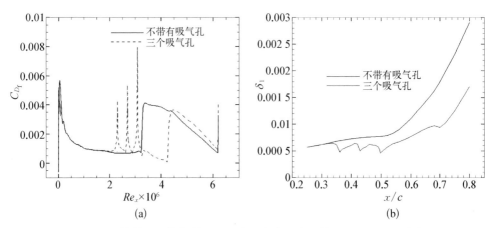

图 17　原始翼型和优化翼型的上表面摩擦阻力系数和边界层厚度分布
（a）摩擦阻力系数　（b）边界层厚度

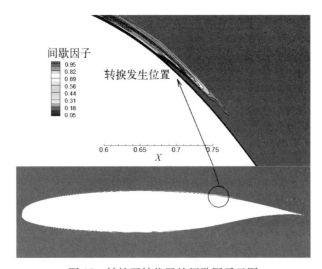

图 18　转捩开始位置的间歇因子云图

5　结论

（1）通过 NACA66012 翼型的 Langtry‑Menter 转捩模型计算结果与风洞实验数据的对比，验证了 $\gamma-\widetilde{Re_{\theta t}}$ 转捩模型的精度。

（2）数值模拟结果显示，翼型的吸气控制通过改变边界层厚度和速度型可以推迟由 T‑S 波引起的转捩，并使升力系数增加、阻力系数减小，提高了翼型的气动特性。

（3）吸气孔径、孔位置、孔分布和吸气系数对吸气控制结果影响不同。对单孔吸气，当吸气系数和吸气孔径在一定范围内增大时，阻力系数减小。对吸气孔位置的研究表明,在自然转捩位置前,吸气孔越靠近转捩位置,吸气控制效果越好。

　　(4) 基于对单孔吸气的研究,使用改进的 RBF 神经网络模型和微分进化算法对多孔吸气进行了优化,结果表明,在合理的孔位置、孔径、孔间距和吸气系数下,阻力系数可以获得很大的降低,相对单孔吸气控制来说减小量是其 1.68 倍,而且吸气系数更小了。所以,多孔吸气可以更有效地提高吸气控制的效率。总之,吸气控制可以减阻并能推迟转捩,可以作为层流流动控制设计的参考。

参 考 文 献

[1] Joslin R. Aircraft laminar flow control [J]. Annual Review of Fluid Mechanics,1998,30 (1):1-29.

[2] Green J. Laminar flow control — back to the future[C]//38th Fluid Dynamics Conference and Exhibit,2008.

[3] Ralf M, Kloker M J. Investigation of suction for laminar flow control of three-dimensional boundary layers. Journal of Fluids Mechanics,2010,658:117-147.

[4] Li J, Gao Z H, Huang J T. Robust design of NLF airfoils [J]. Chinese Journal of Aeronautics,2013;26(2):309-318.

[5] Pralits J. Optimal design of natural and hybrid laminar flow control on wings [D]. Mount pleasant (MI):Universitetsservice, Stockholm,2003.

[6] Younga T M, Humphreys B, Fieldingc J P. Investigation of hybrid laminar flowcontrol (HLFC) surfaces [J]. Aircraft Design,2001,4(1):127-146.

[7] Wright M, Nelson P. Optimization of distributed suction for automatic transition control [J]. AIAA,1998;98(1):959-966.

[8] Risse K, Schueltke F, Stumpf E. Conceptual wing design methodology for aircraft with hybrid laminar flow control[C]//52nd Aerospace Sciences Meeting, AIAA,2014.

[9] Liu P Q, Duan H S, Chen J Z, et al. Numerical study of suction-blowing flow control technology for an airfoil [J]. Journal of Aircraft,2010,47(1):229-238.

[10] Collier F S. An overview of recent subsonic laminar flow control flight experiments[C]// 24th Fluid Dynamics Conference, AIAA,1993.

[11] Pehlivanoglu Y V, Yagiz B, Kandil O, et al. Particle swarm optimization of suction and blowing on airfoils at transonic speeds [J]. Journal of Aircraft, 2010, 47 (6): 1955-1965.

[12] Langtry R B, Menter F R. Correlation-based transition modeling for unstructured parallelized computational fluid dynamics codes [J]. AIAA Journal, 2009, 47(12):2894-2906.

[13] Langtry R B. A Correlation-based transition model using local variables for unstructured parallelized CFD codes [D]. Mount pleasant (MI):Universität Stuttgart,2006.

[14] Li J, Gao Z H, Huang J T. Aerodynamic design optimization of nacelle/pylon position on an aircraft [J]. Chin J Aeronaut 2013;26(4):850-857.

[15] 白俊强,王丹,何小龙,等. 改进的 RBF 神经网络在翼梢小翼优化设计中的应用[J]. 航空学报,2014,35(7):1865-1873.

[16] Wright M C M, Nelson P. Wind tunnel experiments on the optimization of distributed suction for laminar flow control [J]. Proceedings of the Institution of Mechanical Engireers, 2001; 215(G): 343 - 354.

[17] Kays W M, Crawford M E, Weigand B. Convective Heat and Mass Transfer [M]. Beijing: High Education Press, 2007.

[18] Bokser V D, Babuev V P, Kiselev A P, et al. Experimental investigation on the application of Hybrid Laminar Flow Control to large scale swept wing models at subsonic speeds[C]//21st ICAS congress, 1998.

[19] Ellis J E, Poll D I A. Laminar and laminarizing boundary layers by suction through perforated plates[C]//Second European Forum on Laminar Flow Technology, 1996.

[20] 刘文菊, 郭景. RBF 神经网络中心选取 OLS 算法的研究[J]. 天津工业大学学报, 2002(2): 71 - 73.

[21] 邱亚松, 白俊强, 华俊. 基于本征正交分解和代理模型的流场预测方法[J]. 航空学报, 2013, 34(6): 1249 - 1260.

[22] 杨体浩, 白俊强, 王丹, 等. 考虑发动机干扰的尾吊布局后体气动优化设计[J]. 航空学报, 2014, 35(7): 1836 - 1844.

3.11　混合层流翼套的吸气控制研究

马世伟[1]　白俊强[1]　韩志熔[2]　杨体浩[1]　史亚云[1]　杨一雄[1]

(1. 西北工业大学 航空学院，西安　710072)
(2. 上海飞机设计研究院，上海　201210)

摘　要：混合层流翼套的用途是借助飞行实验手段验证混合层流技术的可行性和有效性。本文基于设计完成的翼套布局和气动外形，使用 e^N 线性稳定性理论预测转捩位置，采用 NSGA‐Ⅱ全局优化算法对混合层流翼套的吸气控制参数进行优化设计研究，探索不同侧滑角下最优吸气控制参数的设计规律。对比分析了均匀/非均匀吸气控制方式以及吸气腔数量对翼套维持层流段能力的影响，设计结果表明，提高吸气区域首、尾两部分的吸气控制强度，能够提高吸气控制效率，减小所需的吸气控制流量，并且吸气腔数量越多，控制能力越精细。

关键词：翼套；混合层流控制（HLFC）；吸气控制；e^N；NSGA‐Ⅱ

Abstract：The purpose of the hybrid laminar wing glove is to verify the feasibility and effectiveness of the hybrid laminar flow technique by means of flight tests. This paper is based on the layout and aerodynamic shape，which have already been designed，and explores the design rules of suction control parameters at different slip angles by using e^N linear stability theory to predict the transition position and NSGA‐Ⅱ，which is global optimization algorithm，to optimize the suction control parameters. This paper compares and analyses the uniform/non‐uniform suction control method and different numbers of suction chambers，which plays an important role in keeping laminar. The design results show that increasing the suction control intensity at the first and the tail of the suction area is more effective. Meanwhile，the more number of suction chambers are，the finer control capability is.

Key words：wing glove；hybrid laminar flow control（HLFC）；suction control；e^N；NSGA‐Ⅱ

1　引言

增升减阻一直是飞机设计师追求的目标，在当今追求"绿色航空"的大背景下显得更为重要和急迫。据经验数据表明，对于民用飞机在典型飞行工况下，摩擦阻力能够占到总阻力的 $45\%\sim50\%$ 左右[1]，而层流摩擦阻力比相同雷诺数湍流的阻力要小 90%。因此使用层流控制技术减小全机阻力，对于提高民用飞机的经济性和环保性有着重要的作用。

引起转捩的几种因素主要有：接触线污染、Görtler 涡、T－S 扰动波和 C－F 扰动波等。合适的顺压梯度能够有效抑制 T－S 扰动波的增长，在不考虑其他转捩因素的前提下，对于小前缘后掠角（一般不超过 $10°$）的机翼，T－S 扰动波是引起转捩的主要因素；而随着后掠角增大，横流效应加剧，C－F 扰动波对转捩的影响更加明显。此外，顺压梯度不利于 C－F 扰动波的抑制，这就需要在设计中对二者的影响进行权衡处理。对于现代民用飞机，马赫数多为 $0.78\sim0.85$，雷诺数更是高达两千万以上，这对仅依靠气动外形的层流设计无疑是极大的挑战，往往需要借助层流控制技术来维持飞机较长时间位于层流区。

层流控制技术主要有以下三种[2]：自然层流流动控制（natural laminar flow control，NLFC），全层流流动控制（full laminar flow control，FLFC）和混合层流流动控制（natural laminar flow control，HLFC）。NLFC 利用有利的压力分布（顺压）来延缓转捩的发生，但无法适用于后掠角较大时 C－F 扰动波引起的转捩。FLFC 在全部机翼表面进行吸气控制，能够维持较长的层流区，但吸气泵会消耗较大的能量，另外对机翼翼盒结构的设计也带来了极大的困难，结构重量大幅增加。HLFC 结合 NLFC 和 FLFC，只在机翼前梁保持吸气，同时通过气动外形设计来获得与之相匹配的压力分布形态，能够在较大程度上减小吸气泵的能量和结构的复杂度，而且能够获得较大范围的层流区。

而 HLFC 技术的有效性往往通过加装翼套进行飞行实验来验证。国外对此进行了广泛、深入的研究，并多次进行飞行实验。早在 20 世纪 90 年代初，NASA 对 B757 的机翼进行吸气系统改装和设计，最终飞行实验数据表明，使用 HLFC 技术能够减阻达到 6% 之多[3-4]。由 DLR、Rolls Royce 以及 MTU 组成的研究小组对短舱进行 NLFC 和 HLFC 设计及飞行实验验证[5]，证明了 HLFC 技术的有效性及可行性，并且得出短舱的振动及噪声对层流影响较小。Texas A&M 大学在 Gulfstream III 公务机的机翼上进行加装翼套的气动外形设计及数值计算分析[6-8]，最后成功进行了飞行实验。国内对于 HLFC 技术的研究多是针对二维翼型或者三维机翼进行数值模拟和风洞实验[9-15]，并未进行面向试飞实验的翼套气动外形及吸气控制设计的探索。

本文设计的翼套便是为了通过试飞的手段来验证 HLFC 技术的有效性，探索其中的设计规律，基于设计完成的翼套布局和气动外形，使用 e^N 线性稳定性理论预测转捩位置，采用 NSGA－II 全局优化算法对混合层流翼套的吸气控制参数进行优化设计研究，探索不同侧滑角下最优吸气控制参数的设计规律。

2　转捩预测方法

2.1　e^N 线性稳定性理论

为了能够快速、准确地捕捉 T‑S 波和 C‑F 波共同作用引起的转捩,本文采用基于线性稳定性理论的 e^N 方法预测转捩位置,并通过改变边界条件的方式考虑吸气控制的影响。

e^N 线性稳定性理论[16-17]基于四阶可压缩 Orr‑Sommerfeld(O‑S)方程,基本表达式如下所示。

$$[\varphi^{iv} - 2(\alpha^2 + \beta^2)\varphi'' + (\alpha^2 + \beta^2)^2\varphi]/R_t - i\{(\alpha u + \beta w) - \omega[\varphi'' - (\alpha^2 + \beta^2)\varphi] - (\alpha u'' + \beta w'')\varphi\} = 0 \tag{1}$$

式中:x 轴垂直于机翼前缘;y 轴垂直于物面;z 轴沿展向方向;$(\cdot)''$ 表示相对于 y 坐标的导数;u 和 v 分别为 x 方向和 z 方向的速度。引入的小扰动为一系列正弦波,表达式如下所示。

$$q'(x, y, z, t) = \hat{q}(y)e^{i(\alpha x + \beta y - \omega t)} \tag{2}$$

通过摄动理论求解 O‑S 方程。式中:α 和 β 为实数;ω 为复数 $(\omega = \omega_i i + \omega_r)$,$\omega$ 的虚部用于进行放大因子的积分。

$$n(x) = \int_{x_{cr}}^{x} (-\omega_i)dx \tag{3}$$

当任意频率的放大因子扰动增长至阈值 N_{cri} 时,便认为转捩发生,而阈值 N_{cri} 的选取在工程实际应用中存在很大的经验性,可参考 Mark 公式。

$$N_{cri} = -8.43 - 2.4\ln\left[\frac{Tu_\infty(\%)}{100}\right] \tag{4}$$

在计算过程中,确定 α 和 β 的初值需要相应的边界层信息,而边界层信息通过计算边界层方程获得。求解过程中所需的物面边界条件和远场边界条件如下所示。

$$\hat{u}(0) = \hat{v}(0) = \hat{w}(0) = 0, \ \hat{T}(0) = 0 \tag{5}$$

$$\hat{u}(y_0) = \hat{v}(y_0) = \hat{w}(y_0) = \hat{p}(y_0) = \hat{T}(y_0) = 0 \tag{6}$$

混合层流通过前缘密集分布的微孔吸气推迟转捩,且吸气方向垂直于翼面。微孔直径以及孔间距往往都是微米量级,一般来说,孔间距不超过 0.8 mm,孔的直径不超过 0.2 mm,远远小于研究对象的特征长度,因此假设吸气控制区域连续,则可以忽略孔径以及孔间距的影响。本文关心吸气控制对转捩的影响,忽略吸气区域的流场细节。吸气控制的影响通过修改物面边界条件引入转捩判断方法中,修

改后的物面边界条件为

$$\hat{u}(0)=0, \ \hat{v}(0)=s, \ \hat{w}(0)=0 \tag{7}$$

式中：s 为物面法向速度，当其为负值时表示进行吸气控制。本文通过吸气系数 C_q 定义吸气强度，即通过吸气孔速度与自由来流速度的比值来确定。

$$C_q=\frac{s}{V_\infty} \tag{8}$$

2.2　算例验证

本文的转捩预测采用 e^N 线性稳定性理论与 RANS 求解器松耦合的方式。给定初始转捩位置（比如全湍），使用 RANS 求解器计算流场信息，获得相应位置的压力分布；使用 e^N 线性稳定性理论预测转捩位置；RANS 求解器根据获得的转捩位置重新计算流场信息。以此进行多次迭代，直至转捩位置收敛至残差要求。

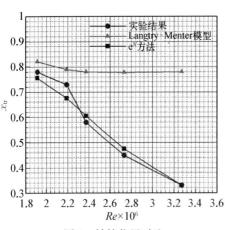

图 1　转捩位置对比

选取后掠角为 $45°$ 的 LF(2)-0415 标准模型[18]作为转捩预测方法有效性的验证算例，实验湍流度为 0.05%，攻角为 $-4°$，马赫数为 $0.123\sim0.209$，雷诺数为 $1.92\times10^6\sim3.27\times10^6$。根据 Mark 公式确定放大因子阈值 N_{cri} 为 9，将 e^N 线性稳定性理论和 Langtry - Menter 提出的 $\gamma-\widetilde{Re}_{\theta t}$ 转捩模型与实验结果进行对比，结果如图 1 所示。本文采用的 e^N 方法与实验值吻合良好，而 $\gamma-\widetilde{Re}_{\theta t}$ 转捩模型则差异较大，其原因在于对于 $45°$ 后掠角，因横流而引起的 C-F 扰动波在转捩发展过程中起到了关键性作用，而 $\gamma-\widetilde{Re}_{\theta t}$ 转捩模型无法预测横流对转捩的影响。选取雷诺数为 2.73×10^6 的结果进行分析，图 2 给出了 T-S 和 C-F 扰动波放大因子的增长曲线，描述了不同波长和频率的扰动波（见图 2 虚线）增长情况，当任何一条扰动波放大因子增长至阈值（见图 2 红线）时，e^N 方法判断转捩发生，因而可采用扰动波放大因子增长曲线的包络线（见图 2 蓝线）来描述扰动波的整体发展趋势。由图 2 可以看到 T-S 扰动波发展缓慢，而 C-F 扰动波发展迅速，是本算例引起转捩的原因。

3　NSGA-Ⅱ算法

Srinivas 和 Deb[19]早在 1994 年就提出了 NSGA(nordominated sorting genetic algorithm)算法，随后改进形成 NSGA-Ⅱ算法[20-21]。NSGA 算法存在非支配排序

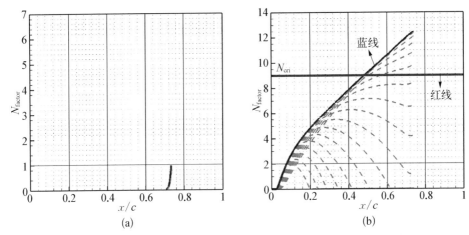

图 2　雷诺数为 2.73×10^6 时扰动波放大曲线和包络线

(a) T−S 扰动波　(b) C−F 扰动波

的计算复杂性高、收敛速度慢、部分参数难以设定等问题,NSGA−Ⅱ针对 NSGA 存在的问题进行了相应的改进:① 提出了快速非支配排序算法,一方面降低了计算的复杂度,另一方面它将父代种群与子代种群进行合并,使得下一代的种群从双倍的空间中进行选取,从而保留了最为优秀的所有个体,将群体中亲代及其子代混合,择优选取个体直接参与后续进化过程,能够有效防止最优解的遗失,从而使算法具有更好的稳健性和精度;② 引进精英策略,保证某些优良的种群个体在进化过程中不会被丢弃,从而提高了运算速度和稳健性以及优化结果的精度;③ 采用拥挤度和拥挤度比较算子,不但克服了 NSGA 中需要人为指定共享参数的缺陷,而且将其作为种群中个体间的比较标准,使得准 Pareto 域中的个体能均匀地扩展到整个 Pareto 域,保证了种群的多样性。NSGA−Ⅱ算法能够有效处理各种多维、非线性等复杂的规划问题,因而在各个领域得到了广泛的应用。算法具体原理本文不再赘述。

　　本文搭建的优化系统较为简单,采用 e^N 线性稳定性理论预测转捩位置,在满足相应约束的前提下对吸气控制采用 NSGA−Ⅱ算法进行最优规划。

4　混合层流翼套吸气控制

　　本次翼套气动外形在某型支线客机垂尾进行改装设计,在垂尾改装的主要原因在于其对客机的整体性能影响较小,能够尽可能保证试飞的安全性。本次翼套设计工况如表 1 所示,湍流度取 0.2%,根据 Mark 公式确定放大因子阈值 N_{cri} 为6.48。在垂尾上进行混合层流控制的实验时,通过改变全机的侧滑角来改变翼套所感受到的攻角。吸气区域设置在垂尾背风侧前缘的当地弦长为 15% 的区域,可类比为机翼在正攻角时的上翼面,如图 3 所示。加装翼套之后,进行吸气实验测试区域的前缘后掠角为 35°,这也意味着翼套气动外形设计必须考虑横流对转捩的影响。

表1　设　计　工　况

雷诺数 Re	马赫数 Ma	攻角/°	侧滑角/°
$3.81×10^7$	0.75	1、2、3	−2、−1、0、1、2

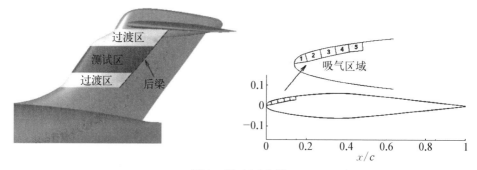

图3　吸　气　区　域

4.1　均匀吸气控制

在均匀吸气控制方式下,吸气量为 7.5‰。限于篇幅,本文仅对攻角为 3°、HLFC 主要测试区中间剖面(图 3 中深色区域,z 向位置为 4.5 m)的结果进行分析。攻角 3°,侧滑角 0、1、2°时的压力分布如图 4 所示,随着侧滑角的增大,前缘吸力峰逐渐增加,吸力峰后的逆压梯度增加,而弦长 10%～40% 位置处的顺压梯度的强度有所降低。结合图 5 的转捩线位置及扰动波形态,得知在吸气控制的作用下,T-S 扰动波在弦长前 15% 的位置几乎被完全抑制,而头部较强的顺压梯度不利于 C-F 扰动波的抑制,顺压梯度越大,C-F 扰动波增长越快,弦长前 3%～10% 位置处的逆压梯度与吸气控制在共同作用下有效抑制了 C-F 扰动波的增长。在弦长 10%～40% 位置处顺压梯度有利于抑制 T-S 扰动波的发展,顺压梯度越大抑制作用越明显。但由于顺压梯度相对较小,再加上弦长 15% 之后没有吸气控制

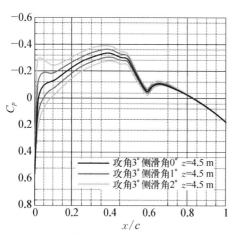

图4　攻角 3°,侧滑角 0、1、2°时压力分布对比

的作用,因此 T-S 和 C-F 扰动波增长迅速,直至达到阈值,发生转捩。当侧滑角较小的时候,转捩主要是由于 C-F 扰动波达到阈值造成的,随着侧滑角的增大,逐渐转变成 C-F 扰动波和 T-S 扰动波共同作用而引起转捩,这也说明翼套气动外形设计在权衡 C-F 和 T-S 扰动波发展方面达到了一个较优状态,而转捩线随侧

滑角的增大变化较小,可见翼套的气动外形设计具有较强的稳健性。

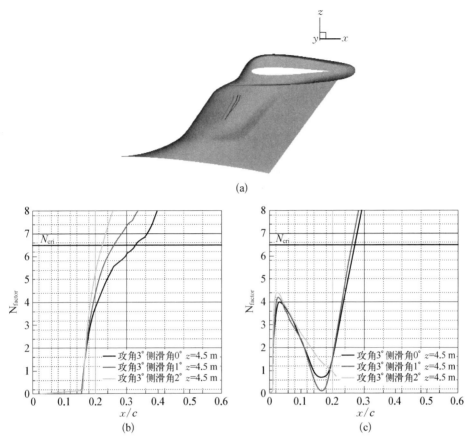

(a)

(b)　　　　　　　　　　　　　　　　　(c)

图 5　攻角 3°,侧滑角 0、1、2°时的转捩线与扰动波对比

(a) 转捩线　(b) T - S 扰动波　(c) C - F 扰动波

4.2　非均匀吸气控制单点优化

对于非均匀吸气控制方式,选取 3 个和 5 个吸气腔进行研究,并对侧滑角为 0°和 2°的工况分别进行吸气控制参数的单点优化,探索不同侧滑角和不同吸气腔个数对吸气控制的影响。单点优化以吸气强度最小为目标,并保证转捩位置不小于初始值,该优化的数学模型如下所示。

$$
\begin{aligned}
&\min \quad \sum C_{q_i} \quad (i=1,2,3 \text{ 或 } i=1,2,3,4,5) \\
&\text{vary} \quad C_{q_i} \\
&\text{s. t.} \begin{cases} \text{转捩位置} \geqslant \text{初始值} \\ |C_{q_i}| \leqslant 0.001 \\ \overline{|C_{q_i}|} \leqslant 0.00075 \end{cases}
\end{aligned}
\tag{9}
$$

图 6 为该单点优化结果,结果表明在保证转捩位置不减小的前提下,吸气强度大大减小。在 0°侧滑角工况下,无论 3 个吸气腔还是 5 个吸气腔,吸气控制都呈现出"两端强、中间弱"的特点,这是由于头部吸力峰的顺压梯度会使 C-F 扰动波增长迅速,因而需要较强的吸气控制抑制其发展。而在弦长 5%~10%位置处较小的逆压梯度有利于 C-F 扰动波的抑制,而且 T-S 扰动波增长较为缓慢,因而该区域的吸气强度相对较弱。在弦长 10%~15%的吸气控制区,相对较强的顺压梯度使得 C-F 扰动波增长迅速,但其强度又不足以抑制 T-S 扰动波的发展,因此当地需要较强的吸气控制。在 2°侧滑角工况下,弦长前 5%位置处依然有较强的吸气强度,而在弦长 10%~15%位置处的吸气强度较弱,这是由于弦长 20%的位置处发生了层流分离,即便使用吸气控制技术依然无法维持层流,故而吸气强度相比小侧滑

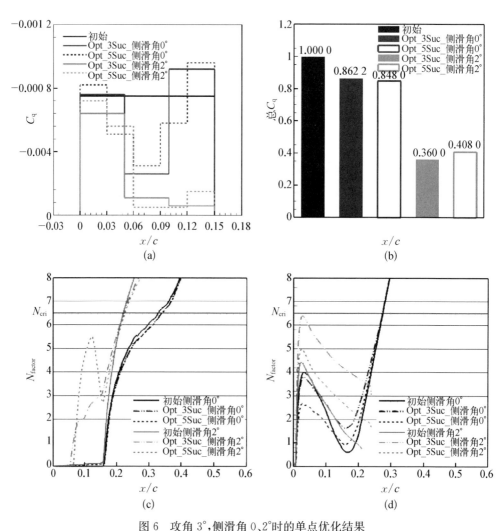

图 6 攻角 3°,侧滑角 0、2°时的单点优化结果

(a) 吸气控制参数　(b) 总吸气量对比　(c) T-S 扰动波　(d) C-F 扰动波

角工况大幅度较弱。

吸气腔个数对吸气控制也有一定的影响,其对总吸气量、泵的个数以及结构布置均有一定的影响。本文仅考虑对总吸气量的影响,总吸气量用图6(a)中折线段与 x 轴所围成的面积来衡量,并将初始均匀吸气方式单位化。为了方便说明,对吸气腔编号,从前缘开始五吸气腔方式分别为1、2、3、4、5号,三吸气腔方式分别为Ⅰ、Ⅱ、Ⅲ号。由图6(b)可以看到,在小侧滑角工况下,五吸气腔的总吸气量略低于三吸气腔,且五吸气腔的"两端强"特点更加明显,吸力峰处的 C-F 扰动波被更好地抑制,2、4号腔吸气强度相对较低,3号腔进行了一定的补偿。而在 2°侧滑角工况下,五吸气腔的总吸气量略高于三吸气腔,在2、3、4号腔吸气强度都相对较小,T-S和 C-F 扰动波增长迅速,C-F 扰动波一度接近阈值,5号腔进行一定的补偿且代价较大。观察图6(c)、(d),五吸气腔相较三吸气腔在弦长前10%位置处的扰动波幅度普遍较大,但仍能保证相近的转捩位置,可见吸气腔个数较多时能够更加精细地控制扰动波的发展形态,但并不意味着能都减小总吸气量,需视具体的飞行工况而定。

5　结论

本文使用 e^N 线性稳定性理论预测转捩位置,采用 NSGA-Ⅱ全局优化算法对混合层流翼套的吸气控制进行研究,探索不同侧滑角下最优吸气控制参数的设计规律,并且分析了均匀/非均匀吸气控制方式以及吸气腔数量对翼套维持层流段能力的影响,得到如下结论。

(1) 对于 HLFC 技术有利的压力分布形态有如下特点:大小适宜的头部峰值,峰值过高会造成 C-F 扰动波发展过快;峰值后为一段逆压梯度,主要是为了抑制C-F 扰动波的发展;之后为一段较长的顺压梯度,用于抑制 T-S 扰动波的发展,最后以弱激波的形式进行压力恢复。

(2) 采取非均匀吸气控制方式能够在保证转捩区域的前提下,较大程度地减小总吸气量,在侧滑角较小的工况下吸气控制呈现出"两端强、中间弱"的特点,适当加强吸气区首、尾处的吸气控制强度能够明显提高吸气控制效率。

(3) 随着侧滑角的增大,由于发生了层流分离,因此吸气控制技术无法继续维持层流,总吸气量大幅度减小,而且吸气区首处的吸气控制依然占据举足轻重的地位。

(4) 吸气腔个数的增加能够更加精细地控制扰动波的发展,但会增加结构的复杂性和重量,另外吸气腔个数越多并不意味着总吸气量越低,需要视具体飞行工况而定。

参 考 文 献

[1]　Schrauf G. Status and perspectives of laminar flow [J]. Aeronautical Journal, 2005, 109 (1102): 639-644.

[2]　朱自强,鞠胜军,吴宗成. 层流流动主/被动控制技术[J]. 航空学报, 2016, 37 (7):

2065 - 2090.

[3] Ronald D J. Overview of laminar flow control [J]. 1998.

[4] NASA/CR‑1999‑209324. High Reynolds number hybrid laminar flow control (HLFC) flight experiment II [S]. Aerodynamic Design. 1999.

[5] Barry B. The flight testing of natural and hybrid laminar flow nacelles [C]//ASME 1994 International Gas Turbine and Aeroengine Congress and Exposition. American Society of Mechanical Engineers, 1994: V002T02A013.

[6] Hartshorn F, Belisle M, Reed H. Computational optimization of a natural laminar flow experimental wing glove [C]//Aiaa Aerospace Sciences Meeting Including the New Horizons Forum and Aerospace Exposition. 2013.

[7] Roberts M W, Reed H L, Saric W S. A transonic laminar‑flow wing glove flight experiment: Computational evaluation and linear stability[C]//AIAA Paper, 2012.

[8] Belisle M, Roberts M, Williams T, et al. A transonic laminar‑flow wing glove flight experiment: Overview and design optimization [C]//AIAA Applied Aerodynanics Conference, 2012.

[9] 杨体浩,白俊强,史亚云,等. 考虑吸气分布影响的 HLFC 机翼优化设计[J]. 航空学报, 2017,38(12): 1 - 15.

[10] 杨一雄,杨体浩,白俊强,等. HLFC 后掠翼优化设计的若干问题研究[J]. 航空学报,2018, 39(1): 150 - 163.

[11] Shi Y, Bai J, Hua J, et al. Numerical analysis and op‑timization of boundary layer suction on airfoils [J]. Chinese Journal of Aeronautics, 2015, 28(2): 357 - 367.

[12] 耿子海,刘双科,王勋年,等. 二维翼型混合层流控制减阻技术实验研究[J]. 实验流体力学,2010,24(1): 46 - 50.

[13] 王菲,额日其太,王强,等. 后掠翼混合层流控制机制的实验[J]. 航空动力学报,2010,25(4): 918 - 924.

[14] 王菲,额日其太,王强,等. 基于升华法的后掠翼混合层流控制研究[J]. 实验流体力学, 2010,24(3): 54 - 58.

[15] 邓双国,额日其太,聂俊杰,等. 后掠翼模型混合层流控制实验研究[J]实验流体力学, 2011,25(3): 30 - 33.

[16] Smith A M O, Gamberoni N. Transition, pressure gradient and stability theory [M]. Douglas Aircraft Company, El Segundo Division, 1956.

[17] Ingen J L V. A suggested semi‑empirical method for the calculation of the boundary layer transition region [J]. Journal of Applied Physics, 1956, 9(15): 112 - 147.

[18] Dagenhart J, Saric W S. Crossflow stability and transition experiments in swept‑wing flow [J]. 1999.

[19] Srinivas N, Deb K. Muilti‑objective optimization using non‑dominated sorting in genetic algorithms [J]. Evolutionary Computation,1994,2(3): 221 - 248.

[20] Deb K, Pratap A, Agarwal S, et al. A fast and elitist multiobjective genetic algorithm: NSGA‑II [J]. IEEE Transactions Evolutionary Computation, 2002, 6(2): 182 - 197.

[21] Srinivas N, Deb K. Muiltiobjective Optimization Using Nondominated Sorting in Genetic Algorithms [M]. MIT Press, 1994.

3.12 介质阻挡放电等离子体激发器推迟后掠翼横流转捩

王哲夫 王 亮 符 松

（清华大学 航天航空学院，北京 100084）

摘 要：针对后掠翼流动，本文提出了两种应用介质阻挡放电等离子体激发器推迟转捩的控制方案。该边界层转捩由横流失稳主导，转捩前会在边界层内生成同方向旋转的横流涡。本文首先提出了一种在每个横流涡展向周期布置一个激发器的谐波激励控制方法。数值模拟发现，该方法对激发器展向位置精度要求非常高，稳健性欠佳。其次又提出在每个展向周期放置两个激发器的亚谐波激励控制方案。计算发现，亚谐波控制方案对激发器位置的依赖性不强，总能起到减阻的效果。最后本文还测试了一个非设计工况，在不改变激发器间距的情况下依然成功降低了边界层内扰动的能量。通过一个反向控制算例，本文揭示了降低了横流强度的基本流修正模态在亚谐波激励控制中起主导作用。

关键词：介质阻挡放电等离子体激发器；敏感性分析；稳定性分析；流动控制

Abstract：The potential use of plasma actuators for transition delay is assessed by resolving the disturbance evolution with stability equations. The equations are parabolized and the nonlinear terms are taken into account. Actuators are mounted near the leading edge and body force is induced by plasma. Two control methods are tested. In the first one, The spanwise distances of neighboring actuators is equal to the fundamental wavelength of the target mode. It is found that the spanwise location of the actuators are critical. With wrong spanwise positions, the actuators promote the transition rather than delay the transition. In the second strategy, we put two actuators per fundamental wavelength. Several spanwise and streamwise locations of actuators are tested and all of them lead to the reduction of the primary instability mode's energy which indicates the transition delay. Even in non-designed case, those actuators work very well. Finally, a reverse control case is simulated and it reveals the mean flow distortion mode, namely the (0,0) mode, which can decrease the crossflow velocity which plays an important role in this control method.

Key words：DBD plasma actuator；sensitivity analyses；stability analyses；flow control

1 引言

三维边界层转捩的研究起始于后掠层流机翼设计项目[1]，其目标是大幅降低机翼阻力。几十年来航空界一直致力于发展这一项目，然而由于三维边界层的稳定性涉及边界层对自由流中的扰动与机翼表面粗糙度的感受性、基频扰动及其谐波与驻涡（crossflow vortices）等多种模态之间的相互作用等诸多问题，因此目前的研究与实际应用还有一定的距离。

三维不可压缩边界层具有多种失稳机制[2]，其中横流不稳定性起主导作用。由于沿机翼弦向压力梯度的存在，因此边界层外缘流线将发生扭曲，或者认为此处流体微团的曲线运动产生的离心力与压力平衡。而在边界层内，流体微团的速度沿壁面法向逐渐减小，因此其产生的离心力减小，而压力却保持不变，这种不平衡性导致了垂直于主流方向的横流（crossflow velocity）的出现。横流速度剖面在壁面和边界层外缘必须为零，这也就意味着横流速度剖面必须有一个拐点。这个拐点就是横流失稳的根源所在。横流失稳会产生驻涡模态和行波模态，其中驻涡模态是由壁面粗糙度激发出来的，而行波模态是由来流湍流度激发出来的[3]。当来流湍流度很低的时候，转捩由驻涡模态主导，当来流湍流度较高时，转捩由行波模态主导[4]。一般而言，在高空中，来流都很干净，湍流度较低，后掠翼上的转捩均由驻涡模态主导。所以本文主要研究驻涡模态主导的转捩。驻涡模态之所以叫"驻涡"，是因为失稳之后其在边界层内会形成同方向旋转的涡。这些涡的涡轴方向大致与势流线平行（有 3°～4° 的夹角）。当这些横流涡模态的幅值达到一定的强度时，法向和展向对扰动速度会产生很强的对流效应，在流向速度云图上会体现出一个翻转结构。这时候横流涡就进入了饱和阶段[5-6]。在饱和阶段，横流涡的幅值不再增长，但是由于其极大程度地扭曲了边界层，因此高频的二次失稳扰动迅速发展起来[7]。Malik 等人[8]根据二次失稳扰动能量的来源不同，将其分为两类，分别是能量来源于纵向剪切的 Y 模态和能量来源于横向剪切的 Z 模态。

在横流失稳的控制方面，最著名的结果无外乎 Saric[9] 等人提出的通过人为引入亚谐波模态，以减缓自然状态下最不稳定模态增长的方法。在他们的实验中，亚谐波模态是通过翼型前缘一排间距略小于最不稳定模态展向波长的粗糙单元（discrete roughness element，DRE）引入的。在他们提出这一方法之后，诸多学者前赴后继地对这一方法进行了实验和数值研究[6, 8, 10-14]。Malik[8] 等人采用 NPSE 进行计算，得到了有控制模态和没有控制模态时扰动的发展变化情况。Saric[11] 等人在 2008 年做了利用粗糙单元推迟转捩的飞行实验，实验发现，在翼型前缘表面没有被打磨得很光滑的时候，该方法是有效的。随后，Li 等人[15]对该控制方法做了从线性失稳到二次失稳，涡破碎的全面数值模拟，进一步证实了其可行性。2013年，Hosseini 等人[13]用 DNS 更加精细地解析出了亚谐波控制下的横流涡发展过程。他们的计算将扰动传入边界层的感受性过程也包含了进来。2014 年，Lovig

等人[16]在湍流度更低的风洞(来流湍流度 0.04%)中印证了这一方法,从而更加肯定了这种方法在实际飞行中的可行性。Schuele 等人[17]将 DBD 激发器安装于一个带攻角的尖锥前端。这一流动的转捩本身由横流失稳触发。实验中,DBD 激发器起到了类似壁面粗糙单元的作用,激发出了次谐波模态。这一次谐波模态有效地推迟了转捩过程。上面提到的做法都是试图在横流失稳的首次失稳阶段进行控制,Friederich 和 Kloker[18-19]提出了一种通过吸气控制二次失稳的方法。横流涡饱和之后在其上会发展出二次失稳模态。Friederich 和 Kloker 在横流涡卷着流体上扬的位置放置吸气的小孔。这些小孔几乎直接将横流涡吸没了,使边界层重新回到了规则安静的状态。除了这些传统做法之外,采用等离子体削弱横流也是有效提高三维边界层稳定性的做法。Dorr 和 Kloker[20]用 DBD 激发器产生的"电风"削弱三维边界层中的二次流(横流)速度,从而降低了横流失稳模态的增长。本文也研究了类似的控制方法,并将其从后掠平板流动推广到实际的后掠翼流动中来。

本文研究的翼型为 NLF - 0415 自然层流翼型,后掠角为 $45°$,攻角为 $-4°$。来流速度为 $44.5\ \mathrm{m/s}$,雷诺数为 3.62×10^6。这一算例的稳定性分析前人已经做过[21],本文不做过多分析,重点展示我们添加了控制的结果。

2 数值方法

本文先采用线性稳定性理论研究横流转捩前的线性失稳特性并得到了自然状态下最不稳定的扰动波的波长,之后又采用抛物化扰动方程(NPSE)计算扰动在边界层内增长到非线性饱和的过程。再用 NPSE 验证了新提出的等离子体激发器控制转捩的效果。这里,先对使用的理论方法进行了简要的介绍。我们从无量纲的可压缩 Navier - Stokes 方程出发。

$$\frac{\partial \rho}{\partial t} + \nabla \cdot (\rho \boldsymbol{V}) = 0 \tag{1a}$$

$$\rho \left[\frac{\partial \boldsymbol{V}}{\partial t} + (\boldsymbol{V} \cdot \nabla) \boldsymbol{V} \right] = -\nabla p + \nabla [\lambda (\boldsymbol{V} \cdot \nabla)] + \nabla \cdot [\mu (\nabla \boldsymbol{V} + \nabla \boldsymbol{V}^{\mathrm{T}})] + \rho \boldsymbol{f} \tag{1b}$$

$$\rho C_p \left[\frac{\partial T}{\partial t} + (\boldsymbol{V} \cdot \nabla) T \right] = \nabla \cdot (\kappa \nabla T) + \frac{\partial p}{\partial t} + (\boldsymbol{V} \cdot \nabla) p + \Phi + \boldsymbol{f} \cdot \boldsymbol{V} \tag{1c}$$

式中:$\boldsymbol{f}$ 为体积力项。我们可以看到,体积力的效应作为动量方程和能量方程中的源项出现。式(1c)中的黏性耗散方程的形式如下所示。

$$\Phi = \lambda (\nabla \cdot \boldsymbol{V})^2 + \frac{\mu}{2} (\nabla \boldsymbol{V} + \nabla \boldsymbol{V}^{\mathrm{T}})^2 \tag{2}$$

上式中的速度分量均采用参考速度 U_{reff}^* 进行无量纲化,该量在不同算例中的选取会在下一节详细说明。密度、温度、黏性系数和导热系数均采用自由来流中的值进行无量纲化。压力采用 $\rho_\infty^*(U_{\text{reff}}^*)^2$ 进行无量纲化。无量纲化采用的长度尺度 δ_0^* 也会在下一节进行说明。体积力采用 $\rho_\infty^*(U_{\text{reff}}^*)^2/\delta_0^*$ 进行无量纲化,时间采用 $\delta_0^*/U_{\text{reff}}^*$ 进行无量纲化。为了进行稳定性分析,我们将流动参量分解为基本流 $\boldsymbol{q}_0=(\rho_0,u_0,v_0,w_0,p_0)$ 和扰动量 $\widetilde{\boldsymbol{q}}=(\widetilde{\rho},\ \widetilde{u},\ \widetilde{v},\ \widetilde{w},\ \widetilde{p})$。体积力的效应完全被吸收进扰动方程中进行考虑。这么做并不会引入额外的误差,因为只要基本流方程加上扰动方程便可以得到原始的 Navier-Stokes 方程,所得到的结果就是物理的。为了确保这一点,我们从原始的 Navier-Stokes 方程中减掉基本流方程,就可以得到扰动方程。将其写为紧致的形式。

$$\boldsymbol{\Gamma}\frac{\partial\widetilde{\boldsymbol{q}}}{\partial t}+\boldsymbol{A}\frac{\partial\widetilde{\boldsymbol{q}}}{\partial x}+\boldsymbol{B}\frac{\partial\widetilde{\boldsymbol{q}}}{\partial y}+\boldsymbol{C}\frac{\partial\widetilde{\boldsymbol{q}}}{\partial z}+\boldsymbol{D}\widetilde{\boldsymbol{q}}$$

$$=\boldsymbol{H}_{xx}\frac{\partial^2\widetilde{\boldsymbol{q}}}{\partial x^2}+\boldsymbol{H}_{yz}\frac{\partial^2\widetilde{\boldsymbol{q}}}{\partial z\partial y}+\boldsymbol{H}_{xy}\frac{\partial^2\widetilde{\boldsymbol{q}}}{\partial x\partial y}+\boldsymbol{H}_{xz}\frac{\partial^2\widetilde{\boldsymbol{q}}}{\partial x\partial z}+ \tag{3}$$

$$\boldsymbol{H}_{yy}\frac{\partial^2\widetilde{\boldsymbol{q}}}{\partial y^2}+\boldsymbol{H}_{zz}\frac{\partial^2\widetilde{\boldsymbol{q}}}{\partial z^2}+\boldsymbol{N}$$

式中:$\boldsymbol{\Gamma}$、$\boldsymbol{A}$、$\boldsymbol{B}$、$\boldsymbol{C}$、$\boldsymbol{D}$、$\boldsymbol{H}_{xx}$、$\boldsymbol{H}_{yz}$、$\boldsymbol{H}_{xy}$、$\boldsymbol{H}_{xz}$、$\boldsymbol{H}_{yy}$、$\boldsymbol{H}_{zz}$ 都是 5×5 的矩阵,其元素均为雷诺数 Re,马赫数 Ma,普朗特数 Pr 和基本流相关参量的函数。$\boldsymbol{N}$ 是包含体积力在内的非线性项,是一个五维的向量。计算中,扰动量和非线性项都先进行傅里叶展开,如下所示。

$$\widetilde{\boldsymbol{q}}(x,\ y,\ z,\ t)=\sum_{m=-M}^{M}\sum_{n=-N}^{N}\hat{\varphi}_{mn}(x,\ y)\exp\left[\mathrm{i}\int_{x_0}^{x}\alpha_{mn}(\xi)\mathrm{d}\xi+\mathrm{i}n\beta z-\mathrm{i}m\omega t\right] \tag{4}$$

$$\boldsymbol{N}=\sum_{m=-M}^{M}\sum_{n=-N}^{N}F_{mn}(x,\ y)\exp(\mathrm{i}n\beta z-\mathrm{i}m\omega t) \tag{5}$$

$\hat{\varphi}_m(x,\ y)$ 为所谓的形函数。将式(5)、式(6)代入式(4),就得到形函数的控制方程,如下所示。

$$\bar{\boldsymbol{A}}\frac{\partial\hat{\varphi}_{mn}}{\partial x}+\bar{\boldsymbol{B}}\frac{\partial\hat{\varphi}_{mn}}{\partial y}+\bar{\boldsymbol{D}}\hat{\varphi}_{mn}$$

$$=\boldsymbol{H}_{xx}\frac{\partial^2\hat{\varphi}_{mn}}{\partial x^2}+\boldsymbol{H}_{yy}\frac{\partial^2\hat{\varphi}_{mn}}{\partial y^2}+\boldsymbol{H}_{xy}\frac{\partial^2\hat{\varphi}_{mn}}{\partial x\partial y}+\boldsymbol{F}_{mn}\exp\left[-\mathrm{i}\int_{x_0}^{x}\alpha(\xi)\mathrm{d}\xi\right] \tag{6}$$

对式(6)进行无量纲化后,计算就可以沿流向推进求解了。这种求解方式可以节省很多的计算资源。这种非线性抛物化扰动方程(NPSE)求解边界层内的扰动已经被很多学者用于求解稳定性问题,详细的数值方法参见参考文献[22]。

我们选用介质阻挡放电(dielectric barrier discharges)等离子体激发器作为我

们的控制装置,其包含一个裸露在表面的电极和一个埋在绝缘介质下面的电极。当高频高压电加载在两个电极上的时候,电极之间强大的非定常电场会周期性地产生弱电离的等离子体。电离的空气在电场的作用下就会产生随着空间和时间变化的体积力场。由于电压的变化频率非常高,所以这一体积力场可以近似地视作定常的。为了确定这一体积力的分布,我们采用 Albrecht 等人[23]提出的基于实验信息的等离子体模型。该体积力模型忽略了垂直于壁面方向的体积力。这是因为该方向的体积力相比于流向的体积力要小一个量级左右。该模型采用涡量的输运方程来计算流向体积力的分布,这是因为涡量方程削去了实验中不太好测量的压力项。其中涡量的输运方程可以通过对动量方程求旋度得到。模型中用于计算体积力的公式如下所示。

$$f(x,y) = -\rho \int_{\infty}^{0} \left[u \frac{\partial \omega}{\partial x} + v \frac{\partial \omega}{\partial y} - \frac{\mu}{\rho} \left(\frac{\partial^2 \omega}{\partial x^2} + \frac{\partial^2 \omega}{\partial y^2} \right) \right] \mathrm{d}y \tag{7}$$

上式右端的所有项都可以通过实验测得。由于电磁的特征时间远远小于流动的特征时间,所以体积力的产生过程被认为和流动是解耦的。所以,在简单实验中的体积力分布和复杂流动中的体积力分布几乎是完全一样的。我们只需要在简单的实验中测得体积力的分布,就可以在复杂的实验中进行应用了。本文中所采用的实验数据来源于 Kriegseis 等人[24]的结果。他们用 PIV 技术测量了激发器附近的流场,并且用不同的等离子体模型反解出了体积力。他们确定体积力的流场完全是由等离子体激发器驱动的。之后,Maden 等人[25]将模型进一步简化,采用一个解析式将实验测得的体积力进行了拟合。本文模拟采用的是 Maden 拟合后的简化模型。

3 结果与讨论

本文先对无控制工况下的扰动失稳进行了计算,当主模态展向波长分别为 3～5 mm 时,扰动幅值在流向的发展如图 1 所示。

可以看到,5 mm 展向波长模态率先失稳。在后文中,我们将其作为控制目标模态。该模态在边界层内产生的横流涡如图 2 所示。

本文首先尝试了谐波激励控制方法,也就是让激发器与横流涡相平行,然后每个展向波长内放置一个激发器。这里控制的中心位置在 25% 弦长处,控制

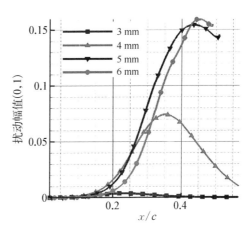

图 1 NPSE 计算得到的不同展向波长模态幅值沿流向变化

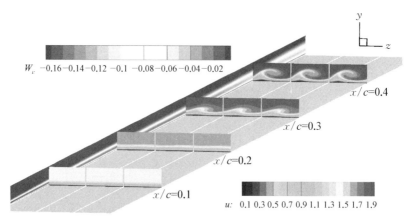

图 2　横流涡在翼型上的发展

开始于 23.7% 弦长处,结束于 26.2% 弦长处。本文计算了激发器在十个不同展向位置的结果。计算结果表明在横流涡下方偏下扫位置处控制效果较好。这里重点对比了这十个算例中效果最好的和效果最差的算例,以得到其控制的内在机理。图 3 展示了最好和最差算例中主模态沿流向的演化。其中 —●— 是无控制的结果, —▲— 和 —■— 分别是最差算例和最好算例的结果。T_z 是展向波长,z_0 是激发器中点的展向位置坐标。可以看到在激发器位于 $z_0/T_z=0.4$ 处时,在控制区域横流主模态能量大幅下降,并且在控制之后的区域始终低于无控制工况中的横流主模态能量。而在另一个算例中,激发器位于 $z_0/T_z=0.9$,也就是激发器刚好平移了半个波长处,这时主模态在控制区域反而被促进了,这也意味着转捩将会被提前。

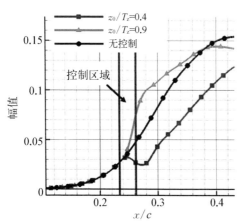

图 3　最佳控制算例与最差控制算例主模态能量沿流向演化与无控制算例结果比较

由结果可见,上文提出的谐波激励的控制方法并不具备稳健性,这里再提出一种采用 DBD 等离子体激发器削弱横流来抑制横流失稳的方法。依旧在翼型前缘附近安装等离子体激发器阵列,令其产生的体积力与横流方向相反。这里在每个展向周期内放置两个等离子体激发器。这种布置方式会直接激发出半波长的(0,2)模态,针对本例也就是 2.5 mm 展向波长的模态。相比之前的控制方案,激发器的布置密了一倍。控制区域开始于 18.7% 弦长处,结束于 21.2% 弦长处,中心位置处于 20% 弦长处。激发器平行于主模态的等相位线。图 4 给出了有控制和无控制时各阶失稳模态能量随流向的变化。其中━■━代表控制算例的结果，━◆━代表无控制算例的结果。图 5 对扰动的能量取了对数，这样可以更清楚地看到能量较小的高阶模态。控制区域用两条竖线表示。如之前所分析的，由于激发器的间距基础展向波长的一半，所以半波长模态(0, 2)被直接激发出来。可以看到，这一模态在控制区域一直增长，一直到控制区域结束位置，形成了一个小峰值。但是，出了控制区域之后，这一模态又迅速回落。在 30% 弦长处，其能量比控制区域结束位置的能量峰值低了将近两个数量级。这主要是因为这个展向波长 2.5mm 的模态在这一区域本身就是衰减的。所以，即便这一模态能够从等离子体激励中获得一点能量，这些能量也会迅速地耗散掉。除了(0, 2)模态，更高阶的模态[(0, 3)~(0, 5)]也被等离子体激发了出来，但是同样的，他们也都是稳定的模态，在翼型前缘是衰减的。所以他们的演化情况与(0, 2)模态类似，也是出了控制区域后一路衰减，一直到 30% 弦长左右处达到最低点。之后因为主模态幅值已经近饱和，因此其通过非线性效应将一部分能量转移到高阶模态上。依靠这些来自主模态的能量，高阶模态在 30% 弦长之后又重新开始增长。但是，直到 50% 弦长处，控制算例的各阶模态的能量都低于他们在无控制算例中的对应模态。这表明等离子体激发器成功地抑制了扰动。

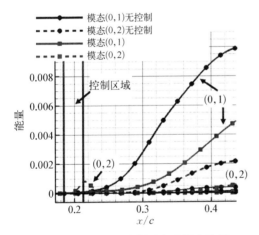

图 4　有控制和无控制时各阶模态能量
　　　沿流向演化过程

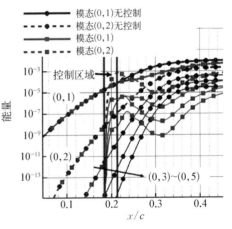

图 5　有控制和无控制时各阶模态能量
　　　沿流向演化过程(对数坐标)

图 6 和图 7 给出了 $x/c = 0.216$ 和 $x/c = 0.35$ 位置处的流向速度分布云图。其中 $x/c = 0.216$ 处非常靠近控制区域的结束位置，也就是 $x/c = 0.212$ 处。这是图 6 中(0, 2)模态能量出现小峰值的位置。可以看到，这一位置无控制的边界层十分干净，几乎没有什么扰动。加了控制之后，边界层反倒起了一些小的涟漪状的波动。所以可见这种亚谐波的控制方式并不像之前展示的谐波激励那样，直接在控制区域就起到作用，抑制扰动的能量。相反，在亚谐波激励区域，扰动的总能量反而因为激发了半波长模态而提高了。亚谐波激励的控制效果在下游才体现出来。如图

7所示,在 $x/c=0.35$ 位置处,无控制工况内横流涡已经形成,近壁区的低速流体被卷起,甚至要翻转下来。然而,在控制工况里,这个位置还没有形成明显的横流涡,流向速度云图中也只是起了一点波动,并没有强烈的高低速流体对流现象。从这一位置的流向速度云图结果对比中,可以看到在控制区域的下游,横流涡的生成过程减缓了。

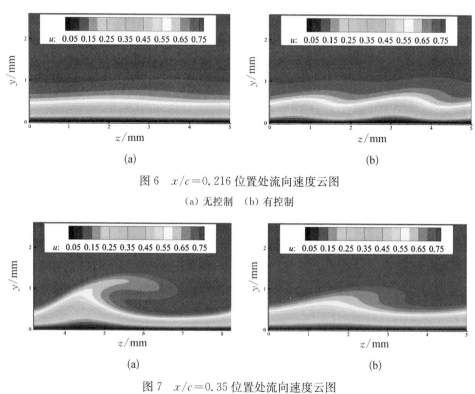

(a) (b)

图 6　$x/c=0.216$ 位置处流向速度云图

(a) 无控制　(b) 有控制

(a) (b)

图 7　$x/c=0.35$ 位置处流向速度云图

(a) 无控制　(b) 有控制

图8给出了不同算例中不同流向位置横流速度剖面的对比。其中━表示基本流中的横流速度剖面,━表示无控制工况中横流速度剖面。这一剖面是基本流叠加上基本流修正模态,也就是(0,0)模态得到的。可以看到,最开始━基本上和━重合,这也意味着基本流修正模态在开始的时候非常微弱。之后,随着横流模态的发展,平均流场被横流涡所扭曲,基本流修正模态的幅值开始提高,━也逐渐开始和━分离。可以看到,两条线在 $x/c=0.35$ 位置处已经有很大的分离了,而这一位置也就是无控制工况中主模态近乎饱和的位置。图中的━表示采用了等离子体激励算例中的横流速度剖面分布。可以看到,等离子体对平均流场的影响是显著的。在 $x/c=0.25$ 位置处,其横流剖面就已经明显低于无控制算例和基本流中的横流剖面。正是等离子体降低了横流速度,从而使得流动更加稳定,并阻碍了横流模态的发展。另外,从图8中也可以看到,四个流向位置处,控制工况下的横流强度并没有明显的变化。这主要是因为在控制工况中,横流模态的增长较慢。而基本流

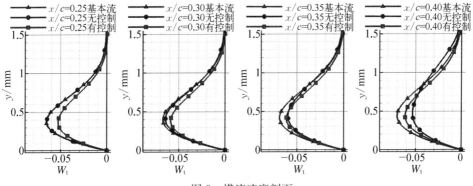

图 8 横流速度剖面

修正模态的能量主要来自其他模态对其的非线性作用。而这种非线性作用正比于其他模态本身的强度。所以当横流模态的发展受到抑制时，其模态幅值在翼型中段较低，无法有效地通过非线性项作用到基本流修正模态上，使得在控制工况中基本流修正模态并没有明显的变化。

图 9 对比了激发器放置在不同流向位置的算例中的失稳模态能量演化情况。其中▲、■和▼的曲线分别代表 DBD 激发器位于 15%、20% 和 25% 弦长位置处的算例。从图中可以看到，在控制区域，(0,2) 模态被激发并形成了一个小的峰值。右侧的图中依然是对激励区域的放大。可以看到，在 15% 位置处等离子体激发出来的 (0,2) 模态能量的峰值最矮，其次是 20%，而 25% 位置的最高。这是因为上游扰动能量本身就低，所以激发出来的模态也略弱。从 30%～40% 弦长位置处，在 15% 弦长位置处进行控制的算例的所有模态的能量都比其他算例中对应模态的能量低。在 25% 弦长处进行控制的算例中，主模态刚开始并没有受到等离子体激励的影响，一直到 33% 弦长位置其能量才开始大幅下降。这三个控制算例说明激发器的位置即便在流向一定范围内有所变化，其主模态的能量依然能够被削弱。

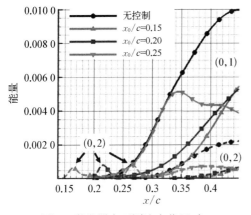

图 9 激发器在不同流向位置时，
扰动模态能量演化对比

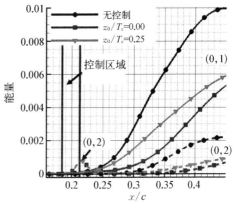

图 10 激发器在不同展向位置时，
扰动模态能量演化对比

之前提到过,激发器的展向位置对每个展向周期放置一个激发器的谐波激励控制至关重要。这里研究了激发器展向位置对每个展向周期放置两个激发器的亚谐波激励控制的影响。两个激发器展向位置相差半个相位的控制结果在图 10 中进行了对比。由于激发器的展向周期实际是失稳模态的一半,因此让激发器产生反相位需要将其在展向平移四分之一个主模态展向周期。━的线代表原来的算例,━的线代表激发器展向位置发生平移之后的新算例。与之前的算例类似,(0,2)模态在控制区域被激发,但是出了控制区域后又迅速降低。这两个控制工况中的主模态能量在控制区域几乎完全相同,但是一出控制区域,其能量则开始有了一定的分化。从 25%~45% 弦长处,展向平移之后的控制算例中的主模态一直略高于没有展向位置平移的。然而这一差距并不大,并且无论激发器的位置在展向平移与否,其翼型中段的扰动能量总是低于无控制算例中的扰动能量。

截至目前,人们已经清楚改变(0,0)模态[20]或者是激发(0,2)模态[9]可以有效地降低主模态的能量。在这里用到的 DBD 激发器亚谐波激励控制方案中,(0,0)和(0,2)模态都被等离子体直接改变了,主模态的能量变化是在控制区域下游才出现的。所以到底是(0,0)还是(0,2)模态引起了主模态的降低还并不是十分清楚。为了解决这一问题,笔者设计了一个反向控制工况用来说明这个问题。在这个反向控制工况内,等离子体激发器被旋转了 180°。这样体积力就指向了相反的方向。在计算中,体积力以源项的形式出现。在分析不同模态的演化过程的时候,这一源项先被傅里叶分解成若干不同展向波长的波,然后这些波再作用于不同的模态上。图 11 中为了说明问题,假设激发器产生的源项是正弦形式的 S_{total}。其中 S_{total} 可以被分解为延展向均匀的分量 $S_{(0,0)}$ 和波动形式的分量 $S_{(0,2)}$(为了说明问题,假设其波动形式分量恰为两倍波长谐波形式)。显然,当激发器的周期只有主模态展向周期的一半的时候,体积力源项对应主模态展向波数的傅里叶分量为 0,也就是体积

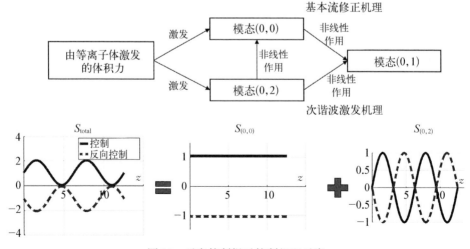

图 11　反向控制揭示控制机理示意

力并不直接作用在主模态上。这从之前的计算结果中也反映了出来。亚谐波激励形式的体积力会直接作用在$(0,0)$、$(0,2)$、$(0,4)$等模态上。其中$(0,0)$模态和$(0,2)$模态对主模态影响最大。这里将体积力反向,对于展向均匀的$(0,0)$模态上的体积力分量$S_{(0,0)}$,其刚好被反号了,从图 11 中的实线变成了虚线。而对于$(0,2)$模态,相对应的体积力源项$S_{(0,2)}$是正弦波形式的,反号也就相当于进行了相位平移,也就是展向位置平移。之前已经证实过展向位置对主模态的演化影响甚微(见图 10)。所以综上所述,反向控制中仅仅对$(0,0)$模态产生了刚好相反的效果,其余模态几乎不受影响。如果控制依然有效,则说明$(0,0)$模态并不是控制有效的主要因素。反之,则说明是。

反向控制中,不同模态能量在流向的演化如图 12 所示。可以看到,采用了反向控制之后,主模态能量大幅提升。如之前分析的,这表示$(0,0)$模态在本文提出的亚谐波激励的控制方案中是起主导作用的。这里,为了更好地摆脱$(0,2)$模态的影响,同时测试了相同展向位置的反向控制和展向平移四分之一波长的反向控制。之前提到了,由于体积力作用在$(0,2)$模态上的分量也是正弦波形式,所以反向相当于移动了半个相位。这里在将半个相位移回来,就完全与之前相同。此外,也可以看到,在这增加扰动能量的两个算例里,激发器展向位置可以轻微地影响模态能量,但是依然无法扭转扰动能量增加这一情况。

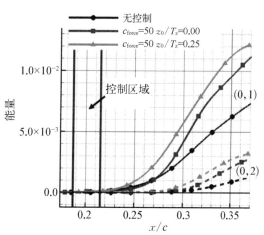

图 12　反向控制算例中模态能量演化

4　结论

本文先对后掠翼上三维边界层失稳进行了分析,再测试两种采用等离子体推迟转捩的方法。第一种是谐波激励控制方法,也就是在每个展向波长内放置一个DBD 激发器。这种方法对激发器展向位置精度要求非常高,在错位的展向位置激发器反而会促进转捩。之后又提出第二种采用等离子体激发器抑制横流的方法推迟转捩。由于这种控制方案中在每个展向周期放置两个激发器,所以这一控制方法又被叫作亚谐波激励。本文将激发器放置在不同展向、流向位置,发现其都能起到推迟转捩的效果。本文通过一个反向控制算例,揭示了降低横流强度的基本流修正模态在控制中起主导作用。所以,亚谐波激励控制实际上靠的是 DBD 产生的体积力削弱了横流,其激发出的亚谐模态仅仅是附带效果。并且,在这种压力梯度变化的翼型上,这一亚谐模态(本例中的展向波长 2.5 mm 模态)是稳定模态,这也保证了新激励出的模态并不会成为新的主导模态。这一亚谐激励控制在后掠平板中的应用效果不如在后掠翼流动中,因为其高阶谐波在下游都会增长,一旦被激发出来则有可能成为新的主导模态。

参 考 文 献

[1]　Gray W. The nature of the boundary layer flow at the nose of a swept wing [G]. Roy. Aircraft Est. TM, 1952.

[2]　Saric W S, Reed H L, White E B. Stability and transition of three-dimensional boundary layers [J]. Annu. Rev. Fluid Mech, 2003, 35(35): 413 - 440.

[3]　Schrader L U, Brandt L, Henningson D S. Receptivity mechanisms in three-dimensional boundary-layer flows [J]. Journal of Fluid Mechanics, 2009, 618(618): 209 - 241.

[4]　Bippes H. Basic experiments on transition in three-dimensional boundary layers dominated by crossflow instability [J]. Progress in Aerospace Sciences, 1999, 35(4): 363 - 412.

[5]　Malik M R, Li F, Chang C L. Crossflow disturbances in three-dimensional boundary layers: nonlinear development, wave interaction and secondary instability [J]. Journal of Fluid Mechanics, 1994, 268(268): 1 - 36.

[6]　Haynes T S, Reed H L. Simulation of swept-wing vortices using nonlinear parabolized stability equations [J]. Journal of Fluid Mechanics, 2000, 405(405): 325 - 349.

[7]　White E B, Saric W S. Secondary instability of crossflow vortices [J]. Journal of Fluid Mechanics, 2005, 525(525): 275 - 308.

[8]　Malik M R, Li F, Choudhari M M, et al. Secondary instability of crossflow vortices and swept-wing boundary-layer transition [J]. Journal of Fluid Mechanics, 1999, 399(399): 85 - 115.

[9]　Saric W S, Carrillo R B, Reibert M S. Leading-edge roughness as a transition control mechanism [C]//AIAA Aerospace Sciences Meeting & Exhibit. 1998.

[10]　Wassermann P, Kloker M. Mechanisms and passive control of crossflow-vortex-induced transition in a three-dimensional boundary layer [J]. Journal of Fluid Mechanics, 2002, 456(456): 49 - 84.

[11]　Saric W, Carpenter A, Reed H. Laminar flow control on a swept wing with distributed roughness[C]// Aiaa Applied Aerodynamics Conference. 2008.

[12]　Li F, Choudhari M, Chang C L, et al. Computational modeling of roughness-based laminar flow control on a subsonic swept wing [J]. Aiaa Journal, 2011, 49 (3): 520 - 529.

[13]　Hosseini, Seyed M, Tempelmann, et al. Stabilization of a swept-wing boundary layer by distributed roughness elements [J]. Journal of Fluid Mechanics, 2013, 718: 1.

[14]　Li F, Choudhari M, Carpenter M, et al. Control of crossflow transition at high Reynolds numbers using discrete roughness elements [J]. Aiaa Journal, 2015, 54(1): 1 - 14.

[15]　Li F, Choudhari M, Chang C L, et al. Roughness based crossflow transition control: A computational assessment[C]// Aiaa Applied Aerodynamics Conference. 2009.

[16] Lovig E N, Downs R S, White E B. Passive laminar flow control at low turbulence levels [J]. Aiaa Journal, 2014, 52(5): 1072 – 1075.

[17] Schuele C Y, Corke T C, Matlis E. Control of stationary cross-flow modes in a Mach 3. 5 boundary layer using patterned passive and active roughness [J]. Journal of Fluid Mechanics, 2013, 718(3): 5 – 38.

[18] AIAA. Control of crossflow-vortex induced transition: DNS of pinpoint suction[C]// Aiaa Fluid Dynamics Conference and Exhibit. 2011.

[19] Friederich T, Kloker M J. Control of the secondary cross-flow instability using localized suction [J]. Journal of Fluid Mechanics, 2012, 706(706): 470 – 495.

[20] Dörr P C, Kloker M J. Transition control in a three-dimensional boundary layer by direct attenuation of nonlinear crossflow vortices using plasma actuators [J]. International Journal of Heat & Fluid Flow, 2016, 61(B): 449 – 465.

[21] H T S. Nonlinear stability and saturation of crossflow vortices in swept-wing boundary layers [J]. 1996.

[22] Ren J, Fu S. Secondary instabilities of Görtler vortices in high-speed boundary layer flows [J]. Journal of Fluid Mechanics, 2015, 781: 388 – 421.

[23] Albrecht T, Weier T, Gerbeth G, et al. A method to estimate the planar, instantaneous body force distribution from velocity field measurements [J]. Physics of Fluids, 2011, 23 (2): 605 – 68.

[24] Kriegseis J, Schwarz C, Tropea C, et al. Velocity-information-based force-term estimation of dielectric-barrier discharge plasma actuators [J]. Journal of Physics D Applied Physics, 2013, 46(5): 055202.

[25] Maden I, Maduta R, Kriegseis J, et al. Experimental and computational study of the flow induced by a plasma actuator [J]. International Journal of Heat & Fluid Flow, 2013, 41 (10444): 80 – 89.

3.13 翼梢小翼几何参数对机翼气动性能的影响研究

陶　俊[1]　孙　刚[1]　司景喆[1]　张　淼[2]　马涂亮[2]

（1. 复旦大学 航空航天系,上海　200433）

（2. 上海飞机设计研究院,上海　201210）

摘　要：对于大型飞机而言,在巡航阶段,诱导阻力能够占到总阻力的40%,通过加装小翼降低诱导阻力是一种有效的减阻途径。翼梢小翼的布局形式多种多样,主要包括上反式翼梢小翼、斜削式翼梢小翼、帆板式翼梢小翼等,每种翼梢小翼都有不同的气动特点。为了研究各种翼梢小翼及其几何参数对机翼气动特性的影响,对几种常见翼梢小翼进行数值模拟,评估其气动性能;改变翼梢小翼各几何参数建模生成了多个翼梢小翼构型,通过数值模拟,考察其气动性能,获得翼梢小翼几何参数对机翼气动性能的影响。

关键词：诱导阻力;减阻;翼梢小翼;几何参数;气动性能

Abstract：For a large air freighter or airliner, the induced drag accounts for about 40% of the total drag in the cruise phase. Mounting the winglet is an effective way to reduce the induced drag. There are a variety of winglets with different aerodynamic characteristics, including tip fence, blended winglet, sharklet and so on. For the purpose of investigating the effect of different winglet geometric parameters on aerodynamic performances of the wing, numerical simulations are conducted on several common winglet configurations. By varying geometric parameters, a number of winglet configurations are generated. Numerical simulations are carried out to evaluate aerodynamic performances and obtain the effect of geometric parameters on aerodynamic performances.

Key words：induced drag; drag reduction; winglet; geometric parameter; aerodynamic performance

1　引言

降低飞机飞行中的阻力,即减小发动机所为之提供的推力,是降低飞机燃油消耗的根本途径。对于大型飞机而言,不同的飞行阶段,诱导阻力在总阻力中所占的比例不同,随着飞行速度的增加,诱导阻力所占的比例逐渐降低。在巡航阶段,诱导阻力能够占到总阻力的 40%[1],而对于起飞和爬升阶段,诱导阻力甚至能够占到总阻力的 50%~70%[2-3],通过加装小翼降低诱导阻力是一种有效的减阻途径。

经过数十年的发展,翼梢小翼的形式多种多样,包括上反式翼梢小翼、帆板式翼梢小翼、斜削式翼梢小翼、螺旋小翼和弯曲小翼等。Jupp 提出了"wing tip fence"[4],有一种同时向上、下两个方向延伸的双片式的翼梢小翼,称之为帆板式翼梢小翼,被空客 A300、A310、A319、A320、A380 采用。帆板式翼梢小翼可以认为是短板的一种衍生产物,它相对于翼梢小翼而言比较小,但是其能够减少的阻力却与大型翼梢小翼相当。波音 B737-800、B767、DC-10 等飞机采用融合式翼梢小翼[5],融合式翼梢小翼一般都具有较大外形,高度在 2 m 左右,其源自 Whitcomb 小翼的形状,不同之处有两点:① 融合式翼梢小翼翼根长度与机翼翼尖一致,只有上小翼,没有下小翼;② 融合式翼梢小翼的过渡较长,主翼和小翼之间已经没有明显区别,是光滑过渡。这对于减少小翼和主翼之间的干扰有很大帮助,而且不容易产生激波。2004 年,Heller 等人[6]提出鲨鱼鳍式翼梢小翼,其本质上与融合式翼梢小翼一致,采用一样的上小翼,具有一定的后掠角和上反角的设计。不同之处在于其并没有明显的平板小翼的形状,整个小翼的前视图上的形状是弯曲的,同时该小翼的后掠角随着位置的不同不断改变,在小翼翼尖处的后掠角较大,接近 60°;其上翻角的变化也类似于后掠角的变化过程;此外,鲨鱼鳍翼梢小翼的根梢比较大,翼尖弦长为小翼根弦的 10%~15%。该小翼的高度一般远小于融合式翼梢小翼和传统的翼梢小翼。1992 年,Louis 提出"spiroid winglet"[7],称为螺旋小翼。2001 年,潘秀东在 Gulfstream II 上测试了螺旋小翼的性能[5],该小翼能够减少 10%的阻力。Reneaux[8]在其文章中采用了螺旋小翼进行测试,结果表明在 $Ma=0.85$ 时,3.8%的半展长高度的螺旋小翼能够减少 3.3%的阻力。

本文对几种常见的翼梢小翼进行了数值模拟,评估其气动性能,研究各种翼梢小翼及其几何参数对机翼气动特性的影响。此外,通过改变翼梢小翼各几何参数建模,生成了多个翼梢小翼构型;通过数值模拟,考察其气动性能,研究翼梢小翼几何参数对机翼气动性能的影响。

2 控制方程与数值方法

在翼梢小翼优化设计过程中,数值求解 Navier-Stokes 方程以获得气动性能结果。空间离散采用 Roe-FDS 方法[9],时间推进采用隐式 LU-SGS 方法[9],湍流模型采用两方程 k-ω SST 湍流模型[10]。

为评估翼梢小翼设计对诱导阻力的影响,采用离散涡方法计算获得诱导阻力。图 1 显示了使用离散涡方法的坐标系统[11]。离散涡方法基于 Kutta-Joukowski 定理和 Biot-Savart 定律,通过这些可以用来捕捉几何构型的流场基本信息。计算

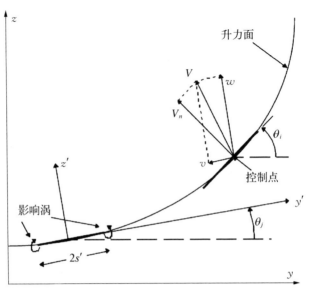

图 1　离散涡坐标系

在 Trefftz 平面上进行,即飞机后部的一个垂直的平面处。

各气动面由一组离散的马蹄涡来表示。诱导阻力在尾部由马蹄涡诱导速度进行计算。Trefftz 平面位于无穷远处,垂直于飞机下游尾迹。利用 Trefftz 平面,诱导阻力的计算独立于 x 方向的坐标,从而有效地把三维问题降维为一组二维方程。根据 Biot - Savart 定律,在控制点 $P(x_j, y_j, z_j)$ 处,通过一个马蹄涡诱导的速度可以表示为 $P(\infty, y_i, z_i)$。

$$\frac{u_i}{V_\infty} = 0 \tag{1}$$

$$\frac{u_i}{V_\infty} = -\frac{1}{2\pi} \frac{\Gamma_j}{V_\infty} \left(\frac{z'}{R_1} - \frac{z'}{R_2} \right) \tag{2}$$

$$\frac{w_i}{V_\infty} = \frac{1}{2\pi} \frac{\Gamma_j}{V_\infty} \left[\frac{(y'-s')}{R_1} - \frac{(y'+s')}{R_2} \right] \tag{3}$$

式中:

$$\begin{aligned}
R_1 &= (z')^2 + (y'-s')^2 \\
R_2 &= (z')^2 + (y'+s')^2 \\
y' &= (y_i - y_j)\cos\theta_j + (z_i - z_j)\sin\theta_j \\
z' &= -(y_i - y_j)\sin\theta_j + (z_i - z_j)\cos\theta_j
\end{aligned} \tag{4}$$

据 Kutta‐Joukowski 定理,环量可以表示为如下形式。

$$\frac{\Gamma_j}{V_\infty} = \frac{(c_n c)_j}{2} \tag{5}$$

诱导阻力系数如下所示。

$$C_{D_i} = \sum_{i=1}^{m} \frac{V_{ni}}{V_\infty} \frac{(c_n c)_i}{c_{avg}} s_i \tag{6}$$

式中:

$$\frac{V_{ni}}{V_\infty} = \sum_{j=1}^{m} \frac{(c_n c)_j}{c_{avg}} \left\{ \frac{c_{avg}}{4\pi} \left[\frac{(y'-s')}{R_1} - \frac{(y'+s')}{R_2} \right] \cos(\theta_i - \theta_j) + \right.$$
$$\left. \frac{c_{avg}}{4\pi} \left(\frac{z'}{R_1} - \frac{z'}{R_2} \right) \sin(\theta_i - \theta_j) \right\} \tag{7}$$

矩阵 $\mathbf{A}_{ij}$ 称为影响系数矩阵,它仅是飞机外形的函数。因此,如果把上式带入式(6),那么诱导阻力可以被写成如下形式。

$$C_{D_i} = \sum_{i=1}^{m} \sum_{j=1}^{m} \frac{(c_n c)_j}{c_{avg}} \frac{(c_n c)_i}{c_{avg}} s_i \mathbf{A}_{ij} \tag{8}$$

3 三种翼梢小翼构型气动性能

图2显示了干净机翼、上反式翼梢小翼、帆板式翼梢小翼和斜削式翼梢小翼四种构型的几何模型。对上反式翼梢小翼、帆板式翼梢小翼和斜削式翼梢小翼三种构型开展流场数值模拟,考察其气动性能,通过与干净机翼构型的气动性能比较,获得三种不同翼梢小翼构型对机翼气动性能的影响。

图3给出了干净机翼构型和三种翼梢小翼构型的网格,计算马赫数为巡航马赫数($Ma = 0.785$)。

表1给出了干净机翼构型和三种翼梢小翼构型在巡航状态下气动性能的对比。从表中可以看出,加装翼梢小翼后,机翼的阻力都有所降低,升阻比增加。上反式翼梢小翼构型的减阻效果最为明显,达到11个阻力单位,其他两种翼梢小翼构型的减阻效果相当,约为10个阻力单位,斜削式翼梢小翼构型减阻效果略好于帆板式翼梢小翼构型;上反式翼梢小翼构型和帆板式翼梢小翼构型对机翼翼根弯矩的增量较大,斜削式翼梢小翼构型的增量最小。通常来说,弯矩增加会导致机翼结构重量的增加,如果再加上小翼自身的结构重量,则会使得飞机的有效载荷减小。

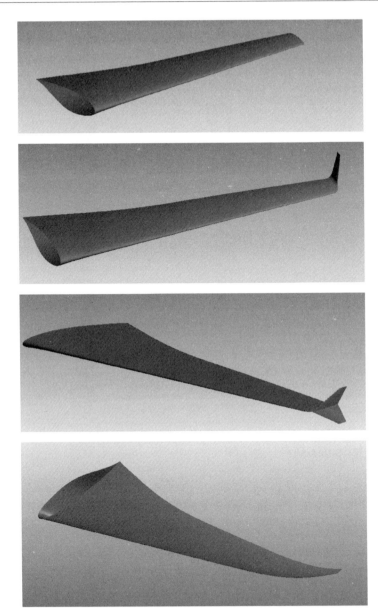

图 2 干净机翼构型与三种翼梢小翼构型的几何模型

表 1 干净机翼构型与三种翼梢小翼构型的气动性能对比

	攻角/(°)	C_L	C_D	C_M	C_L/C_D
干净机翼	2.283	0.575	0.028 05	0.727 0	20.50
上反式	2.205	0.575	0.026 88	0.753 1	21.39
帆板式	2.243	0.575	0.027 21	0.749 0	21.13
斜削式	2.210	0.575	0.027 02	0.753 8	21.28

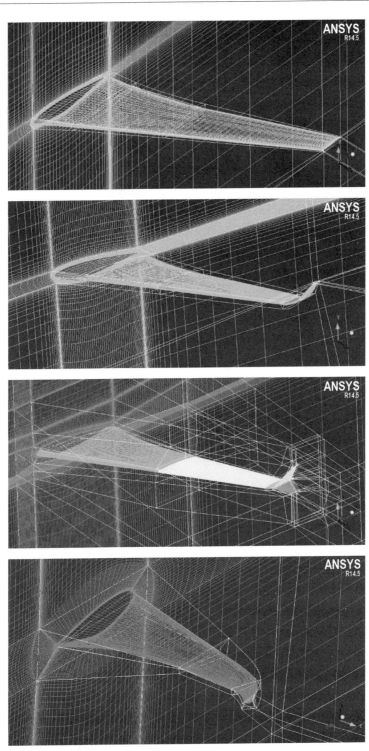

图 3 干净机翼构型与三种翼梢小翼构型的网格

　　图 4 给出了干净机翼构型、上反式翼梢小翼构型和斜削式翼梢小翼构型翼尖尾部的涡矢量(帆板式小翼因为流场差别较大,这里不作比较)。其中,每个构型涡矢量的量度相同,以保证三个机翼的涡矢量大小可以进行直接比较。如预期一样,

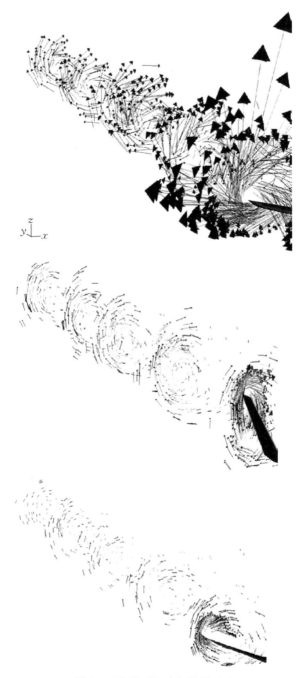

图 4　三种构型的流场涡量对比

涡量主要集中在翼尖部分,干净机翼的涡矢量比其他两种外形都要强,而斜削式小翼最弱。可以明显看出,加装翼梢小翼可以有效降低上、下表面的流动,从而降低涡量的大小,并减小诱导阻力。

4　几何参数对气动性能的影响

如图 5 所示,翼梢小翼的外形参数主要包括高度、倾斜角、梢根比、后掠角、展弦比、安装角、扭转角、小翼面积、翼型和弦向位置等。对于翼梢小翼的设计,要作具体分析,分别要在气动、结构、机翼重量等方面作考虑,通过各部分来权衡其外形参数的选取。

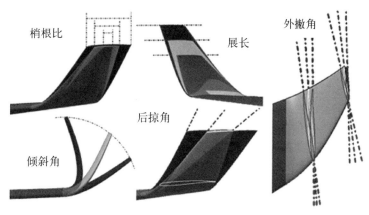

图 5　翼梢小翼几何外形参数

翼梢小翼的高度、倾斜角和外撇角是影响诱导阻力的重要参数。翼梢小翼的平面形状和翼型形状是影响黏性阻力和可压缩性阻力的重要参数。翼梢小翼和机翼之间的干扰阻力是马赫数、翼梢小翼的倾斜角、载荷、平面形状以及翼梢小翼在机翼翼尖弦向位置的重要函数。

在以上理论的指导下,针对翼梢小翼各几何参数变化对机翼气动性能的影响进行研究,共生成 12 个构型,如表 2 所示。

表 2　12 个翼梢小翼外形的几何参数

	倾斜角/(°)	中部外撇角/(°)	后掠角/(°)	高　度/mm	梢部外撇角/(°)
翼梢小翼 01	12.64	−2.0	41.92	1 276.0	−3.0
翼梢小翼 02	12.64	−2.0	41.92	1 148.4	−3.0
翼梢小翼 03	12.64	−2.0	41.92	1 403.6	−3.0
翼梢小翼 04	12.64	−2.0	41.92	1 467.4	−3.0
翼梢小翼 05	15.00	−2.0	41.92	1 276.0	−3.0
翼梢小翼 06	20.00	−2.0	41.92	1 276.0	−3.0
翼梢小翼 07	5.00	−2.0	41.92	1 276.0	−3.0

（续表）

	倾斜角/(°)	中部外撇角/(°)	后掠角/(°)	高　度/mm	梢部外撇角/(°)
翼梢小翼 08	0.00	−2.0	41.92	1 276.0	−3.0
翼梢小翼 09	15.00	−3.0	41.92	1 276.0	−4.0
翼梢小翼 10	15.00	−3.0	41.92	1 276.0	−5.0
翼梢小翼 11	15.00	−2.0	41.92	1 276.0	−4.0
翼梢小翼 12	15.00	−3.0	41.92	1 276.0	−4.0

　　分别在等攻角和等升力条件下,对各翼梢小翼构型与干净机翼构型的气动性能进行对比。表 3 给出了各翼梢小翼构型与干净机翼构型气动性能在等攻角($\alpha=2°$)条件下的对比,其中干净机翼构型的阻力系数为 0.022 33。

表 3　翼梢小翼构型与干净机翼构型气动性能等攻角($\alpha=2°$)对比

	阻力增量	升阻比增量	对翼根弯矩增量	俯仰力矩增量	诱导阻力增量
翼梢小翼 01	−0.40%	3.57%	8.01%	33.34%	−4.94%
翼梢小翼 02	−0.31%	3.29%	7.50%	31.07%	−4.64%
翼梢小翼 03	−0.63%	3.26%	6.43%	26.03%	−2.28%
翼梢小翼 04	−1.30%	4.49%	7.95%	28.18%	−4.79%
翼梢小翼 05	−1.25%	4.28%	7.49%	25.97%	−5.47%
翼梢小翼 06	−1.07%	4.44%	8.35%	29.89%	−5.24%
翼梢小翼 07	−0.36%	3.36%	7.41%	30.49%	−3.42%
翼梢小翼 08	1.70%	0.99%	6.88%	23.95%	−1.44%
翼梢小翼 09	−1.25%	4.26%	7.36%	25.65%	−5.32%
翼梢小翼 10	0.36%	1.28%	7.11%	24.71%	−4.86%
翼梢小翼 11	−1.25%	4.28%	7.47%	25.99%	−5.32%
翼梢小翼 12	−1.16%	4.08%	7.03%	24.27%	−5.85%

　　表 4 给出了各翼梢小翼构型与干净机翼构型气动性能在等升力($C_L=0.55$)条件下的对比,其中干净机翼构型的阻力系数为 0.022 33。

表 4　翼梢小翼构型与干净机翼构型气动性能等升力($C_L=0.55$)对比

	攻　角/(°)	阻力增量	升阻比增量	对翼根弯矩增量	俯仰力矩增量	诱导阻力增量
翼梢小翼 01	1.867	−4.59%	4.64%	3.48%	37.64%	−11.32%
翼梢小翼 02	1.880	−5.40%	5.61%	3.36%	36.53%	−10.64%
翼梢小翼 03	1.895	−4.72%	4.85%	2.76%	30.49%	−7.75%
翼梢小翼 04	1.860	−5.28%	5.54%	4.00%	41.65%	−10.56%
翼梢小翼 05	1.863	−5.22%	5.43%	3.79%	40.08%	−10.33%

（续表）

	攻 角/(°)	阻力增量	升阻比增量	对翼根弯矩增量	俯仰力矩增量	诱导阻力增量
翼梢小翼 06	1.860	−5.35%	5.35%	3.96%	41.53%	−11.09%
翼梢小翼 07	1.884	−5.31%	5.31%	3.14%	34.91%	−9.65%
翼梢小翼 08	1.882	−4.19%	4.19%	2.73%	30.75%	−7.45%
翼梢小翼 09	1.890	−5.24%	5.24%	3.43%	35.85%	−10.56%
翼梢小翼 10	1.873	−4.48%	4.48%	3.60%	37.56%	−10.49%
翼梢小翼 11	1.864	−5.15%	5.15%	3.89%	40.49%	−10.18%
翼梢小翼 12	1.892	−5.06%	5.06%	3.17%	34.06%	−10.87%

通过以上计算可以发现,翼梢小翼高度、倾角和外撇角对气动力系数有很大的影响。翼梢小翼高度越大,从机翼下表面向上表面上绕气流被阻挡,高度增加,阻挡作用越明显,从而减小翼梢涡强度的作用也就越明显。当增大巡航升力系数时,其性能迅速提升;高度的增加也会使纵向稳定性增加,但是会使配平阻力增大,同时也会增大翼根的弯矩。

如果翼梢小翼高度完全用来增加翼展,则诱导阻力能大幅度减小,但是翼根弯曲力矩和俯仰力矩都会增大。

翼梢小翼倾斜角也对气动力特性影响较大。加大倾斜角可以增大全机的升力和俯仰安定性,但是也会引起翼梢小翼向内的侧向力对机翼根部的弯曲力矩过大,导致结构重量增加。

增加外倾角相当于增加展向有效长度、有效面积及有效展弦比,从而可以减小诱导阻力。同时,随外倾角增加,机翼与翼梢小翼连接处产生的涡强度会相对减弱,下翼面气流向上翼面绕流动变缓。但是,外倾角增大相当于增加机翼展长,致使结构重量增大,同时投影面积的增加也会带来其他阻力项的增加。

5 结论

（1）以某干净机翼构型为研究对象,对其生成了上反式翼梢小翼、帆板式翼梢小翼、斜削式翼梢小翼三种构型,开展流场数值模拟,考察三种翼梢小翼构型对机翼气动性能的影响。计算结果表明,上反式翼梢小翼构型的减阻效果最为明显,斜削式翼梢小翼构型减阻效果略好于翻板式翼梢小翼构型。

（2）改变翼梢小翼的相关几何参数,生成了 12 个翼梢小翼构型,对其开展数值模拟,考察其对机翼气动性能的影响。计算结果表明,翼梢小翼高度、倾角和外撇角对气动力系数有很大的影响。翼梢小翼高度越大,减小翼梢涡强度的作用也就越明显。当增大巡航升力系数时,其性能迅速提升;高度的增加也会使纵向稳定性增加,但是会使配平阻力增大,同时也会增大翼根的弯矩。加大倾斜角可以增大全机的升力和俯仰安定性,但是也会引起翼梢小翼向内的侧向力对机翼根部的弯曲力矩过大,导致结构重量增加。因此,在翼梢小翼的设计中需要综合考虑各因素的影响,获得满足各方面要求的设计方案。

参 考 文 献

[1] Kroo I. Drag Due to Lift:Concepts for prediction and reduction [J]. Annual Review of Fluid Mechanics,2001,33(1):587-617.

[2] Maughmer M D. Design of winglets for high performance sailplanes [J]. Journal of aircraft,2003,40(6):1099-1106.

[3] Ishimitsu K K. Design and analysis of winglets for military aircraft [R]. AFFDL-TR-76-6,1976.

[4] Jupp J. Wing Aerodynamics and the Science of Compromise [J]. Aeronautical Journal,2001,105(1053):633-641.

[5] 潘秀东. 基于自由曲线建模方法的翼梢小翼优化设计[D]. 上海:上海交通大学,2011.

[6] Heller G,Maisel M,Kreuzer P. Wingtip extension for a wing [P]. Patent NO. US6722615 B2. 2004.

[7] Louis B. Gratzer. Spiroid-tipped wing [P]. Patent NO. 5102068. 1992.

[8] Reneaux J. Overview on drag reduction technologies for civil transport aircraft [J]. Applied Sciences,2004:1-18.

[9] Tao J,Sun G. A novel optimization method for maintaining aerodynamic performances in noise reduction design [J]. Aerospace Science and Technology,2015,43:415-422.

[10] 王志博,孙刚. 带襟翼的机翼尾涡合并数值计算[J]. 哈尔滨工业大学学报,2017,49(4):73-79.

[11] 司景喆. 翼梢小翼优化设计方法研究[D]. 上海:复旦大学,2015.

3.14 大型客机后体涡流发生器流场的数值模拟

顾定一 王煜凯 向 阳 王福新

（上海交通大学 航空航天学院，上海 200240）

摘 要：大型客机后机身在巡航阶段会发生自机身表面至底部的三维绕流，当后体的逆压梯度较强时，从壁面形成一对反向的流向涡对。该涡对和平垂尾（尤其是平尾）产生的翼尖涡对组成了后体涡系，不仅局部减小了机身升力，也增加了飞机的巡航阻力。利用基于 k-ω SST 湍流模型的雷诺平均 Navier-Stokes 方程，我们通过调整后体上涡流发生器的安装位置和安装角进而控制机身表面压力分布以及后体涡的形成与演化，使用尾迹积分法和涡量环模型解析了后体涡系与后体所受涡致阻力之间的耦合关系，为大型客机合理安装涡流发生器进行流控减阻提供了理论依据。

关键词：大型客机后体；涡流发生器；流控；相互作用；减阻

Abstract：During the cruising stage, the rear fuselage of the large civil aircraft has experienced a three-dimensional cross-flow from top surface to the bottom. A pair of stream-wise counter-rotating vortex will form on the afterbody wall if the adverse pressure gradient is relatively strong. The afterbody vortex system consists of this counter-rotating vortex pair and the wingtip vortices generated by tails (especially the horizontal tail), which not only partially reduces the lift of fuselage, but also increases the cruising drag. We control the surface pressure distribution and the formation and evolution of the afterbody vortices by adjusting the installation position and angle of the vortex generator. These corresponding flows are solved via using the Reynolds-averaged Navier-Stokes equation based on the k-ω SST turbulence model. Through the wake integral model and the vorticity loop models, the coupling relationship between vortex-induced drag and afterbody vortex structure has been analyzed, which provides a theoretical basis for the reasonable installation of vortex generator to conduct flow control and achieve drag reduction.

Key words：civil aircraft after-body; vortex generator; flow control; interaction; drag reduction

1　引言

　　国家重点基础研究发展计划（973 计划）《大型客机减阻机理和方法研究》中课题二《涡致阻力机理研究》围绕我国大型客机当前研制和未来可持续发展对减阻的要求，针对大型客机的流动特点，研究涡致阻力产生机理，并开展适合大型客机减阻的流动控制方法研究，建立综合考虑减阻流动控制的大型客机空气动力学设计方法和理论。

　　大型飞机为避免起降时机身尾部触地和满足操作需求，采用收缩、上翘的后体[1]。因此在巡航阶段，后体附近流管扩张，形成自机身表面至底部的三维绕流，并且当该绕流的逆压梯度较强时，会从壁面形成一对反向的流向涡对。这不仅减小了机身局部升力，也增加了诱导阻力。同时，由于安装有平垂尾，因此后机身还存在着强烈的涡涡干扰，进一步改变了该后体涡系产生的涡致阻力的大小和组成。工程上通常将后体阻力分为摩擦阻力、压差阻力（含底部阻力）和平尾、垂尾及发动机喷流对后机身的干扰阻力等，占飞机飞行中全机总阻力的 30%～50%[2]。低巡航阻力对于长航程飞机尤为重要，C-5A 银河飞机减小 1 count 巡航阻力（阻力系数变化 0.000 1 或者总巡航阻力的 0.4%）便能够使航程增加 1%[2]。我国目前发展的 C919 大型客机已于 2017 年成功首飞，对比现役同类机型，C919 目标减阻5%，减排 50%，减重 2%，下一代宽体客机预研也已启动，并将更加重视减阻的研究。

　　目前，国内外关于客机或运输机后体减阻方法的研究，大多聚焦于后体几何参数，优化修形技术或吹气、安装涡流发生器等流动控制技术[3]对后体阻力的影响。

　　后体的几何参数主要有收缩比、上翘角、长细比、扁平度和近圆度[4]。在后体参数对尾涡结构及阻力的影响探究方面，目前研究表明：光机身时，收缩比增大到一定程度，将产生周期性波动的后体脱体对涡，这种情形同时会在尾翼的干扰下产生[5]。这种干扰实际就是涡系的相互作用诱发了后体脱体对涡的瑞利·路德维希不稳定性[6]，使其呈现波动的特点。但涡系内后体涡、翼尖涡具体如何相互作用，从而加大还是减小总阻力未能得到深入研究。阻力系数则随收缩比增加而增加；攻角不变时，阻力系数随上翘角增加而增加；同时阻力若分解成摩擦阻力和压差阻力，则压差阻力系数随收缩比和上翘角的增加变化幅度更大，即收缩比和上翘角增加时，阻力系数的增加主要取决于压差阻力系数的增加[7]。

　　围绕着机身后体外形优化设计的研究一直受到国外各大航空公司的极大重视，他们积极采取各种措施来提高运输飞机的营运经济性。例如，对 MD-80 飞机机身尾部重新设计后使巡航阻力系数下降了 0.5%～1.0%；在 C-130 运输机改进中采用了尾鳍型机身后体，使巡航飞行节油 3.5%以上[8]；空中客车公司在 A-300飞机的研制中首次采用宽体机身、后体上翘角和收缩比均很大，经过优化设计使后体阻力显著减少[9]。西北工业大学的白俊强[10]通过减小机身表面逆压梯度优化设计,使机身总阻减小了 6 counts,升阻比提高了 3%。同时也有研究表明后体各截面近圆度的增加有利于降低压差阻力[11]。后机身优化设计通过减小表面逆压梯度能够实现减阻,但是其也存在不足,即不深究减阻原因,仅追求减阻效果。

在流动控制方面,英国巴斯大学的 Jackson 等人[12-13]通过吹气与后体涡对相互作用,使后体涡对朝向机身外侧形成,与机身表面相距更远,同时拥有更小的涡核,从而降低了后体上环量。一方面,表面吹气通过喷气/涡相互作用实现涡控,从而削弱涡强,但是不能说明涡与力的关系,以及涡相互作用是否能够实现减阻等问题;另一方面,后机身表面安装涡流发生器或其组合能够实现减阻。美国航空周刊和空间技术网站于 2017 年 6 月报道[14],C - 130 和 C - 17 分别全机减阻 6% 和1.6%,其中上翘后机身产生阻力占全机巡航总阻力的 11%。军用运输机光机身减阻 1%~3%。同时,在 C - 130 和 C - 17 军用运输机上进行了涡流发生器的飞行实验后,涡流控制技术公司(VCT)计划将其"侧鳍"(一种涡流发生器,相比洛马研制的微型涡流发生器尺寸稍大)用于波音 B737 NG 系列客机上,并取得适航认证。可以发现,涡流发生器的高度、安装角度与安装位置是影响后体流动控制的主要参数[15]。负攻角减阻效率较高,分离涡量变小[16]。涡流发生器可以抑制上翘后体下游产生的强分离涡,形成强度较小的分离涡,并对后体由下往上的绕流进行阻挡和引导,使后体尾部的低压区削弱以减小压差阻力[16-17]。在偏航状态下[18],涡流发生器改善了后体和垂尾的压力分布形态,增大了后体和垂尾产生的稳定偏航力矩,增强了飞机的航向稳定性。涡流发生器的减阻机制可以解释为"阻挡后体绕流从而削弱涡强,为后机身死水区注入能量"[16-18],但是无法提供清晰的选取准则,即安装角度、位置和几何尺寸如何选取,进而如何改变原有涡系。因此,后体减阻存在涡系组成复杂[19](后体涡对、平尾涡对、翼根马蹄涡等)、涡内和涡间相互干扰[20]现象显著、涡系与阻力耦合关系不清等问题。而机身后体涡系引起的底部阻力是大型客机阻力的重要来源之一,涡致阻力和减阻机理与复杂构型而致的大尺度旋涡或涡系拓扑结构的演化特性密切相关。综上所述,本文欲通过对后体涡系结构物理特征的深入研究及完善,揭示涡系结构生长、演化及相互作用产生的拓扑结构与阻力变化之间的耦合机理,从而为大型客机减阻提供理论依据及有效支撑。

本文在现有某大型客机几何模型基础上,利用 CATIA 增加涡流发生器的模型,整体导入 ICEM - CFD 进行网格划分,进而使用 ANSYS - FLUENT 进行全机气动力的 RANS 数值计算,最终借助 TECPLOT 进行后处理分析。同时深入探究涡流发生器加装位置(控制涡量源)及安装角(控制人工涡对的方向和大小)对机身及全机阻力的影响。通过数值模拟大型客机巡航设计点的流动特征,并观察后体涡系生长与演化,使用尾迹积分法和涡量环模型进一步计算带涡流发生器的大型客机的阻力,并分析涡流发生器的减阻效果。

2 数值方法

2.1 计算模型、条件及网格

本文的研究载体选用我国某大型客机全机模型,如图 1(a)所示,全长约 40 m,前体 l_B 长约 26 m,后体 l_A 长约 14 m。同时,对后体加装涡流发生器。涡流发生器的气动附加性能主要受其安装点 x/l_a、周向角 θ、安装角度 γ 和几何参数 h/s 的影响。

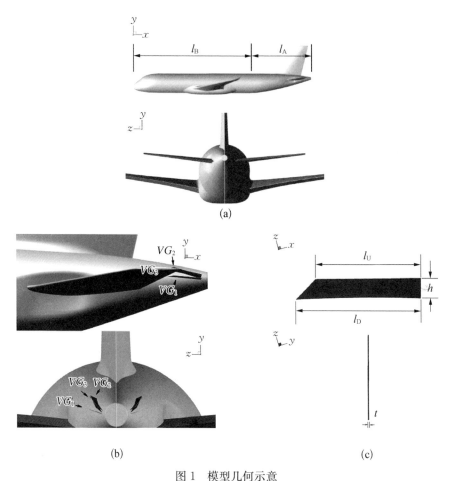

图 1　模型几何示意

(a) 载体模型侧视和后视图　(b) 涡流发生器在载体后机身上的安装示意　(c) 涡流发生器模型

x 为从机身最尾部截面向机头轴向的距离;l_A 为后体轴长,单位均为 m;θ 为涡流发生器与后体表面相贯线中点与尾部截面圆心的连线,在 yoz 平面的投影与 z 轴的夹角,作为定义的周向角;γ 为涡流发生器前、后缘所在平面与 xoz 平面的夹角;h 为涡流发生器几何高度;s 为当地边界层厚度。以上各研究参数中,安装点和周向角共同构成安装位置,用来改变以及控制涡量源。安装角度与几何参数用来改变涡流发生器所产生的涡对方向及大小。如表1所示,设计了4组算例进行对照分析。

表1 算 例 设 计

序　号	安装位置 x/l_A	周向角 $\theta/(°)$	安装攻角 $\gamma/(°)$	几何参数 h/s
VG_1	−0.047	11.5	0	0.8
VG_2	−0.047	27.9	8	0.8
VG_3	−0.047	27.9	4	0.8
VG_0	—	—	—	—

计算过程中采用梯形叶片式涡流发生器。几何形状与相关参数如图1(c)所示。其中,上底 $l_U = 0.84$ m,下底 $l_D = 1$ m,高 $h = 0.16$ m,厚度 $t = 0.005$ m。本次计算采用了相同几何构型的涡流发生器,通过改变安装位置和安装角度来实现对涡量源和涡对大小方向的控制,从而影响客机后体的流场特性。

计算条件:马赫数 $Ma = 0.785$,飞行攻角 $\alpha = 2°$,基于平均气动弦长雷诺数 $Re = 2.163 \times 10^7$,远场压力 $P_\infty = 19\,399.4$ Pa,温度 $T_\infty = 216.65$ K,密度 $\rho = 0.311\,953\,9$ kg/m³,黏度 $\mu = 1.421\,61 \times 10^{-5}$ Pa·s。边界条件为:物面处的无滑移条件,远场处为压力远场条件。由于无侧滑角,整个计算域是对称的,因此本文采用半模计算。

由上述计算条件如雷诺数 Re、几何尺寸等参数绘制相应的网格。本次计算构型包含机身、机翼、平尾、垂尾、小翼以及涡流发生器。图2(a)给出了带算例 VG_1 半模构型的网格拓扑、表面网格分布化及细节处理。图2(b)为其安装的涡流发生器

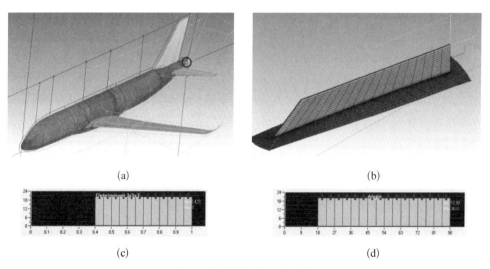

(a) (b)

(c) (d)

图2 计算网格分布及质量

(a) 翼身尾组合体网格分布 (b) 涡流发生器 O-BLOCK 对应的网格分布
(c) 网格质量标准质量矩阵 3×3×3 (d) 网格质量标准正交角

网格拓扑。图 2(c)和(d)显示的是 ICEM - CFD(18.0)计算网格的质量,用来表明网格质量的两个最基本参数,网格三阶行列式和最小正交角分别满足:质量矩阵 $3 \times 3 \times 3 \geqslant 0.4$,正交角 $\geqslant 18°$。

由于网格和湍流模型的不确定性会带来阻力预测的偏差,因此本文在流动控制表面和附近生成质量较好、密度较高的网格,对边界层网格采用 O 型拓扑提高物面网格的正交性。经过不同的空间贴体坐标网格布置,最后确定采用的网格为:对于干净机身半模,沿轴向约 480 个网格点,周向 84 个网格点,法向 71 个网格点,增长率为 1.14;对于涡流发生器,沿流向 52 个网格点,展向 31 个网格点,法向 16 个网格点。整个计算域的总网格单元数量约为 3 600 万。

2.2 计算方法

本文基于有限体积法的商用求解器 ANSYS - FLUENT[21],采用了 $k - \omega$ SST 模型[22]进行湍流模拟,控制方程选取三维笛卡尔坐标系下的雷诺平均 Navier - Stokes 方程。

$$\frac{\partial}{\partial t} \boldsymbol{W} + \frac{\partial}{\partial x_i} \boldsymbol{F} = \frac{\partial}{\partial x_j} \boldsymbol{G} \tag{1}$$

式中:$\boldsymbol{W}$ 为场变量;$\boldsymbol{F}$ 为无黏通量;$\boldsymbol{G}$ 为黏性通量,展开表示分别如下所示。

$$\boldsymbol{W} = \begin{bmatrix} \rho \\ \rho u \\ \rho v \\ \rho w \\ \rho E \end{bmatrix} \quad \boldsymbol{F} = \begin{bmatrix} \rho v \\ \rho v u + p\hat{i} \\ \rho v v + p\hat{j} \\ \rho v w + p\hat{k} \\ \rho v E + p\hat{v} \end{bmatrix} \quad \boldsymbol{G} = \begin{bmatrix} 0 \\ \tau_{xi} \\ \tau_{yi} \\ \tau_{zi} \\ \tau_{ij} v_j + q \end{bmatrix} \tag{2}$$

式中:ρ 为密度;速度 $\hat{v}$ 的三个分解矢量分别为 $\boldsymbol{u}$、$\boldsymbol{v}$、$\boldsymbol{w}$;E 为总能;p 为静压;τ 为黏性剪切应力项;q 为热传导量。

取 $k - \omega$ SST 湍流模型方程

$$\frac{\partial}{\partial t}(\rho k) + \frac{\partial}{\partial x_i}(\rho k u_i) = \frac{\partial}{\partial x_j}\left(\Gamma_k \frac{\partial k}{\partial x_j}\right) + \widetilde{G}_k - Y_k + S_k \tag{3}$$

$$\frac{\partial}{\partial t}(\rho \omega) + \frac{\partial}{\partial x_j}(\rho \omega u_j) = \frac{\partial}{\partial x_j}\left(\Gamma_\omega \frac{\partial \omega}{\partial x_j}\right) + G_\omega - Y_\omega + D_\omega + S_\omega \tag{4}$$

其中部分参数的表达式如下所示。

$$\Gamma_k = \mu + \frac{\mu_t}{\sigma_k}, \; \Gamma_\omega = \mu + \frac{\mu_t}{\sigma_\omega}, \; \mu_t = \frac{\rho k}{\omega} \frac{1}{\max\left(\frac{1}{\alpha^*}, \frac{SF_2}{a_1 \omega}\right)} \tag{5}$$

$$\sigma_k = \frac{1}{F_1/\sigma_{k,1} + (1 - F_1)/\sigma_{k,2}}, \; \sigma_\omega = \frac{1}{F_1/\sigma_{\omega,1} + (1 - F_1)/\sigma_{\omega,2}} \tag{6}$$

式中：k 为单位体积湍流动能；ω 为单位体积湍流动能比耗散率；Γ_k 和 Γ_ω 为 k 和 ω 的有效扩散。$\tilde{G}_k$ 由平均速度梯度产生的湍流动能 G_k 计算而得，同样地，G_ω 亦可由比耗散率计算得到[23]。

在空间离散方面，对流项采用二阶迎风格式，扩散项的湍动能和耗散率方程起始均采用一阶精度，当计算迭代步长达到 10 000 步左右时各算例基本呈现一阶收敛，此时各方程残差小于 10^{-3}。此后对湍流解析采用二阶精度，继续计算直到所有方程得到残差都收敛为二阶精度下的 10^{-3}。这样做一方面降低了计算资源需求，另一方面也基本满足阻力预估的要求。

3 涡流发生器的气动特性机理研究

3.1 大客巡航状态流场特征

当飞机在巡航阶段时，黏性空气流经机身壁面发生剪切过程从而在整个机身壁面产生涡量。在后体这一段，由于机身外形的收缩上翘，因此流管突然扩张，形成自机身表面至底部的三维绕流。来流在绕流的横向带动下，不停地旋转，同时从边界层持续吸收涡量，从而产生一对等强度、相反转向的旋涡，称为后体涡对。这一对旋涡不断向下游发展，涡核附近流线呈现螺旋形。由于后体表面边界层内逆压梯度扩大，同时后体处于全机边界层发展的下游，因此增加了飞机的巡航阻力，如图 3(a)、(b)所示。

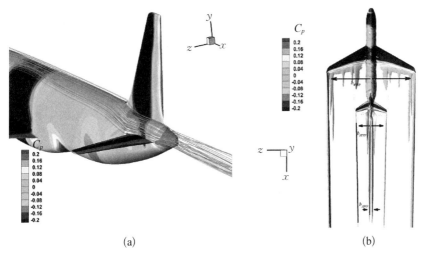

(a)   (b)

图 3 全机压力分布、流线及涡系组成

(a) 后机身附近流线和机身表面 C_p 分布　(b) 以 C_p 标色的 $Q=100(\mathrm{rad}^2/\mathrm{s}^2)$ 等值面

而图 3(b)中描绘涡边界的参数 Q 准则[24]，由下式定义。

$$Q = \frac{1}{2}(\parallel \Omega \parallel^2 - \parallel E \parallel^2) = \frac{1}{2}(\Omega_{ij}\Omega_{ji} - e_{ij}e_{ji}) \tag{7}$$

式中：$\Omega_{ij}=(U_{i,j}-U_{j,i})/2$；$e_{ij}=(U_{i,j}+U_{j,i})/2$分别代表了速度梯度中非对称和对称项。$Q$的正值也表征了当地流体旋转超过了应变。

为了实现减阻，本文从涡相互作用的角度出发，结合经典空气动力学方法，归纳提出减阻方案：将涡流发生器布置在涡量源连线上，通过引入一对较小的反向涡量对，与后体涡对进行相互作用，减小其涡强和垂向涡心诱导速度（通常是上洗，因为局部负升力，后机身腹部低压），亦即克服该三维逆压梯度（绕流），减少其带来的升力损失和产生的绕流动能，从而增加升力，减少涡致阻力。

3.2　安装涡流发生器的后体涡系特征

为了充分了解涡流发生器如何改善后体涡流结构机理，本文对有无涡流发生器构型进行了比对。我们可以从图4(d)和图5(d)中清楚地发现，从后体的上翘部分开始，后体底部的流动区域被动扩张，产生负压区，并且由于平垂尾以及后体$x=0$端面的影响，会诱导出许多空间涡系结构，虽然单个涡的能量较低，但诸多因子累加到一起，将共同作用到后体涡的生长与演化上。图4(c)和(d)给出了算例VG_3和算例VG_0方案（见表1）的Q准则等值云图对比，我们可以清楚地发现，通过加装涡流发生器，能在加装位置诱导出一对较小的反向涡量对，与后体涡进行相互作用，并直观地抑制了后体涡的生长尺度，减小其涡强。与此同时，平尾从边界层到后缘脱落的涡量面也明显受到其影响得到抑制。

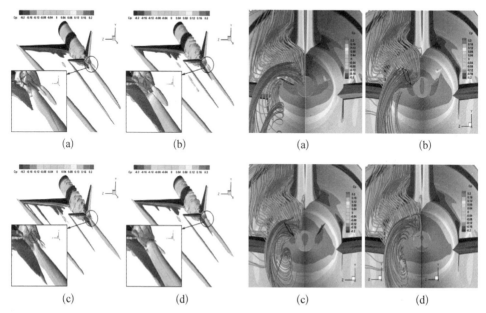

图4　各构型以C_p标色的Q准则等值云图
　　(a) 算例VG_1　　(b) 算例VG_2
　　(c) 算例VG_3　　(d) 算例VG_0

图5　C_p分布及后体流线
　　(a) 算例VG_1　　(b) 算例VG_2
　　(c) 算例VG_3　　(d) 算例VG_0

如图 4(a)、(b)、(c)所示为各构型的涡量空间分布。通过云图,我们可以看到除了后体涡尺度形状的差别外,平尾脱出的涡量面强度以及后体 $x=0$ 端面涡(下简称后体端面涡)有着明显的区别。算例 VG_3 相比算例 VG_1 涡流发生器对于后体端面涡和后体主涡的抑制更加明显,从气动附加性能参数来看,算例 VG_3 增加了 $16.4°$ 的周向角 θ 和 $4°$ 的安装攻角 γ。而对于在算例 VG_3 基础上安装攻角增长为 $8°$ 的算例 VG_2,虽然对于端面涡和平尾涡量层的影响在图中并不太明显,但其对于后体涡的抑制作用还是存在的。

当后体安装不同的涡流发生器时,后体的流动特征也有所不同。类似地,对有无涡流发生器构型进行比对,我们可以看到,在图 5(d)中,后体的两侧由于底部逆压梯度和机身上方来流的共同作用,增厚了下表面的边界层厚度,从而导致横向逆压梯度过大,流线从后体的上翘收缩部位开始,受到挤压并加速,使该区域成为明显的负压区。通过加装涡流发生器,如图 5 所示,涡流发生器下表面的压力大于上表面,向上表面卷起一对反向涡量对,从而对主分离流线起到有效的阻挡作用,削弱了后体分离涡。图 5(b)中算例 VG_2 后体下游逆时针旋转的后体涡得到了明显的抑制。

对于加装不同涡流发生器的情况,如图 5(a)、(b)、(c)所示,可见算例 VG_1 相比算例 VG_3,其后体涡对的尾迹涡管间距明显增大了,在绕流速度和环量基本不变的情况下,涡管间距的明显增大,会直接导致涡致阻力变大[24],这也证明了涡流发生器的控制效果是与其安装位置和安装角度密切相关的,减阻效应也应该是和涡流发生器的气动附加性能参数相互耦合的。相比之下,算例 VG_2 和算例 VG_3 或多或少都对后体分离涡起到了有效的阻挡作用,而算例 VG_2 更加显著。从这一比较中,我们可以初步得到,安装攻角这一附加参数在绕流的抑制上起到了比较明显的作用。这也将在涡系结构的减阻预测上为我们接下来的工作提供积极的指导。

3.3 涡致阻力分析

3.3.1 基于尾迹积分模型分析

大型飞机巡航阶段的诱导阻力常常占到总阻力的 40% 以上,起降阶段更是占到近 80%,因此对这些升致涡系所产生的涡致阻力进行分析尤为重要。这里首先采用传统的尾迹积分方法来求取后体涡系产生的诱导阻力。两种常规的定常、不可压流动诱导阻力的尾迹积分方法将在这用来计算解析并理解后体横向绕流对应的转动动能,亦即其产生的诱导阻力[25]。

$$D_i = \frac{\rho}{2}\iint_{S_{\text{wake}}} \psi\omega \, \mathrm{d}S = \frac{\rho}{2}\iint_{S_{\text{wake}}} (v^2+\omega^2)\mathrm{d}S, \ C_{D_i} = \frac{2D_i}{\rho u_\infty^2 S} \tag{8}$$

式中:ρ 为自由来流密度;S_{wake} 为受黏性区域影响的下游尾流平面;ψ 为流函数。此外,v 和 ω 分别为纵向和横向的平均速度。

我们可以通过对后体涡流发生器附近截面($x=-0.5$)取网格数为 501×501

的矩形插值区域,对诱导阻力大于最大值15%(对应30 N)的区域进行面积分计算,得到的诱导阻力分布如图6所示。

如图6所示,我们可以看到各计算方案的局部诱导阻力分布情况,相比不加装涡流发生器的算例VG_0,算例VG_2和算例VG_3中心区域的诱导阻力面密度强度,即$(v^2+\omega^2)/2$,以及其分布区域大小明显地减弱了,这也反映了这两种涡流发生器构型通过前缘诱导出的空间涡强度主要受当地来流攻角和相对后体安装位置影响,在本文中对应的参数便是周向角和安装攻角。

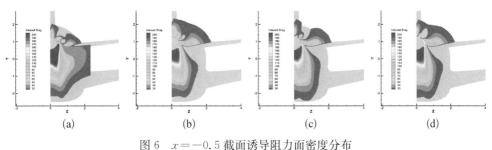

图 6　$x=-0.5$截面诱导阻力面密度分布

(a) 算例VG_1　(b) 算例VG_2　(c) 算例VG_3　(d) 算例VG_0

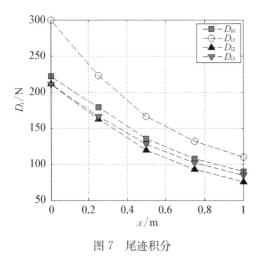

图 7　尾迹积分

接下来为了看到后体尾迹诱导阻力的演变规律,通过式(8)对下游$x=0$、0.25、0.5、0.75、1这五个截面上的诱导阻力面密度强度进行尾迹积分,得到图7中的诱导阻力D_i。

根据图7中的数据,算例VG_1得到的结果毋庸置疑是增阻的,而算例VG_2和算例VG_3的诱导阻力则小于不加装涡流发生器的计算方案。此结果也与上文对于后体涡系结构分析的阻力预测完全符合。另外值得一提的是,随着尾迹向下游发展,数值耗散异常迅速,这说明一部分诱导阻力非物理地转化为摩擦阻力,这也是 RANS 控制方程计算大型复杂流动的尾迹解析存在的问题。

3.3.2　基于涡量环模型分析

为了解决尾迹积分法对积分平面位置和大小选取强烈依赖的问题,我们通过以下涡量环模型模拟后体涡系结构,计算出涡致阻力,以此来和上一节的尾迹积分结果比对,从而验证后体涡系减阻机理。

对于足够大的封闭控制体内的固体,假设其相对空气运动,则作用在其上的空气动力为[25]

$$F = -\frac{\rho}{2}\frac{\mathrm{d}}{\mathrm{d}t}\iiint_{Rv} r \times \omega \mathrm{d}R \tag{9}$$

利用封闭的涡量环模型、斯托克斯定理、格林定理及赫姆霍兹时间守恒定理等一系列推导可得某一方向的空气动力为

$$F_n = -\rho\left(\frac{\mathrm{d}A_n}{\mathrm{d}t}\Gamma_v\right) \tag{10}$$

由于单涡量环模型是基于一个飞机反向涡对(如机翼翼尖涡对或后体涡对)的自诱导运动现象建立的,因此可以将涡致力和其自诱导运动的参量联系起来。因为其相应的涡量环包围面积为

$$\mathrm{d}A = by \tag{11}$$

所以时均涡致力在单涡量环模型中可以表示为

$$\bar{D}_v = -\rho(u_{vw})\Gamma_v b , \bar{L}_v = -\rho(U)\Gamma_v b \tag{12}$$

式中:u_{vw} 为一个涡量环自诱导产生的垂直方向涡洗速度即垂洗速度;b 为两个方向涡对之间的径向距离。类似地,多涡量环系的时均涡致力可以表示为

$$\bar{D}_v = -\rho(u_{vw}b + u_{lw}\overline{\Delta y})\Gamma_v , \bar{L}_v = -\rho(Ub + u_{lw}\overline{\Delta y})\Gamma_v \tag{13}$$

式中:u_{lw} 为一个涡量环受到另外涡量环相互诱导产生的侧向涡洗速度即侧洗速度。

上述给出了单独后体、后体平尾组合体两种研究对象构建其相应涡量环模型来联系动力学与运动学参数,如图 8[25] 所示,这种涡对相互作用现象不仅有着涡运

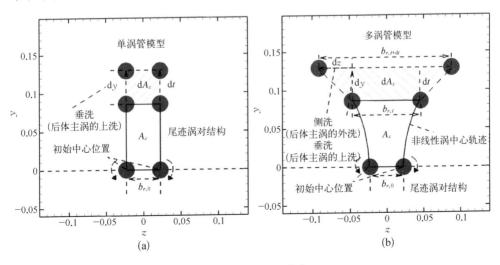

图 8 涡量环模型[25]

(a) 单涡量环模型 (b) 多涡量环模型

动学上的规律性特征,涡对的生长演化本身也是一个涡动力学问题。利用上述方法可精确求取涡致阻力,避免了诱导阻力尾迹积分模型的多种弊端,例如积分界面的选取、积分区域的大小等。接下来通过涡流发生器引入的反向小涡对,与后体涡对产生相互作用,来模拟涡量环模型。

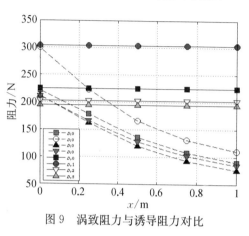

图 9　涡致阻力与诱导阻力对比

本文中,对 $x=0$ 截面上 x 方向上的涡量,进行面积分提取出涡量大于等于 $30(\mathrm{rad/s})$ 的涡量分布,再进行涡量积分得到该截面上的环量 Γ_v。由于 $x=0$ 截面上后体分离涡存在两股,因此为了简化模型,本文取两涡涡核连线中点作为采样点,得到该点的纵向速度 u_{vw} 以及二分之一涡管间距 $z=b/2$。再结合式(12)中的涡致阻力公式,计算出该截面的涡致阻力 D_v。最后将之与图 7 的尾迹积分数据绘制在同一线图内,如图 9 所示。

根据图 9,我们可以看到根据涡量环模型解析得到涡致阻力,不随尾迹数值耗散,因为沿着下游截面积分得到的环量变化量很小,涡管间距也基本不变,因此根据式(12),涡致阻力的值也基本趋于稳定。由于二者计算得到的力值在 $x=0$ 尾截面吻合度较好,因此为了定量对比,本文取 $x=0$ 截面的诱导阻力和涡致阻力进行分析。可得,算例 VG_1 诱导阻力增阻 35.17%,算例 VG_2 诱导阻力减阻 4.69%,算例 VG_3 诱导阻力减阻 4.88%;算例 VG_1 涡致阻力增阻 35.09%,算例 VG_2 涡致阻力减阻 9.93%,算例 VG_3 涡致阻力减阻 13.67%。

4　结论

本文通过数值模拟大型客机以及加装不同涡流发生器巡航设计点的流场,观察解析后体涡系特征,进行减阻效果预测。同时使用尾迹积分法和涡量环模型,并结合涡形成和相互作用理论,深入探究涡流发生器加装位置及安装角对诱导阻力和涡致阻力的影响,得到现有较好的减阻结果:算例 VG_3 相比于未加装涡流发生器的基准布局,诱导阻力减阻 4.88%,涡致阻力减阻 13.67%。

参 考 文 献

[1]　Epstein R J, Carbonaro M C, Caudron F. Experimental investigation of the flow field about an unswept afterbody [J]. Journal of Aircraft, 1994, 31(6): 1281 - 1290.

[2]　Peake D J, Rainbird W J, Atraghji E G. Three-dimensional flow separations on aircraft

and missiles [J]. AIAA Journal，1972，10(5)：567－580.

[3] Viswanath P R. Flow management techniques for base and afterbody drag reduction [J]. Progress in Aerospace Sciences，1996，32(2－3)：79－129.

[4] 张彬乾，王元元，段卓毅，等. 大上翘机身后体设计方法[J]. 航空学报，2010，31 (10)：1933－1939.

[5] 张华，刘昌，秦燕华. 民机不同后体空间流态水洞实验研究[J]. 水动力学研究与进展，2004 (5)：616－622.

[6] Allen A，Breitsamter C. Experimental investigation of counter-rotating four vortex aircraft wake [J]. Aerospace Science & Technology，2009，13(2－3)：114－129.

[7] Britcher C P，Alcorn C W. Interference-free measurements of the subsonic aerodynamics of slanted-base ogive cylinders [J]. AIAA Journal，1991，29(4)：520－525.

[8] Kolesar C，May F. An aftbody drag prediction technique for military airlifters [C]// Applied Aerodynamics Conference. 1983.

[9] Hallstaff T，Brune G. An investigation of civil transport aft body drag using a three-dimensional wake survey method [J]. AIAA Journal，1984.

[10] Bai J，Sun Z，Dong J，et al. Afterbody aerodynamic optimization design of transport airplane considering wing wake flow [J]. Acta Aerodynamica Sinica，2015，33(1)：134－141.

[11] 王元元，张彬乾，郭兆电，等. 基于 FFD 技术的大型运输机上翘后体气动优化设计[J]. 航空学报，2013，34(8)：1806－1814.

[12] Jackson R W，Wang Z J，Gursul I. Control of afterbody vortices by blowing [C]//AIAA Fluid Dynamics Conference. 2015.

[13] Bulathsinghala D S，Jackson R，Wang Z，et al. Afterbody vortices of axisymmetric cylinders with a slanted base [J]. Experiments in Fluids，2017，58(5)：60.

[14] 中国国防科技信息中心. 涡控技术公司计划对波音 737NG 后体上应用涡流发生器进行认证[EB/OL]. //[2017－06－13]http://www.sohu.com/a/148499902_313834.

[15] Calarese W，Crisler W，Gustafson G. Afterbody drag reduction by vortex generators [C]//Aerospace Sciences Meeting. 1985.

[16] 杜希奇，蒋增龚，佟胜喜，等. 基于涡流发生器控制民机后体流动分离与减阻机理的实验研究[J]. 工程力学，2012(8)：360－365.

[17] 于彦泽，刘景飞，蒋增龚，等. 大型飞机后体流动控制及减阻机理研究[J]. 空气动力学学报，2011，29(5)：640－644.

[18] 武宁，段卓毅，廖振荣，等. 大型飞机扁平后体导流片减阻增稳研究[J]. 空气动力学学报，2012，30(2)：223－227.

[19] Gerz T，Holzäpfel F，Darracq D. Commercial aircraft wake vortices [J]. Progress in Aerospace Sciences，2002，38(3)：181－208.

[20] 黄涛，王延奎，邓学蓥，等. 尾翼对民机后体流动特性的影响[J]. 北京航空航天大学学报，2006，32(6)：645－648.

[21] Ansys-Fluent16.0 Theory Guide [G].

[22] Menter F R. Two-equation eddy-viscosity turbulence models for engineering applications [J]. AIAA Journal，1994，32(8)：1598－1605.

[23] 孔繁美，华俊，冯亚南，等. 大上翘角机身后体流动机理研究[J]. 空气动力学学报，2002，20

(3): 326 - 331.

[24] Jeong J, Hussain F. On the identification of a vortex [J]. Journal of Fluid Mechanics, 1995, 285(4): 69 - 94.

[25] Wang Y K, Qin S Y, Liu H. Vortex drag generated by aircraft afterbody vorticity-loop system [C]//AIAA Aerospace Sciences Meeting, 2018.

索　引